Systematische Konfiguration der Resilienz in der Beschaffung

Systematic Configuration of Resilience in Procurement

Von der Fakultät für Maschinenwesen
der Rheinisch-Westfälischen Technischen Hochschule Aachen
zur Erlangung des akademischen Grades einer
Doktorin der Ingenieurwissenschaften
genehmigte Dissertation

vorgelegt von

Maria Rita Spiß geb. Linnartz

Berichter/in:

Univ.-Prof. Dr.-Ing. Dipl.-Wirt. Ing. Günther Schuh
apl. Prof. Dr.-Ing. Wolfgang Boos

Tag der mündlichen Prüfung: 05. Dezember 2023

SCHRIFTENREIHE RATIONALISIERUNG

Maria Spiß

Systematische Konfiguration der Resilienz in der Beschaffung

Herausgeber:
Prof. Dr.-Ing. Dipl.-Wirt. Ing. G. Schuh

Band 191

fir an der
RWTH Aachen

Bibliografische Information der Deutschen Nationalbibliothek
Die Deutsche Nationalbibliothek verzeichnet diese Publikation in der Deutschen Nationalbibliografie; detaillierte bibliografische Daten sind im Internet über https://portal.dnb.de abrufbar.

Maria Spiß:

Systematische Konfiguration der Resilienz in der Beschaffung

1. Auflage, 2023

Gedruckt auf holz- und säurefreiem Papier, 100% chlorfrei gebleicht.

Wissenschaftsverlag des Instituts für Industriekommunikation und Fachmedien an der RWTH Aachen
Steinbachstr. 25, 52074 Aachen
Internet: www.apprimus-verlag.de, E-Mail: info@apprimus-verlag.de

Druck: CPI Druckdienstleistungen GmbH, Ferdinand-Jühlke-Straße 7 I 99095 Erfurt

ISBN 978-3-98555-196-5

D 82 (Diss. RWTH Aachen University, 2023)

Danksagung

Die vorliegende Dissertation entstand im Laufe meiner Tätigkeit als wissenschaftliche Mitarbeiterin am FIR e. V. an der Rheinisch-Westfälischen Technischen Hochschule (RWTH Aachen University) in Aachen.

Ich danke meinem Doktorvater Herrn Prof. Dr.-Ing. Dipl.-Wirt. Ing. Günther Schuh, meinem Koreferenten und Geschäftsführer des FIR Herrn Prof. Dr.-Ing. Wolfgang Boos sowie dem ehemaligen Geschäftsführer des FIR Herrn Prof. Dr.-Ing. Volker Stich für die Möglichkeit zur Promotion und die Unterstützung bei der Durchführung meines Promotionsvorhabens. Ebenso danke ich Herrn Prof. Dr. rer. nat. Ghaleb Natour für die Übernahme des Vorsitzes sowie Herrn Prof. Dr. Isaac Boxx für die Übernahme des Beisitzes in der Prüfungskommission.

Zudem danke ich meinen Kolleginnen und Kollegen am FIR, insbesondere im Bereich Produktionsmanagement, für die herausragende Zusammenarbeit, die besondere Arbeitsatmosphäre und die gegenseitige Unterstützung. Besonders bedanken möchte ich mich bei Tobias Schröer, Jokim Janßen, Dino Hardjosuwito, Sebastian Junglas und Martin Perau. Der enge Austausch, die guten Ratschläge, die fachlichen Diskussionen und die motivierenden Worte haben mich in meinem Promotionsvorhaben vorangebracht und wesentlich zum Durchhalten während der gesamten Erstellungsphase beigetragen.

Von ganzem Herzen bedanke ich mich bei meiner Familie und meinen Freunden. Insbesondere danke ich meinen Eltern und meinem Bruder. Eure bedingungslose Unterstützung und euer Vertrauen haben es mir ermöglicht, diesen Weg einzuschlagen und erfolgreich zu meistern.

Mein allergrößter Dank gilt meinem Ehemann Florian, der mich während der gesamten Zeit liebevoll unterstützt hat. Ich danke dir für deinen unermüdlichen Rückhalt und deinen motivierenden Zuspruch. Ich freue mich auf die Zukunft mit dir!

Aachen, 05. Dezember 2023 Maria Spiß

Zusammenfassung

Die Relevanz zur Vorbereitung auf Störungen nimmt durch das volatile Umfeld, steigende Komplexität und zunehmende Abhängigkeiten zwischen verschiedenen Akteuren in Supply-Chains für produzierende Unternehmen zu. Häufig verfolgte Ansätze zur Schaffung effizienter Strukturen und Reduktion von Kosten erhöhen die Anfälligkeit gegenüber Störungen. Vergangene Störungen haben dabei insbesondere zu Problemen im Bereich der Beschaffung geführt. Der Aufbau von Resilienz unterstützt den Umgang mit unvorhersehbaren Ereignissen. Je höher die Resilienz ist, desto geringer ist der negative Einfluss einer Störung und desto schneller ist eine Rückkehr in den ursprünglichen oder einen besseren Zustand möglich. An der Schnittstelle zu anderen Supply-Chain-Akteuren beeinflusst die Beschaffung wesentlich die Resilienz eines Unternehmens. Obwohl der Bedarf zur Steigerung der Resilienz von vielen Unternehmen erkannt wird, wird dies häufig nicht systematisch umgesetzt. Herausforderungen beim Aufbau einer resilienten Beschaffung stellen ein mangelndes Wissen über das multidimensionale Resilienzkonzept und konkrete Gestaltungsmöglichkeiten sowie fehlende praktische Methoden für den gezielten Aufbau der Resilienz dar. Insbesondere die Auswahl und Kombination der richtigen Maßnahmen wird aufgrund nicht ausreichend beschriebener Beiträge der Maßnahmen zur Resilienz erschwert.

Ziel der vorliegenden Dissertationsschrift ist daher die Entwicklung einer Methode zur systematischen Konfiguration der Resilienz in der Beschaffung. Hierfür bedarf es einer Konkretisierung des Resilienzkonzepts, Transparenz über die wesentlichen Komponenten und Zielrichtungen bei der Gestaltung der Resilienz und der Identifikation und Bewertung von konkreten Gestaltungsoptionen zur Steigerung der Resilienz in der Beschaffung. Die entwickelte Methode ermöglicht Unternehmen die strukturierte Auswahl und Kombination von Gestaltungsoptionen in der Beschaffung unter Berücksichtigung der verschiedenen Komponenten und Zielrichtungen der Resilienz.

Hierzu wird zunächst ein Ordnungsrahmen zur Beschreibung und Strukturierung der Resilienz entwickelt und für den Kontext der Beschaffung konkretisiert. Als wesentliche Grundlage für die systematische Konfiguration der Resilienz erfolgen anschließend die Entwicklung eines strukturierten Resilienzpotenzialkatalogs und die Identifikation von Potenzialkategorien. Resilienzpotenziale stellen dabei Gestaltungsoptionen zum Aufbau der Resilienz dar. Die Strukturierung basiert auf einer Analyse der Wirkung der einzelnen Potenziale. Die Methode zur systematischen Konfiguration der Resilienz führt die entwickelten Ergebnisse zusammen und stellt die praktische Anwendbarkeit sicher. Dabei werden Kennzahlen zur Bewertung des aktuellen Stands der Resilienz definiert sowie die relevanten Zusammenhänge für die Bewertung und Gestaltung der Resilienz berücksichtigt. Die entwickelte Methode wird mit Fallstudien evaluiert.

Durch die ganzheitliche Betrachtung der Resilienz und der Resilienzpotenziale kann eine gezielte Gestaltung der Resilienz erreicht werden, die bislang aufgrund eines fehlenden Verständnisses der relevanten Aspekte der Resilienz und der Wirkung der Gestaltungsoptionen erschwert wurde.

Summary

The relevance of preparing for disruptions becomes more important for manufacturing companies due to the volatile environment, increasing complexity and growing dependencies between different actors in supply chains. Frequently pursued approaches to create efficient structures and reduce costs increase the vulnerability against disruptions. Past disruptions have particularly led to issues in the area of procurement. The development of resilience supports dealing with unpredictable events. The higher the resilience, the lower the negative impact of a disruption and the faster a return to the original or a better state is possible. Procurement significantly influences a company's resilience at the interface with other supply chain actors. Although the need to increase resilience is recognized by many companies, it is often not implemented systematically. Challenges in building a resilient procurement are a lack of knowledge about the multidimensional resilience concept and concrete design options, as well as a lack of practical methods for building resilience in a targeted manner. In particular, the selection and combination of the right measures prove difficult due to insufficiently described contributions of the measures to resilience.

The aim of this dissertation is therefore to develop a method for the systematic configuration of resilience in procurement. This requires a specification of the resilience concept, transparency about the essential components and objectives in the design of resilience and the identification and evaluation of tangible design options for increasing resilience in procurement. The developed method enables companies to select and combine design options in procurement in a structured manner, taking into account the various components and objectives of resilience.

To this end, a framework for describing and structuring resilience is first developed and specified for the context of procurement. As an important foundation for the systematic configuration of resilience, a structured catalog of resilience potentials is then developed and categories of potentials are identified. Resilience potentials thereby represent design options for building resilience. The structuring is based on an analysis of the impact of the individual potential. The method for systematically configuring resilience consolidates the generated results and ensures their practical applicability. The method uses metrics to assess the current state of resilience and considers the relevant interrelationships for evaluating and configuring resilience. The developed method is evaluated with case studies.

By taking a holistic view of resilience and resilience potentials, a targeted design of resilience can be achieved, which has so far been constrained by a lack of understanding of the relevant aspects of resilience and the impact of design options.

Inhaltsverzeichnis

Abbildungsverzeichnis

Tabellenverzeichnis

Formelverzeichnis

Abkürzungsverzeichnis und Formelzeichen

b_{ir}	Beitrag des Resilienzpotenzials r zu Resilienzprinzip i
BCMS	Business-Continuity-Management-System
$d_{l,m}$	Distanz zwischen Objekten l und m
DIN	Deutsches Institut für Normung
EN	Europäische Norm
i	Resilienzprinzip i
ISO	International Organization for Standardization
j	Merkmal j
k	Resilienzpotenzialkategorie k
KMU	Kleine und mittlere Unternehmen
l	Objekt l
LDL	Logistikdienstleister
m	Objekt m
n_p / n_q	Zahl der Objekte in Cluster p bzw. q
r	Resilienzpotenzial r
R_e	Menge der eingeschränkt einsetzbaren Resilienzpotenziale
R_u	Menge der universell einsetzbaren Resilienzpotenziale
SCOR	Supply-Chain-Operations-Reference
SCRM	Supply-Chain-Risikomanagement
$u_{p,j}$	Unähnlichkeit in Cluster p bzw. q für Merkmal j
$u_{(p+q),j}^{neu}$	Neue Unähnlichkeit zwischen Clustern p und q für Merkmal j
VMI	Vendor Managed Inventory
w_{kl} / w_{km}	Wert des Merkmals j bei Objekt l bzw. m
x_r	Zustandswert des Resilienzpotenzials r
$z_{k,r}$	Zuordnungswert des Resilienzpotenzials r zu Resilienzpotenzialkategorie k

1 Einleitung

In Kapitel 1.1 werden zunächst die dieser Arbeit zugrundeliegende Ausgangssituation und Problemstellung beschrieben. Darauf aufbauend wird in Kapitel 1.2 die Zielsetzung dieser Dissertationsschrift abgeleitet. Anschließend wird in Kapitel 1.3 die wissenschaftstheoretische Einordnung vorgenommen und die Struktur der Untersuchung vorgestellt.

1.1 Ausgangssituation und Problemstellung

Unternehmen sind zunehmend Störungen in ihrer Lieferkette ausgesetzt. Gemäß einer Umfrage der riskmethods GmbH und des Bundesverbands für Materialwirtschaft, Einkauf und Logistik (BME) im Jahr 2020 ist bei 86 Prozent der befragten Unternehmen in den letzten 12 Monaten mindestens eine Lieferkettenunterbrechung aufgetreten. Bei jedem zweiten Unternehmen lag die Anzahl der Unterbrechungen sogar bei bis zu fünf. Dabei ist eine deutliche Steigerung im Vergleich zum Vorjahr zu erkennen. (s. RISKMETHODS, BME (HRSG.) 2020, S. 3) Die COVID-19-Pandemie als Beispiel einer globalen Krise mit einer Kombination aus nachfrage- und angebotsdämpfenden Effekten veranschaulicht Schwachstellen heutiger Supply-Chains unterschiedlichster Branchen. Nach der geplatzten Dotcom-Blase und der Finanzkrise stellt sie dabei die dritte große Wirtschaftskrise dieses Jahrhunderts dar. (s. PETERSEN U. BLUTH 2020, S. 9) Unterschiedliche Studien zeigen die Auswirkungen der COVID-19-Pandemie für Unternehmen. So kommen ALICKE ET AL. zu dem Ergebnis, dass in Folge der Pandemie 73 Prozent der befragten Unternehmen Probleme in der Lieferantenbasis und 75 Prozent Probleme in der Produktion und Distribution hatten (s. ALICKE ET AL. 2020, 2). Nach einer Studie des Capgemini Research Institutes waren mehr als 80 Prozent der Unternehmen negativ von der Pandemie betroffen, wobei unterschiedliche Störungen wie Engpässe bei kritischen Materialien, verzögerte Lieferungen und längere Vorlaufzeiten und Schwierigkeiten bei der Planung und Anpassung von Produktionskapazitäten an schwankende Nachfrage aufgetreten sind (s. GYA ET AL. 2020, S. 3). Besonders große Probleme zeigten sich im Bereich der Beschaffung. Fast drei Viertel der Teilnehmenden einer Umfrage des Business Continuity Institutes und Resilience360 teilten mit, leichte oder erhebliche Beeinträchtigungen in der Beschaffung erfahren zu haben, während rund 65 Prozent dasselbe für die Nachfrageseite angaben (s. ELLIOT 2020, S. 6). Durch eine im Auftrag des Forschungsbeirats der Plattform Industrie 4.0 und der acatech erstellten Studie konnten Schwierigkeiten beim Bezug von Vorprodukten und Rohmaterialien als zweithäufigste Störungsauswirkung identifiziert werden, die bei über 80 Prozent der Teilnehmenden aufgetreten ist (s. STICH ET AL. 2021b, S. 14). Abbildung 1-1 zeigt die Ergebnisse einer Studie der Bundesvereinigung für Logistik, welche veranschaulichen, dass die Probleme in der Beschaffung tendenziell am größten waren.

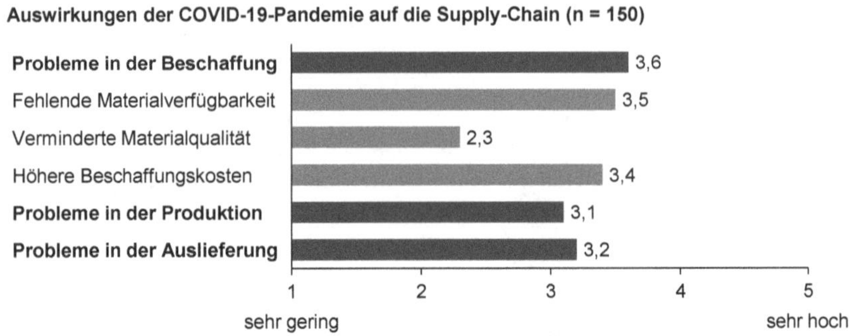

Abbildung 1-1: Auswirkungen der COVID-19-Pandemie auf die Bereiche einer Supply-Chain (BVL.DIGITAL (HRSG.) 2020, S. 7)

Die Auswirkungen der COVID-19-Pandemie veranschaulichen die unzureichende Vorbereitung von Unternehmen auf derartige Krisen und die daraus entstehenden Störungen (s. CHOI ET AL. 2020, S. 2; SIMCHI-LEVI U. SIMCHI-LEVI 2020, S. 2; HEß U. KLEINLEIN 2021, S. 1). Dies zeigt sich neben den Auswirkungen auch daran, dass wenige Unternehmen eine Pandemie als Risiko berücksichtigt und entsprechend Maßnahmenpläne vorbereitet haben (s. ELLIOT 2020, S. 14). So haben zwei Drittel der Unternehmen der BME-Logistikumfrage zum Thema Supply-Chain-Risikomanagement eine Pandemie nicht als Risiko berücksichtigt und nur ein geringer Teil der Unternehmen, die das Risiko berücksichtigt hatten, haben zusätzlich Maßnahmenpläne für ihre Supply-Chains entwickelt (s. HUTH ET AL. 2020, S. 44). Die COVID-19-Pandemie und ihre Auswirkungen fungieren jedoch nur als ein Beispiel einer möglichen Störung, auf die Unternehmen sich vorbereiten müssen. Ähnliche Auswirkungen sind in der Vergangenheit u. a. infolge des Vulkanausbruchs in Island 2010, des Tsunami in Japan 2011 und einer Störung im Suezkanal 2021 aufgetreten (s. HEß U. KLEINLEIN 2021, S. 1; IVANOV 2021, S. 13).

Unternehmen sind unzureichend auf den Umgang mit unvorhersehbaren Störungen vorbereitet.

Das wirtschaftliche Umfeld vieler Unternehmen ist zunehmend unbeständig und dynamisch (s. KERSTEN ET AL. 2017, S. 6). In diesem volatilen Umfeld unterliegen Unternehmen breitgefächerten Störungen. Durch aktuelle Entwicklungen, wie die zunehmende Anzahl von extremen Wetter- und Umweltereignissen, oder politische Instabilitäten, wie den Brexit, nimmt darüber hinaus die Häufigkeit von Störungen zu (s. LUND ET AL. 2020, 2). Dabei wird auch davon ausgegangen, dass zukünftig ähnliche Ereignisse, wie die COVID-19-Pandemie, unter anderem bedingt durch die sich weiter fortsetzende Urbanisierung und die hohe internationale Mobilität, verstärkt auftreten werden (s. PETERSEN U. BLUTH 2020, S. 43). So wird erwartet, dass eine Störung, die mindestens einen Monat andauert, im Durchschnitt alle 3,7 Jahre auftritt (s. LUND ET AL. 2020, S. 5).

Die Relevanz zur Vorbereitung auf Störungen nimmt aufgrund des volatilen Umfeldes zu.

Darüber hinaus tragen weitere Faktoren dazu bei, dass die Anfälligkeit von Unternehmen gegenüber Störungen zunimmt. Die Störanfälligkeit wird durch die Komplexität der Wertschöpfungsaufgabe, die Abhängigkeiten zwischen Systemelementen, die Verringerung von Mengen- und Zeitpuffern sowie die Marktdynamik verstärkt (s. PETTIT ET AL. 2019, S. 56). Die Forderung nach individuellen Produkten und kürzeren Lieferzeiten führt zu einer steigenden Anzahl an zu koordinierenden Produkten und Teilen, wobei die Komplexität mit der Anzahl der Entitäten oft nicht linear, sondern überproportional zunimmt (s. KERSTEN ET AL. 2017, S. 20–22). Außerdem bewirken die kürzeren Produktlebenszyklen und die Nachfrage nach kundenindividuellen Produkten eine zunehmende Bündelung der eigenen Kernkompetenzen. Unternehmen lagern daher häufiger Wertschöpfungsaktivitäten aus. Dieser Effekt wird durch die fortwährende Globalisierung verstärkt, sodass an der Wertschöpfung eines Produkts mehr Unternehmen beteiligt sind. (s. MAREK U. BERWING 2019, S. 47) Vor allem global agierende Unternehmen sind darüber hinaus häufig Teil unterschiedlicher Supply-Chains, die sich über eine Vielzahl geographischer Regionen erstrecken, wodurch Komplexität und Unsicherheit steigen (s. CHRISTOPHER ET AL. 2011, S. 68). Neben der Komplexitätszunahme erschwert die wachsende Zahl der involvierten Akteure die Schaffung von Transparenz (s. HUTH U. ROMEIKE 2016, S. 26). Durch die hohe Vernetzung in einem Wertschöpfungsnetzwerk entsteht eine starke Abhängigkeit zwischen den einzelnen Akteuren. Tritt nun eine Störung auf, kann sich diese ausbreiten und zum Erliegen der gesamten Supply-Chain führen (s. KERSTEN ET AL. 2017, S. 20). Zusätzlich lag in der Vergangenheit der Fokus bei der Gestaltung von Supply-Chains häufig auf der Schaffung effizienter Strukturen und der Reduktion von Kosten, was die Störanfälligkeit weiter verstärkt (s. CHRISTOPHER U. HOLWEG 2017, S. 3; IVANOV 2021, S. 33; 2018, S. 28). Möglichkeiten zur Schaffung effizienter Strukturen sind unter anderem Just-in-Time-Produktion, Lean-Management und Single-Sourcing (s. HUTH U. ROMEIKE 2016, S. 40–41). Diese ermöglichen zwar effiziente Prozesse und Kostenreduktionen, tragen aber dazu bei, dass die Anfälligkeit und die Auswirkungen potenzieller Störungen beispielsweise aufgrund geringer Bestände oder einer geringen Anzahl an Lieferanten steigen (s. PURVIS ET AL. 2016, S. 579).

Unternehmen sind aufgrund der steigenden Komplexität und der zunehmenden Abhängigkeit von anderen Akteuren anfällig gegenüber Störungen.

Eine Möglichkeit für den Umgang mit Unsicherheiten und Störungen stellt das Konzept der Resilienz dar, welches in den letzten Jahren zunehmend mehr Aufmerksamkeit in der Forschung erhalten hat (s. KAMALAHMADI U. PARAST 2016, S. 116; LI U. ZOBEL 2020, S. 2). Resilienz kann dabei als Fähigkeit eines Systems verstanden werden, mit Störungen umzugehen und die Wettbewerbsfähigkeit eines Unternehmens sicherzustellen (s. BIEDERMANN 2018, S. 5). Das Konzept der Resilienz zielt vor allem auf die Vorbereitung auf unvorhersehbare Störungen ab (s. KAMALAHMADI U. PARAST 2016, S. 6).

Zudem basiert Resilienz auf der Annahme, dass nicht alle Risiken und Störungen vermieden werden können (s. JÜTTNER U. MAKLAN 2011, S. 246). Insgesamt ist hierbei das Ziel, Unternehmen so zu gestalten, dass sie im Falle einer Störung möglichst wenig beeinträchtigt sind und schnell in den ursprünglichen Zustand zurückkehren (s. CHRISTOPHER U. PECK 2004, S. 2). Wie hoch die Resilienz ist, wird maßgeblich durch Aktionen beeinflusst, die vor der Störung initiiert werden. Fehlende Vorbereitung zur Reduzierung der Auswirkungen und möglicher Schäden können im Fall von Störungen zu unkoordinierten, zeitverzögerten oder sogar wirkungslosen Reaktionen führen (s. KIEBLER ET AL. 2020, S. 7). Resilienz entwickelt sich somit zunehmend zum strategischen Wettbewerbsfaktor (s. KOHL ET AL. 2021, S. 5).

Der Bedarf zum Aufbau von Resilienz wurde insbesondere während der COVID-19-Pandemie von vielen Unternehmen erkannt. Von den von ALICKE ET AL. befragten Führungskräften aus dem Bereich Supply-Chain-Management planen 93 Prozent, die Resilienz innerhalb ihrer Supply-Chain zu erhöhen. 44 Prozent der Befragten nimmt dafür auch höhere Kosten in Kauf. Zur Steigerung der Resilienz wollen sie eine Vielzahl unterschiedlicher Instrumente, wie Dual-Sourcing von Rohmaterial, Erhöhung der Lagerbestände für kritische Produkte und Regionalisierung ihrer Supply-Chains nutzen (s. ALICKE ET AL. 2020, 2-3). Zu ähnlichen Ergebnissen kommen auch GYA ET AL.: Für 62 Prozent der befragten Unternehmen stellt die Resilienz in der Supply-Chain die Schlüsselpriorität nach der Pandemie dar und 57 Prozent wollen ihre Investitionen zum Aufbau von Resilienz erhöhen. (s. GYA ET AL. 2020, S. 8)

Der proaktive Aufbau von Resilienz unterstützt bei der langfristigen Ausrichtung in einem unsicheren Umfeld, und Unternehmen erkennen den Bedarf zur resilienten Gestaltung ihrer Unternehmen und Supply-Chains.

Obwohl Störungen an unterschiedlichen Stellen in Supply-Chains auftreten können, sind sie besonders kritisch, wenn sie auf der Beschaffungsseite auftreten (s. PEREIRA ET AL. 2014, S. 627). Die Minimierung und Überwachung von beschaffungsseitigen Störungen ist von entscheidender Bedeutung für Unternehmen, um plötzliche Veränderungen zu antizipieren und sich darauf einzustellen und zu reagieren, sich zu erholen und Erfahrungen zu sammeln, um spätere Störungen effektiver zu bewältigen (s. PEREIRA ET AL. 2020, S. 2). Die Beschaffung spielt dabei als Funktion an der Schnittstelle zwischen Unternehmen eine wichtige Rolle (s. PEREIRA ET AL. 2014, S. 627). Insbesondere die Beschaffungsstrategie beeinflusst die Wettbewerbsfähigkeit und das Fortbestehen von Unternehmen nach Störungen (s. NAMDAR ET AL. 2018, S. 2339). Dabei muss die Beschaffungsstrategie frühzeitig angepasst werden, da eine kurzfristige Veränderung häufig kaum möglich ist (s. HUTH ET AL. 2020, S. 47).

Die strategische Beschaffung kann den Aufbau von Resilienz maßgeblich unterstützen und definiert den Handlungsrahmen für den Umgang mit Störereignissen.

Die aufgetretenen Auswirkungen im Rahmen der COVID-19-Pandemie und die lange Erholungszeit veranschaulichen die mangelnde Resilienz der Unternehmen und Supply-Chains (s. GYA ET AL. 2020, S. 4). Obwohl es sich bei den aufgetretenen Störungen um bekannte Störungen handelt und in der Literatur die Notwendigkeit zum

Aufbau von Resilienz diskutiert wird, haben die meisten Unternehmen ihre Resilienz bisher nicht ausreichend aufgebaut (s. VAN HOEK 2020, S. 342).

Eine mögliche Ursache hierfür ist, dass Resilienz ein theoretisches Konzept darstellt und bestehende Rahmenwerke häufig sehr abstrakt sind (s. DABHILKAR ET AL. 2016, S. 949). Darüber hinaus besteht Unklarheit darüber, wie Resilienz im Supply-Chain-Bereich praktisch umgesetzt werden kann (s. TUKAMUHABWA ET AL. 2015, S. 5605; ALI ET AL. 2017, S. 29). Dabei erfordert der Aufbau von Resilienz die Übersetzung der Erfolgsfaktoren in konkrete Maßnahmen (s. PURVIS ET AL. 2016, S. 579). Die Übersetzung in konkrete Maßnahmen muss dabei domänenspezifisch erfolgen, damit die Charakteristika einzelner Domänen berücksichtigt und die Maßnahmen so spezifisch formuliert werden können, dass ihre praktische Umsetzung möglich ist. Gerade im Bereich der Beschaffung sind die Erfolgsfaktoren bisher nicht ausreichend in konkrete Maßnahmen zur Steigerung der Resilienz übersetzt worden.

Hinzu kommt, dass der Aufbau von Resilienz bisher nicht systematisch und unter Beachtung der unterschiedlichen Aspekte der Resilienz geschieht (s. GYA ET AL. 2020, S. 23). Dabei ist die systematische Gestaltung vor allem bei der Auslegung von Redundanzen vor dem Hintergrund der Kosten und Kapitalbindung von großer Bedeutung (s. KIEBLER ET AL. 2020, S. 10). Die Vielzahl an Möglichkeiten zum Aufbau von Resilienz, die sich in der Menge identifizierten Erfolgsfaktoren in der Literatur zeigt, erschwert die Auswahl und Kombination der richtigen Möglichkeiten (s. SHASHI ET AL. 2020, S. 1236). Es mangelt an Wissen darüber, welche Möglichkeiten unter welchen Rahmenbedingungen besonders geeignet oder auch nicht geeignet sind (s. TUKAMUHABWA ET AL. 2015, S. 5606) und wie die verschiedenen Möglichkeiten miteinander kombiniert werden sollten (s. KATSALIAKI ET AL. 2021, S. 20). Zum ganzheitlichen Aufbau von Resilienz muss der richtige Mix an resilienzsteigernden Maßnahmen für ein Unternehmen bestimmt werden (s. GYA ET AL. 2020, S. 31). Eine Herausforderung stellt dabei die Tatsache dar, dass es keine allgemeingültige Lösung gibt, sondern Unternehmen die benötigte Resilienz individuell und passend zu ihren Rahmenbedingungen gestalten müssen (s. FIKSEL ET AL. 2015, S. 85).

Die Herangehensweise zur Auswahl der richtigen Maßnahmen und deren Kombination ist jedoch nicht klar (s. TUKAMUHABWA ET AL. 2015, S. 5605). Obwohl wie oben beschrieben viele Führungskräfte die Absicht haben, ihr Unternehmen resilienter zu gestalten, wissen viele nicht, wie sie dies umsetzen sollen (s. REEVES U. WHITAKER 2020, S. 2). Die Theorie der Resilienz ist bisher unzureichend in praktische Werkzeuge für die Gestaltung, Entwicklung und Umsetzung von Resilienz übersetzt worden (s. PURVIS ET AL. 2016, S. 579).

Die Herausforderung besteht somit insgesamt in mangelndem Wissen und praktischen Methoden zum systematischen Aufbau einer resilienten Beschaffung.

1.2 Zielsetzung

Die beschriebene Ausgangssituation und Problemstellung veranschaulichen den Bedarf zur systematischen Gestaltung der Resilienz in der Beschaffung. Ziel des Dissertationsvorhabens ist daher die Entwicklung einer Methode, welche die systematische Konfiguration der Resilienz in der Beschaffung ermöglicht. Konfiguration bedeutet dabei die Komposition eines Objekts oder Prozesses aus Teilelementen unter Berücksichtigung von Restriktionen (s. SCHMIDT 2008, S. 24). Die Methode soll demnach die systematische Identifikation, Bewertung und Auswahl von Gestaltungsoptionen zur Steigerung der Resilienz ermöglichen. Durch die Konkretisierung des Resilienzkonzepts und die Übertragung auf die Beschaffungsdomäne soll das Verständnis über Resilienz und ihre wesentlichen Komponenten sowie die Zielrichtungen zur Gestaltung der Resilienz gesteigert werden. Darüber hinaus gilt es, konkrete Möglichkeiten zur Steigerung der Resilienz zu identifizieren, um die praktische Anwendbarkeit sicherzustellen. Diese werden im Folgenden als Resilienzpotenziale bezeichnet. Die systematische Konfiguration der Resilienz soll auf einem Verständnis der Wirkung der Resilienzpotenziale aufbauen. Gleichzeitig soll durch eine Strukturierung der Resilienzpotenziale und die Identifikation unterschiedlicher Kategorien die gezielte Konfiguration unterstützt werden. Mithilfe der Methode soll die Gestaltung der Resilienz in der Beschaffung erleichtert werden.

Zur Erreichung der Zielsetzung wird im Rahmen dieses Dissertationsvorhabens eine Methode entwickelt, welche die systematische Gestaltung der Resilienz durch die Bewertung und Auswahl von Resilienzpotenzialen unterstützt. Die Methode baut auf einem strukturierten Potenzialkatalog zur Steigerung der Resilienz in der Beschaffung auf. Die systematische Analyse der Beiträge der Resilienzpotenziale auf einzelne Resilienzprinzipien als Zielrichtungen zur Gestaltung der Resilienz stellt die Grundlage für die Bewertung und Auswahl der Potenziale dar. Die Summe der bezogen auf ein Beschaffungsprodukt bzw. eine -produktgruppe angewendeten Resilienzpotenziale stellt das Resilienzportfolio dar. Innerhalb der Methode werden Kennzahlen zur Bewertung des Resilienzportfolios eines Unternehmens definiert und Gestaltungsempfehlungen ermittelt. Die Methode basiert auf der Strukturierung und Erklärung verschiedener Möglichkeiten zum Aufbau von Resilienz in der Beschaffung, der Wirkungen der Resilienzpotenziale auf die einzelnen Resilienzprinzipien sowie der Zusammenhänge zwischen verschiedenen Potenzialen. Insgesamt ermöglicht die Methode somit, die Beschaffung systematisch resilienter zu gestalten.

Auf Basis der identifizierten Problemstellung sowie der Zielsetzung dieses Dissertationsvorhabens erfolgt die Definition der Forschungsfrage:

Wie kann die Resilienz in der Beschaffung systematisch konfiguriert werden?

Zur Beantwortung dieser Forschungsfrage sollen in dieser Dissertationsschrift die folgenden Unterfragen beantwortet werden:

- Anhand welcher Komponenten kann die Resilienz beschrieben werden und welche Resilienzprinzipien lassen sich daraus ableiten?
- Wie lässt sich das Konzept der Resilienz auf die Beschaffung übertragen und anhand welcher Elemente kann ein generisches Beschaffungssystem beschrieben werden?
- Welche Potenziale eignen sich zur Steigerung der Resilienz in der Beschaffung und welchen Beitrag leisten sie zur Erreichung von Resilienz?
- Wie lassen sich die Resilienzpotenziale charakterisieren und zu Kategorien zusammenfassen?
- Wie lässt sich eine Methode zur systematischen Konfiguration der Resilienz in der Beschaffung gestalten?

1.3 Wissenschaftstheoretische Einordnung und Struktur der Untersuchung

Bei der vorliegenden Dissertationsschrift handelt es sich um eine wissenschaftliche Forschungsarbeit, weshalb eine wissenschaftstheoretische Einordnung erforderlich ist. Dem Begriff Wissenschaft lassen sich unterschiedliche Bedeutungen zuordnen: Zum einen kann Wissenschaft als die Tätigkeit zur systematischen Gewinnung von Erkenntnis bezeichnet werden. Andererseits wird unter Wissenschaft die Institution verstanden, in der die Erkenntnisgewinnung stattfindet. Als dritte Bedeutung steht Wissenschaft für das Ergebnis der Erkenntnisgewinnung. (s. RAFFÉE 1974, S. 13)

Die wissenschaftstheoretische Einordnung dieser Arbeit orientiert sich an dem Strukturierungsansatz der Wissenschaftstheorie nach ULRICH U. HILL (s. Abbildung 1-2). Dabei wird zwischen Formal- und Realwissenschaften unterschieden. Der Fokus der Formalwissenschaften liegt auf der Konstruktion von Zeichensystemen und festgelegten Regeln zur Verwendung der Zeichensysteme. Beispiele der Formalwissenschaften sind die Logik und die Mathematik. (s. ULRICH U. HILL 1976a, S. 305) Im Fokus der Realwissenschaften stehen empirisch wahrnehmbare Wirklichkeitsausschnitte, welche beschrieben, erklärt und gestaltet werden (s. ULRICH U. HILL 1976a, S. 305). Realwissenschaften lassen sich weiter in Grundlagenwissenschaften und angewandte Handlungswissenschaften unterteilen. Grundlagenwissenschaften verfolgen das Ziel, Wirklichkeitsausschnitte zu erklären und Erklärungsmodelle zu entwickeln. Die angewandten Handlungswissenschaften konzentrieren sich hingegen auf die Analyse menschlicher Handlungsalternativen zur Gestaltung sozialer und technischer Systeme. Ziel ist die Entwicklung von Entscheidungsmodellen bzw. -prozessen. Beispiele der angewandten Handlungswissenschaften sind die Ingenieur- sowie die angewandten Sozialwissenschaften. (s. ULRICH U. HILL 1976a, S. 305)

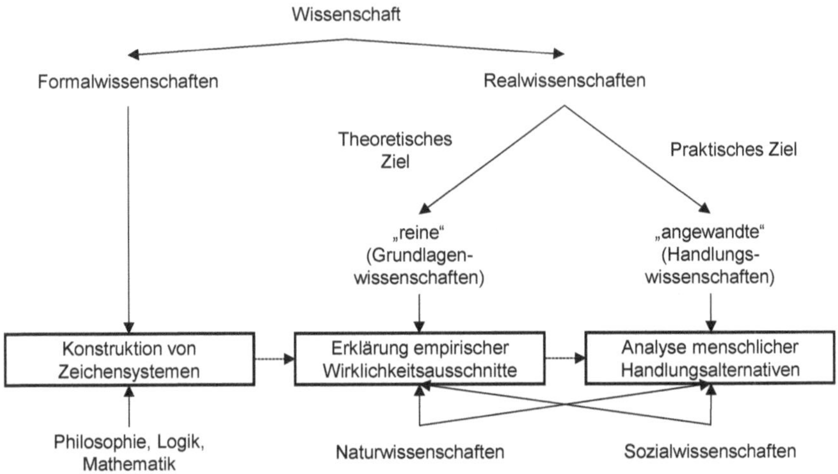

Abbildung 1-2: Unterscheidung in Formal- und Realwissenschaft (ULRICH U. HILL 1976a, S. 305)

Zu lösende Probleme in den Grundlagenwissenschaften entstehen aus dem Theoriezusammenhang, während sich die angewandten Handlungswissenschaften auf Probleme konzentrieren, die im Praxiszusammenhang entstehen (s. ULRICH 1981, S. 5–6). Ziel dieser Arbeit ist die Entwicklung einer Methode, welche die systematische Konfiguration der Resilienz in der Beschaffung ermöglicht (siehe Kapitel 1.2). Die Arbeit ist somit den Ingenieur- und Wirtschaftswissenschaften zuzuordnen und behandelt ein Problem, welches aus dem Praxiszusammenhang entsteht. Folglich ist die Arbeit innerhalb der angewandten Handlungswissenschaften einzuordnen.

Der Ansatz der angewandten Forschung umfasst verschiedene Forschungsaktivitäten, die in terminologisch-deskriptive, empirisch-induktive und analytisch-deduktive Aktivitäten gegliedert werden können (s. ULRICH U. HILL 1976b, S. 347). Ziel der terminologisch-deskriptiven Aktivitäten ist die Schaffung eines Begriffssystems zur Beschreibung der Forschungsobjekte (s. ULRICH U. HILL 1976b, S. 347). Empirisch-induktive Aktivitäten dienen der Untersuchung beobachtbarer Zusammenhänge, wobei aus verschiedenen Einzelbeobachtungen induktiv Hypothesen abgeleitet und empirisch überprüft werden (s. ULRICH U. HILL 1976b, S. 347). Analytisch-deduktive Aktivitäten verfolgen das Ziel, mithilfe logischer Schritte Modelle zu konstruieren und diese analytisch auszuwerten (s. ULRICH U. HILL 1976b, S. 347).

Die Struktur der Untersuchung orientiert sich an dem Ansatz zur angewandten Forschung nach ULRICH U. HILL (s. ULRICH U. HILL 1976b). Ein wissenschaftliches Vorgehen soll dabei sicherstellen, dass die Entwicklung der Modellvorstellungen systematisch, kontrolliert und kritisch erfolgt (s. NACHREINER 1997, S. 88). Die Arbeitsschritte des Forschungsprozesses (s. Abbildung 1-3) beinhalten terminologisch-deskriptive, empirisch-induktive und analytisch-deduktive Bestandteile (s. ULRICH U. HILL 1976b, S. 347).

Abbildung 1-3: Gliederung der Dissertationsschrift mit zugeordnetem Forschungsdesign (eigene Darstellung)

Ausgangspunkt dieses Dissertationsvorhabens ist der terminologisch-deskriptive Teil, in dem ein einheitliches Begriffssystem für den weiteren Forschungsprozess geschaffen wird. Dabei werden in Kapitel 1 die Ausgangssituation, Problemstellung und Zielsetzung beschrieben. In Kapitel 2 erfolgt die terminologische Einordnung zentraler Begriffe und die Eingrenzung des Untersuchungsbereichs. Kapitel 3 umfasst die detaillierte Analyse des aktuellen Erkenntnisstands. Durch eine Gegenüberstellung des wissenschaftlichen Erkenntnisstands und der praktischen Problemstellung lässt sich der Forschungsbedarf ermitteln.

In Kapitel 4 erfolgt die Herleitung des Konzeptansatzes, in dem Anforderungen an die Methode zur Konfiguration der Resilienz in der Beschaffung erläutert sowie die methodischen Grundlagen vorgestellt und die Vorgehensweise konkretisiert werden. Kernbestandteil dieses Dissertationsvorhabens ist die Entwicklung eines Beschreibungs-, Erklärungs- und Gestaltungsmodells, welches durch empirisch-induktive und analytisch-deduktive Aktivitäten erfolgt. Kapitel 5 dient der Beschreibung der Resilienz in der Beschaffung. Dazu wird zunächst ein Ordnungsrahmen zur Beschreibung und Strukturierung der Resilienz entwickelt. Anschließend wird dieser für den Kontext der Beschaffung konkretisiert. In Kapitel 6 erfolgt die Entwicklung eines strukturierten Resilienzpotenzialkatalogs. Dabei werden Potenziale zur Steigerung der Resilienz in der Beschaffung identifiziert und bezüglich ihrer Wirkung auf die Resilienz charakterisiert. Dies bildet die Grundlage zur Ermittlung von Potenzialkategorien. In Kapitel 7 werden die entwickelten Ergebnisse zusammengeführt und in eine Methode zur systematischen Konfiguration der Resilienz integriert. Dazu werden Kennzahlen zur Bewertung eines Resilienzportfolios definiert sowie die relevanten Zusammenhänge für die Bewertung und Gestaltung des Resilienzportfolios analysiert.

Die entwickelten Ergebnisse werden anschließend im empirisch-induktiven Teil überprüft. In Kapitel 8 erfolgt eine exemplarische Anwendung der erzielten Forschungsergebnisse mit dem die Ziel, diese hinsichtlich der inhaltlichen und formalen Anforderungen zu bewerten. Abschließend werden die Ergebnisse in Kapitel 9 zusammengefasst und ein Ausblick auf weitere Forschungsaktivitäten gegeben.

Aufbauend auf der Beschreibung der Ausgangssituation und Problemstellung wurde die Zielsetzung dieses Dissertationsvorhabens erläutert. Aus dieser lassen sich die grundlegenden Begrifflichkeiten und Zusammenhänge ableiten, welche im folgenden Kapitel erklärt werden. Dabei ist eine Betrachtung der Beschaffung sowie der Resilienz erforderlich. Die Struktur der Untersuchung folgt aus der wissenschaftstheoretischen Einordnung und der Orientierung an dem Ansatz zur angewandten Forschung.

2 Terminologie und Eingrenzung der Untersuchung

In diesem Kapitel werden die im Rahmen dieser Arbeit relevanten Begrifflichkeiten erläutert. Dazu werden in Kapitel 2.1 Aufgaben und Ziele der Beschaffung erklärt. In Kapitel 2.2 werden die Grundlagen zum Thema Resilienz dargestellt. Aufbauend auf diesen terminologischen Grundlagen wird die Untersuchung in Kapitel 2.3 näher eingegrenzt.

2.1 Beschaffung

Die Literatur verwendet unterschiedliche Begrifflichkeiten im Zusammenhang mit der Beschaffung von Gütern. Daher werden diese zunächst definiert und die im Rahmen dieser Arbeit genutzte Betrachtungsweise abgeleitet. Anschließend werden die Ziele und Aufgaben zusammengefasst. Außerdem wird die Beschaffung in den Kontext des Supply-Chain-Managements eingeordnet.

2.1.1 Definition der Beschaffung

Im Kontext der Versorgung eines Unternehmens mit benötigten Objekten werden unterschiedliche Begrifflichkeiten wie Beschaffung, Einkauf, Materialwirtschaft und Beschaffungslogistik verwendet (s. HEß 2017, S. 10–11; ARNOLDS ET AL. 2016, S. 1). Nach BECKMANN liegt der Fokus der Beschaffung und des Einkaufs auf der rechtlichen Verfügbarkeit der benötigten Produkte, während Beschaffungslogistik und Materialwirtschaft die physische Verfügbarkeit fokussieren (s. BECKMANN 2019, S. 61).

Beschaffung bezeichnet dabei alle Tätigkeiten in einem Unternehmen, die die Verfügbarkeit der benötigten, aber nicht selbst hergestellten Objekte, sicherstellen (s. KÜPPER 1984, S. 189; ARNOLD 1997, S. 3; BECKMANN ET AL. 2008, S. 255; GRÜN U. BRUNNER 2009, S. 90). Beschafft werden sowohl Objekte, die bei der Herstellung von Produkten verarbeitet werden (direktes Produktionsmaterial) als auch Objekte, die nicht direkt in das Produkt einfließen (indirekte Produkte und Dienstleistungen) (s. MELZER-RIDINGER 2008, S. 47–48). Bei den zu beschaffenden Objekten kann es sich sowohl um Roh-, Hilfs-, Betriebsstoffe und Zuliefererteile als auch um Handelsware, Ersatzteile, Dienstleistungen, Anlagen, Personal oder Kapital handeln (s. KÜPPER 1984, S. 189; GRÜN U. BRUNNER 2009, S. 90). Roh-, Hilfs-, Betriebsstoffe und Zuliefererteile werden unter dem Begriff Material zusammengefasst (s. GRÜN U. BRUNNER 2009, S. 91).

Mit dem Begriff Einkauf wird häufig der Fokus auf die operativen Tätigkeiten gelegt (s. ARNOLDS ET AL. 2016, S. 2). Dieser engere Betrachtungsrahmen weitet sich jedoch zunehmend, sodass sich die Begriffe Einkauf und Beschaffung annähern (s. HEß 2017, S. 10–11). LASCH unterscheidet hier zwischen Beschaffung im weiteren Sinne als umfassenden Begriff für alle Aktivitäten der Versorgung und Beschaffung im engeren Sinne für die operativen Tätigkeiten, wobei er diese mit dem Einkauf gleichsetzt (s. LASCH 2019, S. 2).

Beschaffungslogistik umfasst die logistischen Aktivitäten zur Gestaltung des Material- und Informationsflusses zwischen einem Unternehmen und seinen Lieferanten (s. BECKMANN ET AL. 2008, S. 255). Dazu zählen die Planung, Steuerung, Koordination, Kontrolle und Realisierung des Material- und Informationsflusses vom Warenausgang der Lieferanten bis zum Wareneingang bzw. der Materialbereitstellung in der Produktion beim Abnehmer (s. LASCH 2019, S. 2–3). Dabei verknüpft die Beschaffungslogistik die Distributionslogistik des Lieferanten mit der Produktionslogistik des Herstellers (s. STICH ET AL. 2013, S. 78–79).

BECKMANN und LASCH fassen unter Materialwirtschaft die innerbetrieblichen Vorgänge zur Bereitstellung von Material zusammen, zu denen auch die Lagerhaltung und Förderung zählt (s. BECKMANN ET AL. 2008, S. 255; LASCH 2019, S. 2). Dabei beschränkt sich die Materialwirtschaft nicht auf den Teilbereich der Beschaffung, sondern umfasst beispielsweise auch die Materialentsorgung (s. LASCH 2019, S. 2). Unter dem Begriff Integrierte Materialwirtschaft wird die Materialversorgung entlang der gesamten Supply-Chain betrachtet (s. HEß 2017, S. 10).

Im Rahmen dieser Arbeit wird in Anlehnung an SPILLE eine umfassende Betrachtungsweise des Beschaffungsbegriffs gewählt, die sämtliche Aktivitäten zur Versorgung des Unternehmens mit benötigten Objekten umfasst und die innerbetrieblichen Vorgänge zur Materialbereitstellung einschließt (s. SPILLE 2009, S. 29).

2.1.2 Ziele und Aufgaben der Beschaffung

Die Konzentration auf die Kernkompetenzen und die Tendenz zum Outsourcing tragen dazu bei, dass sich die Wertschöpfungstiefe in Unternehmen reduziert und der Anteil zu beschaffender Objekte ansteigt. Darüber hinaus führen die Globalisierung, die steigende Komplexität der zu beschaffenden Teile sowie die steigende Komplexität in Supply-Chains dazu, dass die Bedeutung der Beschaffung zunimmt. Die Beschaffung stellt somit einen wesentlichen Erfolgsfaktor bei der Stärkung der Wettbewerbsfähigkeit von Unternehmen dar. Der Erfolg der Beschaffung wird dabei maßgeblich durch die Lieferanten beeinflusst und Wettbewerbsvorteile entstehen häufig an den Schnittstellen zwischen Unternehmen. (s. STÖLZLE U. GAREIS 2002, S. 404; SCHUH U. HOPPE 2014, S. 5–6; LASCH 2019, S. 1–2)

Übergeordnetes Ziel der Beschaffung ist die langfristige Versorgungssicherung eines Unternehmens (s. WANNENWETSCH 2014, S. 116; PIONTEK 2016, S. 11). Gleichzeitig stellt die Optimierung der im Kontext der Materialbereitstellung stehenden Kosten und Leistungen zur Erhöhung der Wirtschaftlichkeit ein weiteres Ziel dar (s. PIONTEK 2016, S. 11). Dabei stehen eine hohe Versorgungssicherheit und geringe Kosten häufig in einem Zielkonflikt zueinander (s. BRÄKLING U. OIDTMANN 2019, S. 3). Darüber hinaus nennt MELZER-RIDINGER die Schaffung von Flexibilität und die Sicherstellung der Materialqualität als ergänzende Zielgrößen in der Beschaffung (s. MELZER-RIDINGER 2008, S. 29–30). Neben der Maximierung der Versorgungssicherheit und der Minimierung der Beschaffungskosten sind die Verkürzung der Time-to-Market und die Autonomieerhaltung des Unternehmens weitere strategische Ziele (s. BECKMANN ET AL. 2008,

S. 270). Mit Blick auf ihre Lieferanten streben Unternehmen zudem die Ermöglichung von Innovationen und die Sicherung von Wettbewerbsvorteilen durch einen bevorzugten Zugang zu Versorgungsquellen an (s. SCHIELE 2019, S. 48). Die Beschaffungslogistik wiederum verfolgt entsprechend der Kernaufgabe der Logistik das Ziel, die richtige Ware zur richtigen Zeit am richtigen Ort, in der richtigen Menge, in der richtigen Qualität und zu möglichst geringen Kosten sicherzustellen (s. STICH ET AL. 2013, S. 79).

Die Aufgaben der Beschaffung lassen sich in strategische und operative Aufgaben einteilen. Im Rahmen des strategischen Beschaffungsmanagements werden die Strategien und Rahmenbedingungen zur Gestaltung der Beschaffungsaktivitäten und Schaffung von Erfolgspotenzialen bestimmt (s. BECKMANN ET AL. 2008, S. 256–257). Diese bilden die Vorgaben für die Durchführung der Geschäftsprozesse in der operativen Beschaffung, welche das Tagesgeschäft umfasst (s. WANNENWETSCH 2014, S. 115).

Innerhalb der strategischen Beschaffung wird die Beschaffungspolitik definiert. Diese setzt sich aus den Bausteinen Beschaffungsprogrammpolitik, Lieferantenpolitik, Kontraktpolitik und Lagerpolitik zusammen (s. Abbildung 2-1). (s. MELZER-RIDINGER 2008, S. 64)

Abbildung 2-1: Bausteine der Beschaffungspolitik (eigene Darstellung)

Bei der Gestaltung der Beschaffungsprogrammpolitik entscheidet ein Unternehmen über die eigene Fertigungstiefe, Möglichkeiten zur Standardisierung und Substitution von Material sowie Eigenschafts- und Qualitätsanforderungen (s. BECKMANN 2019, S. 27). Die Lieferantenpolitik stellt sicher, dass einem Unternehmen ausreichend leistungsfähige Lieferanten zur Verfügung stehen (s. MELZER-RIDINGER 2008, S. 74). Neben der Gestaltung der Lieferantenbasis und -struktur sind die Motivation und die Zusammenarbeit mit den Lieferanten weitere Bestandteile (s. ARNOLDS ET AL. 2016, S. 207). Konkrete Fragestellungen betreffen die Definition der Anforderungen an die Lieferanten, die Festlegung der Lieferantenanzahl, die Auswahl der Beschaffungsmärkte und die Auswahl von Instrumenten zur Bewertung der Leistungsfähigkeit (s. MELZER-RIDINGER 2008, S. 74–75). Die Kontraktpolitik bestimmt die vertraglichen Beziehungen zwischen Abnehmer und Lieferanten (s. BECKMANN 2019, S. 34). Sie umfasst u. a. individuelle oder allgemeine Vereinbarungen und Forderungen beispielsweise zu Preisen und Lieferbedingungen oder die Festlegung auf lang- oder kurzfristige Verträge (s. MELZER-RIDINGER 2008, S. 94). Innerhalb der Lagerpolitik wird über die Notwendigkeit von Lagern entschieden und die Bereitstellungsart festgelegt (s. BECKMANN 2019, S. 34). Mögliche Bereitstellungsarten sind die Vorratsbeschaffung, die Einzelbeschaffung im Bedarfsfall, die einsatzsynchrone Beschaffung, die Kanban-Beschaffung, „Vendor Managed Inventory" (dt. „vom Anbieter verwalteter Bestand") und Konsignationslager. Sie unterscheiden sich bzgl. der Frage, ob Material gelagert wird und wer für die Bestandsverwaltung verantwortlich ist. (s. MELZER-RIDINGER 2008, S. 164)

Neben den oben beschriebenen Bausteinen werden bei der Gestaltung der Beschaffungsstrategie häufig verschiedene Sourcing-Strategien, die auf unterschiedliche Dimensionen ausgerichtet sind, miteinander kombiniert (s. LASCH 2019, S. 3). Sourcing-Strategien stellen dabei unterschiedliche Möglichkeiten für die Beschaffung von Sachgütern dar (s. BECKMANN ET AL. 2008, S. 280). Eine häufig verwendete Strukturierung sind die Sourcing-Strategieelemente nach ARNOLD UND EßIG, die das Beschaffungsareal, die Lieferanten, das Beschaffungsobjekt, die Beschaffungszeit, den Wertschöpfungsort und das Beschaffungssubjekt umfassen (s. ARNOLD U. EßIG 2000, S. 126ff., zit. n. EßIG 2005, S. 6-8; BECKMANN ET AL. 2008, S. 261). Die verschiedenen Ausprägungen in den einzelnen Dimensionen sind in Abbildung 2-2 dargestellt.

Beschaffungsareal	lokal	national	global	
Lieferant	Sole	Single	Dual	Multiple
Beschaffungsobjekt	Teil	Modul	System	
Beschaffungszeit	auf Vorrat	bedarfsbezogen	Just-in-Time	
Wertschöpfungsort	extern	intern		
Beschaffungssubjekt	individuell	kooperativ		

Abbildung 2-2: Sourcing-Konzepte nach ARNOLD (ARNOLD 1996, Sp. 1872, leicht modifiziert, zit. n. EßIG 2005, S. 8, von der Autorin ins Deutsche übersetzt)

Im Rahmen der operativen Beschaffung wird der Bedarf an fremdbezogenen Material ermittelt, die Bestellmenge festgelegt und die Bestellung umgesetzt (s. BECKMANN 2019, S. 44). Gestaltungsfelder im Kontext der Beschaffungslogistik umfassen das Materialgruppen-, das Lieferanten-, das Kooperations- und das Logistikmanagement (s. BECKMANN 2019, S. 26). Die relevanten Aufgaben innerhalb der Beschaffungslogistik umfassen die Planung der Beschaffungsmengen sowie die Planung und Durchführung der Prozesse von der tatsächlichen Bestellung bis zur Vereinnahmung der Waren (s. SCHUH U. HOPPE 2014, S. 7).

2.1.3 Einordnung der Beschaffung

Die Beschaffung wird im Folgenden einerseits bzgl. der Aufgaben innerhalb eines Unternehmens und andererseits im Kontext des Supply-Chain-Managements eingeordnet.

Zur Einordnung der Beschaffung in die Aufgaben eines Unternehmens kann die Wertkette nach PORTER verwendet werden. Das Modell beinhaltet die Teilbereiche eines Unternehmens, in denen Aktivitäten entlang des Wertschöpfungsprozesses auftreten, und ist auf unterschiedliche Branchen anwendbar. PORTER unterscheidet zwischen Primäraktivitäten und unterstützenden Aktivitäten. Primäraktivitäten tragen direkt zur Herstellung und Absatz eines Gutes bei. Unterstützende Aktivitäten hingegen sind erforderliche Inputgrößen und infrastrukturelle Bedingungen, die zur Durchführung der Primäraktivitäten benötigt werden. In diesem Modell zählt die Beschaffung zu den unterstützenden Aktivitäten. (s. PORTER 2014, 61ff.)

Darüber hinaus kann die Einordnung der Beschaffung mithilfe von Referenzmodellen erfolgen. Gemäß HACHTEL U. HOLZBAUER sind Referenzmodelle umfassende, allgemeine und problemübergreifende Modelle und bilden somit einen konzeptionellen Rahmen. Dieser Rahmen dient zur Orientierung bei der Gestaltung spezieller und spezifischer Modelle. (s. HACHTEL U. HOLZBAUR 2010, S. 134)

Ein Referenzmodell zur Strukturierung der relevanten Zusammenhänge in der Produktionsplanung und -steuerung ist das Aachener PPS-Modell (s. SCHUH ET AL. 2012a, S. 11–12). In diesem Modell lässt sich die Beschaffung der Fremdbezugsplanung und -steuerung als Bestandteil der Kernaufgaben, die zum Fortschritt im Produktionsprozess beitragen, zuordnen (s. SCHUH ET AL. 2012b, S. 30).

Zur Einordnung der Beschaffung in das Supply-Chain-Management wird das Supply-Chain-Operations-Reference(SCOR)-Modell verwendet. Supply-Chain-Management stellt die unternehmensübergreifende Koordination logistischer Aktivitäten entlang der Supply-Chain dar. Der Betrachtungsbereich umfasst sämtliche Material- und Informationsflüsse entlang des Netzwerks von Rohstofflieferanten bis zum Endkunden. (s. SCHUH ET AL. 2013, S. 14) Das SCOR-Modell ist ein vom *Supply Chain Council* entwickeltes Referenzmodell mit dem Ziel, Unternehmen bei der Verbesserung ihrer Supply-Chain-Prozesse zu unterstützen (s. APICS (HRSG.) 2017, S. ii). Das SCOR-Modell dient zur Bewertung und zum Vergleich der Supply-Chain-Aktivitäten und Leistung. Es verbindet Geschäftsprozesse, Kennzahlen, Best Practices und Technologien. Dadurch wird die Kommunikation zwischen Supply-Chain-Partnern unterstützt und die Effektivität des Supply-Chain-Managements gesteigert (s. APICS (HRSG.) 2017, S. iv). Der Bereich Prozesse enthält standardisierte Beschreibungen einzelner Managementprozesse und deren Beziehung. Im hierarchisch aufgebauten Modell werden auf oberster Ebene die Prozesstypen Planen, Beschaffen, Herstellen, Liefern, Zurückliefern und Befähigen unterschieden. (s. APICS (HRSG.) 2017, S. ix) Abbildung 2-3 veranschaulicht die Prozesstypen über mehrere Unternehmen hinweg.

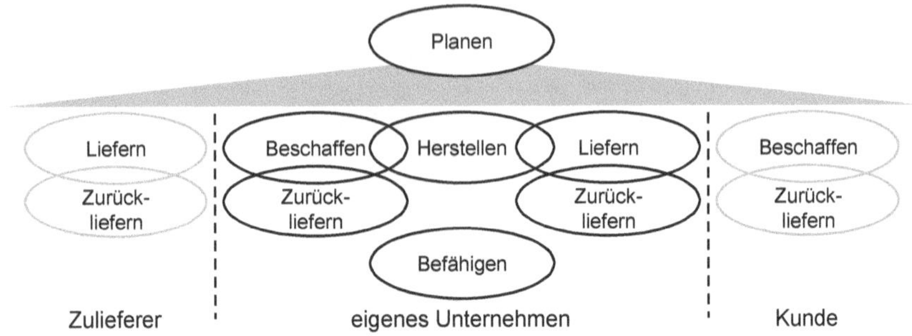

Abbildung 2-3: SCOR-Prozesstypen (eigene Darstellung i. A. a. APICS (HRSG.) 2017, S. v)

Die Beschaffung ist folglich Bestandteil des Supply-Chain-Managements und lässt sich an der Schnittstelle zu den Lieferanten einordnen.

2.2 Resilienz

Resilienz ist ein multidimensionales Konzept, welches aus unterschiedlichen Betrachtungswinkeln und Domänen wie der Psychologie, der Ökologie, der Ökonomie, den Sozialwissenschaften, der Organisationstheorie, dem Notfallmanagement und dem Supply-Chain-Management betrachtet wird (s. PONIS U. KORONIS 2012, S. 921–924; PONOMAROV U. HOLCOMB 2009, S. 125–131; PETTIT ET AL. 2010, S. 3; KAMALAHMADI U. PARAST 2016, S. 119) und in einem engen Zusammenhang mit Störungen steht. Zur Einordnung der Resilienz wird daher zunächst der Begriff Resilienz definiert und anschließend werden Störungen im Kontext der Resilienz erläutert. Außerdem wird Resilienz in Bezug auf das Risikomanagement sowie bzgl. der Konzepte Robustheit, Agilität und Flexibilität eingeordnet und abgegrenzt.

2.2.1 Definition der Resilienz

Der Begriff Resilienz lässt sich auf das lateinische Wort *resilire* zurückführen, welches „zurückspringen" bedeutet (s. DUDEN (HRSG.) 2021). Als eine der ersten Definitionen wird häufig jene von HOLLING zitiert, der den Begriff Resilienz im Kontext von Ökosystemen nutzt und gegenüber Stabilität abgrenzt. Gemäß HOLLING ist Resilienz die Fähigkeit eines Systems, trotz veränderter Variablen zu bestehen, während Stabilität die Rückkehr in einen Gleichgewichtszustand ermöglicht (s. HOLLING 1973, S. 17). Nach ROMEIKE zielt Resilienz auf die „Toleranz eines Systems gegenüber Störungen" ab, wobei der Ursprung der Störungen innerhalb oder außerhalb des Systems liegen kann (ROMEIKE 2018, S. 209). Übergeordnete Elemente der Resilienz aus verschiedenen Disziplinen umfassen die Fähigkeit eines Systems, auf Veränderungen zu reagieren und entweder zum ursprünglichen Zustand oder einem besseren Zustand zurückzukehren sowie in Störungssituationen die Kontrolle über das System und seine Funktionen zu behalten (s. PONOMAROV U. HOLCOMB 2009, S. 131–132).

Für die Herleitung der im Kontext dieser Arbeit verwendeten Definition sind vor allem die Bereiche der organisationalen Resilienz und der Supply-Chain-Resilienz relevant, da die Beschaffung wie oben beschrieben einen wesentlichen Teilbereich der Supply-Chain darstellt und durch die Zusammenhänge und Wechselwirkungen innerhalb von Supply-Chains beeinflusst wird. Ein Großteil der Autoren betrachtet Resilienz als eine Fähigkeit (s. KOCHAN U. NOWICKI 2018, S. 845). Es existiert jedoch sowohl im Bereich der organisationalen Resilienz als auch im Bereich der Supply-Chain-Resilienz keine einheitliche Definition.

Definitionen aus dem Bereich der Supply-Chain-Resilienz betrachten das Konzept auf unterschiedlichen Ebenen: Unternehmens-, Netzwerk- und systemweite Perspektive (s. ALI ET AL. 2017, S. 21). Im Kontext organisationaler Resilienz wird neben der Unternehmensperspektive auch die Resilienz einzelner Mitarbeiter betrachtet (s. SUTCLIFFE U. VOGUS 2003, S. 99; LINNENLUECKE 2017, S. 25). Die Resilienz eines Systems ist dabei abhängig von der Resilienz der einzelnen Subsysteme (s. KAMALAHMADI U. PARAST 2016, S. 120).

Im Bereich organisationaler Resilienz unterscheiden ANNARELLI U. NONINO in Anlehnung an ROSE zwischen statischer und dynamischer Resilienz. Statische Resilienz umfasst Vorbereitung und präventive Maßnahmen mit dem Ziel, die Auswirkungen von Störungen zu verringern. Dynamische Resilienz hingegen zielt auf den Umgang mit Störungen ab, wobei die Erholung möglichst schnell erfolgen soll. (s. ANNARELLI U. NONINO 2016, S. 3; ROSE 2004, S. 308; ROSE 2007, S. 384–385)

ALI ET AL. untersuchen in einer systematischen Literaturanalyse 59 verschiedene Definitionen im Kontext Supply-Chain-Resilienz und identifizieren dabei drei Konstrukte, die genutzt werden, um Supply-Chain-Resilienz zu definieren und in unterschiedlicher Form in den Definitionen betrachtet werden: Diese umfassen Phasen der Resilienz, Resilienzstrategien und erforderliche Eigenschaften (s. ALI ET AL. 2017, S. 21). Diese Struktur ist in Abbildung 2-4 dargestellt.

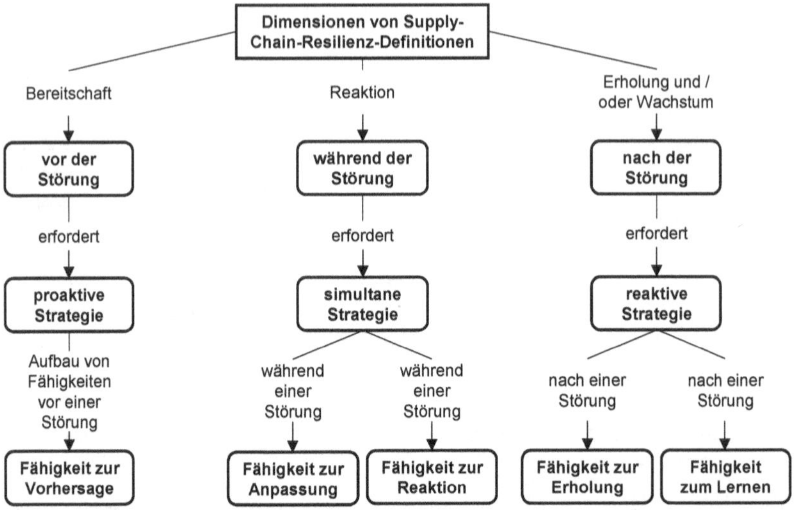

Abbildung 2-4: Strukturierung von Supply-Chain-Resilienz-Definitionen (eigene Darstellung i. A. a. ALI ET AL. 2017, S. 24)

Die betrachteten Phasen der Resilienz beziehen sich auf die Zeiträume vor, während und nach einer Störung. Nach ALI ET AL. beziehen sich ältere Definitionen vor allem auf die Zeiträume während und nach einer Störung, während jüngere Definitionen zusätzlich den Zeitraum vor einer Störung im Sinne einer Vorbereitungsphase beinhalten. Darüber hinaus wird in den jüngeren Definitionen der Aspekt des Wachstums bzw. der Leistungssteigerung nach einer Störung berücksichtigt. Weniger als ein Fünftel der Definitionen beinhalten alle Phasen. (s. ALI ET AL. 2017, S. 21) So beschreiben beispielsweise CHRISTOPHER U. PECK Resilienz in einer der ersten Definitionen im Kontext Supply-Chain-Resilienz als Fähigkeit eines Systems, nach einer Störung zum Ursprungszustand zurückzukehren oder einen besseren Zustand zu erreichen. Wesentliche Aspekte dabei sind Flexibilität und Anpassungsfähigkeit (s. CHRISTOPHER U. PECK 2004, S. 2). PONIS U. KORONIS definieren Supply-Chain-Resilienz als Fähigkeit zur proaktiven Planung und Gestaltung des Supply-Chain-Netzwerks zur Vorbereitung auf unerwartete Störungen, Reaktion auf diese Störungen, Erhalt der Funktionsfähigkeit und Erreichen eines stabilen Betriebszustands, der idealerweise vorteilhafter ist als vor dem Eintritt der Störung (s. PONIS U. KORONIS 2012, S. 925–926). Dies stellt somit ein Beispiel für eine Definition dar, die alle Phasen beinhaltet.

Unterschiedliche Definitionen beinhalten gemäß ALI ET AL. darüber hinaus verschiedene Strategien für den Umgang mit Störungen, welche in die drei Hauptkategorien proaktiv, simultan und reaktiv eingeteilt werden können. Während proaktive Strategien vor einer Störung relevant sind, beziehen sich simultane Strategien auf den Zeitpunkt des Störungseintritts und reaktive Strategien auf den Zeitraum nach einer Störung. Planung, vorausschauende Warnungen und Vorbereitung zählen zu proaktiven Strategien. Veränderungen bewältigen, sich anpassen und reagieren beziehen sich auf simultane Strategien und Erholung und Rückkehr zum ursprünglichen oder neuen Leistungsniveau stellen reaktive Strategien dar. Dabei wird die simultane Strategie in den Definitionen häufig als Teil der reaktiven Strategie gefasst. (s. ALI ET AL. 2017, S. 21–22)

Für eine detailliertere Unterteilung der Definitionen analysieren ALI ET AL. die genannten Eigenschaften, die für das Erreichen von Resilienz erforderlich sind, und fassen diese in fünf Gruppen zusammen: Vorhersage-, Anpassungs-, Reaktions-, Erholungs- und Lernfähigkeit. Im Fokus stehen in vielen Definitionen die Anpassungs- und Erholungsfähigkeit, während die Lernfähigkeit derzeit kaum Beachtung findet. (s. ALI ET AL. 2017, S. 23)

Anhand dieser Konstrukte können Definitionen von Supply-Chain-Resilienz in enger gefasste Definitionen, die nur einzelne Aspekte der Phasen, Strategien und Eigenschaften enthalten, und umfassende Definitionen, die alle Phasen und Strategien implizieren, aufgeteilt werden (s. ALI ET AL. 2017, S. 23).

Als weiteres Unterscheidungsmerkmal verschiedener Definitionen nennen PIRES RIBEIRO U. BARBOSA-POVOA das betrachtete Ereignis, auf das die Resilienz bezogen wird. Während sich Resilienz in einigen Definitionen auf massive Störungen bezieht, schließen andere Definitionen alle Arten von Unterbrechungen mit ein (s. PIRES RIBEIRO U. BARBOSA-POVOA 2018, S. 116). TUKAMUHABWA ET AL. und HOSSEINI ET AL. betonen zudem, dass Kosten als wesentlicher Aspekt in Resilienzdefinitionen aufgenommen werden sollten (s. TUKAMUHABWA ET AL. 2015, S. 5595; HOSSEINI ET AL. 2019, S. 291).

Mit explizitem Bezug zur Beschaffung definieren DABHILKAR ET AL., VANPOUCKE U. ELLIS und PEREIRA ET AL. versorgungsseitige Resilienz (s. DABHILKAR ET AL. 2016, S. 949–950; VANPOUCKE U. ELLIS 2019, S. 13; PEREIRA ET AL. 2020, S. 2). Versorgungsseitige Resilienz wird dabei als Fähigkeit des kaufenden Unternehmens beschrieben, durch Ressourcenmanagement mithilfe von Antizipation, Anpassung, Reaktion, Erholung und Lernen mit Störungen umzugehen (s. PEREIRA ET AL. 2020, S. 2).

Für diese Arbeit wird eine umfassende Betrachtungsweise gewählt und Resilienz als Fähigkeit eines Unternehmens definiert, sich auf potenzielle Störungen vorzubereiten, auf Störungen zu reagieren und sich anzupassen sowie nach einer Störung zum Ursprungszustand zurückzukehren oder einen besseren Zustand zu erreichen. Dabei ist das Ziel, durch präventive Maßnahmen die Auswirkungen von Störungen möglichst gering zu halten und im Falle einer Störung möglichst schnell und kosteneffizient zum Ursprungszustand zurückzukehren.

2.2.2 Störungen und Unsicherheiten

Resilienz bezieht sich auf den Umgang mit Störungen. Eine Störung stellt eine „durch das Auftreten von Störgrößen hervorgerufene zeitlich befristete Einwirkung auf die (inner- und überbetriebliche) Leistungserstellung" dar (FISCHÄDER 2007, S. 28). Gemäß

FISCHÄDER stellen Störungen Ursache-Wirkungsketten dar, welche durch das Einwirken von Störgrößen auf ein System (Störungsursachen) entstehen und eine Abweichung oder Beeinträchtigung (Störungswirkung) hervorrufen können. Die Störungswirkung ist abhängig von den Eigenschaften des Produktionssystems und den Maßnahmen im Rahmen der Störungsreaktion. Nach diesem Verständnis folgen auf Störungsursachen nicht notwendigerweise Störungswirkungen. Es kann demnach eine Störung vorliegen, obwohl keine Störungswirkung auftritt. (s. FISCHÄDER 2007, S. 28–30)

IVANOV setzt Störungen in Zusammenhang mit Unsicherheit und Risiko. Unsicherheit existiert in jedem System, welches ein gewisses Maß an Komplexität besitzt. Aus Unsicherheit entsteht Risiko, das wiederum zu einer Störung führen kann. (s. IVANOV 2018, S. 21)

Nach HEIL sind Störungen durch ihren Prozessbezug, ihren zeitlichen Verlauf, die Störungsursache und die Störungswirkung gekennzeichnet (s. HEIL 1995, S. 55).

Störungen weisen einen charakteristischen zeitlichen Verlauf auf, der sich aus einer manifesten Phase und einer Latenzphase zusammensetzt (s. Abbildung 2-5).

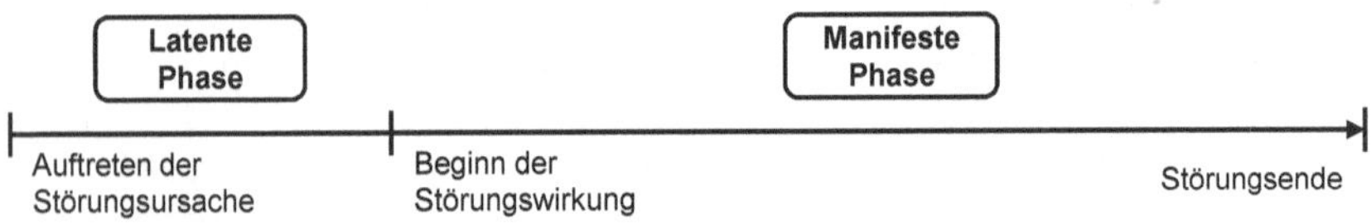

Abbildung 2-5: Störungsverlauf (eigene Darstellung i. A. a. HEIL 1995, S. 72)

Die manifeste Phase bezeichnet die Zeit zwischen dem Beginn und dem Ende der Störungswirkung. Die latente Phase ist der manifesten Phasen vorgelagert und umfasst die Zeit zwischen dem Eintreten der Störungsursache bis zum Auftreten der Störungswirkung. Dabei existieren Störungen, bei denen Störungsursache und Störungswirkung zeitlich zusammenfallen und die demnach keine latente Phase besitzen. (s. HEIL 1995, S. 70–71). Mit Bezug auf den zeitlichen Aspekt von Störungen sind die Geschwindigkeit, in der das Ereignis eintritt, die Geschwindigkeit, mit der Verluste auftreten und die Geschwindigkeit, mit der das Störereignis entdeckt wird, relevant (s. MANUJ U. MENTZER 2008, S. 197).

In Bezug auf die Störungsursache unterscheidet HEIL zwischen der Entstehungssphäre (internen und externen Ursachen) und der materiellen Ursache (Bedingungs- und Aktionsursachen). Beispiele für Bedingungsursachen stellen die Aufbau- und Ablauforganisation sowie die Planung dar, während Betriebsmittel, Personal und Material Beispiele für Aktionsursachen sind. (s. HEIL 1995, S. 87) Dabei kann auch die Kombination mehrerer Einzelursachen zu einer Störung führen (s. HEIL 1995, S. 83).

Als Störungswirkung können Ausfall, Verminderung, Verzögerung, Verschlechterung oder Unterbrechung von Prozessverläufen und -ergebnissen entstehen. Dabei lassen sich die Auswirkungen gemäß dem Wirkungsort (intern und extern) und dem Wirkungsobjekt (Prozess- und Ergebniswirkung) unterscheiden. (s. HEIL 1995, S. 90–91)

Ursachen von Störungen im Supply-Chain-Kontext lassen sich in fünf Quellen von Unsicherheiten einteilen: Supply-Chain-externe Unsicherheiten entstehen aus der Umwelt der Supply-Chains und können beispielsweise Naturkatastrophen sein. Versorgungsunsicherheiten umfassen Unterbrechungen in der Güter- oder Informationsversorgung auf der Beschaffungsseite. Nachfrageunsicherheiten resultieren aus Veränderungen auf der Absatzseite. Unternehmensinterne Unsicherheiten beziehen sich auf die Ausführung von Prozessen (Prozessunsicherheiten) und auf deren Management (Kontrollunsicherheiten). (s. MASON-JONES U. TOWILL 1998, S. 17; CHRISTOPHER U. PECK 2004, S. 4–6) Innerhalb eines Unternehmens können sich Störungen auf die Bereiche der Güterversorgung, der Güterbearbeitung und der Güternachfrage auswirken (s. ZITZMANN 2018, S. 61). Die Ursachen und Auswirkungen von Unsicherheiten in der Supply-Chain sind in Abbildung 2-6 zusammengefasst.

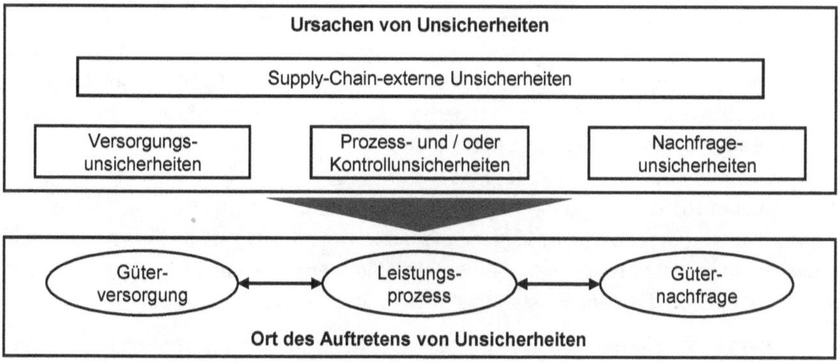

Abbildung 2-6: Ursachen und Auswirkungen von Unsicherheiten (ZITZMANN 2018, S. 62)

Störungen im Kontext von Supply-Chains können darüber hinaus anhand ihrer Intensität und Reichweite charakterisiert werden (s. BIEDERMANN 2018, S. 51). Im Rahmen einer räumlichen Abgrenzung können in einem Wertschöpfungsnetzwerk einzelne Knotenpunkte, Transportverbindungen zwischen Knotenpunkten oder das gesamte Netzwerk von Störereignissen betroffen sein (s. KIM ET AL. 2015, S. 49–50). Darüber hinaus ist die Dauer der Störung relevant (s. NAMDAR ET AL. 2018, S. 2340).

2.2.3 Einordnung und Abgrenzung zu anderen Konzepten

Beim Umgang mit Störungen und Unsicherheiten in Supply-Chains wird häufig das Thema Risikomanagement bzw. Supply-Chain-Risikomanagement genannt. Außerdem besteht Uneinigkeit über den Zusammenhang zwischen Robustheit, Agilität und Resilienz. Daher werden die Themen Resilienz, Risikomanagement, Robustheit und Agilität im Folgenden gegeneinander abgegrenzt.

Gemäß DIN 31000 koordiniert das Risikomanagement Aktivitäten zur Lenkung und Steuerung einer Organisation in Bezug auf Risiken, wobei Risiken die Auswirkungen von Unsicherheiten auf Ziele darstellen (DIN ISO 31000, S. 7). Kernelemente des Risikomanagementprozesses stellen die Risikoidentifikation, die Risikoanalyse und die Risikosteuerung dar (DIN ISO 31000, S. 16). Supply-Chain-Risikomanagement (SCRM) baut auf dem Konzept des Risikomanagements auf und kann als Schnittmenge der Bereiche Supply-Chain-Management und Risikomanagement betrachtet werden. Somit wird der Aktions- und Betrachtungsrahmen unternehmensübergreifend auf die Supply-Chain-Ebene erweitert. (s. SCHRÖDER 2019, S. 23–24)

Gemäß ZITZMANN grenzen sich Supply-Chain-Resilienz und SCRM insofern gegeneinander ab, dass es sich beim SCRM um einen Managementprozess handelt, der Risiken identifiziert, bewertet und steuert, während das Konzept der Resilienz eine Eigenschaft darstellt, die eine Supply-Chain zum Umgang mit Unsicherheiten befähigen soll. Zur Erreichung dieser Eigenschaft ist der Einsatz verschiedener Instrumente im Rahmen des Supply-Chain-Managements erforderlich. Da resiliente Supply-Chains in der Lage sind, Risiken zu bewältigen, können dieses Konzept und die Werkzeuge zu ihrer Umsetzung zur Steuerung von Risiken im Rahmen des SCRMs genutzt werden. (s. ZITZMANN 2018, S. 85) Risikomanagement fokussiert die Identifikation von Risiken. Diese können in einem volatilen Umfeld jedoch häufig nur unzureichend vorhergesagt und im Vorfeld erkannt werden. (s. FIKSEL ET AL. 2015, S. 81) Eine Schwachstelle des traditionellen Risikomanagements gegenüber Resilienz ist somit der mangelnde Umgang mit unvorhersehbaren Ereignissen (s. PETTIT ET AL. 2010, S. 5). Das Konzept der Resilienz kann daher Risikomanagementaktivitäten ergänzen und erweitern (s. PETTIT ET AL. 2010, S. 2). Diesem Verständnis folgt auch die vorliegende Arbeit.

Robustheit wird teilweise als Bestandteil von Resilienz und teilweise als separates Konzept betrachtet (s. BRANDON-JONES ET AL. 2014, S. 67; MACKAY ET AL. 2020, S. 1546–1547). CHRISTOPHER U. PECK unterscheiden zwischen Robustheit und Resilienz. Während Robustheit auf die Fähigkeit abzielt, Störungen zu widerstehen, bezieht sich Resilienz auf die Rückkehr zum ursprünglichen oder einem neuen Zustand nach einer Störung (s. CHRISTOPHER U. PECK 2004, S. 2). Eine resiliente Supply-Chain ist somit robust, eine robuste Supply-Chain aber nicht zwingend resilient. Resilienz geht folglich über Robustheit hinaus. (s. CHRISTOPHER U. RUTHERFORD 2004, S. 24–25) Diese Sichtweise vertreten auch ADENSO-DÍAZ ET AL.: Ein robustes System kann einer Störung widerstehen, während ein resilientes System eine Störung verarbeiten und sich dann anpassen kann (s. ADENSO-DÍAZ ET AL. 2018, S. 5106). In dieser Arbeit wird Robustheit in Anlehnung an WIELAND U. WALLENBURG, KOCHAN U. NOWICKI und BIEDERMANN als Dimension von Resilienz verstanden (s. WIELAND U. WALLENBURG 2013, S. 302; KOCHAN U. NOWICKI 2018, S. 848; BIEDERMANN 2018, S. 129–130). Robustheit bezeichnet dabei die Fähigkeit, Veränderungen zu widerstehen, ohne dass Anpassungen erforderlich sind (s. WIELAND U. WALLENBURG 2012, S. 890).

Gemäß KOCHAN U. NOWICKI werden Agilität und Flexibilität von einigen Autoren als Fähigkeiten zur Schaffung von Resilienz genannt. Andere Autoren betrachten diese als eigenständige Konzepte. Zusätzlich besteht Uneinigkeit darüber, ob Flexibilität eine Dimension von Agilität darstellt oder es sich hierbei um zwei voneinander abgegrenzte Eigenschaften handelt. (s. KOCHAN U. NOWICKI 2018, S. 848) In dieser Arbeit wird dem

Verständnis von CHRISTOPHER U. PECK gefolgt, die Agilität als Bestandteil von Resilienz betrachten (s. CHRISTOPHER U. PECK 2004, S. 7). Agilität ist dabei definiert als die Fähigkeit, schnell auf unvorhersehbare Veränderungen zu reagieren (s. CHRISTOPHER U. PECK 2004, S. 10). Diese Ansicht vertreten u. a. auch WIELAND U. WALLENBURG sowie BIEDERMANN (s. WIELAND U. WALLENBURG 2013, S. 302; BIEDERMANN 2018, S. 128–129). Flexibilität ist die Fähigkeit eines offenen, dynamischen, sozio-technischen Systems, mittels eines vorhandenen (Flexibilitäts-)Potenzials auf relevante system- oder umweltinduzierte Veränderungen zu reagieren (s. PIBERNIK 2001, S. 45). Flexibilität wird daher im Rahmen dieser Arbeit als Bestandteil von Agilität verstanden.

2.3 Eingrenzung der Untersuchung

Die fokussierte Beantwortung der Forschungsfragen erfordert eine Eingrenzung der Untersuchung. Die Eingrenzung der Untersuchung erfolgt unter Berücksichtigung der Ausgangssituation und Problemstellung (s. Kapitel 1.1) sowie der Zielsetzung (s. Kapitel 1.2). Außerdem wird die Zielgruppe bestimmt.

Diese Arbeit dient dem Ziel, eine Methode zu entwickeln, welche die systematische Konfiguration der Resilienz in der Beschaffung unterstützt. Dabei wird, wie in Kapitel 2.2.1 erläutert, eine umfassende Sichtweise und Definition der Resilienz gewählt. Im Betrachtungsrahmen dieser Arbeit liegen somit sowohl statische als auch dynamische Aspekte der Resilienz. Berücksichtigt werden daher Robustheit und Agilität als Dimensionen von Resilienz.

Innerhalb der Beschaffung können unterschiedliche Güter beschafft werden (s. Kapitel 2.1.1). Im Rahmen dieser Arbeit liegt der Fokus auf Rohmaterialien und Zwischenprodukten. Die Beschaffung von Personal oder Finanzmitteln wird innerhalb der zu entwickelnden Methode nicht berücksichtigt. Die betrachteten Güter umfassen somit das direkte Produktionsmaterial. Außerdem wird der Fokus auf die strategischen Aspekte der Beschaffung gelegt. Diese bilden die Grundlage für die Identifikation der Resilienzpotenziale. Da die strategischen Entscheidungen den Handlungsrahmen für die operative Umsetzung vorgeben, werden die operativen Prozesse, wo erforderlich, behandelt.

Die Eingrenzungen im Rahmen der Beschaffung stehen in direktem Zusammenhang mit der Zielgruppe. Die Methode richtet sich vornehmlich an produzierende Unternehmen. Unter Produktion wird dabei die Erzeugung von Ausbringungsgütern (Produkten) aus verschiedenen Einsatzgütern (Produktionsfaktoren) im Rahmen eines Transformationsprozesses verstanden (s. GÜNTHER U. TEMPELMEIER 2016, S. 6–7). Da auch Handelsunternehmen Güter beziehen, können Teile der Ergebnisse auch auf diesen Kontext übertragen und angewendet werden. Innerhalb eines Unternehmens richtet sich die Methode an Strategieabteilungen sowie Personen aus den Bereichen der strategischen Beschaffungs- und Bestandsplanung. Darüber hinaus kann die Methode auch als Rahmen für Strategieberatungen dienen.

Die terminologische Einordnung zentraler Begriffe stellt ein einheitliches Verständnis des Forschungsbereichs sicher. Die diesem Dissertationsvorhaben zugrundeliegenden Definitionen der Beschaffung und der Resilienz beziehen sich jeweils auf umfassende Betrachtungsweisen. Darüber hinaus ermöglicht die terminologischen Einordnung vor dem Hintergrund der Ausganssituation und Problemstellung sowie der Zielsetzung die Eingrenzung der Untersuchung.

3 Stand der Erkenntnisse

Im Folgenden wird der Stand der Forschung im Kontext Resilienz in der Beschaffung analysiert und der Forschungsbedarf abgeleitet. Anhand der beschriebenen Problemstellung wird deutlich, dass ein mangelndes Verständnis von Resilienz eine wesentliche Herausforderung bei der Gestaltung derselben darstellt. In diesem Zusammenhang bildet ein Verständnis darüber, welche Aspekte Resilienz ausmachen, eine wesentliche Grundlage für die systematische Analyse und Gestaltung der Resilienz. Außerdem besteht Unklarheit darüber, wie Resilienz praktisch umgesetzt und gesteigert werden kann. Es sind somit konkrete Gestaltungsoptionen und -empfehlungen erforderlich. Im Folgenden werden daher sowohl Ansätze analysiert, die zu einem verbesserten Verständnis der Resilienz und der Bewertung der Resilienz beitragen als auch Ansätze, die Möglichkeiten für die praktische Gestaltung der Resilienz aufzeigen. Die analysierten Ansätze werden dabei in drei Gruppen eingeteilt: Ansätze zur Bewertung der Resilienz (s. Kapitel 3.1), Ansätze zur Bewertung von Gestaltungsoptionen (s. Kapitel 3.2) und Ansätze zur Gestaltung der Resilienz (s. Kapitel 3.3). Abschließend erfolgen die kritische Würdigung des Erkenntnisstands und die Ableitung des Forschungsbedarfs (s. Kapitel 3.4).

Die Kriterien zur Bewertung der Ansätze basieren auf der Problemstellung und Zielsetzung dieser Arbeit (s. Kapitel 1) sowie der Eingrenzung der Untersuchung (s. Kapitel 2.3). Die Definition der Resilienz in Kapitel 2.2.1 veranschaulicht, dass in der Literatur kein einheitliches Verständnis hinsichtlich Resilienz besteht. Gleichzeitig herrscht jedoch weitestgehend Einigkeit darüber, dass es sich bei Resilienz um ein multidimensionales Konstrukt handelt. Als erstes Bewertungskriterium wird daher die Schaffung eines Resilienzverständnisses definiert. Dabei wird bewertet, ob die Ansätze zu einem Verständnis der relevanten Komponenten der Resilienz sowie der Zielrichtungen zur Gestaltung der Resilienz beitragen. Neben dem allgemeinen Verständnis der Resilienz erfordert die Gestaltung derselben in der Beschaffung eine Konkretisierung des Konzepts für die Beschaffung. Das zweite Bewertungskriterium stellt somit die Konkretisierung des Resilienzkonzepts für die Beschaffung dar. Die Konfiguration der Resilienz basiert auf spezifischen Möglichkeiten zu ihrer Steigerung. Diese Möglichkeiten müssen konkret formuliert und in der Beschaffung umsetzbar sein. Ein weiteres Kriterium stellt daher die Identifikation von Gestaltungsoptionen dar. Darüber hinaus erfordert die systematische Konfiguration, dass verschiedene Gestaltungsoptionen miteinander vergleichbar und bewertbar sind. Als viertes Bewertungskriterium wird daher die Vergleichbarkeit und Bewertung von Gestaltungsoptionen definiert. Schließlich werden für die Konfiguration der Resilienz Empfehlungen zur Auswahl und Kombination von Gestaltungsoptionen benötigt. Das fünfte Bewertungskriterium stellen somit Gestaltungsempfehlungen dar. Die Bewertungskriterien sind in Abbildung 3-1 zusammengefasst.

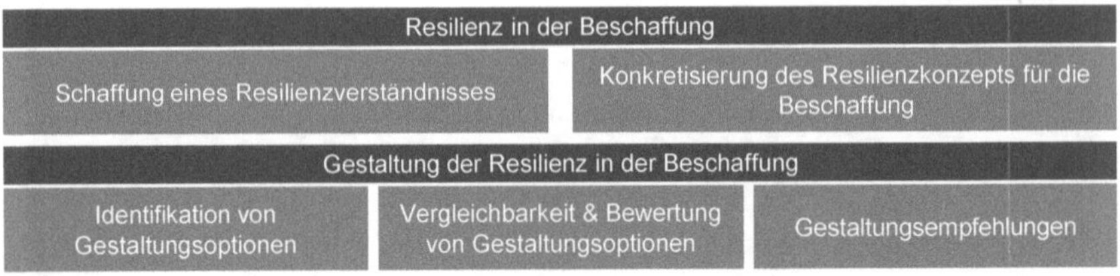

Abbildung 3-1: Kriterien zur Bewertung bestehender Ansätze (eigene Darstellung)

3.1 Ansätze zur Bewertung der Resilienz

In diesem Kapitel werden Ansätze analysiert, die Modelle zur Bewertung der Resilienz enthalten. Dies umfasst sowohl Ansätze, die eine quantitative Bewertungsmetrik definieren als auch Ansätze, in denen qualitative Rahmenwerke zur Strukturierung und Bewertung der Resilienz entwickelt werden. Neben Ansätzen aus den Bereichen Supply-Chain-Resilienz und organisationaler Resilienz werden auch Ansätze aus dem Bereich kritischer Infrastrukturen betrachtet.

Rahmenwerk zur Bewertung der Erdbebensicherheit nach Bruneau et al.

Mit ihrem Rahmenwerk verfolgen Bruneau et al. das Ziel, eine quantitative Bewertung der Resilienz von Kommunen im Kontext von Erdbeben sowie den Vergleich und die gezielte Gestaltung von Resilienz zu ermöglichen. Ein resilientes System zeichnet sich dabei durch eine verringerte Ausfallwahrscheinlichkeit, einen verringerten negativen Einfluss der Störung und eine verringerte Erholungszeit aus (s. Bruneau et al. 2003, S. 736). Zur Messung dieser Aspekte betrachten die Autoren den Leistungsverlauf über die Zeit im Falle einer Störung (s. Abbildung 3-2). Dabei fällt die Leistung während der Störung sprunghaft ab und steigt im Rahmen der Erholung kontinuierlich an. Resilienz lässt sich über die Fläche zwischen der ursprünglichen und der durch die Störung verringerten Leistung messen. (s. Bruneau et al. 2003, S. 736–737)

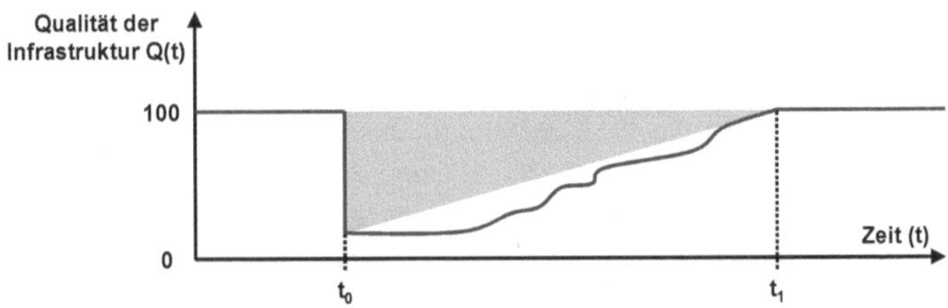

Abbildung 3-2: Resilienzdreieck (eigene Darstellung i. A. a. Bruneau et al. 2003, S. 737)

Dieser Ansatz zur Messung von Resilienz wird in der Literatur als Resilienzdreieck bezeichnet und von verschiedenen Autoren verwendet (s. Tierney u. Bruneau 2007, S. 15; Tukamuhabwa et al. 2015, S. 5600). Neben diesem Bewertungsansatz definieren die Autoren vier Eigenschaften, die resiliente Systeme auszeichnen: Robustheit,

Redundanz, Ressourcenorientierung und Schnelligkeit (s. BRUNEAU ET AL. 2003, S. 737–738).

Der Ansatz von BRUNEAU ET AL. stellt die Ursprungsquelle zur Bewertung der Resilienz mithilfe des sogenannten Resilienzdreiecks dar. Die zwei wesentlichen Komponenten zur Bewertung der Resilienz (Leistungseinbruch und Erholungszeit) und deren Verortung im Resilienzdreieck tragen zu einem Verständnis der Resilienz bei. Das Rahmenwerk bezieht sich jedoch auf die Resilienz von Kommunen im Kontext von Erdbeben und lässt sich somit nicht direkt auf die Beschaffung beziehen. Insgesamt ist die Betrachtungsweise für eine detaillierte Analyse und umfängliche Abbildung der Resilienz zu grob. Darüber hinaus werden keine konkreten Gestaltungsoptionen aufgezeigt, die zur Schaffung der identifizierten Eigenschaften beitragen, und der Vergleich von Gestaltungsoptionen wird nicht ermöglicht. Außerdem zeigt der Ansatz keine konkreten Gestaltungsempfehlungen auf.

Beschreibung resilienter Unternehmen nach SHEFFI U. RICE

SHEFFI U. RICE beschreiben in ihrem Ansatz verschiedene Stufen einer Störung und stellen den Verlauf der Leistungsfähigkeit über die Zeit dar (s. Abbildung 3-3). Das Störungsprofil umfasst acht Phasen, welche sich sowohl auf den Einfluss einer Störung (z. B. initialer Einfluss, vollständiger Einfluss und langfristiger Einfluss) als auch auf Aktionen des betrachteten Systems (z. B. Vorbereitung und erste Reaktion) beziehen. Diese acht Phasen können für unterschiedlichste Leistungsgrößen beobachtet werden (s. SHEFFI U. RICE 2005, S. 42–43). Das Rahmenwerk dient somit zur Analyse des Störungsverhaltens und damit indirekt zur Bewertung der Resilienz. Darüber hinaus beschreiben die Autoren Redundanz und Flexibilität als zwei grundsätzliche Möglichkeiten zur Schaffung von Resilienz und nennen einzelne Beispiele für die praktische Umsetzung (s. SHEFFI U. RICE 2005, S. 44–46).

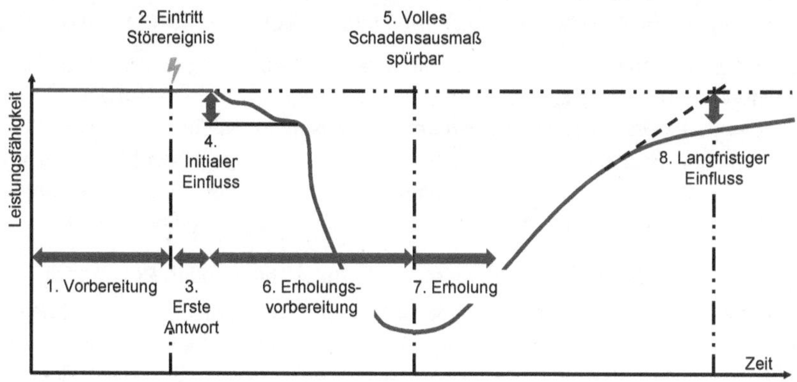

Abbildung 3-3: Störungsprofil (eigene Darstellung i. A. a. SHEFFI U. RICE 2005, S. 42)

Der Ansatz von Sheffi u. Rice stellt die Ursprungsquelle des Störungsprofils, in dem die Leistungsfähigkeit eines Unternehmens in verschiedenen Störungsphasen betrachtet wird, dar. Es werden verschiedene Phasen im Störungsverlauf identifiziert, die über das Systemverhalten indirekt zu einem besseren Verständnis von Resilienz beitragen. Diese sind detaillierter als die zwei im Resilienzdreieck betrachteten Größen. Welche Leistungsgrößen für die Bewertung der Resilienz in der Beschaffung berücksichtigt werden sollten, wird nicht erläutert. Darüber hinaus nennen die Autoren beispielhaft konkrete Gestaltungsoptionen und vergleichen Redundanz und Flexibilität miteinander. Eine Vergleichbarkeit konkreter Gestaltungsoptionen wird jedoch nicht ermöglicht und Empfehlungen für die Auswahl von Gestaltungsoptionen erfolgen nicht.

Rahmenwerk zur Bewertung der Resilienz von Infrastruktur- und Wirtschaftssystemen nach Vugrin et al.

Vugrin et al. entwickeln ein Rahmenwerk zur Messung der Resilienz von kritischen Infrastrukturen (z. B. Stromnetz, Straßennetz oder Kommunikationsnetz). Als relevante Betrachtungsdimensionen für eine quantitative Bewertung identifizieren die Autoren die Auswirkung einer Störung auf ein System und den Gesamtwiederherstellungsaufwand, der sich aus der Erholungszeit und den für die Erholung benötigten Ressourcen und Kosten zusammensetzt. (s. Vugrin et al. 2010, S. 92–96) Darüber hinaus umfasst das Rahmenwerk drei Systemkapazitäten als qualitative Komponenten, die die Resilienz bestimmen und durch resilienzsteigernde Merkmale beeinflusst werden. Die Absorptionskapazität gibt an, bis zu welchem Grad ein System die Auswirkungen einer Störung abfangen kann. Die Anpassungskapazität ist das Ausmaß, in dem das System in der Lage ist, sich zu verändern, um das Leistungsniveau wiederherzustellen. Die Wiederherstellungsfähigkeit gibt an, wie leicht ein System repariert werden kann. Während die Absorptions- und die Anpassungskapazität im Zusammenhang mit der Störungsauswirkung stehen, bezieht sich die Wiederherstellungskapazität auf den Gesamtwiederherstellungsaufwand. (s. Vugrin et al. 2010, S. 99–101)

Vugrin et al. identifizieren drei Komponenten der Resilienz und tragen somit zu einem Verständnis von Resilienz bei. Darüber hinaus nennen die Autoren verschiedene Resilienzkapazitäten, die als Zielrichtungen bei der Gestaltung der Resilienz dienen. Das Rahmenwerk ist jedoch nicht direkt auf die Beschaffung bezogen. Darüber hinaus umfasst der Ansatz weder konkrete Gestaltungsoptionen noch Gestaltungsempfehlungen und erlaubt auch keinen Vergleich von unterschiedlichen Gestaltungsoptionen.

Rahmenwerk zur Messung der Resilienz in Supply-Chains nach Pettit et al.

Pettit et al. entwickeln ein Rahmenwerk zur Messung der Resilienz in Supply-Chains, das Faktoren zur Bewertung der Anfälligkeit und der Fähigkeiten sowie deren Zusammenhänge umfasst. Die Anfälligkeitsfaktoren stellen inhärente Charakteristika des Umfeldes dar, welche nicht beeinflusst werden können. Dem steht ein Portfolio aus Fähigkeiten gegenüber, welches ein Unternehmen vor Störungsauswirkungen schützt. Für die Fähigkeiten nennen die Autoren Subfaktoren, welche zur Stärkung der jeweiligen Fähigkeiten beitragen. Für die Bewertung der Resilienz werden das Ausmaß der

Anfälligkeit und der Fähigkeiten miteinander verglichen. (s. PETTIT ET AL. 2010, S. 6–10)

Das Rahmenwerk von PETTIT ET AL. legt den Fokus auf Eigenschaften, die zur Schaffung von Resilienz beitragen. Konkrete Resilienzkomponenten werden nicht identifiziert. Als Zielrichtungen zur Gestaltung der Resilienz nennen die Autoren die Reduktion der Anfälligkeiten und die Erhöhung der Fähigkeiten, wobei die erforderliche Resilienz von der Höhe der Anfälligkeit und der vorhandenen Fähigkeiten abhängig ist. Die Anfälligkeitsfaktoren und die Fähigkeiten sind auf die gesamte Supply-Chain bezogen und umfassen somit teilweise auch Aspekte für den Bereich der Beschaffung. Durch die Konkretisierung der Fähigkeiten durch Subfaktoren zeigen die Autoren konkrete Gestaltungsoptionen auf. Das Rahmenwerk ermöglicht jedoch weder einen Vergleich dieser Gestaltungsoptionen noch das Ableiten von Gestaltungsempfehlungen.

Bewertungsansatz nach ZOBEL

ZOBEL entwickelt basierend auf dem Resilienzdreieck eine Bewertungsmethodik für den Vergleich verschiedener Resilienzszenarien. Dabei werden unterschiedliche Level der Resilienz in Abhängigkeit des Leistungseinbruchs und der Erholungszeit als Hyperbeln in einem Koordinatensystem betrachtet. Diese graphische Darstellung unterstützt die Analyse und den Vergleich unterschiedlicher Resilienzniveaus. (s. ZOBEL 2010, S. 4–5)

Der Ansatz von ZOBEL ermöglicht den graphischen Vergleich unterschiedlicher Resilienzniveaus und trägt darüber hinaus zu einem besseren Verständnis relevanter Resilienzparameter bei. Dabei werden insbesondere die Wechselwirkungen zwischen einzelnen Parametern betont. Der generische Ansatz konkretisiert jedoch nicht das Resilienzkonzept für die Beschaffung. Darüber hinaus werden keine konkreten Gestaltungsoptionen und Gestaltungsempfehlungen betrachtet.

Modellierung der Supply-Chain-Resilienz nach CARVALHO REMIGIO

CARVALHO REMIGIO entwickelt basierend auf Case-Studys ein Rahmenwerk zur Bewertung der Resilienz im Supply-Chain-Kontext, welches die Stärke einer Störungsauswirkung und die Erholungszeit berücksichtigt. In ihrem konzeptionellen Modell unterscheidet die Autorin zwischen Resilienz als Eigenschaft und Resilienz als Strategie. Innerhalb des Modells konzentriert sie sich auf die beiden Störungsauswirkungen Kapazitätsengpass und Materialknappheit und identifiziert Maßnahmen, die zu einer Steigerung der Resilienz beitragen. Für diese Maßnahmen benennt sie Zustandsgrößen und qualitative Messgrößen, die eine Bewertung der Maßnahme ermöglichen. (s. CARVALHO REMIGIO 2012)

CARVALHO REMIGIO definiert in ihrem Modell in Anlehnung an das Resilienzdreieck zwei Dimensionen. Der Fokus des Ansatzes liegt auf der Supply-Chain-Resilienz. Da explizit die Materialknappheit als eine wesentliche Störauswirkung betrachtet wird und das Modell für diesen Fall konkretisiert wird, trägt der Ansatz zu einer Konkretisierung des Resilienzkonzepts in der Beschaffung bei. Darüber hinaus identifiziert die Autorin Gestaltungsoptionen für den Aufbau von Resilienz und ordnet diese der Reduktion der

Stärke der Störung oder der Verkürzung der Erholungszeit zu. Die Gestaltungsoptionen werden in ihrem Modell jedoch nicht weiter miteinander verglichen und es werden keine konkreten Gestaltungsempfehlungen abgeleitet.

Bewertung der operativen Resilienz nach MUNOZ U. DUNBAR

Der Ansatz von MUNOZ U. DUNBAR verfolgt das Ziel, das Antwortverhalten von Akteuren in Lieferketten über mehrere Stufen hinweg mithilfe einer multidimensionalen und mehrstufigen Metrik der Resilienz quantitativ zu bewerten. Dabei beziehen sich die Autoren explizit auf die operative Resilienz, die sie als die vorhandenen Fähigkeiten zur Wiederherstellung der Leistungsfähigkeit nach einer Störung beziehen. Die Verbesserung der Resilienz als strategische Initiative betrachten die Autoren nicht. (s. MUNOZ U. DUNBAR 2015, S. 6736) Mithilfe einer Simulationsstudie einer dreistufigen Lieferkette analysieren die Autoren die Aussagekraft der entwickelten Metrik zur Erklärung des Antwortverhaltens (s. MUNOZ U. DUNBAR 2015, S. 6740). Anhand des Leistungsverlaufs über die Zeit, wie ihn auch BRUNEAU ET AL. und SHEFFI U. RICE beschreiben, identifizieren MUNOZ U. DUNBAR fünf Resilienzdimensionen: die Erholungszeit, die Stärke des Leistungseinbruchs, den Leistungsverlust, die Kurvenprofillänge und die gewichtete Summe als Abweichung von einer linearen Erholungsfunktion. Durch die letzten beiden Dimensionen wird der Kurvenverlauf explizit berücksichtigt. (s. MUNOZ U. DUNBAR 2015, S. 6742–6743) Die einzelnen Faktoren gewichten die Autoren in einem aggregierten Resilienzindex (s. MUNOZ U. DUNBAR 2015, S. 6744–6748).

Der Ansatz von MUNOZ U. DUNBAR konkretisiert das Resilienzverständnis und baut dabei auf den Grundlagen des Resilienzdreiecks und des Störungsprofils auf. Die verschiedenen Dimensionen ermöglichen eine umfangreichere Betrachtung der Resilienz. Eine Konkretisierung des Konzepts für die Beschaffung erfolgt jedoch nicht. Die Autoren identifizieren in ihrem Beitrag zudem keine Gestaltungsoptionen oder leiten Gestaltungsempfehlungen ab. Vielmehr betrachten die Autoren ihren Beitrag als Grundlage für die Gestaltung der Resilienz, da die Resilienzmetrik eine quantitative Bewertung der Resilienz ermöglicht.

Fähigkeitsbasierte Konzeptualisierung der organisationalen Resilienz nach DUCHEK

DUCHEK analysiert das Konstrukt organisationale Resilienz mit dem Ziel, das Verständnis darüber zu erhöhen, welche Elemente Resilienz beinhaltet. Das entwickelte Rahmenwerk betrachtet Resilienz als Metafähigkeit und strukturiert relevante Bestandteile der Resilienz. (s. DUCHEK 2020, S. 216) Die Grundstruktur stellen drei Phasen des Resilienzprozesses – Antizipation, Bewältigung und Anpassung – dar, denen erforderliche Fähigkeiten zugeordnet werden (s. DUCHEK 2020, S. 223–224).

Der Ansatz von DUCHEK trägt zu einem verbesserten Verständnis der Resilienz bei, da relevante Elemente der Resilienz identifiziert werden. Der Ansatz bezieht sich auf die organisationale Resilienz und konkretisiert somit nicht das Resilienzkonzept für die Beschaffung. Darüber hinaus umfasst der Ansatz nur generische Gestaltungsoptionen, welche nur teilweise in der Beschaffung umsetzbar sind. Ein Vergleich und eine

Bewertung der konkreten Gestaltungsoptionen finden nicht statt. Die Autorin weist jedoch darauf hin, dass Wechselwirkungen zwischen den Metafähigkeiten bestehen, die berücksichtigt werden müssen. Der Ansatz bietet keine Unterstützung für die konkrete Gestaltung der Resilienz.

Rahmenwerk zur Bewertung der Resilienz großer Systeme nach SHEN ET AL.

SHEN ET AL. analysieren bestehende Modelle zur Bewertung der Resilienz und entwickeln ein Rahmenwerk zur Messung von Resilienz im Kontext kritischer Infrastruktur. Beeinflusst wird die Resilienz durch die intrinsischen Fähigkeiten des Systems, den Zeitverlauf der Störung und die Effektivität der Erholung (s. SHEN ET AL. 2020, S. 1391). Als Kerndimensionen der Resilienz identifizieren sie Zuverlässigkeit, Robustheit, Erholung und Rekonfigurierbarkeit (s. SHEN ET AL. 2020, S. 1393). Darüber hinaus beschreiben die Autoren Strategien zur Steigerung der Resilienz für kritische Infrastrukturen.

Der Ansatz von SHEN ET AL. beinhaltet Kerndimensionen der Resilienz und trägt somit zu einem verbesserten Verständnis der Resilienz bei. Das generische Rahmenwerk wird jedoch nicht für die Beschaffung konkretisiert. Darüber hinaus sind die beschriebenen Strategien zu generisch und nicht auf die Beschaffung anwendbar. Der Ansatz erlaubt weder einen Vergleich der Gestaltungsoptionen, noch lassen sich konkrete Gestaltungsempfehlungen ableiten.

Zwischenfazit zu Bewertungsansätzen

Das Resilienzdreieck nach BRUNEAU ET AL. und das Störungsprofil nach SHEFFI U. RICE umfassen relevante Aspekte der Resilienz und tragen wesentlich zum Verständnis bei. Der Bezug verschiedener Autoren auf diese Ansätze verdeutlicht ihre Bedeutung. Auffällig ist darüber hinaus, dass die verschiedenen Ansätze unterschiedliche Detaillierungslevel zur Beschreibung und Bewertung der Resilienz verwenden und die Anzahl der betrachteten Resilienzkomponenten variiert. Für eine umfassende Abbildung und Gestaltung der Resilienz bedarf es einer detaillierten Betrachtung der einzelnen Bestandteile der Resilienz. Die identifizierten Resilienzkapazitäten eignen sich als Grundlage zur Ableitung der Zielrichtungen. Darüber hinaus verdeutlichen insbesondere die Ansätze von ZOBEL und DUCHEK, dass Wechselwirkungen zwischen den einzelnen Resilienzkomponenten berücksichtigt werden müssen. Außerdem zeigt sich, dass die meisten Ansätze auf die Supply-Chain oder kritische Infrastrukturen ausgerichtet sind. Eine Konkretisierung des Resilienzkonzepts für die Beschaffung fehlt.

3.2 Ansätze zur Bewertung von Gestaltungsoptionen

In diesem Kapitel werden Ansätze analysiert, die Gestaltungsoptionen zur Steigerung der Resilienz bewerten. Die Bewertung von Gestaltungsoptionen soll insbesondere einen Vergleich verschiedener Gestaltungsoptionen ermöglichen. Verschiedene Autoren nutzen simulationsbasierte oder mathematische Modelle, um einzelne Gestaltungsoptionen zu analysieren. Darüber hinaus existieren Rahmenwerke zur Einordnung von Gestaltungsoptionen. Ansätze, die ausschließlich Gestaltungsoptionen identifizieren, ohne eine Bewertung vorzunehmen oder einen Vergleich zu ermöglichen, werden nicht berücksichtigt.

Typologie beschaffungsseitiger Resilienzfähigkeiten nach Dabhilkar et al.

Dabhilkar et al. entwickeln eine Systematik von beschaffungsseitigen Resilienzfähigkeiten sowie den damit verbundenen organisatorischen Maßnahmen mit dem Ziel, Verständnis dafür zu schaffen, unter welchen Umständen welche Maßnahmen zu ergreifen sind, um den Erholungsprozess zu unterstützen. Das Ergebnis stellt eine Einordnung von 14 organisatorischen Maßnahmen in einer 2x2-Matrix mit den Dimensionen proaktiv und reaktiv sowie intern und extern dar. Beispiele für Maßnahmen sind die Erstellung von Plänen für Krisenkommunikation oder Etablierung eines systematischen Prozesses für den Umgang mit unvorhergesehenen Versorgungsunterbrechungen. (s. Dabhilkar et al. 2016, S. 964–968)

Der Ansatz von Dabhilkar et al. verfolgt das Ziel, Fähigkeiten zum Aufbau von Resilienz zu strukturieren. Dabei definieren die Autoren den Begriff Beschaffungsseitige Resilienz, gehen aber nicht explizit auf die Komponenten und Zielrichtungen der Resilienz ein. Die organisatorischen Maßnahmen sind größtenteils sehr generisch formuliert. Teilweise können sie jedoch als konkrete Gestaltungsoptionen interpretiert werden. Die Typologie ermöglicht einen Vergleich der verschiedenen Maßnahmen. Dieser Vergleich basiert jedoch lediglich auf zwei Dimensionen mit jeweils zwei Ausprägungen. Die Autoren verweisen darauf, dass Wechselwirkungen zwischen den identifizierten Typen bestehen. Sie erläutern jedoch nicht, welche Gruppe bei der Gestaltung der Resilienz besonders berücksichtigt werden soll oder wie die Maßnahmen innerhalb einer Gruppe ausgewählt werden sollen.

Rahmenwerk nach Ali et al.

Ali et al. entwickeln mithilfe eines explorativen Forschungsansatzes ein ganzheitliches Modell der Supply-Chain-Resilienz, welches das in der Literatur fragmentiert vorliegende Wissen in einem Modell integrieren soll. Anhand eines Concept-Mapping-Ansatzes verknüpfen die Autoren Resilienzphasen, -fähigkeiten, -elemente und Managementpraktiken mit dem Ziel, das Konzept der Supply-Chain-Resilienz verständlicher zu machen. (s. Ali et al. 2017, S. 16–17) Das Rahmenwerk umfasst über 40 Managementpraktiken, welche 13 Kernelementen der Resilienz zugeordnet werden. Die Kernelemente wiederum sind fünf Resilienzfähigkeiten zugeordnet. (s. Ali et al. 2017, S. 22–28)

Ali et al. verfolgen das Ziel, durch eine systematische Aufbereitung bestehender Literatur ein umfassendes Verständnis von Resilienz im Kontext von Supply-Chains zu entwickeln. Eine Konkretisierung des Konzepts für die Beschaffung steht nicht im Fokus. Darüber hinaus zeigt der Ansatz eine Vielzahl von Managementpraktiken auf, die teilweise konkret formuliert und in der Beschaffung anwendbar sind. Ein Vergleich der Gestaltungsoptionen ist durch die Zuordnung zu den Fähigkeiten und Resilienzphasen teilweise möglich. Diese Einordnung ist jedoch für eine spezifische Gestaltung nicht ausreichend und erlaubt beispielsweise keinen Vergleich von Managementpraktiken, die einem Element zugeordnet sind. Außerdem wird nicht berücksichtigt, dass einzelne Managementpraktiken unterschiedliche Fähigkeiten beeinflussen können. Konkrete Gestaltungsempfehlungen leiten ALI ET AL. aus ihrem Rahmenwerk nicht ab.

Bewertungsansatz nach KAMALAHMADI U. PARAST

KAMALAHMADI U. PARAST bewerten die Effektivität verschiedener Redundanzstrategien für den Umgang mit Versorgungs- und Umweltrisiken. Die betrachteten Strategien umfassen die Vorratshaltung, Ersatzlieferanten und Schutz von Lieferanten. Die Effektivität wird anhand von Kosten und anhand des Servicelevels bewertet. Mithilfe eines zweistufigen gemischt-ganzzahligen Modells werden Beschaffungsentscheidungen (Lieferantenauswahl und Bedarfszuweisung) für die einzelnen Redundanzstrategien entwickelt. Dabei sind die Entscheidungen auf eine Betrachtungsperiode beschränkt. (s. KAMALAHMADI U. PARAST 2017, S. 211–219)

Der Ansatz von KAMALAHMADI U. PARAST betrachtet nicht die verschiedenen Komponenten der Resilienz, sondern konzentriert sich auf die beiden Größen Kosten und Servicelevel, um die Effektivität der Gestaltungsoptionen zu bewerten. Die betrachteten Strategien betreffen Aufgabenfelder der Beschaffung, dennoch wird nicht konkretisiert, was Resilienz für die Beschaffung bedeutet. Die Autoren identifizieren drei konkrete Gestaltungsoptionen, deren Effektivität sie bewerten. Die Gestaltungsoptionen werden bzgl. Kosten und Servicelevel verglichen. Diese Einordnung unterstützt Entscheidungen bzgl. der Einführung der betrachteten Gestaltungsoptionen. Die Gestaltungsempfehlungen sind jedoch generisch formuliert. Dabei wird beispielweise nicht berücksichtigt, inwiefern die Gestaltungsoptionen auch in Kombination angewendet werden können.

Bewertung flexibilitätsbezogener Strategien nach CARBONARA U. PELLEGRINO

CARBONARA U. PELLEGRINO nutzen einen realkostenbasierten Ansatz und eine Simulation, um vier Flexibilitätsstrategien (Postponement, Strategischer Bestand, Flexible Lieferantenbasis bzw. Multiple Sourcing, Make-and-Buy) zu bewerten (s. CARBONARA U. PELLEGRINO 2017, S. 355–359). Mithilfe des realkostenbasierten Ansatzes berücksichtigen die Autoren insbesondere die Freiheit des Entscheiders, eine bestimmte Strategie im Störungsfall einzusetzen. Dies ermöglicht die Analyse des Trade-offs zwischen Investitionskosten für den Aufbau der Flexibilitätsstrategie und der Einsparung, die durch den Einsatz der Strategie während einer Störung erzielt wird. (s. CARBONARA U. PELLEGRINO 2017, S. 359–360) Im Rahmen der Simulation berücksichtigen die Autoren zudem unterschiedliche Risikokontexte (Häufigkeit der Störungen und Ausmaß der Störungen) (s. CARBONARA U. PELLEGRINO 2017, S. 369–371). Die Bewertung der Strategien erfolgt durch die Berechnung des Nettovorteils aus der Ausübung der Option, der sich aus den Kosten der Strategie und dem Gewinn aus verkauften Produkten ergibt (s. CARBONARA U. PELLEGRINO 2017, S. 363–366).

Der Ansatz von CARBONARA U. PELLEGRINO ist auf die Bewertung einzelner Gestaltungsoptionen ausgerichtet und liefert keinen Beitrag zu einem verbesserten Verständnis bzgl. der Resilienzkomponenten oder der Zielrichtungen. Außerdem wird das Konzept der Resilienz nicht für die Beschaffung konkretisiert. Die Autoren identifizieren vier konkrete Gestaltungsoptionen, die sie bzgl. des entstehenden Handlungsrahmens und der Kosten vergleichen. Das entwickelte Modell kann genutzt werden, um eine unternehmensspezifische Bewertung durchzuführen und Gestaltungsempfehlungen für den Einsatz einzelner flexibilitätsbezogener Strategien abzuleiten. Auch in diesem Ansatz werden die Gestaltungsoptionen jedoch separat betrachtet und keine Synergieeffekte berücksichtigt. Somit können keine Gestaltungsempfehlungen bzgl. einer Kombination von Gestaltungsempfehlungen abgeleitet werden.

Rahmenwerk zur Gestaltung der Beschaffungsstrategie nach NAMDAR ET AL.

NAMDAR ET AL. analysieren verschiedene Beschaffungsstrategien und ihren Beitrag zur Schaffung von Supply-Chain-Resilienz. Dabei betrachten sie Single- und Multiple-Sourcing, Backup-Lieferantenverträge, Einkauf auf dem Spotmarkt sowie Zusammenarbeit und Sichtbarkeit (s. NAMDAR ET AL. 2018, S. 2345). Die Autoren entwickeln ein Rahmenwerk auf Grundlage eines szenariobasierten mathematischen Modells, welches unterschiedliche Störungstypen und die Risikoeinstellung des Entscheiders berücksichtigt. Es ermöglicht die Ableitung verschiedener Strategien zur Vorbereitung auf Störungen. (s. NAMDAR ET AL. 2018, S. 2345–2356)

Der Ansatz von NAMDAR ET AL. differenziert nicht zwischen unterschiedlichen Komponenten der Resilienz oder konkretisiert das Konzept für die Beschaffung. Innerhalb des Rahmenwerks werden konkrete Gestaltungsoptionen aufgezeigt, die in der Beschaffung umsetzbar sind. Diese Gestaltungsoptionen werden bzgl. ihrer Eignung für unterschiedliche Szenarien (Risikoeinstellung des Entscheiders und Störungstyp) bewertet. Ein detaillierter Vergleich bzgl. des erreichten Servicelevels findet jedoch nur für die beiden Strategien Single- und Multiple-Sourcing statt. Das Rahmenwerk enthält Gestaltungsempfehlungen bei der Umsetzung einer Single- oder Multiple-Sourcing-Strategie. Diese sind jedoch generisch formuliert und es wird nicht konkretisiert, wie beispielsweise Investitionen in die Lieferantenerholungsrate umgesetzt werden können.

Produktionstheoretisches Rahmenwerk zur Analyse der Resilienz nach DORMADY ET AL.

DORMADY ET AL. entwickeln ein Rahmenwerk zur Analyse der ökonomischen Resilienz auf Unternehmensebene in verschiedenen Dimensionen. Mithilfe der Produktionstheorie werden 11 Resilienztaktiken vier Typen zugeordnet, die sich bzgl. der Auswirkungen auf die Produktionseffektivität und die Kosten unterscheiden. Diese vier Typen werden anschließend bzgl. der Wirkung im Störungsfall analysiert. Darüber hinaus charakterisieren die Autoren die Resilienztaktiken anhand von sechs Kriterien (z. B. erforderliche Aktionen vor Eintritt einer Störung, Anwendung bei mehreren Störungen oder Kapazitätsbegrenzungen). (s. DORMADY ET AL. 2019, S. 446–457)

DORMADY ET AL. verweisen auf statische und dynamische Aspekte der Resilienz, gehen jedoch nicht explizit auf unterschiedliche Komponenten der Resilienz ein. Außerdem liegt der Fokus nicht auf dem Bereich Beschaffung. Die Autoren zeigen in ihrem Beitrag verschiedene Gestaltungsoptionen und vier Typen von Gestaltungsoptionen auf. Die Typen werden bzgl. ihrer Wirkung im Störungsfall bewertet. Darüber hinaus wird ein Vergleich der einzelnen Gestaltungsoptionen anhand von sechs Kriterien ermöglicht. Die Autoren leiten keine konkreten Gestaltungsempfehlungen ab.

Ansatz zur Analyse der Supply-Chain-Resilienz nach HOSSEINI ET AL.

HOSSEINI ET AL. analysieren mithilfe einer systematischen Literaturanalyse quantitative Modellierungsmethoden im Bereich Supply-Chain-Resilienz. Als Rahmenwerk zur Analyse entwickeln die Autoren ein Modell, welches auf drei Resilienzkapazitäten aufbaut (Absorptionsfähigkeit, Anpassungsfähigkeit und Wiederherstellungsfähigkeit) (s. HOSSEINI ET AL. 2019, S. 291–292). Die identifizierten Möglichkeiten zum Aufbau von Resilienz werden den drei Kapazitäten zugeordnet und ihre Zusammenhänge und Einflussfaktoren in einem Kausalitätskreisdiagramm zusammengefasst (s. HOSSEINI ET AL. 2019, S. 297). Darüber hinaus fassen die Autoren Entscheidungsvariablen im Kontext von Lieferantenstörungen zusammen. (s. HOSSEINI ET AL. 2019, S. 299)

Der Ansatz von HOSSEINI ET AL. trägt durch die Analyse der verschiedenen Resilienzkapazitäten zu einer Verbesserung des Resilienzverständnisses bei. Das Konzept wird jedoch nicht für die Beschaffung konkretisiert. Darüber hinaus werden verschiedene Gestaltungsoptionen zur Steigerung der Resilienz aufgezeigt, die in der Beschaffung angewendet werden können. Diese werden bzgl. der Resilienzkapazitäten bewertet. Ein detaillierter Vergleich der Gestaltungsoptionen erfolgt jedoch nicht. Außerdem werden keine Gestaltungsempfehlungen gegeben.

Vergleich von Strategien zur Steigerung der Robustheit und Resilienz nach JOHNSON ET AL.

JOHNSON ET AL. entwickeln einen Ansatz zur Bewertung und Vergleich verschiedener Reaktionsstrategien zur Schaffung von Robustheit und Resilienz (s. JOHNSON ET AL. 2021, S. 4). Dabei kombinieren sie Optimierung und ereignisdiskrete Simulation. Mittels Optimierung werden in einem ersten Schritt redundante Knoten und freie Kapazitäten zur Steigerung der Robustheit ermittelt. In einem zweiten Schritt werden mithilfe von Simulation die Auswirkungen der Gestaltungsoptionen *Kapazitätsverschiebungen* und *Strategischer Bestand* ermittelt. (s. JOHNSON ET AL. 2021, S. 6) Als Zielgrößen werden der Umsatz und der Anteil der erfüllten Kundenbedarfe betrachtet (s. JOHNSON ET AL. 2021, S. 13).

JOHNSON ET AL. beziehen sich in ihrem Ansatz auf Robustheit und Resilienz, aber konkretisieren diese Konzepte nicht. Als Grundlage für die weitere Analyse identifizieren die Autoren verschiedene Gestaltungsoptionen. Die Auswirkung der Gestaltungsoptionen wird bezogen auf den Umsatz und den Anteil erfüllter Kundenbedarfe bewertet. Dabei vergleichen die Autoren insbesondere die Möglichkeiten zur Steigerung der Robustheit mit den Möglichkeiten zur Steigerung der Resilienz sowie deren Kombination.

Weitere Aspekte zur Vergleichbarkeit der Gestaltungsoptionen werden nicht betrachtet. Die Gestaltungsempfehlungen zeigen auf, in welcher Reihenfolge verschiedene Optionen implementiert werden sollen. Die Empfehlungen sind jedoch generisch formuliert.

Empirische Analyse zum Einfluss der Beschaffungsstrategie auf die Erholungszeit nach JAIN ET AL.

JAIN ET AL. führen eine empirische Datenanalyse durch, um den Einfluss der Lieferantendiversifikation (d. h. die Nutzung mehrerer Lieferanten für die Beschaffung eines Produkts), der langfristigen Zusammenarbeit mit Lieferanten und der Beschaffung von logistisch effizienten Standorten auf die Erholungszeit zu ermitteln (s. JAIN ET AL. 2022, S. 846–850). Dafür konzentrieren sich die Autoren auf die globale Beschaffung und nutzen Daten zu Seeimporten von US-amerikanischen Unternehmen aus den Bereichen Handel und Produktion, die sie mit Daten der Weltbank zum Logistikperformanceindex ergänzen (s. JAIN ET AL. 2022, S. 850). Die Ergebnisse zeigen signifikante Effekte für die Lieferantendiversifikation und die langfristige Zusammenarbeit, wobei die Lieferantendiversifikation die Erholungszeit negativ und die langfristige Zusammenarbeit die Erholungszeit positiv beeinflusst (s. JAIN ET AL. 2022, S. 856–859).

Die Analyse von JAIN ET AL. betrachtet durch die Fokussierung der Erholungszeit einen Aspekt der Resilienz detailliert. Ein umfassendes Verständnis von Resilienz wird nicht geschaffen. Gleichzeitig wird das Konzept auch nicht für die Beschaffung konkretisiert. Die Autoren betrachten in ihrer Analyse drei Gestaltungsoptionen, die sich auf die Beschaffung beziehen. Diese werden bzgl. der Erholungszeit bewertet. Dabei werden jedoch Annahmen und Vereinfachungen getroffen. Weitere Charakteristika der Gestaltungsoptionen werden nicht verglichen. Darüber hinaus zeigen die Autoren auch keine konkreten Gestaltungsempfehlungen auf.

Zwischenfazit zur Bewertung von Gestaltungsoptionen

Die Analyse von Ansätzen zur Bewertung von Gestaltungsoptionen veranschaulicht, dass verschiedene Autoren einzelne Gestaltungsoptionen mithilfe simulationsbasierter oder mathematischer Modelle bewerten. Als Zielgröße dienen in diesen Modellen häufig die Kosten. Außerdem wird das Servicelevel oder die Anzahl erfüllter Kundenbedarfe von mehreren Autoren berücksichtigt. Bei den berücksichtigten Szenarien werden zudem häufig unterschiedliche Störungsausmaße und -frequenzen analysiert. Neben den simulationsbasierten Ansätzen existieren Rahmenwerke, in denen eine größere Anzahl an Gestaltungsoptionen identifiziert wird. Diese werden jedoch nicht detailliert bewertet, sondern lediglich den Resilienzfähigkeiten oder -kapazitäten zugeordnet. Sowohl in den simulationsbasierten Ansätzen als auch in den betrachteten Rahmenwerken mangelt es an einer umfassenden Charakterisierung der Gestaltungsoptionen, um diese miteinander vergleichen zu können. Nur im Ansatz von DORMADY ET AL. werden verschiedene Kriterien betrachtet, die einen detaillierten Vergleich der Maßnahmen unterstützen.

3.3 Ansätze zur Gestaltung der Resilienz

In diesem Kapitel werden Ansätze zur Gestaltung der Resilienz analysiert. Die Ansätze sollen einerseits dabei unterstützen, konkrete Maßnahmen für die Gestaltung der Resilienz auszuwählen und diese miteinander zu kombinieren. Andererseits sollen die Ansätze ein Vorgehen für die systematische Gestaltung der Resilienz umfassen. Daher werden im Folgenden Ansätze berücksichtigt, die generische Gestaltungsdimensionen betrachten und Rahmenwerke für die Gestaltung der Resilienz entwickeln. Außerdem werden Normen und Standards betrachtet, die den Bereich Resilienz betreffen.

Rahmenwerk zur Gestaltung resilienter Supply-Chains nach CHRISTOPHER U. PECK

CHRISTOPHER U. PECK entwickeln ein Rahmenwerk zur Gestaltung resilienter Supply-Chains. Darin identifizieren die Autoren vier allgemeine Prinzipien, die die Grundlage resilienter Supply-Chains bilden: die Netzwerkgestaltung bzw. -umgestaltung, Supply-Chain-Kollaboration, Agilität und die Schaffung einer Risikomanagementkultur in der Supply-Chain. Für jedes Prinzip beschreiben die Autoren die aus ihrer Sicht relevanten Aspekte und nennen dabei Beispiele, die zur Umsetzung der Prinzipien beitragen. (s. CHRISTOPHER U. PECK 2004)

Der Ansatz von CHRISTOPHER U. PECK stellt ein häufig zitiertes Rahmenwerk dar, auf welchem verschiedene Autoren aufbauen. Die Autoren grenzen Resilienz und Robustheit gegeneinander ab, gehen aber nicht detailliert auf einzelne Komponenten der Resilienz ein. Außerdem bezieht sich das Rahmenwerk auf das Supply-Chain-Management und nicht auf die Beschaffung. Innerhalb des Rahmenwerks werden generische Gestaltungsdimensionen identifiziert. Darüber hinaus beschreiben die Autoren Gestaltungsoptionen, die innerhalb der Dimensionen umgesetzt werden sollen. Eine Bewertung oder ein Vergleich der Gestaltungsoptionen findet nicht statt. Darüber hinaus gehen die Autoren auch nicht auf Wechselwirkungen zwischen den Dimensionen ein.

Methode zur Berücksichtigung von Flexibilitätsbedarfen im Supply-Chain-Management nach SINGER

SINGER entwickelt eine Methode zur Berücksichtigung von Flexibilitätsbedarfen im Rahmen des Supply-Chain-Risikomanagements. Die Methode ermöglicht die gezielte Analyse der Flexibilitätsbedarfe sowie -potenziale und unterstützt die Auswahl sowie das Monitoring geeigneter Maßnahmen zur Flexibilitätsanpassung in der Supply-Chain. Somit ermöglicht die Methode die Integration von Flexibilität in den Risikomanagementprozess von Unternehmen. (s. SINGER 2012, S. 145–151) Die Methode umfasst die Erstellung eines Kapazitätsprofils, in dem für sechs Flexibilitätsdimensionen jeweils vier Flexibilitätsarten (Wechsel-, Kapazitätsanpassungs-, Zeit- und Abbruchflexibilität) sowohl bzgl. des Bedarfs als auch bzgl. des Potenzials qualitativ bewertet werden (s. SINGER 2012, S. 153–156). Ein Maßnahmenkatalog mit 140 einzelnen Maßnahmen, welche bzgl. der Flexibilitätsart und der Wirkung (Aufbau Potenzial und Reduktion Bedarf) eingeordnet sind, dient als Grundlage für die Auswahl von Maßnahmen (s. SINGER 2012, S. 157–168). Die Methode wurde zur Verbesserung der praktischen Umsetzbarkeit in einer prototypischen Software umgesetzt (s. SINGER 2012, S. 181–184).

Das Verständnis von Flexibilität, welches der Arbeit von SINGER zugrunde liegt, steht im Zusammenhang mit dem Resilienzverständnis dieser Arbeit. SINGER betrachtet jedoch nicht einzelne Resilienzkomponenten oder konkretisiert das Resilienzverständnis für die Beschaffung. Innerhalb des Ansatzes wird ein strukturierter Katalog von Gestaltungsoptionen entwickelt. Dabei lassen sich die Maßnahmen aus den Dimensionen Beschaffungs- und Logistikflexibilität auf die Beschaffung anwenden. Darüber hinaus stellt die Einordnung der Maßnahmen bzgl. der Flexibilitätsart und der Wirkung eine Vergleichbarkeit der Maßnahmen her. Eine weitere Charakterisierung der Maßnahmen, z. B. bezogen auf Kosten oder Voraussetzungen für die Einführung, erfolgt jedoch nicht. Außerdem beschreibt SINGER ein Vorgehensmodell zur Auswahl von Maßnahmen, woraus Gestaltungsempfehlungen abgeleitet werden. Dies beruht jedoch zum größten Teil auf subjektiven Einschätzungen.

Bewertungswerkzeug zum Aufbau von Supply-Chain-Resilienz nach PETTIT ET AL.

Das fragebogenbasierte Bewertungswerkzeug baut auf dem in Kapitel 3.1 beschriebenen Rahmenwerk zur Messung der Resilienz in Supply-Chains auf. Mithilfe des Werkzeugs werden die Anfälligkeiten und Fähigkeiten des aktuellen Zustands bewertet und Resilienzlücken berechnet, die verwendet werden können, um Managementmaßnahmen zur Schaffung und Aufrechterhaltung einer ausgewogenen Resilienz zu steuern. Die Bewertung des aktuellen Zustands basiert auf qualitativen Aussagen, die auf 6-stufigen Likertskalen bewertet werden. (s. PETTIT ET AL. 2013, S. 69–73) Wesentliche Grundlagen für die Ableitung von Resilienzlücken stellen das Ranking der Anfälligkeitsfaktoren und Fähigkeiten sowie die Analyse der Zusammenhänge zwischen einzelnen Anfälligkeitsfaktoren und Fähigkeiten dar (s. PETTIT ET AL. 2013, S. 52–56).

PETTIT ET AL. entwickeln ein praktisches Werkzeug zur Bewertung der Resilienz, welches als Grundlage für die Gestaltung dient. Dabei werden jedoch, wie bereits oben beschrieben, nicht direkt Komponenten der Resilienz ermittelt, sondern der Fokus auf Eigenschaften gelegt, die zur Schaffung von Resilienz beitragen und teilweise auf die Beschaffung bezogen sind. Das fragebogenbasierte Bewertungswerkzeug zeigt einzelne Gestaltungsoptionen auf. Das Ranking der Fähigkeiten und die Analyse der Zusammenhänge ermöglichen einen Vergleich der Gestaltungsoptionen. Eine umfassende Charakterisierung erfolgt jedoch nicht. Darüber hinaus beschreiben die Autoren ein 6-schrittiges Vorgehen zur Anwendung des Bewertungswerkzeugs. Die Ergebnisse liefern einen Anhaltspunkt zur Ableitung von Maßnahmen. Inwiefern verschiedene Maßnahmen miteinander kombiniert werden sollen, lässt sich aus den Ergebnissen jedoch nicht ableiten.

Rahmenwerk zur Verknüpfung von Beschaffungsaktivitäten und Resilienz nach PEREIRA ET AL.

PEREIRA ET AL. analysieren mithilfe einer systematischen Literaturrecherche den Zusammenhang zwischen verschiedenen Beschaffungsaktivitäten und Erfolgsfaktoren der Resilienz (s. PEREIRA ET AL. 2014, S. 630–636). Daraus leiten sie ein Rahmenwerk ab, welches inner- und überbetriebliche Aspekte der Beschaffungsperspektive zusammenfasst, die die Resilienz der Supply-Chain beeinflussen. Das gezielte Management und die Steuerung dieser Aspekte unterstützen eine Steigerung der Resilienz. Die identifizierten Aspekte umfassen Wissenserwerb, Bestand, Produkt, Technologie, strategische Beschaffung, Netzwerkgestaltung, Transport und Risiko. (s. PEREIRA ET AL. 2014, S. 636–638)

PEREIRA ET AL. nutzen als Grundlage für ihre Analyse Erfolgsfaktoren der Resilienz und berücksichtigen somit nicht konkrete Komponenten der Resilienz. Durch die Identifikation relevanter Beschaffungsaktivitäten und die Analyse der Zusammenhänge mit den Erfolgsfaktoren tragen sie dazu bei, dass das Resilienzkonzept für die Beschaffung konkretisiert wird. Die identifizierten Aspekte können als Stellgrößen interpretiert werden, die jedoch größtenteils generisch formuliert sind. Die Autoren konkretisieren die Aspekte und nennen Hilfsmittel, die für bei der Gestaltung der einzelnen Aspekte berücksichtigt werden sollen. Diese stellen zum Teil konkrete Gestaltungsoptionen dar. Eine Bewertung oder ein Vergleich der Gestaltungsoptionen wird jedoch nicht durchgeführt. Ebenso werden keine konkreten Gestaltungsempfehlungen abgeleitet.

Prinzipien und Attribute organisationaler Resilienz nach ISO 22316

ISO 22316 unterstützt den Aufbau und die Steigerung organisationaler Resilienz. Dabei werden innerhalb der Norm Prinzipien erläutert, welche die Grundlage zur Steigerung der Resilienz bieten und Charakteristika eines Unternehmens identifizieren, welche erforderlich sind, um die Prinzipien umzusetzen. Außerdem umfasst die Norm Aktivitäten, die zur Umsetzung, Bewertung und Verbesserung der Charakteristika beitragen. Die Norm ist branchenunabhängig und lässt sich auf Unternehmen unterschiedlicher Größen anwenden. Resilienz wird als Fähigkeit einer Organisation verstanden, sich an ein wandelndes Umfeld anzupassen und die gesetzten Ziele zu erreichen. Diese Fähigkeit ermöglicht die Vorhersage von und die Reaktion auf Bedrohungen aus dem internen und externen Umfeld. Die Gestaltung der Resilienz muss dabei auf einer Kombination von strategischen und operativen Faktoren aufbauen. (ISO 22316, S. v) Innerhalb der Norm werden neun Charakteristika zur Steigerung der Resilienz identifiziert, die sich sowohl auf die Vision des Unternehmens, die Führung, die Kultur als auch die Verfügbarkeit von Informationen und Ressourcen beziehen. Für jedes Attribut werden Ziele und Maßnahmen erläutert. (ISO 22316, S. 2–6)

Die Norm definiert organisationale Resilienz und relevante Charakteristika und trägt somit zu einem verbesserten Verständnis von Resilienz bei. Dabei werden jedoch keine Resilienzkomponenten beschrieben und das Konzept auch nicht für die Beschaffung konkretisiert. Die identifizierten Attribute und Maßnahmen sollen die Gestaltung der Resilienz unterstützen. Die Maßnahmen sind jedoch sehr generisch formuliert und stellen eher Zielrichtungen als konkrete Gestaltungsoptionen dar. Die einzelnen Maßnahmen werden darüber hinaus nicht bewertet oder miteinander verglichen. Die Norm betont, dass die Gestaltung der Resilienz auf einer Kombination verschiedener Attribute aufbauen und unternehmensindividuell erfolgen muss. Als Gestaltungsempfehlung nennt die Norm die kontinuierliche Bewertung der Resilienzattribute, um Lücken zu ermitteln. Die Auswahl und Kombination von konkreten Gestaltungsoptionen werden durch die Norm nicht unterstützt.

Resilienzkonfigurationsmatrix nach Burnard et al.

Burnard et al. analysieren mithilfe von Case-Studys, wie Unternehmen auf Krisen reagieren und konzentrieren sich dabei auf Entscheidungsprozesse. Zur Beschreibung der Antworten von Unternehmen auf Krisen nutzen die Autoren ein Rahmenwerk, welches aus drei Entscheidungsknoten und vier Aktionsknoten besteht (s. Burnard et al. 2018, S. 355–356). Aufbauend auf der Analyse der Entscheidungsprozesse entwickeln die Autoren eine Resilienzkonfigurationsmatrix mit den Schlüsseldimensionen Anpassung und Vorbereitung. Während die Anpassung starr oder agil sein kann, wird bei der Vorbereitung zwischen reaktiv und proaktiv unterschieden. Durch Kombination dieser Ausprägungen ergeben sich vier Konfigurationen: mit hohem Risiko, prozessbasiert, einfallsreich und resilienzorientiert. (s. Burnard et al. 2018, S. 356–359) Unternehmen können die Matrix nutzen, um in Abhängigkeit der eigenen Konfiguration zu entscheiden, welche Resilienzstrategien für sie besonders geeignet sind (s. Burnard et al. 2018, S. 360–361).

Der Fokus der Analyse von Burnard et al. liegt auf dem Antwortverhalten von Unternehmen auf Krisen und nicht auf der Konzeptionalisierung der Resilienz. Daher werden keine Resilienzkomponenten oder Zielrichtungen analysiert oder das Konzept für die Beschaffung konkretisiert. Darüber hinaus zeigt der Ansatz auch keine konkreten Gestaltungsoptionen auf oder bewertet diese. Vielmehr ermöglicht die Resilienzkonfigurationsmatrix eine übergeordnete Einordnung des Unternehmens. Daraus lassen sich Anforderungen an die Gestaltung und die Eignung von resilienzsteigernden Maßnahmen ableiten. Darüber hinaus erläutern die Autoren Herausforderungen innerhalb der einzelnen Konfigurationen, welche bei der Gestaltung der Resilienz berücksichtigt werden müssen.

Rahmenwerk dynamischer Fähigkeiten für die beschaffungsseitige Resilienz nach Pereira et al.

Pereira et al. führen vier Fallstudien durch, um die Schlüsselfähigkeiten der Beschaffungsmanagementfunktion zur Schaffung von Resilienz zu ermitteln. Zur Einordnung ihrer Ergebnisse nutzen die Autoren die Theorie der *Dynamic Capabilities* (dt. dynamische Fähigkeiten) und die darin betrachteten Aspekte der Prozesse, Position und Wege. (s. Pereira et al. 2020, S. 1–4) Anhand der Fallstudien identifizieren die Autoren drei wesentliche Fähigkeiten, die zur Schaffung von Resilienz beitragen: die Positionierung der Beschaffungsfunktion innerhalb des Unternehmens und ihre Entscheidungsbefugnis, reaktive und proaktive Maßnahmen zum Umgang mit Störungen sowie der Umgang mit Wissen und die Wissensgenerierung (s. PEREIRA ET AL. 2020, S. 12).

PEREIRA ET AL. bauen auf bestehenden Resilienzdefinitionen auf und übertragen diese auf die Beschaffung. Das Verständnis von beschaffungsseitiger Resilienz wiederum baut auf verschiedenen Phasen der Resilienz auf. Innerhalb ihrer Analyse ermitteln die Autoren zudem verschiedene Gestaltungsoptionen, welche im Bereich der Beschaffung zu einer Steigerung der Resilienz führen. Die Gestaltungsoptionen werden in reaktive und proaktive Praktiken unterteilt. Eine Bewertung der einzelnen Gestaltungsoptionen findet nicht statt. Das entwickelte Rahmenwerk zeigt übergeordnete Bereiche auf, die bei der Gestaltung der Resilienz und organisatorischen Verankerung berücksichtigt werden müssen. Gestaltungsempfehlungen, welche sich auf die Auswahl und Kombination konkreter Maßnahmen beziehen, nennen die Autoren nicht.

Struktur und Anforderungen für die Implementierung und Aufrechterhaltung eines Business-Continuity-Management-Systems nach DIN EN ISO 22301 und DIN EN ISO 22313

Die DIN EN ISO 22301 beschreibt allgemeine Anforderungen für die Implementierung eines Business-Continuity-Management-Systems (dt. Betriebliches Kontinuitätsmanagement, BCMS), die Unternehmen dazu befähigen, im Falle von Störungen ihre Betriebsfähigkeit aufrechtzuerhalten. Das Managementsystem ermöglicht Unternehmen „sich gegen Störungen zu schützen, die Wahrscheinlichkeit ihres Auftretens zu vermindern, sich auf diese vorzubereiten, auf diese zu reagieren und sich von diesen zu erholen, wann immer sie auftreten" (DIN EN ISO 22301, S. 10). Die Definition entspricht damit der dieser Arbeit zugrundeliegenden Definition der Resilienz. Die Einführung des BCMS ist an den PDCA-Zyklus angelehnt, welcher die Phasen *Planen*, *Durchführen*, *Prüfen* und *Handeln* umfasst. DIN EN ISO 22313 umfasst Leitlinien und Empfehlungen zur Anwendung der Anforderungen des Business Continuity Management Systems. Dabei enthält diese Norm Erläuterungen zu den in DIN EN ISO 22301 allgemein beschriebenen Anforderungen. In der Norm werden verschiedene Kategorien von Strategien und Lösungen zur Aufrechterhaltung der Betriebsfähigkeit beschrieben sowie Beispiele aufgeführt. (DIN EN ISO 22313, S. 42–45)

Die beiden Normen beschreiben einzelne Aspekte, die im Rahmen eines Business-Continuity-Managements berücksichtigt werden müssen und erläutern Aspekte, die die Aufrechterhaltung der Betriebsfähigkeit ausmachen. Somit tragen sie zu einem verbesserten Verständnis der Resilienz bei. Das Konzept wird jedoch allgemein betrachtet und nicht für die Beschaffung konkretisiert. Darüber hinaus werden insbesondere in DIN EN ISO 22313 konkrete Gestaltungsoptionen beschrieben. Diese werden jedoch nicht bewertet oder miteinander verglichen. Die Normen bauen auf dem PDCA-Zyklus auf, welcher als Vorgehensmodell für die Implementierung des BCMS dient. Die einzelnen Schritte unterstützten jedoch nicht bei der konkreten Auswahl und Kombination von Gestaltungsoptionen.

Konzeptionelles Rahmenwerk zu Steigerung der Resilienz nach SANCHIS ET AL.

SANCHIS ET AL. entwickeln ein konzeptionelles Rahmenwerk zur Steigerung der Resilienz von Unternehmen. Es umfasst drei Hauptelemente: Störungen, konstituierende Kapazitäten und Übergangselemente für den Übergang von einem gegenwärtigen Zustand in einen zukünftigen Zustand (s. SANCHIS ET AL. 2020a, S. 10). Als konstituierende Kapazitäten bezeichnen die Autoren die Vorbereitungs- und Erholungskapazität. Beide Kapazitäten werden durch das inhärente Merkmal der Anpassungsfähigkeit charakterisiert und durch die Übergangselemente verbessert (s. SANCHIS ET AL. 2020a, S. 12–14) Im Bereich der Übergangselemente enthält das Rahmenwerk Handlungsempfehlungen sowohl zur Steigerung der Vorbereitungskapazität (vorbeugende Maßnahmen) als auch zur Steigerung der Erholungskapazität (Maßnahmen zur Wissensaufnahme), die konkreten Störungen zugeordnet sind. Die Störungen werden über ihren Ursprung, das Störereignis und die resultierenden Auswirkungen charakterisiert. (s. SANCHIS ET AL. 2020a, S. 14–21)

SANCHIS ET AL. betrachten Charakteristika von Störungen und Vorbereitungs- und Erholungskapazität als wesentliche Aspekte zur Gestaltung der Resilienz. Somit tragen sie zu einem verbesserten Verständnis der Resilienz bei. Die Aspekte werden jedoch generisch betrachtet und nicht für die Beschaffung konkretisiert. Darüber hinaus beinhaltet das Rahmenwerk konkrete Gestaltungsoptionen, die in der Beschaffung angewendet werden können. Die Gestaltungsoptionen werden bzgl. der Störungen eingeordnet. Eine weitere Charakterisierung und ein Vergleich der Gestaltungsoptionen finden nicht statt. Insgesamt soll das Rahmenwerk eine Grundlage für Unternehmen bieten, um Maßnahmen zur Steigerung der Resilienz auszuwählen. Es liefert keine Unterstützung, um konkrete Maßnahmen aus dem Katalog auszuwählen oder diese miteinander zu kombinieren.

Modell zur Optimierung der Vorbereitungskapazität von Unternehmen nach SANCHIS ET AL.

Zur Anwendung ihres Rahmenwerks nutzen SANCHIS ET AL. ein gemischt-ganzzahliges Optimierungsmodell, welches die Auswahl konkreter vorbeugender Maßnahmen unterstützt (s. SANCHIS ET AL. 2020b, S. 1–2). Das Modell baut auf der Bewertung der Auftretenswahrscheinlichkeit bestimmter Störungen sowie der Bewertung des Ausmaßes der Störung ohne und mit Aktivierung vorbeugender Maßnahmen auf. Darüber hinaus werden die Kosten, die durch die Störung entstehen, und die Kosten der vorbeugenden Maßnahmen berücksichtigt. Die erforderlichen Inputwerte werden über einen Fragebogen, den das Anwenderunternehmen ausfüllt, ermittelt (s. SANCHIS ET AL. 2020b, S. 8–11).

Das Optimierungsmodell baut auf dem zuvor beschriebenen Rahmenwerk zur Steigerung der Resilienz nach SANCHIS ET AL. auf. Der Fokus des Modells liegt ausschließlich auf der Steigerung der Vorbereitungskapazität. Das Modell unterstützt die Auswahl konkreter Maßnahmen. Die Optimierung beruht jedoch auf Daten, die mithilfe von Fragebögen bei den Unternehmen aufgenommen werden. Die Inputdaten beruhen somit auf Einschätzungen des Anwendenden, welcher die Eintrittswahrscheinlichkeit und das Schadensausmaß qualitativ bestimmen muss. Werden zwei Maßnahmen aktiviert, die derselben Störungsauswirkung entgegenwirken, wird davon ausgegangen, dass die generierten Vorteile nicht der Summe der Vorteile entsprechen, wenn die Maßnahmen einzeln aktiviert werden. Die Dämpfung des Vorteils wird über zwei Faktoren im Optimierungsmodell berücksichtigt. Die Werte dieser Faktoren muss das anwendende Unternehmen festlegen.

Integriertes Störungsmanagement zur Steigerung der Robustheit in Produktionsnetzwerken nach PEUKERT

PEUKERT untersucht im Rahmen ihrer Dissertation, wie die Robustheit eines Produktionsnetzwerks mithilfe von proaktiven Strategien und reaktiven Maßnahmen gesteigert werden kann. Dabei werden die Bereiche Produktion und Beschaffungslogistik betrachtet. Der Ansatz umfasst einerseits eine Charakterisierung von potenziellen Störungen in Produktionsnetzwerken. Andererseits werden Reaktionsmaßnahmen für die Störungsbewältigung identifiziert, klassifiziert und bzgl. ihrer Eignung bewertet. Dabei verfolgt die Arbeit das Ziel, anhand von Kenntnissen über mögliche Reaktionen, Gestaltungsempfehlungen für proaktive Strategien abzuleiten. (s. PEUKERT 2021, S. 4–5) Das Robustheitsverständnis von PEUKERT ist dabei sehr ähnlich zu dem im Rahmen dieser Arbeit genutzten Verständnis von Resilienz. Als Robustheit betrachtet PEUKERT dabei auch, wie schnell eine Störung bewältigt werden kann. Proaktive Strategien beziehen sich dabei auf die Schaffung von Flexibilitätspotenzialen, während reaktive Maßnahmen die Nutzung geschaffener Flexibilitätspotenziale umfassen. (s. PEUKERT 2021, S. 20–24) Mittels eines Simulationsmodells werden Zusammenhänge zwischen Störungen und Maßnahmen untersucht und die Eignung der Maßnahmen bewertet. Darauf basierend werden proaktive Strategien abgeleitet und übergeordnete Empfehlungen für die Steigerung der Robustheit abgeleitet. (s. PEUKERT 2021, S. 52–54)

PEUKERT entwickelt ein Kennzahlensystem für die multikriterielle Bewertung der Robustheit und trägt somit zu einem verbesserten Verständnis der Zielrichtungen bei der Gestaltung der Resilienz bei. In dem Ansatz werden jedoch nicht unterschiedliche Komponenten der Robustheit bzw. Resilienz identifiziert. PEUKERT beschreibt im Rahmen der Produktionsnetzwerkmodellierung relevante Netzwerkelemente, Ressourcen und Parameter, die im Rahmen der Robustheitssteigerung betrachtet werden. Somit konkretisiert sie das Resilienzkonzept für die Beschaffung. Darüber hinaus identifiziert PEUKERT verschiedene reaktive Maßnahmen. Der Fokus liegt dabei jedoch auf produktionsbezogenen Maßnahmen. Gleichzeitig werden proaktive Strategien identifiziert, die als Gestaltungsoptionen interpretiert werden können. Im Rahmen der Simulation werden die Maßnahmen im Hinblick auf das entwickelte Kennzahlensystem und somit die Auswirkungen auf die Robustheit des Produktionssystems bewertet und miteinander verglichen. Eine weitere Charakterisierung findet jedoch nicht statt. Um Gestaltungsempfehlungen ableiten zu können, muss das Simulationsmodell für den Anwendungsfall konfiguriert werden und die Simulation durchgeführt und analysiert werden. Die Bewertung ist dabei vor allem auf die konkrete Parametrisierung einzelner

Optionen ausgelegt. Außerdem ist der Aufwand zur Durchführung der Simulationen für konkrete Anwendungsfälle hoch.

Konzept der Resilienz im Einkauf nach Heß u. Kleinlein

Heß u. Kleinlein entwickeln ein Konzept zur Integration der Resilienz in den Einkauf. Das 15M-Resilienz-Konzept baut auf der 15M-Architektur auf, welche ein ganzheitliches und praxisnahes Konzept für die Aufgabenstellungen und Prozesse des strategischen Einkaufs darstellt (s. Heß u. Kleinlein 2021, S. 40). Das 15M-Resilienz-Konzept umfasst Resilienzkriterien als Eigenschaften, die zur Resilienz führen, Ansatzpunkte zur Analyse und Stärkung der Resilienz im Einkauf, ein Reifegradmodell zum Krisenmanagement sowie ein Konzept zur Resilienzanalyse mit Fokus auf Stabilität und Flexibilität (s. Heß u. Kleinlein 2021, 32ff.). Das Reifegradmodell basiert auf einer Selbstbewertung der Unternehmen und orientiert sich an den identifizierten Resilienzkriterien (s. Heß u. Kleinlein 2021, S. 61–65). Das Konzept der Resilienzanalyse basiert auf dem Risikomanagementprozess. Innerhalb des Konzepts sind Fragestellungen definiert, um die Resilienz gegenüber Versorgungsdefiziten zu analysieren. Die Analyse bezieht sich auf kritische Materialien oder Risikocluster und umfasst die Bewertung der Stabilität und Flexibilität. (s. Heß u. Kleinlein 2021, 111ff.)

Heß u. Kleinlein betrachten keine konkreten Komponenten der Resilienz, sondern nutzen Erfolgsfaktoren der Resilienz, um das Konzept der Resilienz für den Einkauf zu konkretisieren. Aus den Ansatzpunkten zur Stärkung der Resilienz und den Fragestellungen zur Analyse der Resilienz können Gestaltungsoptionen abgeleitet werden. Diese werden bezogen auf die Stabilität und die Flexibilität eingeordnet. Eine umfassendere Bewertung oder Charakterisierung der Gestaltungsoptionen findet nicht statt. Das Konzept zur Resilienzanalyse unterstützt die Gestaltung der Resilienz im Einkauf. Die Fragestellungen ermöglichen eine strukturierte Analyse. Wie auf Basis der Analyse konkrete Gestaltungsempfehlungen abgeleitet werden, wird jedoch nicht erläutert.

Zwischenfazit zu Gestaltungsansätzen

Die Analyse der Gestaltungsansätze verdeutlicht, dass der Fokus häufig auf generischen Gestaltungsdimensionen liegt. Es mangelt an konkreten Gestaltungsoptionen. Die betrachteten Vorgehensmodelle nutzen einen Vergleich des Status quo und eines Zielzustands, um eine Resilienzlücke zu identifizieren. Dies verdeutlicht, dass Resilienz nicht als absolute, sondern als relative Größe betrachtet werden sollte. Die Bewertung beruht dabei in verschiedenen Ansätzen auf einer subjektiven Einschätzung des Unternehmens. Darüber hinaus berücksichtigen die Gestaltungsansätze die Rahmenbedingungen. So werden bei Peukert und Sanchis et al. die Störungseigenschaften in die Gestaltung einbezogen und im Ansatz von Pettit et al. die Anfälligkeit des Unternehmens bewertet. Wechselwirkungen zwischen verschiedenen Komponenten der Resilienz werden in den bestehenden Ansätzen nicht berücksichtigt. Wie Gestaltungsoptionen miteinander kombiniert werden sollen, wird zudem nicht detailliert betrachtet. Insgesamt mangelt es in den verschiedenen Ansätzen an konkreten Gestaltungsoptionen, die zur Steigerung der Resilienz in Unternehmen und insbesondere in der Beschaffung beitragen und praktisch umgesetzt werden können.

3.4 Kritische Würdigung des Erkenntnisstands und Ableitung des Forschungsbedarfs

Nachfolgend wird der Erkenntnisstand im Bereich der Konfiguration der Resilienz zusammenfassend bewertet. Die betrachteten Ansätze und die bewerteten Aspekte werden dafür in Form einer Forschungsmatrix dargestellt (s. Abbildung 3-4). Dies ermöglicht eine Gegenüberstellung der analysierten Ansätze mit den Zielen der vorliegenden Dissertation sowie die systematische Ableitung des Forschungsbedarfs.

Insgesamt verdeutlicht die Analyse der bestehenden Ansätze, dass die Bedeutung des Konzepts der Resilienz im Umgang mit Störungen innerhalb von Supply-Chains von vielen Autoren erkannt wird. Darüber hinaus werden auch der Bedarf zur Steigerung der Resilienz und die Notwendigkeit zur proaktiven Gestaltung herausgestellt.

Die Grundlage einer systematischen Gestaltung der Resilienz bildet ein Verständnis darüber, welche Komponenten Resilienz ausmachen und welche Zielrichtungen bei der Gestaltung zu berücksichtigen sind. Zwar werden in verschiedenen Ansätzen einzelne Komponenten und Zielrichtungen identifiziert, die Betrachtungsebenen und Detaillierungslevel sind jedoch unterschiedlich. Es wird deutlich, dass die Analyse der Resilienz in einem engen Zusammenhang mit Störungen und deren Einfluss auf die Leistungsfähigkeit stehen sollte. Dabei sind insbesondere verschiedene Störungsphasen zu berücksichtigen. Insgesamt verdeutlicht die Analyse der bestehenden Ansätze ein mangelndes einheitliches Verständnis über die wesentlichen Komponenten der Resilienz. Darüber hinaus wird das Konzept der Resilienz nicht ausreichend auf die Beschaffung übertragen und für diesen Anwendungsfall konkretisiert. Die Voraussetzung für die Gestaltung der Resilienz in der Beschaffung ist die Schaffung eines Verständnisses darüber, was Resilienz im Kontext der Beschaffung bedeutet. Außerdem müssen die Komponenten und Objekte der Beschaffung, die einen Einfluss auf die Resilienz haben, bekannt sein. Dafür liefern verschiedene Ansätze einzelne Anhaltspunkte, die bisher jedoch nicht in einem Modell zusammengefasst werden.

Für eine praktische Umsetzung der Resilienz in Unternehmen sind konkrete Gestaltungsoptionen erforderlich. Eigenschaften oder Erfolgsfaktoren sind dabei häufig nicht spezifisch genug und müssen konkretisiert werden. Die Konkretisierung muss dabei domänenspezifisch erfolgen. Verschiedene Autoren zeigen einzelne Gestaltungsoptionen auf. Ein umfassender Katalog von Gestaltungsoptionen in der Beschaffung ist jedoch nicht vorhanden. Neben dem Aufzeigen der Gestaltungsoptionen in der Beschaffung, ist die Bewertung der Gestaltungsoptionen eine wesentliche Voraussetzung für die Gestaltung der Resilienz. Die Bewertung muss dabei unterschiedliche Faktoren berücksichtigen. Dabei sind sowohl die Wirkung der Gestaltungsoptionen auf die Resilienz als auch weitere Aspekte wie die Kosten zum Aufbau und Umsetzung der Gestaltungsoptionen relevant. Neben der Definition der Bewertungsfaktoren ist eine Charakterisierung der Gestaltungsoptionen erforderlich, um eine Vergleichbarkeit der unterschiedlichen Gestaltungsoptionen herzustellen. Die Analyse bestehender Ansätze verdeutlicht, dass insbesondere Kostenaspekte im Rahmen der simulationsbasierten Ansätze berücksichtigt werden. Diese untersuchen jedoch lediglich einzelne Gestaltungsoptionen und erlauben nicht den umfassenden Vergleich einer Vielzahl an Gestaltungsoptionen. Rahmenwerke, die einen Katalog von Gestaltungsoptionen aufzeigen, ordnen diese unterschiedlichen Kapazitäten oder Fähigkeiten zu. Eine detaillierte Bewertung fehlt jedoch. Darüber hinaus mangelt es in den bestehenden Ansätzen an einer detaillierten Bewertung der Wirkung der Gestaltungsoptionen auf die einzelnen Komponenten der Resilienz. Eine weitere Herausforderung im Rahmen der Simulationsansätze stellen die erforderlichen Annahmen und Vereinfachungen dar, die getroffen werden müssen, um die Simulationen durchzuführen. Die erzielten Ergebnisse sind somit abhängig von den getroffenen Annahmen und lassen sich nicht ohne Weiteres auf andere Anwendungsfälle übertragen.

Die Analyse der bestehenden Ansätze veranschaulicht darüber hinaus einen Mangel an konkreten Gestaltungsempfehlungen und methodischer Unterstützung für die Gestaltung der Resilienz. Die bestehenden Ansätze unterstützen die Auswahl und Kombination konkreter Gestaltungsoptionen nur unzureichend. Darüber hinaus werden in den Gestaltungsansätzen die Wechselwirkungen zwischen verschiedenen Resilienzkomponenten und die relative Bedeutung einzelner Zielrichtungen nicht ausreichend berücksichtigt. Je nachdem, wie stark die Fähigkeit in einer Komponente ausgeprägt ist, wächst oder sinkt die Bedeutung einer anderen Komponente.

Insgesamt zeigt die Diskussion des Erkenntnisstands, dass derzeit kein Ansatz existiert, der eine systematische Konfiguration der Resilienz in der Beschaffung durch die Bewertung und Auswahl von Gestaltungsoptionen unter der Berücksichtigung der verschiedenen Komponenten und Zielrichtungen der Resilienz ermöglicht. Die analysierten Beiträge enthalten jedoch partiell geeignete Lösungsansätze, welche im Rahmen dieser Dissertation kombiniert und weiterentwickelt werden.

○ nicht behandelt
◑ teilweise behandelt
● behandelt

	Resilienz in der Beschaffung		Gestaltung der Resilienz in der Beschaffung		
	Schaffung Resilienz-verständnis	Konkretisierung Resilienz-konzept für Beschaffung	Identifikation von Gestaltungs-optionen	Vergleichbarkeit und Bewertung von Gestaltungs-optionen	Gestaltungs-empfehlungen
Ansätze zur Bewertung der Resilienz					
Bruneau et al. (2003)	◑	○	○	○	○
Sheffi u. Rice (2005)	◑	○	◑	◑	○
Vugrin et al. (2010)	●	○	○	○	○
Pettit et al. (2010)	◑	◑	●	○	○
Zobel (2010)	●	○	○	○	○
Carvalho (2012)	◑	●	●	○	○
Munoz u. Dunbar (2015)	●	○	○	○	○
Duchek (2020)	●	○	◑	○	○
Shen et al. (2020)	●	○	○	○	○
Ansätze zur Bewertung von Gestaltungsoptionen					
Dabhilkar et al. (2016)	○	◑	◑	◑	○
Ali et al. (2017)	●	○	●	◑	○
Kamalahmadi u. Parast (2017)	○	○	●	◑	◑
Carbonara u. Pellegrino (2017)	○	○	●	◑	◑
Namdar et al. (2018)	○	○	●	◑	◑
Dormady et al. (2019)	◑	○	●	●	○
Hosseini et al. (2019)	◑	○	●	◑	○
Johnson et al. (2021)	○	○	●	◑	◑
Jain et al. (2022)	○	○	●	◑	○
Ansätze zur Gestaltung der Resilienz					
Christopher u. Peck (2004)	○	○	●	○	◑
Singer (2012)	○	○	●	◑	◑
Pettit et al. (2013)	◑	◑	●	◑	◑
Pereira et al. (2014)	○	●	◑	○	○
ISO 22316	◑	○	◑	○	◑
Burnard et al. (2018)	○	○	○	○	◑
Pereira et al. (2020)	○	●	●	○	◑
DIN EN ISO 22301 & 22313	◑	○	●	○	◑
Sanchis u. Poler (2020a)	◑	○	●	◑	○
Sanchis u. Poler (2020b)	◑	○	●	◑	◑
Peukert (2021)	◑	◑	◑	◑	◑
Heß u. Kleinlein (2021)	○	●	◑	○	◑

Abbildung 3-4: Forschungsmatrix (eigene Darstellung)

4 Herleitung des Konzeptansatzes

In diesem Kapitel wird die Vorgehensweise zur Entwicklung einer Methode zur systematischen Konfiguration der Resilienz in der Beschaffung hergeleitet. Dafür werden zunächst die inhaltlichen und formalen Anforderungen an die Methode definiert (s. Kapitel 4.1). Anschließend werden die methodischen Grundlagen beschrieben und ihre Eignung für die vorliegende Dissertationsschrift erläutert (s. Kapitel 4.2). Basierend auf diesen Erkenntnissen erfolgt abschließend die Konkretisierung der Vorgehensweise des vorliegenden Lösungsansatzes sowie der einzelnen Teilmodelle (s. Kapitel 4.3).

4.1 Anforderungen an eine Methode zur Konfiguration der Resilienz in der Beschaffung

Zielsetzung dieser Arbeit ist die Entwicklung einer Methode zur systematischen Konfiguration der Resilienz in der Beschaffung. Für eine zielgerichtete Gestaltung des Forschungsprozesses ist es zunächst notwendig, konkrete Anforderungen zu formulieren. Eine Anforderung ist dabei gemäß DIN EN ISO 9000:2015 ein „Erfordernis oder Erwartung, das oder die festgelegt, üblicherweise vorausgesetzt oder verpflichtend ist" (DIN EN ISO 9000, S. 39). Die Anforderungen stellen Kriterien dar, anhand derer die Ergebnisse des Forschungsprozesses bewertet werden können (s. BECKER ET AL. 2012, S. 31). Dabei wird zwischen inhaltlichen und formalen Anforderungen unterschieden.

Die inhaltlichen Anforderungen ergeben sich aus der Konkretisierung der Problemstellung (s. Kapitel 1.1) sowie der Zielsetzung (s. Kapitel 1.2). Außerdem werden die Erkenntnisse aus der Analyse bestehender Ansätze und der identifizierte Forschungsbedarf (s. Kapitel 3.4) berücksichtigt. Somit ergeben sich folgende inhaltliche Anforderungen:

- Berücksichtigung der Multidimensionalität des Resilienzkonzepts, sodass die wesentlichen Resilienzkomponenten und Zielrichtungen bei der Gestaltung der Resilienz beachtet werden.
- Berücksichtigung beschaffungsspezifischer Gegebenheiten durch Konkretisierung des Resilienzkonzepts für die Beschaffung.
- Identifikation, Bewertung und Vergleich von spezifischen Gestaltungsoptionen für den Aufbau der Resilienz in der Beschaffung.
- Ableitung von Gestaltungsempfehlungen zur Auswahl und Kombination von Gestaltungsoptionen für den Aufbau der Resilienz in der Beschaffung unter Berücksichtigung der Wechselwirkungen zwischen verschiedenen Zielrichtungen bei der Gestaltung der Resilienz.

Die formalen Anforderungen gewährleisten die Einhaltung der wissenschaftlichen Konzeption des anwendungsorientierten Forschungsprozesses. Grundlegende formale Anforderungen stellen die Validität und die Reliabilität dar (s. FRIEDRICHS 1990,

S. 100–102; NACHREINER 1997, 87ff.; HIMME 2009, S. 485; KREIS ET AL. 2021, S. 24). Als weitere formale Anforderung wird die Praktikabilität formuliert.

Validität bezieht sich auf die Gültigkeit der Untersuchungsergebnisse. Ein valides Ergebnis gibt den Sachverhalt wieder, der ermittelt werden soll. Systematische Abweichungen zwischen den Ergebnissen und der Realität sind nach Möglichkeit nicht vorhanden oder sehr gering. (s. FRIEDRICHS 1990, S. 100; HIMME 2009, S. 485; KREIS ET AL. 2021, S. 24). Die zu entwickelnde Methode gilt als valide, wenn sie zur Konfiguration der Resilienz in der Beschaffung angewendet werden kann und zu zuverlässigen Gestaltungsempfehlungen führt.

Reliabilität beschreibt die Zuverlässigkeit der Ergebnisse. Sie bezieht sich auf die Stabilität, Genauigkeit und Konstanz der Ergebnisse. (s. FRIEDRICHS 1990, S. 102) Hohe Reliabilität erfordert, dass Ergebnisse reproduzierbar sind, d. h. bei Wiederholung dieselben Ergebnisse erzielt werden (s. FRIEDRICHS 1990, S. 102; RACK U. CHRISTOPHERSEN 2009, S. 27; HIMME 2009, S. 485). Es handelt sich somit um eine zufallskritische Absicherung, die durch standardisierte Vorgehen unterstützt werden kann (s. NACHREINER 1997, S. 90). Reliabilität zeichnet sich durch eine Unabhängigkeit der Ergebnisse von einem einmaligen Untersuchungsvorgang und situativen Einflüssen aus (s. KREIS ET AL. 2021, S. 24). Die Sicherstellung der Reliabilität erfordert ein systematisches Vorgehen und das Vorliegen der Ergebnisse in nachvollziehbarer und reproduzierbarer Form.

Unter Praktikabilität werden die Aspekte produktiv, handhabbar und aufwandsarme Anwendung zusammengefasst, die PATZAK bezogen auf Modelle nennt (s. PATZAK 1982, S. 309–310). Produktiv sind die Ergebnisse, wenn sie zweckbezogen sind und brauchbare Antworten liefern (s. PATZAK 1982, S. 310). Handhabbarkeit stellt sicher, dass die Ergebnisse leicht anzuwenden und zu interpretieren sind (s. PATZAK 1982, S. 310). Dies umfasst die verständliche und nachvollziehbare Formulierung der Ergebnisse und des Lösungswegs. Zusätzlich soll der Aufwand zur Modellanwendung möglichst gering sein (s. PATZAK 1982, S. 310).

4.2 Methodische Grundlagen

Im Folgenden werden die methodischen Grundlagen zur Umsetzung der definierten Anforderungen zunächst beschrieben. Außerdem wird ihre Eignung für die Entwicklung eines Vorgehens zur systematischen Konfiguration der Resilienz in der Beschaffung erläutert.

4.2.1 Grundlagen der Systemtheorie und Modellbildung

Die Systemtheorie beschäftigt sich mit allgemeinen Prinzipien und Eigenschaften, welche zur Analyse und Beschreibung unterschiedlichster Systeme und ihres Verhaltens dienen (s. VON BERTALANFFY 1969, S. 32). Anwendung findet die Systemtheorie in unterschiedlichen Disziplinen wie der Psychologie, der Soziologie oder den Naturwissenschaften (s. TRIER ET AL. 2007, S. 64). Das Ziel der Systemtheorie ist die Herleitung formalisierter Lösungen durch die Entkopplung realer Probleme von der materiellen Umgebung (s. TELLER 1975, S. 3). Dabei werden Systemelemente im Wirkungszusammenhang betrachtet, um aus den komplexen und dynamischen Interaktionen Rückschlüsse auf die wesentlichen Eigenschaften der Systeme ziehen zu können (s. TRIER ET AL. 2007, S. 63–64). Die Ursprünge der Systemtheorie lassen sich auf VON BERTALANFFY zurückführen (s. VON BERTALANFFY 1969, S. 32; HILL ET AL. 1994, S. 20; TRIER ET AL. 2007, S. 64).

Einen wesentlichen Aspekt der Systemtheorie stellt das Systemdenken dar. Die Systemtheorie stellt hierfür Begriffe und Kategorien zur Verfügung, um Objekte und Systeme ganzheitlich zu betrachten (s. PATZAK 1982, S. 4). Durch das Systemdenken wird ein „formal-abstraktes, objekt-unabhängiges, umfassendes Behandeln beliebiger Problemsachverhalte" unterstützt (PATZAK 1982, S. 4). So können komplexe Erscheinungen, welche als Systeme aufgefasst werden können, sowohl besser verstanden als auch gestaltet werden (s. HABERFELLNER ET AL. 2018, S. 27). Das Systemdenken soll verhindern, dass Sachverhalte zu eng abgegrenzt werden (s. HABERFELLNER ET AL. 2018, S. 40). Gemäß ULRICH U. HILL bietet der Systemansatz folgende Vorteile:

- Terminologische Funktion: Bereitstellung eines abstrakten und interdisziplinären Begriffssystems, welches nicht durch inhaltliche Vorurteile oder A-priori-Annahmen über die Wirklichkeit belastet ist.
- Heuristische Funktion: Strukturmodelle unterstützen die Entdeckung andernfalls vernachlässigter Aspekte und Zusammenhänge und das Setzen neuer Schwerpunkte.
- Integrationsfunktion: Die Betrachtung verschiedener Einflussfaktoren und Variablen erlaubt die Berücksichtigung unterschiedliche Aspekte (z. B. psychologische, soziologische, ökonomische und technologische). (s. ULRICH U. HILL 1976a, S. 308)

Der Begriff System beschreibt ein aus mehreren Teilen bestehendes Ganzes (s. TRIER ET AL. 2007, S. 60). Bei einem System handelt es sich somit um eine Menge von Elementen, die Eigenschaften besitzen und miteinander in Beziehung stehen (s. PATZAK 1982, S. 19; LEHNER ET AL. 2008, S. 26; VDI-RICHTLINIE 3633, S. 33). Die Beziehungen und Zusammenhänge der Systemteile zeichnen sich durch eine Ziel- bzw. Zweckorientierung aus (s. PATZAK 1982, S. 19). Die Elemente stellen die Bausteine des Systems dar und werden durch Eigenschaften und Funktionen bzw. ihren Zweck charakterisiert (s. HABERFELLNER ET AL. 2018, S. 28). Je nach Auflösung und Betrachtungslevel können Elemente selbst als System dargestellt werden und somit ein Subsystem repräsentieren (s. HABERFELLNER ET AL. 2018, S. 30). Die Beziehungen umfassen sowohl Ordnungsbeziehungen als auch Wirkungszusammenhänge (s. TRIER ET AL. 2007, S. 61). Darüber hinaus ist ein System durch die Abgrenzung zu seinem Umfeld (Systemgrenze) gekennzeichnet (VDI-RICHTLINIE 3633, S. 33; LEHNER ET AL. 2008, S. 26). Dabei müssen die Systemgrenzen nicht physisch sichtbar sein (s. HABERFELLNER ET AL. 2018, S. 29). Die Wahl der Systemgrenze wird durch die Problemstellung und Zweckmäßigkeit beeinflusst (s. PATZAK 1982, S. 25–26). Systemelemente können in einer Beziehung zu im Umfeld liegenden Elementen oder Systemen (Umsystem) stehen und Materie, Informationen oder Energie austauschen (s. HABERFELLNER ET AL. 2018, S. 29; LEHNER ET AL. 2008, S. 26). Bestehen Austauschbeziehungen zwischen dem System und dem Umfeld, handelt es sich um ein offenes System. Andernfalls wird von einem geschlossenen System gesprochen. (s. VON BERTALANFFY 1976, S. 548) Nach PATZAK treten in der Praxis keine geschlossenen Systeme auf (s. PATZAK 1982, S. 20). Die Grundbegriffe des Systemdenkens sind in Abbildung 4-1 dargestellt.

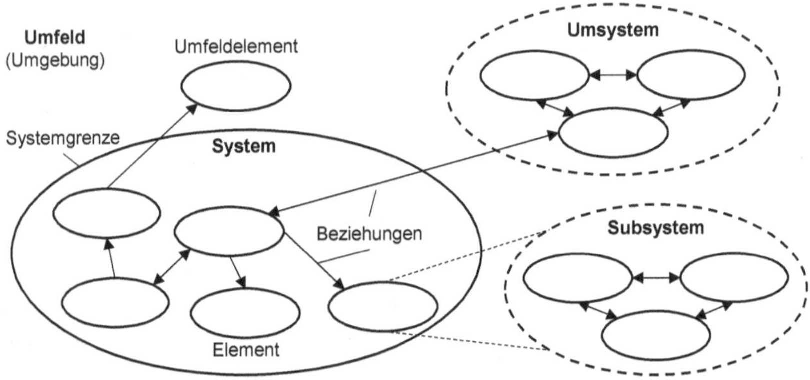

Abbildung 4-1: Grundbegriffe des Systemdenkens (eigene Darstellung i. A. a. HABERFELLNER ET AL. 2018, S. 28)

Ein wesentliches Merkmal von Systemen stellt ihre Komplexität dar. Diese umfasst die Konnektivität, d. h. die Art und Anzahl der Beziehungen innerhalb des Systems, und die Varietät, d. h. die Art und Anzahl der Elemente des Systems. (s. PATZAK 1982, S. 22) Die Komplexität von Systemen führt dazu, dass diese durch Beobachtung des Originals nicht vollständig erfasst und analysiert werden können (s. TRIER ET AL. 2007, S. 70). Im Rahmen der Systemanalyse ist es somit von großer Bedeutung, angemessene Modelle zu entwickeln (s. TRIER ET AL. 2007, S. 71).

Ein Modell bezeichnet eine abstrahierte und vereinfachte Abbildung eines realen Systems (s. BAETGE 1974, S. 47; ULRICH U. HILL 1976b, S. 349; PATZAK 1982, S. 307; VDI-RICHTLINIE 3633, S. 19). Dabei kann ein Modell sowohl ein Abbild als auch ein Vorbild für etwas sein (s. STACHOWIAK 1973, S. 129). Mithilfe eines Modells können Aufgaben gelöst werden, deren Durchführung am Original nicht möglich oder zu aufwendig wären (VDI-RICHTLINIE 3633, S. 19). Zu den Zielen der Modellbildung zählen die Veranschaulichung von Originalen durch Vergrößerung oder Verkleinerung, die Analyse von weit entfernten oder nur unter Gefahren zugänglicher Originale, die Verdeutlichung, Vereinfachung und Konkretisierung von unübersichtlichem Geschehen oder die Reduktion auf wesentliche Grundzusammenhänge (s. STACHOWIAK 1973, S. 139). Nachteile von Modellen sind, dass sie die Realität nicht vollständig und exakt abbilden können und jede Modellbildung zu einem gewissen Maß subjektiv erfolgt, wodurch der Gültigkeit von Modellen Grenzen gesetzt sind (s. BAETGE 1974, S. 48; TRIER ET AL.

2007, S. 77). Die Gültigkeit und der Realitätsbezug der bei der Modellbildung genutzten Prämissen lassen sich nicht vollständig überprüfen. Eine partielle Überprüfung kann mittels Verifizierung (Bestätigung) und Falsifizierung (Widerlegung) erfolgen. (s. JUNG 2016, S. 43)

Gemäß der allgemeinen Modelltheorie nach STACHOWIAK zeichnen sich Modelle durch drei wesentliche Merkmale aus:

- Abbildungsmerkmal: Modelle stellen ein Abbildung eines Originals dar, welches durch die Zuordnung von Modellattributen zu Originalattributen erfolgt (s. STACHOWIAK 1973, S. 131–132).
- Verkürzungsmerkmal: Bei der Modellbildung werden die für den Zweck des Modells relevanten Eigenschaften ausgewählt. Modelle erfassen somit nicht alle Attribute des Originals (s. STACHOWIAK 1973, S. 132).
- Pragmatisches Merkmal: Modelle erfüllen einen bestimmten Zweck und die Gestaltung der Modelle erfolgt zweckbezogen für einen bestimmten Nutzer in einer bestimmten Zeit. Sie sind somit nicht eindeutig ihren Originalen zugeordnet. (s. STACHOWIAK 1973, S. 132–133)

Bei der Entwicklung von Modellen wird zunächst der abzubildende Sachverhalt abgegrenzt und definiert. Anschließend werden die relevanten Modellvariablen und -parameter festgelegt sowie die Relationen im Modell definiert. Abschließend muss das Modell auf seine Eignung geprüft werden. (s. BAETGE 1974, S. 49; PATZAK 1982, S. 309) Ein gutes Modell zeichnet sich dadurch aus, dass es empirisch richtig, d. h. realitätsbezogen, formal richtig, zweckbezogen, handhabbar und nicht aufwendig ist (s. PATZAK 1982, S. 309–310).

Modelle lassen sich gemäß ihrem Verwendungs- bzw. Untersuchungszweck in Beschreibungs-, Erklärungs-, Gestaltungs- und Entscheidungsmodelle unterteilen (s. PATZAK 1982, S. 313–314; JUNG 2016, S. 43):

- Beschreibungsmodelle: Beschreibungsmodelle sind deskriptive Modelle, welche das Original möglichst präzise und verständlich abbilden (s. PATZAK 1982, S. 313; LEHNER ET AL. 2008, S. 30–31; JUNG 2016, S. 43). Sie haben somit einen rein dokumentarischen Darstellungscharakter (s. TRIER ET AL. 2007, S. 75).
- Erklärungsmodelle: Erklärungsmodelle erklären Ursache-Wirkungszusammenhänge des Modells in qualitativer oder quantitativer Form (s. JUNG 2016, S. 43; PATZAK 1982, S. 313–314). Sie sollen damit einen Einblick in Zustandskonstellationen, Funktionsmechanismen und Ereignisfolgen geben (s. LEHNER ET AL. 2008, S. 31). Erklärungsmodelle können auch zur Prognose zukünftiger Entwicklungen bzw. Zustände genutzt werden (s. JUNG 2016, S. 44; TRIER ET AL. 2007, S. 75).
- Gestaltungs- und Entscheidungsmodelle: Gestaltungsmodelle beinhalten die relevanten Einflussgrößen zur Erfüllung von definierten Anforderungen oder Aufgaben (s. LEHNER ET AL. 2008, S. 31–32; ZELEWSKI 2008, S. 45). In diesem Rahmen bestimmen Entscheidungsmodelle Handlungsalternativen unter Berücksichtigung von Randbedingungen und einer konkreten Zielsetzung und Nutzenfunktion (s.

ULRICH U. HILL 1976b, S. 349; PATZAK 1982, S. 314–315). Somit wird der Lösungsansatz strukturiert, was wiederum eine analytische Lösung ermöglicht (s. JUNG 2016, S. 45).

Im Rahmen dieser Arbeit wird für die Konfiguration der Resilienz in der Beschaffung auf die Grundlagen der Systemtheorie und Modellbildung zurückgegriffen. Dabei werden verschiedene Teilmodelle entwickelt und miteinander verknüpft.

4.2.2 Methoden der Abstraktion und Verdichtung

Methoden der Abstraktion und Verdichtung kommen bei großen Untersuchungsbereichen und einer Vielzahl von realen Erscheinungsformen innerhalb des Untersuchungsbereichs zum Einsatz, um diese auf wesentliche Erscheinungsformen zu reduzieren (s. GROßE-OETRINGHAUS 1974, S. 20). Somit unterstützen sie die Systematisierung der Phänomenvielfalt (s. ZELEWSKI 2008, S. 25). Zu den Methoden der Abstraktion und Verdichtung zählen die Klassifikation, die Typisierung und die morphologische Methode (s. ZELEWSKI 2008, S. 25; WELTER 2006, S. 113; KLUGE 1999, S. 31).

Diese drei Methoden lassen sich wie in Abbildung 4-2 dargestellt über die Anzahl der notwendigen Merkmale und die faktische Wahrheit der Lösungen voneinander abgrenzen (s. WELTER 2006, S. 114; KNOBLICH 1969, S. 27).

	erforderliche Anzahl Merkmale	Logische Wahrheit der Lösungen?	Faktische Wahrheit der Lösungen?	primäre Anwendung
Typisierung	> 1	ja	ja	Systematik, Entscheidungsunterstützung
Klassifikation	1	ja	ja	Systematik, Entscheidungsunterstützung
Morphologische Methode	> 1	ja	nicht zwingend	Systematik, Entscheidungsunterstützung und Aufdeckung neuer Lösungen

Abbildung 4-2: Vergleich Typisierung, Klassifikation und Morphologie (WELTER 2006, S. 114)

Bei einer Klassifikation erfolgt die Systematisierung des Untersuchungsbereichs anhand eines Merkmals (s. KNOBLICH 1969, S. 27). Eine Klassifikation soll den Anforderungen Eindeutigkeit (d. h., jedem Objekt wird die Ausprägung eines Merkmals zugeschrieben), Ausschließlichkeit (d. h., jedem Objekt wird nur eine Merkmalsausprägung zugewiesen) und Vollständigkeit (d. h., jedes Objekt ist mit einer Merkmalsausprägung versehen) entsprechen (s. KLUGE 1999, 33).

Im Rahmen einer Typisierung hingegen dienen mehrere Merkmale zur Bildung von Typen (s. KNOBLICH 1969, S. 27; KLUGE 1999, S. 35). Ein Typ stellt dabei eine Erscheinungsform dar, die durch gemeinsame, wesentliche Merkmalsausprägungen definiert ist (s. GROßE-OETRINGHAUS 1974, S. 26–27). Während sich die Elemente eines Typs möglichst ähnlich sein sollen, sollen sich die verschiedenen Typen möglichst stark voneinander unterscheiden (s. KLUGE 1999, S. 26–27). Die Elemente, die einem Typ zugeordnet sind, müssen jedoch nicht in allen Merkmalen die gleiche Ausprägung aufweisen (s. KLUGE 1999, S. 33–34). Ziel der Typisierung ist es, durch die Wahl geeigneter Unterscheidungskriterien eine möglichst geringe Anzahl von Typen zu finden, bei der jedoch eine hinreichende Unterschiedlichkeit zwischen den gebildeten Typen gewährleistet ist (s. KLUGE 1999, S. 27). Außerdem erfolgt die Typenbildung bezogen auf einen konkreten Untersuchungszweck (s. GROßE-OETRINGHAUS 1974, S. 27–28; KLUGE 1999, S. 23). Sowohl bei der Klassifikation als auch bei der Typisierung werden reale Erscheinungsformen ermittelt (s. GROßE-OETRINGHAUS 1974, S. 35).

Die morphologische Methode verfolgt das Ziel, bei der Analyse von Problemen alle relevanten Faktoren zu berücksichtigen und dadurch alle theoretisch möglichen Lösungen systematisch herzuleiten (s. ZWICKY 1972, S. 130; 1989, S. 47). Die analytische Vorgehensweise soll die vollständige Erfassung komplexer Problembereiche ermöglichen (s. SCHULTE-ZURHAUSEN 2014, S. 618). Dabei ist es unerheblich, ob die Lösungen in der Realität auftreten können (s. ZWICKY 1972, S. 130; SCHULTE-ZURHAUSEN 2014, S. 618). Sie lässt sich somit den Kreativitätstechniken zuordnen (s. WELTER 2006, S. 114). Ein Kernbestandteil der morphologischen Methode stellt der morphologische Kasten dar. Dieser umfasst die voneinander unabhängigen Merkmale und alle möglichen und denkbaren Merkmalsausprägungen. (s. SCHULTE-ZURHAUSEN 2014, S. 618–619)

Die Typisierung kann sowohl zur Strukturierung von Betrachtungsbereichen als zur Erklärung und Gestaltung des Betrachtungsbereichs genutzt werden (s. KLUGE 1999, S. 23; WELTER 2006, S. 114). Im Rahmen dieser Arbeit wird die Typisierung zur Strukturierung der Resilienzpotenziale in der Beschaffung eingesetzt. Dabei wird ein morphologischer Kasten entwickelt, der zur systematischen Erfassung der Eigenschaften der Resilienzpotenziale und als Grundlage für die Typisierung dient.

4.2.3 Multivariate Analysemethoden

Ein Werkzeug zur Aufbereitung und Analyse komplexer Datenmengen stellen multivariate Analysemethoden dar (s. SCHULZE 2007, S. 167). Sie erlauben die simultane Betrachtung mehrere Variablen und die quantitative Analyse ihrer Zusammenhänge (s. BACKHAUS ET AL. 2018, S. 8). Multivariate Analysemethoden lassen sich in strukturprüfende und strukturentdeckende Verfahren unterteilen: Strukturprüfende Verfahren verfolgen das Ziel, vermutete Zusammenhänge zwischen Variablen zu überprüfen. Beispiele für solche Verfahren sind die Regressionsanalyse, die Varianzanalyse und die Strukturgleichungsanalyse. Strukturentdeckende Verfahren werden eingesetzt, um Zusammenhänge zu entdecken, die vor der Analyse unbekannt sind. Beispiele für strukturentdeckende Verfahren sind die Faktorenanalyse, die Clusteranalyse sowie Neuronale Netze. (s. BACKHAUS ET AL. 2018, S. 15) Im Rahmen dieser Arbeit wird ein strukturentdeckendes Verfahren als Werkzeug zur Strukturierung der Resilienzpotenziale und Ermittlung von Potenzialkategorien eingesetzt, da die Kategorien im Vorfeld nicht bekannt sind.

Mithilfe einer Clusteranalyse werden Objekte in vorher nicht bekannte Gruppen aufgeteilt (s. SCHULZE 2007, S. 218). Der Fokus liegt somit auf einer Bündelung von Objekten, wobei sich die Objekte innerhalb einer Gruppe möglichst ähnlich und die Gruppen untereinander möglichst unähnlich sein sollen (s. BACKHAUS ET AL. 2018, S. 21). Die Gruppen werden im Verlauf der Analyse festgelegt (s. SCHULZE 2007, S. 218–219). Dabei kann eine Clusteranalyse sowohl bei metrisch als auch bei nichtmetrisch skalierten Merkmalen angewendet werden (s. SCHULZE 2007, S. 169). Somit eignet sich die Clusteranalyse zur Ermittlung von Resilienzpotenzialkategorien.

Die Durchführung einer Clusteranalyse umfasst drei Schritte:

1. Festlegung und Berechnung des Proximitätsmaßes
2. Auswahl des Clusteranalyseverfahrens
3. Inhaltliche Analyse und Interpretation der gefundenen Cluster (s. SCHULZE 2007, S. 219–220; BACKHAUS ET AL. 2018, S. 438–439)

Mithilfe des Proximitätsmaßes wird die Ähnlichkeit bzw. Unähnlichkeit zwischen den analysierten Objekten jeweils paarweise gemessen. Während Ähnlichkeitsmaße die Ähnlichkeit zwischen Objekten messen, dienen Distanzmaße zur Messung der Unähnlichkeit (s. BACKHAUS ET AL. 2018, S. 439–440). Ähnlichkeitsmaße eignen sich, wenn der Gleichlauf zweier Profile unabhängig von dem Niveau der Ausprägungen betrachtet werden soll. Distanzmaße hingegen sind geeignet, wenn der absolute Abstand der analysierten Objekte untersucht werden soll. (s. BACKHAUS ET AL. 2018, S. 453) Da im Rahmen dieser Arbeit der absolute Abstand gemessen werden soll, wird ein Distanzmaß für die Clusteranalyse gewählt. Die Wahl eines geeigneten Distanzmaßes wird von dem Messniveau der betrachteten Merkmale beeinflusst (s. BACHER 2010, S. 197).

Das Clusteranalyseverfahren definiert die Vorgehensweise wie Gruppen im Rahmen der Clusteranalyse entstehen (s. BACKHAUS ET AL. 2018, S. 437). Dabei lassen sich drei Kategorien unterscheiden: unvollständige, deterministische und probabilistische Clusteranalyseverfahren (s. BACHER 2010, S. 18–19). Bei unvollständigen Clusteranalyseverfahren wird eine räumliche Darstellung ermittelt, deren Interpretation zur Gruppierung genutzt wird (s. BACHER 2010, S. 37). Bei deterministischen Clusteranalyseverfahren werden Cluster berechnet und die Objekte mit einer Wahrscheinlichkeit von 0 oder 1 einem (überlappungsfrei) oder mehreren (überlappend) Clustern zugeordnet (s. BACHER 2010, S. 147). Bei probabilistischen Clusteranalyseverfahren erfolgt keine eindeutige Zuordnung zu Clustern, sondern die Objekte werden mit einer Wahrscheinlichkeit zwischen 0 und 1 einem oder mehreren Clustern zugeordnet (s. BACHER 2010, S. 19). Um eine eindeutige und möglichst objektive Zuordnung der Resilienzpotenziale zu Potenzialkategorien zu ermöglichen, eignen sich die deterministischen Clusteranalyseverfahren für die Anwendung in der vorliegenden Dissertationsschrift.

Die deterministischen Clusteranalyseverfahren lassen sich wiederum in zwei Verfahrensgruppen unterteilen: partitionierende und hierarchische Verfahren (s. BACHER 2010, S. 19). Bei partitionierenden Verfahren wird die Zahl der Cluster festgelegt und die Objekte aus einer gegebenen Gruppierung mithilfe eines Austauschalgorithmus zwischen den Gruppen getauscht, bis eine gegebene Zielfunktion ein Optimum erreicht (s. BACKHAUS ET AL. 2018, S. 457). Bei hierarchischen Verfahren werden die Objekte schrittweise zu Clustern zugeordnet (s. BACHER 2010, S. 18–19). Die schrittweise Clusterung kann dabei entweder von fein nach grob oder von grob nach fein erfolgen. Hierarchisch-agglomerative Verfahren starten mit der feinsten Zerlegung, in der jedes Objekt ein Cluster darstellt, und fassen Objekte zu Gruppen zusammen. Der Ausgangspunkt der hierarchisch-divisiven Verfahren hingegen stellt die gröbste Zerlegung dar, in der sich alle Objekte in einem Cluster befinden. Die Clusterung erfolgt durch eine sukzessive Aufteilung in Gruppen. (s. BACKHAUS ET AL. 2018, S. 457; SCHULZE 2007, S. 225) Ein wesentliches Unterscheidungsmerkmal zwischen partitionierenden und hierarchischen Verfahren stellt die Tatsache dar, dass bei hierarchischen Verfahren eine einmal gebildete Gruppe nicht mehr aufgelöst wird, während die Objekte bei partitionierenden Verfahren beliebig zwischen den Gruppen verschoben werden können. Somit besitzen partitionierende Verfahren eine größere Variabilität. Eine Herausforderung stellt jedoch die Ermittlung der Ausgangsverteilung dar. Wird diese durch den Anwender bestimmt, liegt eine hohe Subjektivität vor. Wird sie zufällig ermittelt, sind die Ergebnisse nicht vergleichbar. (s. BACKHAUS ET AL. 2018, S. 459) Da die Anzahl der Potenzialkategorien nicht bekannt ist, wird ein hierarchisches Verfahren genutzt. In der Praxis liegt der Schwerpunkt insbesondere auf den agglomerativen Verfahren (s. BACKHAUS ET AL. 2018, S. 457). Da divisive Verfahren im Vergleich zu agglomerativen Verfahren zusätzlich sehr aufwendig sind, wird im Rahmen dieser Arbeit ein agglomeratives Verfahren gewählt (s. KAUFMANN U. PAPE 1996, S. 469). Zur Durchführung einer hierarchisch-agglomerativen Clusteranalyse existieren unterschiedliche Algorithmen.

Die inhaltliche Analyse und Interpretation der gefundenen Cluster erfordert bei der Anwendung von hierarchischen Clusteranalyseverfahren die Ermittlung der optimalen Clusteranzahl. Dabei können statistische Kriterien und sachlogische Überlegungen zum Einsatz kommen. (s. BACKHAUS ET AL. 2018, S. 475)

Im Rahmen dieser Arbeit wird die Clusteranalyse als Werkzeug zur systematischen Herleitung von Typen genutzt. Die Datengrundlage stellt die Charakterisierung der Resilienzpotenziale dar. Durch die Anwendung eines hierarchischen Clusterverfahrens werden die Resilienzpotenziale sukzessive Clustern zugeordnet. Ein Vergleich und die Auswahl eines geeigneten Distanzmaßes sowie eines geeigneten Clusteralgorithmus erfolgen in Kapitel 6.3.2.

4.3 Konkretisierung der Vorgehensweise

In diesem Kapitel wird die Vorgehensweise zur Entwicklung einer Methode zur systematischen Konfiguration der Resilienz in der Beschaffung beschrieben. Die Grundlage für die Konkretisierung der Vorgehensweise bilden der identifizierte Forschungsbedarf (s. Kapitel 3.4) sowie die inhaltlichen und formalen Anforderungen (s. Kapitel 4.1). Darüber hinaus stellen die vorgestellten methodischen Grundlagen (s. Kapitel 4.2) die wissenschaftliche Basis der Vorgehensweise dar. Die entwickelte Methode basiert auf dem systemtechnischen Modellierungsansatz und umfasst mehrere Teilmodelle. Die einzelnen Teilmodelle dienen der Beschreibung, Erklärung und Gestaltung der Resilienz in der Beschaffung und beziehen sich auf die in Kapitel 1.2 genannten Forschungsfragen. Die Teilmodelle bauen logisch aufeinander auf. Der Zusammenhang ist in Abbildung 4-3 dargestellt.

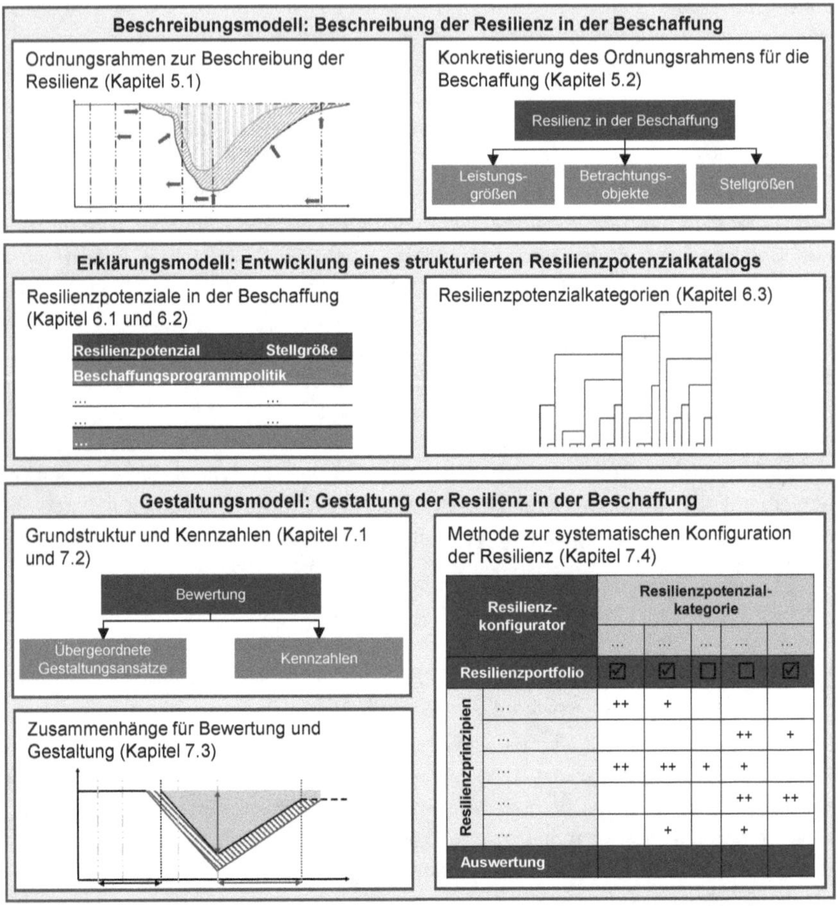

Abbildung 4-3: Übersicht über die Vorgehensweise und die Teilmodelle (eigene Darstellung)

Das Beschreibungsmodell schafft das notwendige Verständnis über das Konzept der Resilienz sowie über die Anwendung des Konzepts im Rahmen der Beschaffung, welches die Grundlage für die Gestaltung der Resilienz bietet. Somit wird sichergestellt, dass die Multidimensionalität des Resilienzkonzepts bei der Gestaltung berücksichtigt wird. Im ersten Teilmodell wird daher ein Ordnungsrahmen entwickelt, welcher zur Beschreibung und Strukturierung der Resilienz dient (s. Kapitel 5.1). Mithilfe dieses Modells wird die erste Unterforschungsfrage „Anhand welcher Komponenten kann die Resilienz beschrieben werden und welche Resilienzprinzipien lassen sich daraus ableiten?" beantwortet. Aufbauend auf bestehenden Ansätzen zur Beschreibung und Bewertung der Resilienz aus verschiedenen Bereichen werden charakteristische Merkmale und Komponenten des multidimensionalen Resilienzkonzepts identifiziert. Als Grundstruktur des Ordnungsrahmens dient die Funktion der Leistungsfähigkeit über den Zeitverlauf. Die Ermittlung der Resilienzkomponenten basiert auf der Identifikation relevanter Eigenschaften des Kurvenverlaufs, denen mathematische Grundlagen von Funktionen und der Kurvendiskussion zugrunde liegen. Durch diese Struktur werden die Zusammenhänge zwischen den einzelnen Resilienzkomponenten berücksichtigt. Aufbauend auf den identifizierten Resilienzkomponenten und dem Verlauf der Leistungsfähigkeit über die Zeit erfolgt die Ableitung von Zielrichtungen zur Gestaltung der Resilienz, welche als Resilienzprinzipien bezeichnet werden. Die Resilienzprinzipien werden als Grundlage für eine qualitative Bewertung der Resilienz genutzt. Das zweite Teilmodell verfolgt das Ziel, den entwickelten Ordnungsrahmen auf die Beschaffung anzuwenden (s. Kapitel 5.2). Dabei wird die Unterforschungsfrage „Wie lässt sich das Konzept der Resilienz auf die Beschaffung übertragen und anhand welcher Elemente kann ein generisches Beschaffungssystem beschrieben werden?" beantwortet. Die Grundelemente des Modells werden in diesem Schritt für den Anwendungsbereich der Beschaffung konkretisiert. Basierend auf einer Literaturrecherche werden Zielgrößen, Störungsauswirkungen und Akteure der Beschaffung ermittelt. Dies ermöglicht die Ableitung von wesentlichen beschaffungsspezifischen Systemelementen und Betrachtungsgrößen. Darüber hinaus werden die strategischen Aufgaben der Beschaffung analysiert, um den Rahmen zur Gestaltung der Resilienz zu ermitteln. Das Ergebnis stellt eine Detaillierung der relevanten Elemente des Ordnungsrahmens sowie eine Übersicht über Stellgrößen der Beschaffung dar.

Aufbauend auf dem Beschreibungsmodell wird ein Erklärungsmodell entwickelt, welches zur Identifikation, Bewertung und Vergleich spezifischer Gestaltungsoptionen für den Aufbau der Resilienz in der Beschaffung dient. Dafür wird ein strukturierter Resilienzpotenzialkatalog für die Beschaffung entwickelt. Das dritte Teilmodell beantwortet die Unterforschungsfrage „Welche Potenziale eignen sich zur Steigerung der Resilienz in der Beschaffung und welchen Beitrag leisten sie zur Erreichung von Resilienz?". Mithilfe einer systematischen Literaturrecherche werden zunächst Potenziale zur Steigerung der Resilienz in der Beschaffung identifiziert und unter Berücksichtigung der Stellgrößen der Beschaffung in einem Potenzialkatalog zusammengefasst (s. Kapitel 6.1). Anschließend erfolgt eine Charakterisierung der Resilienzpotenziale bzgl. ihrer Wirkung auf die Resilienz (s. Kapitel 6.2). Die Charakterisierung schafft somit ein Verständnis über die Beiträge der Potenziale zur Resilienz. Die Grundlage der Charakterisierung bildet der entwickelte Ordnungsrahmen. Je Resilienzprinzip werden mögliche Wirkungsausprägungen sowie Bewertungsfaktoren definiert. Die Charakterisierungsmerkmale und Ausprägungen werden mithilfe eines morphologischen Kastens strukturiert. Das Zwischenergebnis umfasst eine detaillierte Bewertung der einzelnen Resilienzpotenziale. Das vierte Teilmodell verfolgt das Ziel, Potenzialkategorien zu ermitteln (s. Kapitel 6.3). Dabei wird die Unterforschungsfrage „Wie lassen sich die Resilienzpotenziale charakterisieren und zu Kategorien zusammenfassen?“ beantwortet. Dafür werden die Ergebnisse der Charakterisierung als Datengrundlage für die Durchführung einer Clusteranalyse verwendet. Mithilfe einer Skalierung des morphologischen Merkmalsschemas werden die qualitativen Aussagen der Charakterisierungsmerkmale in quantitative Ergebnisse transformiert. Die so entstehende Rohdatenmatrix wird mithilfe eines Clusteralgorithmus analysiert. Als Ergebnis der Clusteranalyse werden Resilienzpotenzialkategorien definiert.

Das Gestaltungsmodell verknüpft die entwickelten Ergebnisse zu einem Resilienzkonfigurator und beinhaltet eine Methode zur systematischen Konfiguration der Resilienz in der Beschaffung. Die Methode unterstützt die Analyse des Resilienzportfolios, d. h. der angewendeten Resilienzpotenziale in einem Unternehmen, und die Ableitung von Gestaltungsempfehlungen. Dafür wird basierend auf dem Modell zur Beschreibung der Resilienz und dem strukturierten Resilienzpotenzialkatalog zunächst eine Grundstruktur des Resilienzkonfigurators entwickelt (s. Kapitel 7.1). Für die Bewertung und Gestaltung des Resilienzportfolios werden anhand von übergeordneten Gestaltungsansätzen Kennzahlen definiert (s. Kapitel 7.2). Die übergeordneten Gestaltungsansätze basieren neben bestehenden Ansätzen zur Gestaltung der Resilienz auf einer Analyse von Planungsprämissen aus den Bereichen der strategischen Unternehmensplanung, der Projektportfolioplanung sowie der Produktentwicklung. Darüber hinaus werden die relevanten Zusammenhänge für die Bewertung und Gestaltung der Resilienz analysiert (s. Kapitel 7.3). Diese umfassen einerseits Abhängigkeiten zwischen den identifizierten Resilienzprinzipien, um die relative Bedeutung der einzelnen Resilienzprinzipien zu bewerten. Durch eine Analyse der Auswirkungen einer resilienzsteigernden Veränderung eines Prinzips innerhalb des entwickelten Ordnungsrahmens und einen paarweisen Vergleich der Resilienzprinzipien werden Kompensationsmöglichkeiten zwischen diesen ermittelt. Diese Kompensationsmöglichkeiten ermöglichen Rückschlüsse über die relative Bedeutung der Resilienzprinzipien. Andererseits werden Abhängigkeiten zwischen den Resilienzpotenzialen und den Potenzialkategorien berücksichtigt. Darüber hinaus werden die Resilienzpotenziale hinsichtlich der Kosten für den Aufbau und die Umsetzung analysiert. Diese Erkenntnisse bilden die Grundlage für die Interpretation der Kennzahlen. Die praktische Anwendbarkeit der Ergebnisse wird durch die Definition einer Methode sichergestellt (s. Kapitel 7.4). Die einzelnen Schritte unterstützen die unternehmensspezifische Analyse, Bewertung und Gestaltung der Resilienz. Somit wird die Unterforschungsfrage „Wie lässt sich eine Methode zur systematischen Konfiguration der Resilienz in der Beschaffung gestalten?“ beantwortet.

Zur Veranschaulichung der verwendeten Begrifflichkeiten sind die Definitionen und Zusammenhänge in Abbildung 4-4 dargestellt. Außerdem verdeutlicht die Abbildung, in welchen Kapiteln die Aspekte vornehmlich betrachtet werden.

Begriff	Definition
Resilienzkomponenten	Einzelne Aspekte der Resilienz, die im Ordnungsrahmen erläutert werden und verschiedene Dimensionen umfassen
Resilienzprinzipien	Zielrichtungen zur Steigerung der Resilienz
Resilienzpotenziale	Konkrete Möglichkeiten zur Steigerung der Resilienz
Resilienzpotenzialkategorien	Cluster von Resilienzpotenzialen mit ähnlicher Wirkung
Resilienzportfolio	Summe der bezogen auf ein Beschaffungsprodukt bzw. -produktgruppe angewendeten Resilienzpotenziale
Resilienzkonfigurator	Bestandteil der Methode zur Verknüpfung der Ergebnisse und Gestaltung des Resilienzportfolios

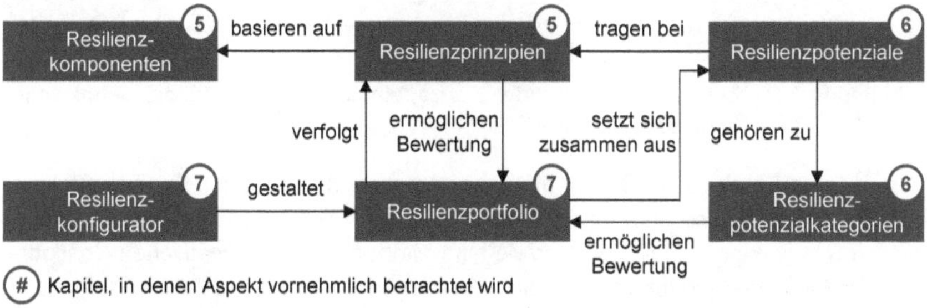

Abbildung 4-4: Übersicht und Zusammenhänge der verwendeten Begrifflichkeiten (eigene Darstellung)

4.4 Zusammenfassung des Konzeptansatzes

In diesem Kapitel wurden die inhaltlichen und formalen Anforderungen an die Methode zur systematischen Konfiguration der Resilienz in der Beschaffung erläutert. Dabei wurden vier inhaltliche Anforderungen sowie drei formale Anforderungen definiert.

Zur Umsetzung der Anforderungen werden wissenschaftliche Methoden eingesetzt. Die methodischen Grundlagen, welche im Kontext dieses Dissertationsvorhabens verwendet werden, wurden beschrieben und ihre Eignung dargelegt. Dabei wurden Grundlagen der Systemtheorie und Modellbildung, die Typisierung als Methode zur Abstraktion und Verdichtung sowie die Clusteranalyse als multivariate Analysemethode als geeignete Methoden für das Dissertationsvorhaben ermittelt.

Aufbauend auf diesen Erkenntnissen wurde die Vorgehensweise zur Entwicklung einer Methode zur systematischen Konfiguration der Resilienz in der Beschaffung beschrieben. Dabei wurden die Teilmodelle sowie die Vorgehensweise zur Ermittlung der Ergebnisse innerhalb der Teilmodelle erläutert. Die zentralen Ergebnisse dieses Dissertationsvorhabens sind in Abbildung 4-5 zusammenfassend dargestellt.

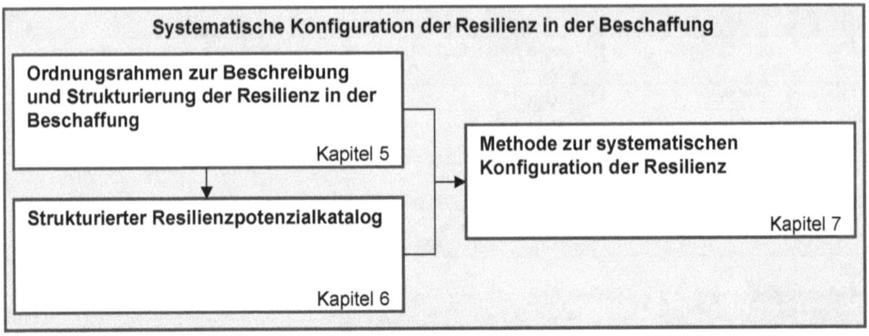

Abbildung 4-5: Zusammenfassung des Konzeptansatzes und zentrale Ergebnisse (eigene Darstellung)

Als zentrale Ergebnisse umfasst das Dissertationsvorhaben einen Ordnungsrahmen zur Beschreibung und Strukturierung der Resilienz in der Beschaffung, einen strukturierten Resilienzpotenzialkatalog sowie eine Methode zur systematischen Konfiguration der Resilienz. Die Inhalte werden in den folgenden Kapiteln detailliert dargestellt.

5 Beschreibung der Resilienz in der Beschaffung

Das Beschreibungsmodell umfasst einen Ordnungsrahmen, welcher als Grundlage zur Beschreibung und Strukturierung der Resilienz dient (s. Kapitel 5.1). Die Beschreibung eines generischen Beschaffungssystems im Kontext der Resilienz ermöglicht die Konkretisierung des allgemeinen Ordnungsrahmens für die Beschaffung (s. Kapitel 5.2). Teilergebnisse dieses Kapitels wurden vorveröffentlicht (s. LINNARTZ ET AL. 2022).

5.1 Ordnungsrahmen zur Beschreibung und Strukturierung der Resilienz

Zur systematischen Konfiguration der Resilienz ist ein Verständnis über das komplexe Konzept der Resilienz erforderlich. Dabei ist es notwendig, das multidimensionale Konzept in seine Einzelteile zu zerlegen sowie die Zusammenhänge zwischen diesen zu verstehen. Daher wird in diesem Kapitel ein Ordnungsrahmen zur Beschreibung und Strukturierung der Resilienz hergeleitet. Nach der Beschreibung der Grundstruktur wird Resilienz in ihre Bestandteile zerlegt und die Zusammenhänge zwischen den einzelnen Bestandteilen erläutert. Die Identifikation relevanter Komponenten soll darüber hinaus als Grundlage für eine qualitative Bewertung der Resilienz dienen. Daher werden anschließend Resilienzprinzipien abgeleitet. Abschließend wird erläutert, wie der Ordnungsrahmen für verschiedene Anwendungsfälle konkretisiert werden kann.

5.1.1 Grundstruktur des Ordnungsrahmens

Die Grundstruktur des Ordnungsrahmens gibt die übergeordneten Komponentenkategorien für die Strukturierung der Resilienz vor.

Eine Vielzahl von Autoren beschreibt unterschiedliche Phasen der Resilienz, die sich in Bezug zu Störungen und deren zeitlicher Dimension setzen lassen. Dieser Aspekt wird, wie in Kapitel 3 beschrieben, in bestehenden Resilienzrahmenwerken aufgegriffen. Darüber hinaus betonen mehrere Autoren explizit die Bedeutung der zeitlichen Dimension bei der Betrachtung der Resilienz (s. HAIMES 2009, S. 501; FRANCIS U. BEKERA 2014, S. 92; BEHZADI ET AL. 2020, S. 145). Die erste Komponentenkategorie stellen somit die zeitlichen Komponenten dar. Durch die Betrachtung des Zeitverlaufs wird der dynamische Aspekt der Resilienz berücksichtigt. Grundsätzlich können dabei die Phasen vor, während und nach einer Störung unterschieden werden (s. ALI ET AL. 2017, S. 21).

Neben dem zeitlichen Aspekt umfasst Resilienz einen Intensitätsaspekt, der die Verminderung der Leistungsfähigkeit im Rahmen einer Störung berücksichtigt (s. HEINICKE 2017, S. 73). Übergeordnetes Ziel der Resilienz ist, den negativen Einfluss auf das betrachtete System möglichst gering zu halten. Daher stellen leistungsbezogene Komponenten die zweite Komponentenkategorie dar.

Das von SHEFFI U. RICE beschriebene Störungsprofil verbindet zeitliche und leistungsbezogene Aspekte (s. SHEFFI U. RICE 2005, S. 42). Vor dem Eintritt einer Störungswirkung befindet sich die Leistungsfähigkeit auf dem Ausgangsniveau. Tritt nun eine Störungswirkung infolge eines Störereignisses auf, fällt die Leistungsfähigkeit ab, wobei der negative Einfluss sowohl direkt als auch mit einer Verzögerung auftreten kann. Ab Beginn der Erholung steigt die Leistungsfähigkeit wieder an. Dabei kann die ursprüngliche Leistungsfähigkeit wieder erreicht werden oder auch nach der Erholung ein langfristiger Leistungseinbruch vorliegen. (s. SHEFFI U. RICE 2005, S. 42–43) Das Störungsprofil dient im Folgenden als Grundlage zur Ermittlung der Resilienzkomponenten.

In Anlehnung an das Resilienzdreieck von BRUNEAU ET AL. dient die Fläche zwischen der ursprünglichen Leistungsfähigkeit und der tatsächlichen Leistung im Störungsfall zur Charakterisierung der Resilienz (s. BRUNEAU ET AL. 2003, S. 737; TIERNEY U. BRUNEAU 2007, S. 15). Eine hohe Resilienz liegt vor, wenn die Fläche zwischen den Kurven der ursprünglichen Leistungsfähigkeit und der Leistungsfähigkeit im Störungsverlauf möglichst gering ist. Diese Fläche wird nicht nur von den absoluten Zeit- und Leistungsgrößen bestimmt, sondern wird zudem maßgeblich durch den Verlauf der Leistung über die Zeit beeinflusst. Daher werden als dritte Komponentenkategorie verlaufsbezogene Komponenten betrachtet.

In Abbildung 5-1 sind die identifizierten Komponentenkategorien und die Grundstruktur des Ordnungsrahmens dargestellt.

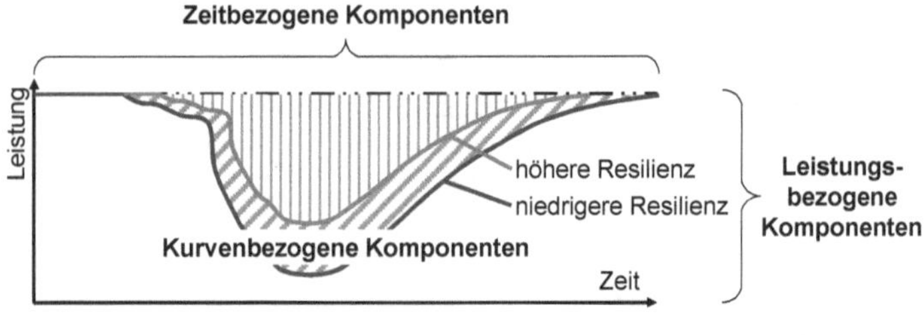

Abbildung 5-1: Grundstruktur des Ordnungsrahmens (eigene Darstellung)

In Abbildung 5-1 wird deutlich, dass die zeitlichen Komponenten die Abschnitte der x-Achse konkretisieren und sich die leistungsbezogenen Komponenten auf die y-Achse beziehen. Die verlaufsbezogenen Komponenten stehen im Zusammenhang mit dem Kurvenverlauf.

Durch die Betrachtung der Fläche und möglicher Ansatzpunkte zur Verringerung dieser Fläche werden die Resilienzprinzipien abgeleitet. Diese basieren auf den einzelnen Komponenten und zeigen Möglichkeiten zur Steigerung der Resilienz auf. Es handelt sich somit um generische Zielgrößen, die bei der Gestaltung der Resilienz berücksichtigt werden sollten.

Die Grundstruktur stellt eine Funktion der Leistungsfähigkeit über den Zeitverlauf dar. Daher werden mathematische Grundlagen von Funktionen und der Kurvendiskussion genutzt, um relevante Eigenschaften des Kurvenverlaufs zu identifizieren und basierend darauf die Resilienzkomponenten zu ermitteln. Mithilfe der Kurvendiskussion werden Funktionen auf ihre Eigenschaften hin untersucht (s. KAMPS ET AL. 2003, S. 130). Dies unterstützt die Interpretation der abgebildeten Gegebenheiten (s. KAMPS ET AL. 2003, S. 130). Betrachtete Eigenschaften im Rahmen einer Kurvendiskussion sind der Definitionsbereich, Symmetrie, Nullstellen, Stetigkeit, asymptotisches Verhalten, Extremwerte, Monotonieverhalten, Wendepunkte und Krümmungsverhalten (s. KARMANN 2003, S. 182). Für die Ableitung der Resilienzkomponenten werden von diesen Aspekten insbesondere asymptotisches Verhalten, Extremwerte und das Monotonieverhalten betrachtet. Asymptotisches Verhalten liegt vor, wenn sich eine Kurve in größer werdender Entfernung vom Koordinatenursprung einer Gerade annähert (s. KARMANN 2003, S. 184). Extremwerte bezeichnen Minimal- oder Maximalstellen, wobei zwischen lokalen und globalen Extremwerten unterschieden wird. Während ein globaler Extremwert der größte bzw. kleinste Wert des gesamten Definitionsbereichs darstellt, bezeichnet ein lokaler Extremwert den größten oder kleinsten Wert innerhalb eines Bereichs. (s. KARMANN 2003, S. 184–185) Das Monotonieverhalten beschreibt, ob eine Funktion wächst oder fällt (s. KAMPS ET AL. 2003, S. 133). In diesem Zusammenhang ist die Ableitung der Funktion von großer Bedeutung. Diese beschreibt die Veränderung der Funktion und kann über ein Steigungsdreieck ermittelt werden (s. KAMPS ET AL. 2003, S. 111). Wird eine Funktion betrachtet, die abhängig von der Zeit ist, wird die Ableitung bzw. Steigung auch als Wachstumsrate interpretiert (s. KAMPS ET AL. 2003, S. 125–126).

Das Störungsprofil wird maßgeblich durch die betrachtete Störung, deren Störungswirkung und unterschiedliche Zeitpunkte im Störungsverlauf definiert. Diese Größen sind abhängig vom Betrachtungsobjekt. Daher ist das Störungsprofil auf ein konkretes Betrachtungsobjekt (z. B. den Wareneingang) bezogen, an dem eine Störungswirkung auftreten kann.

Im Folgenden werden die einzelnen Komponenten und die Resilienzprinzipien hergeleitet.

5.1.2 Identifikation relevanter Zeitpunkte im Ordnungsrahmen

Als Grundstruktur des Ordnungsrahmens wird der Verlauf der Leistungsfähigkeit über die Zeit während einer Störung genutzt. Dieser Verlauf wird durch unterschiedliche Zeitpunkte charakterisiert, welche für die Identifikation und Beschreibung der unterschiedlichen Komponenten benötigt werden. Daher werden zunächst die relevanten Zeitpunkte im Störungsverlauf beschrieben.

In Anlehnung an BEVILACQUA ET AL. umfasst das Störungsprofil zwei unterschiedliche Aspekte: Aspekte mit direktem Bezug zur Störung und Aspekte mit Bezug zur Handlung bzw. Aktionen des betrachteten Systems (s. BEVILACQUA ET AL. 2018, S. 1530). Während störungsbezogene Aspekte durch die Eigenschaften einer Störung charakterisiert sind, beziehen sich aktionsbezogene Aspekte auf die Handlung bzw. Aktion des betrachteten Systems als Antwort auf eine Störung. Die aktionsbezogenen Aspekte werden durch Entscheidungen beeinflusst, die während einer Störung getroffen werden. Zwischen aktions- und störungsbezogenen Aspekten können dabei Überschneidungen vorliegen. Die Ausprägung der störungsbezogenen Aspekte sind auch abhängig vom Systemzustand (s. FISCHÄDER 2007, S. 29; BIEDERMANN 2018, S. 53). Sie können zudem durch Aktionen des Systems beeinflusst werden. Diese müssen jedoch vor dem Eintritt einer Störung durchgeführt werden.

Wesentliche störungsbezogene Zeitpunkte stellen das *Auftreten der Störgröße*, der *Beginn der Störungswirkung* und das *Ende der Störung* dar (s. HEIL 1995, S. 72). Der Beginn der Störungswirkung äußert sich durch eine Abnahme der Leistung, d. h., die Funktion der tatsächlichen Leistung fällt. Das Ende der Störung liegt vor, wenn die Leistungsfähigkeit das ursprüngliche Niveau oder einen neuen Gleichgewichtszustand erreicht. Wie oben beschrieben, muss es sich hierbei um eine für das Betrachtungsobjekt relevante Störgröße handeln.

Aktionsbezogene Zeitpunkte stellen die Zeitpunkte dar, die im Zusammenhang mit dem Treffen von Maßnahmen zum Umgang mit einer Störung stehen. Die Auswahl von Maßnahmen kann dabei als Entscheidungsproblem betrachtet werden. Allgemein stellt eine Entscheidung die Wahl von einer Handlungsalternativen aus mehreren möglichen Alternativen dar (s. LAUX ET AL. 2014, S. 3). Ein Entscheidungsproblem zeichnet sich durch die Auswahl einer Alternative aus mindestens zwei Handlungsalternativen aus, die sich gegenseitig ausschließen und mit denen sich ein Ziel mehr oder weniger gut erreichen lässt. Eine Handlungsalternative kann sich aus mehreren Teilaktionen zusammensetzen. Die Menge möglicher Handlungsalternativen wird durch Restriktionen eingeschränkt (s. LAUX ET AL. 2014, S. 5–6). Der Entscheidungsprozess umfasst die Entscheidungsvorbereitung, das Entscheiden und die Entscheidungsausführung (s. BLUTNER ET AL. 2009, S. 242). Dieser Entscheidungsprozess führt dazu, dass die Wirkung von Gegenmaßnahmen häufig mit einem Zeitverzug auftritt. Abbildung 5-2 veranschaulicht die Latenz, die zwischen dem Eintreten einer Störung und der Wirkung einer Gegenmaßnahme auftritt.

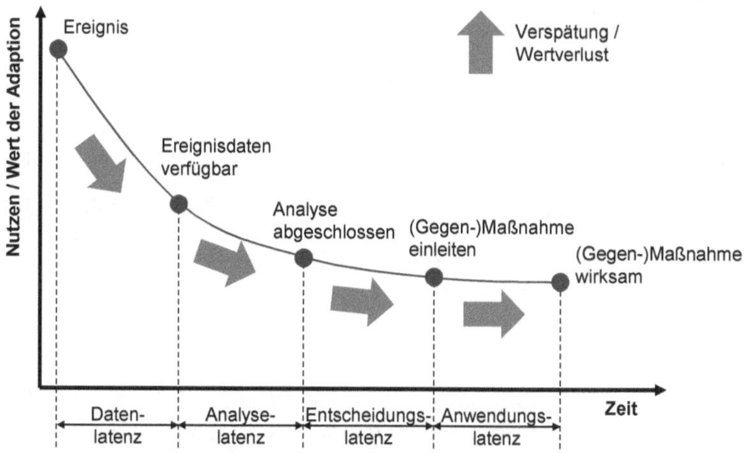

Abbildung 5-2: Vier Phasen der Latenz (eigene Darstellung i. A. a. ZUR MUEHLEN U. SHAPIRO 2015, S. 253; SCHUH ET AL. 2020, S. 12)

Zwischen dem Auftreten einer Störgröße und der Kenntnis über das Auftreten der Störgröße kann Zeit vergehen. Dies ist als Datenlatenz gekennzeichnet. Anschließend muss die Störung analysiert und verstanden werden (Analyselatenz), um eine geeignete Maßnahme auszuwählen (Entscheidungslatenz). In der Regel vergeht nach der Initiierung einer Maßnahme eine gewisse Zeit, bis diese Maßnahme wirkt. Dieser Aspekt wird als Anwendungslatenz bezeichnet. Maßnahmen können demnach eine Vorlaufzeit besitzen, die zu einer verzögerten Wirkung führt. In diesem Fall nimmt die Leistungsfähigkeit weiter ab, obwohl bereits eine Maßnahme initiiert wurde. (s. ZUR MUEHLEN U. SHAPIRO 2015, S. 253–254; STICH ET AL. 2021a, S. 145–146)

Basierend auf diesen Überlegungen werden die relevanten aktionsbezogenen Zeitpunkte identifiziert. Einen wesentlichen Zeitpunkt im Störungsverlauf stellt der Zeitpunkt dar, zu dem *Kenntnis über das Auftreten der Störgröße* besteht. Ab diesem Zeitpunkt können Maßnahmen, die auf die spezifische Störung bezogen sind, ergriffen werden. Die Analyse- und Entscheidungslatenz werden gemeinsam betrachtet, da Wechselwirkungen zwischen der Analyse einer Störung und der Auswahl einer Reaktion bestehen. Als weiterer Zeitpunkt wird daher die *Initiierung einer Reaktion* definiert. Der letzte relevante aktionsbezogene Zeitpunkt ist der Punkt, an dem die Reaktion ihre Wirkung in dem Maße zeigt, dass die Leistungsfähigkeit wieder zunimmt. Hierbei handelt es sich somit um den Tiefpunkt der Leistungsfähigkeit und der Zeitpunkt wird als *Beginn der Reaktionswirkung* bezeichnet.

Diese Zeitpunkte sind in Abbildung 5-3 zusammengefasst.

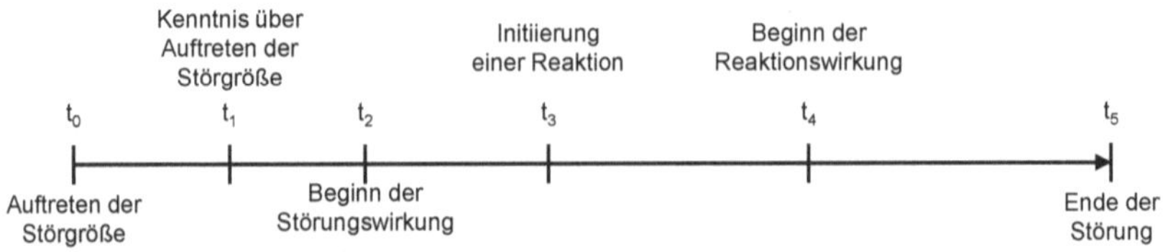

Abbildung 5-3: Relevante Zeitpunkte im Ordnungsrahmen (eigene Darstellung)

Die Zeitpunkte t_0, t_2 und t_5 stellen die störungsbezogenen Zeitpunkte dar. Die aktionsbezogenen Zeitpunkte sind t_1, t_3 und t_4.

5.1.3 Beschreibung der zeitlichen Komponenten

Die zeitlichen Komponenten beziehen sich auf Zeiträume im Störungsprofil. Sie werden durch Start- und Endzeitpunkte definiert, die sich auf konkrete Ereignisse im Rahmen des Störungsverlaufs beziehen (s. Abbildung 5-3).

Verschiedene Autoren betrachten die Zeit vor dem Eintritt einer Störgröße als Vorbereitungs- oder Bereitschaftszeit (s. HOHENSTEIN ET AL. 2015, S. 99; KAMALAHMADI U. PARAST 2016, S. 121–122; KAGERMANN ET AL. 2021, S. 20). In diesem störungsfreien Zustand kann die Resilienz durch präventive Maßnahme aktiv gestaltet werden. Da dies das allgemeine Ziel der Resilienzsteigerung umfasst und sich die präventiven Maßnahmen auf unterschiedliche der im Folgenden erläuterten Resilienzkomponenten beziehen, wird dieser Zeitraum nicht als separate Resilienzkomponente aufgefasst. Darüber hinaus nennen unterschiedliche Autoren Wachstum als eine Phase der Resilienz (s. CHRISTOPHER U. PECK 2004, S. 2; PETTIT ET AL. 2010, S. 1; HOHENSTEIN ET AL. 2015, S. 99). Diese lässt sich jedoch nicht als zeitlich abgegrenzten Zeitraum betrachten. Ähnlich wie die Bereitschaftszeit bezieht sich diese Phase auch auf den störungsfreien Zustand und wird daher nicht als separate zeitliche Resilienzkomponente definiert.

Pufferzeit

Ein wesentlicher Aspekt der Resilienz umfasst die Minimierung des Störungseinflusses und den Erhalt der Leistungsfähigkeit im Störungsfall (s. MUNOZ U. DUNBAR 2015, S. 6737; BURNARD U. BHAMRA 2019, S. 18; MELNYK ET AL. 2014b, S. 629; XU ET AL. 2014, S. 108). Daher wird als erste zeitliche Komponente die Pufferzeit definiert. Diese wird in Anlehnung an die latente Phase von HEIL interpretiert (s. Abbildung 2-5). Es handelt sich somit um den Zeitraum zwischen dem *Auftreten der Störgröße* und dem *Beginn der Störungswirkung*. In diesem Zeitraum führt der Systemzustand dazu, dass die Störung sich noch nicht negativ auf die Leistungsfähigkeit auswirkt. Diese Komponente zeichnet sich dadurch aus, dass der negative Einfluss der Störung durch vorhandene Strukturen (z. B. Redundanzen) ausgeglichen wird. Charakteristisch ist dabei, dass diese Strukturen bereits vor dem Eintritt der Störgröße vorhanden sind.

Entscheidungszeit

Darüber hinaus zeichnet sich Resilienz durch Reaktionen im Störungsfall aus (s. KAMALAHMADI U. PARAST 2016, S. 122; DUCHEK 2020, S. 227; IVANOV 2021, S. 37). Dabei wird die Resilienz eines Systems durch die Zeit charakterisiert, die bis zum Start der Erholung vergeht (s. MELNYK ET AL. 2014b, S. 629; SPIEGLER ET AL. 2012, S. 6171; XU ET AL. 2014, S. 106–107). Wie in Kapitel 5.1.2 beschrieben sind dabei die Auswahl einer Reaktion und die Umsetzung dieser Reaktion von Bedeutung. Als zweite zeitliche Komponente wird daher die Entscheidungszeit definiert. Diese bezieht sich auf die Zeit, die zur Auswahl einer Reaktion benötigt wird, und beinhaltet anders als die Pufferzeit einen expliziten Eingriff in das System. Die Entscheidungszeit beginnt zu dem Zeitpunkt, an dem *Kenntnis über das Auftreten der Störgröße* besteht. Sie endet mit der *Initiierung der Reaktion*.

Reaktionsvorlaufzeit

Die dritte zeitliche Komponente umfasst die Zeit, die für die Umsetzung einer Reaktion erforderlich ist. Wie auch die Entscheidungszeit beinhaltet sie einen expliziten Eingriff in das System. Sie wird als Reaktionsvorlaufzeit bezeichnet. Die Reaktionsvorlaufzeit beginnt mit der *Initiierung der Reaktion* und endet am *Beginn der Reaktionswirkung*, wenn die Reaktion so wirkt, dass die Leistungsfähigkeit wieder ansteigt. Die Reaktionsvorlaufzeit wird durch die Aufwände charakterisiert, die zur Umsetzung einer Reaktion erforderlich sind. Darüber hinaus wird sie durch die Zeit beeinflusst, die vergeht, bis die Reaktionswirkung das Betrachtungsobjekt erreicht.

Die Summe aus Entscheidungs- und Reaktionsvorlaufzeit ergibt die Reaktionszeit. Die Länge der Reaktionszeit ist abhängig von den im Betrachtungsobjekt vorhandenen Ressourcen (s. KAMALAHMADI U. PARAST 2016, S. 122). Zwischen der Reaktionszeit und der Pufferzeit kann eine Überschneidung vorliegen.

Erholungszeit

Im Resilienzdreieck wird die Erholungszeit als eine von zwei Größen zur Charakterisierung der Resilienz betrachtet (s. BRUNEAU ET AL. 2003, S. 737) und auch in anderen bestehenden Ansätzen stellt die Erholung einen wesentlichen Aspekt der Resilienz dar (s. SHEFFI U. RICE 2005, S. 43; MELNYK ET AL. 2014b, S. 629; ALI ET AL. 2017, S. 21; HEINICKE 2017, S. 74; BEHZADI ET AL. 2020, S. 145). Daher wird als vierte zeitliche Komponente die Erholungszeit definiert. Diese umfasst die Zeit, die benötigt wird, um auf ein akzeptables Leistungsniveau zurückzukehren (s. MUNOZ U. DUNBAR 2015, S. 6743). Die Erholungszeit beginnt nach der Implementierung einer effektiven Reaktion am *Beginn der Reaktionswirkung* (s. SHEFFI U. RICE 2005, S. 42; SPIEGLER ET AL. 2012, S. 6171; MUNOZ U. DUNBAR 2015, S. 6737). Das Ende der Erholungszeit stellt das *Ende der Störung* dar. Die Charakterisierung des Störungsendes im Kurvenverlauf hängt davon ab, ob die anfängliche Leistungsfähigkeit (vollständige Erholung) oder ein neuer Gleichgewichtszustand (teilweise Erholung) erreicht wird, der unterhalb der anfänglichen Leistungsfähigkeit liegt. Bei einer vollständigen Erholung endet die Erholungszeit an dem Zeitpunkt, an dem die ursprüngliche Leistungsfähigkeit erreicht wird.

Bei einer teilweisen Erholung endet die Erholungszeit, wenn ein neuer Gleichgewichtszustand erreicht ist. Das ist dann der Fall, wenn das Störungsprofil keine Steigung aufweist. Somit wird für diesen Ordnungsrahmen sichergestellt, dass die Erholungszeit auch endet, wenn ein langfristiger Leistungseinbruch vorliegt. Innerhalb der Erholungszeit werden eingesetzte Maßnahmen und Anpassungen umgesetzt und wirken sich positiv auf die Leistungsfähigkeit aus.

In Abbildung 5-4 sind die zeitbezogenen Komponenten zusammenfassend dargestellt.

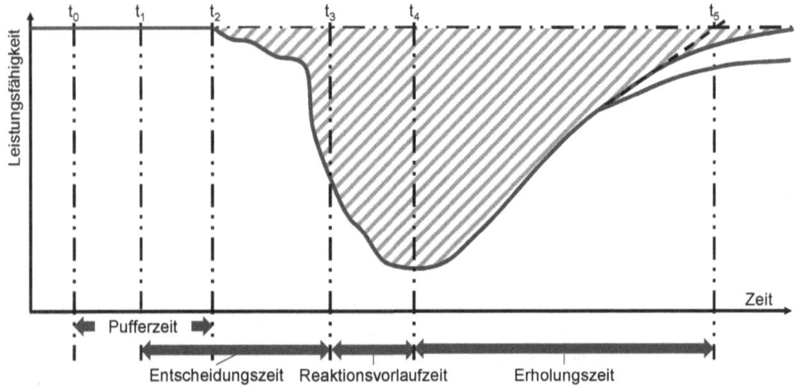

t_0: Auftreten der Störgröße, t_1: Kenntnis über Auftreten der Störgröße, t_2: Beginn der Störungswirkung, t_3: Initiierung einer Reaktion, t_4: Beginn der Reaktionswirkung, t_5: Ende der Störung

⟺ Resilienzkomponenten

Abbildung 5-4: Darstellung der zeitbezogenen Komponenten (eigene Darstellung)

5.1.4 Beschreibung der leistungsbezogenen Komponenten

Die leistungsbezogenen Komponenten beziehen sich auf die Veränderung der Leistungsfähigkeit und treten an bestimmten Zeitpunkten im Störungsverlauf auf. Über die leistungsbezogenen Komponenten wird die Intensität der Störungswirkung erfasst. Die im Folgenden beschriebenen Komponenten beziehen sich auf die Differenz zwischen dem ursprünglichen Leistungsniveau und dem Leistungsniveau im Störungsfall (s. MUNOZ U. DUNBAR 2015, S. 6742). Dabei ist sowohl der Leistungseinbruch während der Störung als auch das Leistungsniveau nach der Erholungszeit relevant. Einige Autoren betrachten außerdem verschiedene Stufen der Leistungsabnahme. So unterscheiden SHEFFI U. RICE beispielsweise zwischen dem initialen Leistungseinbruch und dem vollständigen Leistungseinbruch (s. SHEFFI U. RICE 2005, S. 42). Da sich zur Messung des initialen Leistungseinbruchs jedoch kein eindeutiger Zeitpunkt festlegen lässt und der Leistungseinbruch darüber hinaus durch den Kurvenverlauf beeinflusst wird, werden im Rahmen der leistungsbezogenen Komponenten lediglich die Extremwerte betrachtet. Weitere Aspekte werden durch die Berücksichtigung der verlaufsbezogenen Komponenten abgedeckt.

Maximaler Leistungseinbruch

Die maximale Auswirkung auf die Leistungsfähigkeit wird im Resilienzdreieck als zweite Größe zur Charakterisierung der Resilienz genutzt, die das Ausmaß einer Störung anzeigt (s. BRUNEAU ET AL. 2003, S. 737). Der maximale Leistungseinbruch liegt am *Beginn der Reaktionswirkung* vor und kennzeichnet den Übergang zwischen Reaktions- und Erholungszeit. Diese Komponente gibt Auskunft über die Schwere einer Störungswirkung. Der vollständige Einfluss auf die Leistungsfähigkeit gibt somit Aufschluss über die Resilienz eines Systems (s. MUNOZ U. DUNBAR 2015, S. 6742; MELNYK ET AL. 2014b, S. 629).

Langfristiger Leistungseinbruch

Die Erholung nach einer Störung wird neben der dafür benötigten Zeit auch durch das Ausmaß der Erholung charakterisiert (s. MELNYK ET AL. 2014b, S. 629). Die Erholung kann dabei vollständig oder teilweise erfolgen (s. HEINICKE 2017, S. 73). Eine vollständige Erholung ist dadurch gekennzeichnet, dass die ursprüngliche Leistungsfähigkeit wieder erreicht wird. In diesem Fall liegt kein langfristiger Leistungseinbruch vor. Dies ist jedoch nicht immer gewährleistet (s. SHEFFI U. RICE 2005, S. 43). Eine teilweise Erholung führt zwar zu einem neuen Gleichgewichtszustand, dieser liegt jedoch unterhalb der ursprünglichen Leistungsfähigkeit. Daher wird als zweite leistungsbezogene Komponenten der langfristige Leistungseinbruch definiert, welcher am *Ende der Störung* liegt und die Differenz zwischen der ursprünglichen Leistungsfähigkeit und der neuen Leistungsfähigkeit umfasst. Diese Komponente beschreibt die Wiederherstellungskapazität eines Systems.

In Abbildung 5-5 sind die leistungsbezogenen Komponenten zusammenfassend dargestellt.

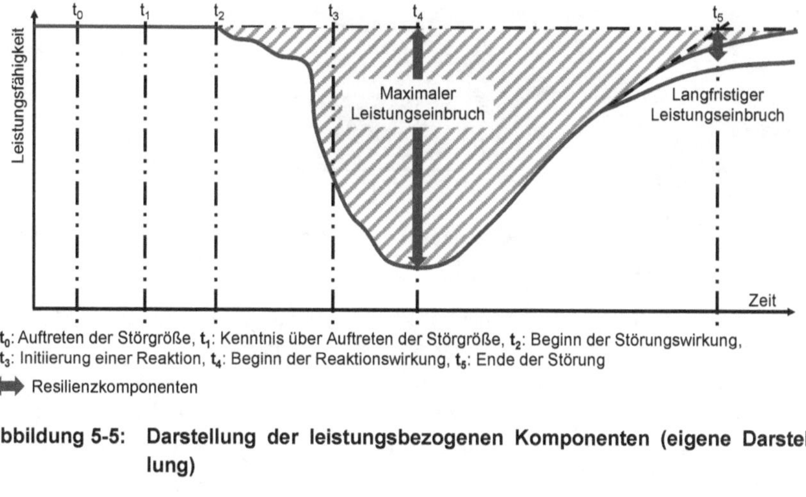

Abbildung 5-5: Darstellung der leistungsbezogenen Komponenten (eigene Darstellung)

5.1.5 Beschreibung der verlaufsbezogenen Komponenten

Verlaufsbezogene Komponenten beziehen sich auf den Kurvenverlauf. Sowohl während der Reaktions- als auch während der Erholungszeit können unterschiedliche Kurvenverläufe auftreten, die die Fläche zwischen der ursprünglichen Leistungsfähigkeit und der Leistungsfähigkeit im Störungsfall wesentlich beeinflussen (s. HÄRING ET AL. 2017, S. 37). CIMELLARO ET AL. unterscheiden in Bezug auf die Erholungsfunktion bei Störungen in der Infrastruktur einer Gesellschaft zwischen linearen, degressiven und trigonometrischen Kurvenverläufen. Während lineare Funktionen den einfachsten Erholungsfall darstellen, zeichnet sich eine Erholung nach degressivem Verlauf dadurch aus, dass kurz nach der Störung viele Ressourcen in die Wiederherstellung der Leistungsfähigkeit investiert werden, die Erholungsgeschwindigkeit jedoch zunehmend abnimmt. Folgt die Erholung einem trigonometrischen Verlauf, erfolgt die Wiederherstellung zunächst schleppend (z. B. durch fehlende oder begrenzte Ressourcen) und nimmt dann an Geschwindigkeit zu (z. B. durch bessere Organisation). (s. CIMELLARO ET AL. 2010, S. 134)

Zusätzlich zu diesen Verläufen kann die Kurve auch sprungförmig oder progressiv verlaufen (s. Abbildung 5-6). Unterschiede zwischen den einzelnen Kurvenverläufen bestehen vor allem hinsichtlich der Steigung.

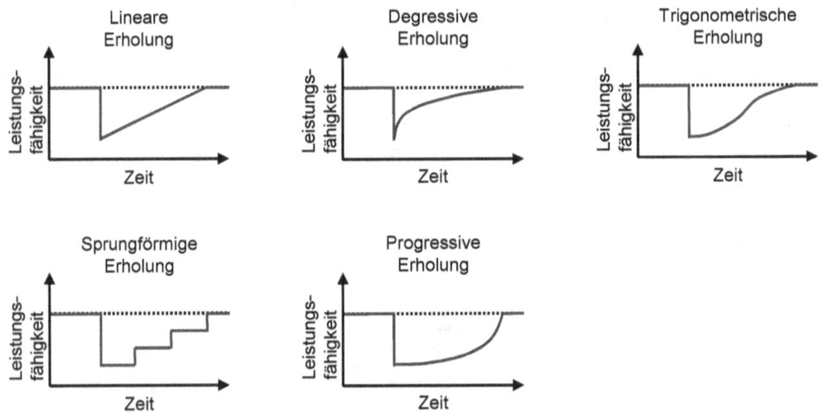

Abbildung 5-6: Mögliche Kurvenverläufe (eigene Darstellung i. A. a. CIMELLARO ET AL. 2010, S. 134)

Um unterschiedliche Kurvenverläufe berücksichtigen zu können, betrachten MUNOZ U. DUNBAR die Profillänge und eine zeitabhängige gewichtete Summe, die die Abweichung von einer linearen Erholung in die Bewertung einbezieht (s. MUNOZ U. DUNBAR 2015, S. 6742). Dabei wird die gewichtete Summe sowie die Profillänge wesentlich von der Steigung der Kurve beeinflusst. Im Folgenden liegt daher der Fokus auf der Steigung der Kurve.

Leistungsverlustgeschwindigkeit

Der Kurvenverlauf während der Reaktionszeit beeinflusst maßgeblich die Resilienz eines Systems (s. MANUJ U. MENTZER 2008, S. 197). Daher wird als erste verlaufsbezogene Komponente die Leistungsverlustgeschwindigkeit definiert. Diese bezieht sich auf den Zeitraum zwischen dem *Beginn der Störungswirkung* und dem *Beginn der Reaktionswirkung*. Eine hohe Leistungsverlustgeschwindigkeit führt dazu, dass die Leistungsfähigkeit in kurzer Zeit stark abnimmt. Dabei wird dieser Verlauf einerseits durch die Charakteristika der Störung beeinflusst. Andererseits definiert die Resilienz eines Systems das Antwortverhalten und somit auch die Leistungsverlustgeschwindigkeit des Systems.

Erholungsgeschwindigkeit

Wie oben beschrieben, stellt die Erholung einen wesentlichen Aspekt der Resilienz dar. Neben der Erholungszeit wird die Erholung dabei maßgeblich durch den Kurvenverlauf beeinflusst. Die zweite verlaufsbezogene Komponente stellt somit die Erholungsgeschwindigkeit dar. Sie bezieht sich auf den Zeitraum zwischen dem *Beginn der Reaktionswirkung* und dem *Ende der Störung*. Dabei zeigt die Erholungsgeschwindigkeit, wie wirksam eingesetzte Maßnahmen und Ressourcen sind.

In Abbildung 5-7 sind die verlaufsbezogenen Komponenten zusammenfassend dargestellt.

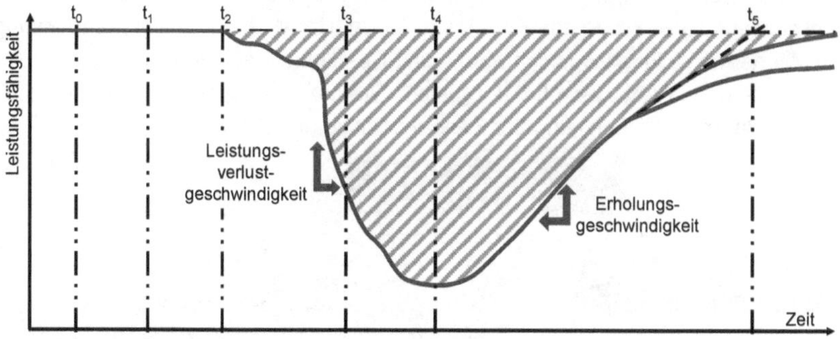

t_0: Auftreten der Störgröße, t_1: Kenntnis über Auftreten der Störgröße, t_2: Beginn der Störungswirkung, t_3: Initiierung einer Reaktion, t_4: Beginn der Reaktionswirkung, t_5: Ende der Störung

⟺ Resilienzkomponenten

Abbildung 5-7: Darstellung der verlaufsbezogenen Komponenten (eigene Darstellung)

5.1.6 Ableitung generischer Resilienzprinzipien

Die Resilienzprinzipien zeigen die Zielrichtungen zur Steigerung der Resilienz auf und geben an, wie die einzelnen Resilienzkomponenten verändert werden müssen, um eine möglichst hohe Resilienz zu erzielen. Als Grundlage wird dafür wie oben beschrieben die Fläche zwischen den Kurven des Ausgangsniveaus und der Leistungsfähigkeit im Störungsverlauf betrachtet, wobei eine kleine Fläche für eine hohe Resilienz steht.

Mithilfe der identifizierten Resilienzprinzipien werden im weiteren Verlauf die Resilienzpotenziale qualitativ bewertet.

Übergeordnet lassen sich zwei Zielrichtungen der Resilienz unterscheiden: Passive Resilienz zielt darauf ab, eine möglichst hohe Widerstandsfähigkeit aufzubauen, um im Falle von Störungen möglichst wenig beeinträchtigt zu werden. Aktive Resilienz hingegen verfolgt das Ziel, durch Anpassungen und Veränderungen den Einfluss von Störungen zu minimieren. (s. BURNARD U. BHAMRA 2019, S. 17–18) Die erste Zielrichtung wird auch als Robustheit bezeichnet, während die zweite Zielrichtung Agilität darstellt. Robustheit erfordert keine Anpassung im Störungsfall, sondern wird vorausschauend in ein System installiert und daher auch als proaktiv beschrieben. Im Gegensatz dazu ist Agilität vornehmlich reaktiv. (s. WIELAND U. WALLENBURG 2012, S. 890) Eine Anpassung der Robustheit muss vor einer Störung erfolgen (s. HEINICKE 2017, S. 89). Zur Konkretisierung dieser Zielrichtungen werden die von VUGRIN ET AL. beschriebenen Kapazitäten, welche die Resilienz eines Systems definieren, genutzt. Dabei handelt es sich um die Absorptions-, die Anpassungs- und die Wiederherstellungskapazität. (s. VUGRIN ET AL. 2010, S. 99) Die Absorptionskapazität kennzeichnet den Umfang, in dem ein System die Wirkung einer Störung automatisch abfangen und so die Störungswirkung minimieren kann (s. VUGRIN ET AL. 2010, S. 99). Sie stellt daher die Robustheit des Systems dar. Die Anpassungskapazität stellt eine dynamische Eigenschaft des Systems dar und bezieht sich auf Reaktionen des Systems als Antwort auf eine Störung (s. VUGRIN ET AL. 2010, S. 100). Die Wiederherstellungskapazität bezieht sich auf die Erholung des Systems (s. VUGRIN ET AL. 2010, S. 101). Anpassungs- und Wiederherstellungskapazität sind somit Bestandteile der Agilität. Diese Zusammenhänge sind in Abbildung 5-8 dargestellt. Die gezielte Gestaltung der Kapazitäten gibt den Rahmen zur Ableitung der Resilienzprinzipien vor.

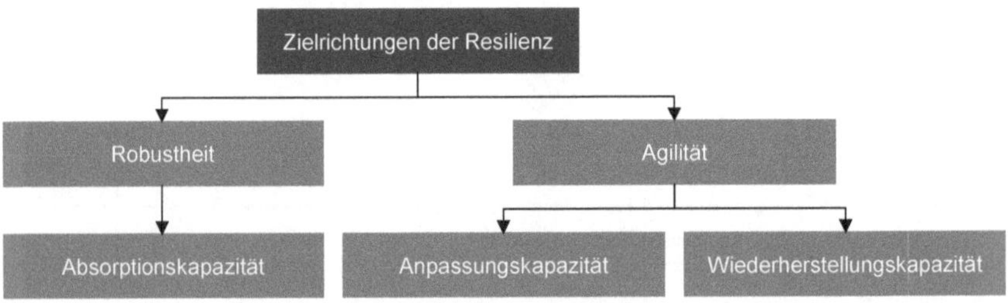

Abbildung 5-8: Zielrichtungen der Resilienz (eigene Darstellung)

Die Pufferzeit spiegelt die Absorptionskapazität eines Systems wider und trägt dazu bei, dass die Leistungsfähigkeit auch im Störungsfall nicht beeinträchtigt wird. Diese Zeit sollte für eine hohe Resilienz möglichst lang sein. Das erste Resilienzprinzip ist somit die Pufferzeitverlängerung. Sowohl die Reaktions- aus auch die Erholungszeit tragen dann zu einer Verringerung der Fläche bei, wenn sie möglichst gering sind. Je schneller eine Reaktion ausgewählt wird, desto eher kann die Reaktion umgesetzt werden. Das zweite Resilienzprinzip stellt somit die Entscheidungszeitverkürzung dar. Je geringer die Reaktionsvorlaufzeit ist, desto eher endet die Leistungsabnahme. Ein weiteres Resilienzprinzip ist daher die Reaktionsvorlaufzeitverkürzung. Sowohl die Entscheidungszeit- als auch die Reaktionsvorlaufzeitverkürzung tragen zu einer hohen Anpassungsfähigkeit bei. Darüber hinaus wird die Resilienz durch den Beginn der Reaktionszeit beeinflusst (s. MANUJ U. MENTZER 2008, S. 197; ALI ET AL. 2017, S. 23). Je früher die Reaktion initiiert wird, desto eher können die eingesetzten Maßnahmen eine Wirkung zeigen. Somit stellt die Reaktionsbeginnverschiebung ein weiteres Resilienzprinzip dar. Je kürzer die Erholungszeit ist, desto schneller erreicht die Leistungsfähigkeit einen Gleichgewichtszustand. Das Resilienzprinzip Erholungszeitverkürzung lässt sich zudem direkt aus dem Resilienzdreieck ableiten (s. BRUNEAU ET AL. 2003, S. 736) und spiegelt eine hohe Wiederherstellungskapazität wider.

Eine hohe Absorptions- und Anpassungsfähigkeit spiegeln sich in einem Erhalten der Funktionalität wider. Die Resilienz eines Systems ist umso höher, je niedriger der Leistungseinbruch ist. Ziel ist folglich die Dämpfung des maximalen Leistungseinbruchs, welche sich auch aus dem Resilienzdreieck ableiten lässt (s. BRUNEAU ET AL. 2003, S. 736). Die Steigerung der Resilienz zielt darüber hinaus darauf ab, den ursprünglichen Zustand der Leistungsfähigkeit wieder zu erreichen oder, falls dieser Zustand nicht erreichbar ist, möglichst nah an ihn heranzukommen. Ein weiteres Resilienzprinzip stellt somit die Dämpfung des langfristigen Leistungseinbruchs dar.

Die Leistungsabnahme wird durch die Anpassungsfähigkeit beeinflusst. Dabei trägt eine langsame und nach Möglichkeit kontrollierte Abnahme zu einer hohen Resilienz bei (s. PANTELI U. MANCARELLA 2015, S. 61). Ziel ist somit die Verringerung der Leistungsverlustgeschwindigkeit. Im Kontext der Wiederherstellungskapazität trägt die Steigerung der Erholungsgeschwindigkeit dazu bei, dass eine möglichst starke Leistungszunahme stattfindet.

Abbildung 5-9 zeigt die Störungsprofile für ein System mit hoher und ein System mit niedriger Resilienz und veranschaulicht so die beschriebenen Resilienzprinzipien.

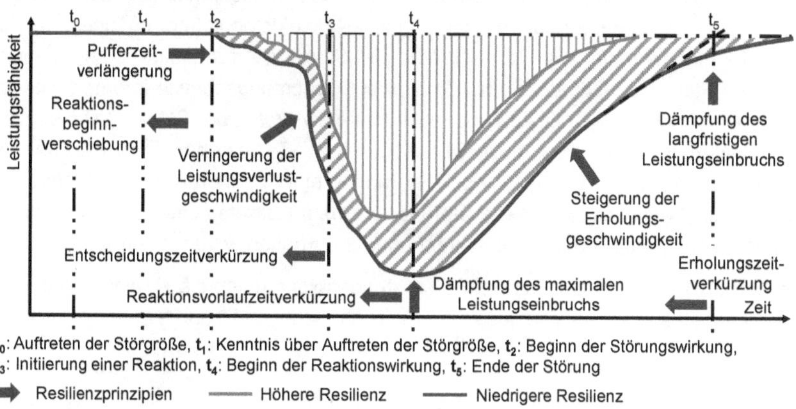

Abbildung 5-9: Zusammenfassung der Resilienzprinzipien (eigene Darstellung)

5.1.7 Vorgehen zur anwendungsfallbezogenen Konkretisierung

Die identifizierten Resilienzkomponenten und -prinzipien sind zunächst generisch und lassen sich für verschiedene Anwendungsfälle im Kontext der Resilienz spezifizieren. Dafür müssen einerseits die betrachteten Leistungsgrößen definiert und andererseits die relevanten Betrachtungsobjekte identifiziert werden.

Die Leistungsgrößen lassen sich aus möglichen Störungswirkungen, die im Anwendungskontext auftreten können, ermitteln. Darüber hinaus unterstützt die Analyse der Zielgrößen die Ableitung der Leistungsgrößen. Die Identifikation der Betrachtungsobjekte basiert auf einer Analyse der bestehenden Ressourcen und Akteuren, die von einer Störung betroffen sein können.

Störungen zeichnen sich durch ihre Mehrstufigkeit und Komplexität aus, wodurch kausale Ursache-Wirkungsketten entstehen können (s. FISCHÄDER 2007, S. 28). Somit können auch zwischen verschiedenen Betrachtungsobjekten Abhängigkeiten und Wechselwirkungen bestehen. Dies lässt sich durch mehrere Störungsprofile abbilden, die durch Übergangszeiten miteinander verbunden sind. Eine Verbindung kann sowohl den physischen Materialfluss als auch den Informationsfluss betreffen. Die Übergangszeiten werden durch Prozessabläufe definiert und müssen im Rahmen der Konkretisierung spezifiziert werden.

Abhängig vom Störungsverlauf in einem Betrachtungsobjekt und der Übergangszeit zwischen zwei Objekten kann eine Störung in einem Objekt auch eine Störung in einem anderen Objekt hervorrufen, wenn zwischen den Objekten eine Verbindung über den physischen Materialfluss besteht. Somit können kaskadenartige Störungen entstehen, wenn die einzelnen Objekte sich nicht schnell genug von der Störung erholen.

Eine informationstechnische Verknüpfung wirkt sich auf den Startzeitpunkt der Entscheidungszeit und somit auf den Beginn der Reaktion aus. Die Entscheidungszeit beginnt, wie oben beschrieben, zum Zeitpunkt, an dem *Kenntnis über das Auftreten der Störgröße* besteht. Bei der Betrachtung eines Objekts ohne Informationen aus dem Umfeld kann *Kenntnis über das Auftreten der Störgröße* frühestens dann vorliegen, wenn die Störgröße aufgetreten ist. Sind zwei Betrachtungsobjekte informationstechnisch miteinander verknüpft, kann bereits vor dem *Auftreten der Störgröße* im betrachteten System *Kenntnis über das Auftreten der Störgröße* bestehen. Dies ist dann möglich, wenn sich aus einer auftretenden Störung in einem anderen Betrachtungsobjekt darauf schließen lässt, dass diese Störung zu einem Auftreten einer Störgröße im betrachteten Objekt führt und die entsprechende Information weitergeben wird.

Die Abhängigkeiten zwischen zwei Betrachtungsobjekten und die Auswirkungen einer informationstechnischen Verknüpfung sind in Abbildung 5-10 dargestellt.

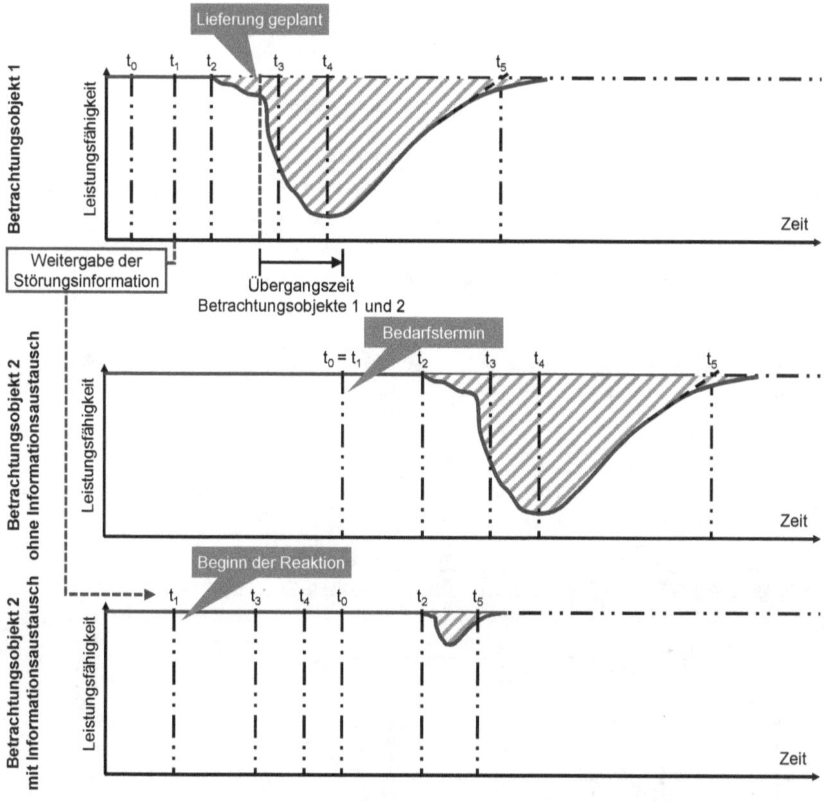

t_0: Auftreten der Störgröße, t_1: Kenntnis über Auftreten der Störgröße, t_2: Beginn der Störungswirkung, t_3: Initiierung einer Reaktion, t_4: Beginn der Reaktionswirkung, t_5: Ende der Störung

Abbildung 5-10: Auswirkung einer informationstechnischen Verknüpfung auf die Reaktion (eigene Darstellung)

Zwischen Betrachtungsobjekt 1 und 2 besteht eine Abhängigkeit. Tritt nun eine Störung in Betrachtungsobjekt 1 auf, die bis zur geplanten Lieferung nicht behoben werden kann, tritt die Störung zeitversetzt auch in Betrachtungsobjekt 2 auf. Der Zeitversatz wird durch die Übergangszeit bestimmt. Dies ist im mittleren Teil der Abbildung zu sehen. Werden Informationen zur Störung von Betrachtungsobjekt 1 and Betrachtungsobjekt 2 weitergegeben, kann die Reaktion dort bereits beginnen, bevor die Störgröße in Betrachtungsobjekt 2 auftritt. Dadurch wird der Leistungseinbruch in Betrachtungsobjekt 2 verringert.

Für die Anwendung des Ordnungsrahmens auf einen konkreten Anwendungsfall müssen somit neben den Betrachtungsobjekten auch die Verknüpfungen zwischen diesen analysiert werden.

Relevante Leistungsgrößen und Betrachtungsobjekte für die Beschaffung werden im Rahmen des generischen Beschaffungssystems (s. Kapitel 5.2) hergeleitet.

5.1.8 Zusammenfassung des Ordnungsrahmens

Resilienz lässt sich anhand der acht identifizierten Komponenten in den Kategorien Zeit, Leistung und Kurvenverlauf charakterisieren und anhand des Störungsprofils strukturieren. Die Komponenten dienen außerdem dazu, die zugehörigen Resilienzprinzipien abzuleiten, die zu einer Steigerung der Resilienz beitragen. Insgesamt umfasst das Modell neun Resilienzprinzipien. Der vollständige Ordnungsrahmen ist in Abbildung 5-11 dargestellt.

Resilienzkomponenten	Resilienzprinzipien	
	Nummer	Bezeichnung
Pufferzeit	1	Pufferzeitverlängerung
Entscheidungszeit	2	Entscheidungszeitverkürzung
	3	Reaktionsbeginnverschiebung
Reaktionsvorlaufzeit	4	Reaktionsvorlaufzeitverkürzung
Erholungszeit	5	Erholungszeitverkürzung
Maximaler Leistungseinbruch	6	Dämpfung des maximalen Leistungseinbruchs
Langfristiger Leistungseinbruch	7	Dämpfung des langfristigen Leistungseinbruchs
Leistungsverlustgeschwindigkeit	8	Verringerung der Leistungsverlustgeschwindigkeit
Erholungsgeschwindigkeit	9	Steigerung der Erholungsgeschwindigkeit

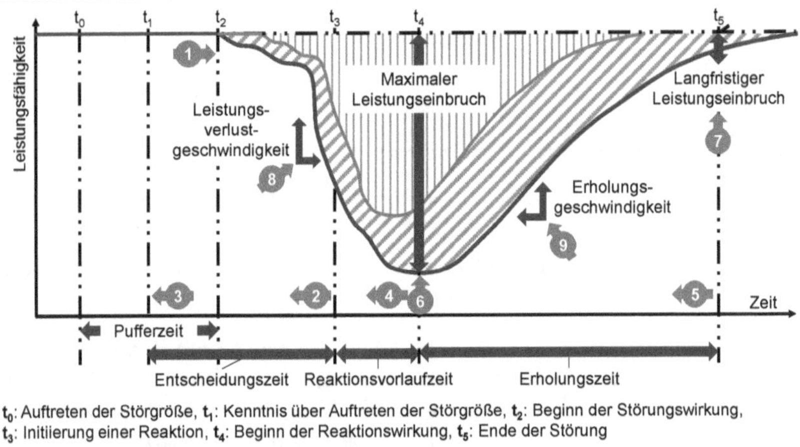

Abbildung 5-11: Zusammenfassung des Ordnungsrahmens (eigene Darstellung)

5.2 Generisches Beschaffungssystem im Kontext der Resilienz

Der in Kapitel 5.1 beschriebene Ordnungsrahmen wird in diesem Kapitel auf die Beschaffung übertragen und konkretisiert. Dafür werden zunächst die betrachteten Leistungsgrößen definiert. Außerdem wird der Betrachtungsbereich definiert und die relevanten Betrachtungsobjekte werden identifiziert. Als Grundlage zur Identifikation und

Einordnung von Resilienzpotenzialen werden zudem die Stellgrößen der Beschaffung ermittelt.

5.2.1 Identifikation der Leistungsgrößen

Die Leistungsgrößen spezifizieren die Größen, deren Veränderung im Störungsverlauf betrachtet werden. Die Grundlage zur Ableitung der relevanten Leistungsgrößen bilden mögliche Störungswirkungen in der Beschaffung sowie die allgemeinen Ziele der Beschaffung.

Gemäß dem in Kapitel 5.1 hergeleiteten Modell ist das übergeordnete Ziel der Resilienz, die negative Beeinträchtigung durch Störereignisse möglichst gering zu halten. Dabei wird im Kontext der Resilienz der Fokus auf die Störungswirkungen und nicht auf die Betrachtung konkreter Störereignisse oder -quellen gelegt (s. SHEFFI 2005, S. 14; CARVALHO ET AL. 2012a, S. 356). Eine Vielzahl von Ursachen führt zu einer begrenzten Anzahl an Störungswirkungen (s. CARVALHO REMIGIO 2012, S. 32). Es muss folglich analysiert werden, welche Störungswirkungen im Kontext der Beschaffung auftreten können.

In der Literatur werden unterschiedliche Störungswirkungen in der Beschaffung betrachtet. CARVALHO ET AL. identifizieren verschiedene Versagensarten in Supply-Chains, von denen Materialmangel im Bezug zur Beschaffung steht (s. CARVALHO ET AL. 2012a, S. 357). Von den Störungswirkungen, die SANCHIS U. POLER im Rahmen einer systematischen Literaturanalyse identifizieren, stehen Geschäftsunterbrechung sowie Verzögerungen und Nichteinhalten von Terminen im Bezug zur Beschaffung (s. SANCHIS U. POLER 2014, S. 50). Gemäß VON CUBE ET AL. können bei Störungen in der Beschaffung Abweichungen von der erwarteten Qualität, von der geplanten Menge, von dem geplanten Liefertermin und von dem geplanten Preis auftreten (s. VON CUBE ET AL. 2016, S. 173). PRINTZ ET AL. identifizieren Qualität, Menge und Termin als relevante Risikoklassen, in denen eine Beeinträchtigung auftreten kann (s. PRINTZ ET AL. 2016, S. 328). DATTA nennt als beschaffungsseitige Störungen die Lieferung zur falschen Zeit und Fehler bei der Lieferung der richtigen Produkte (s. DATTA 2017, S. 1394). JAIN ET AL. nutzen in ihrem Modell die Differenz zwischen gewünschter und tatsächlich gelieferter Menge bei der Betrachtung von Beschaffungsunterbrechungen und argumentieren, dass diese Größe das Nettoergebnis aller gleichzeitigen Beschaffungsunterbrechungen in der Supply-Chain widerspiegelt. (s. JAIN ET AL. 2022, S. 851) Die unterschiedlichen Störungswirkungen sind in Tabelle 5-1 zusammenfassend dargestellt.

Tabelle 5-1: Störungswirkungen in der Beschaffung (eigene Darstellung)

Autoren	Identifizierte Störungswirkungen in der Beschaffung
CARVALHO ET AL. (2012)	• Materialmangel
SANCHIS U. POLER (2014)	• Geschäftsunterbrechungen • Verzögerungen und Nichteinhalten von Terminen
VON CUBE ET AL. (2016)	• Abweichungen von der erwarteten Qualität • Abweichungen von der geplanten Menge • Abweichungen von dem geplanten Liefertermin • Abweichungen von dem geplanten Preis
PRINTZ ET AL. (2016)	• Qualität • Menge • Termin
DATTA (2017)	• Lieferung zur falschen Zeit • Fehler bei der Lieferung der richtigen Produkte
JAIN ET AL. (2022)	• Abweichung zwischen gewünschter und tatsächlicher gelieferter Menge

Auf dieser Grundlage werden im Rahmen dieser Arbeit Abweichungen von der erwarteten Qualität, von der geplanten Menge, von dem geplanten Liefertermin und von dem erwarteten Material bzw. Produkt als Störungswirkungen berücksichtigt. Mithilfe dieser Abweichungen kann die Leistung des physischen Materialflusses bewertet werden. Für die Analyse der Resilienz ist dabei insbesondere der Aspekt des fehlenden Materials von Bedeutung. Sowohl eine Fehlmenge, eine falsche Lieferung als auch eine verspätete Lieferung führen dazu, dass das benötigte Material zum Bedarfstermin nicht vorhanden ist. Auch die Lieferung eines bezogen auf die Qualität fehlerhaften Materials bewirkt, dass das erforderliche Material nicht vorhanden ist. Somit lassen sich diese Störungswirkungen unter dem Begriff Materialverfügbarkeit zusammenfassen. Materialverfügbarkeit bedeutet, das „richtige benötigte Material, zur richtigen Zeit, in der richtigen Qualität, in der richtigen Menge, am richtigen Ort zur Verfügung stellen zu können" (GOTTMANN 2019, S. 114).

Auswirkungen auf die Kosten innerhalb der Beschaffung werden nicht als separate Störungswirkung betrachtet. Änderungen in den Kosten können einerseits als Folge einer Störung auftreten. So kann eine Störung innerhalb der Supply-Chain dazu führen, dass die vorhandenen Kapazitäten (z. B. Transport- oder Produktionskapazitäten für Vorprodukte) sinken, wodurch wiederum die Kosten steigen. Darüber hinaus kann eine Kostenänderung selbst eine Störung darstellen (z. B. Schwankungen in Rohmaterialpreisen oder Wechselkursschwankungen). Wird trotz steigender Kosten weiter beschafft, hat die Kostenänderung keinen direkten Einfluss auf die Fähigkeit zu produzieren, sondern wirkt sich entweder auf den Verkaufspreis oder den Umsatz aus. Steigen die Kosten infolge einer Störung so stark an, dass nicht mehr beschafft werden kann, ergibt sich ein Mangel an Material. Dieser Aspekt ist somit ein Bestandteil der Materialverfügbarkeit. Abweichungen vom geplanten Preis werden in Bezug auf die Störungswirkungen daher in dieser Arbeit nur im Rahmen der Materialverfügbarkeit berücksichtigt. Darüber hinaus werden Kostenaspekte aber im Kontext der Gestaltungsaspekte der Resilienz betrachtet.

Die Leistungsgröße Materialverfügbarkeit lässt sich in die in Kapitel 2.1.2 beschriebenen Ziele der Beschaffung einordnen. Dabei kann grundsätzlich zwischen Sach- und Formalzielen unterschieden werden: Während Sachziele den Zweck eines Handlungsfelds beschreiben, beziehen sich Formalziele auf die Qualität der zu erreichenden Sachziele. Formalziele werden dabei auch als Erfolgsziele bezeichnet. (s. HEINRICH U. STELZER 2011, S. 21) Nach PIONTEK stellt das Sachziel der Beschaffung die „langfristige Versorgungssicherung der Unternehmung zur Erstellung von Gütern“ dar (PIONTEK 2016, S. 11). Das Formalziel wiederum umfasst die „Optimierung der mit der Materialbereitstellung verbundenen Kosten und Leistungen, wodurch eine Erhöhung der Wirtschaftlichkeit erzielt werden soll“ (PIONTEK 2016, S. 11). Es wird somit eine möglichst hohe Versorgungswirtschaftlichkeit angestrebt (s. GRÜN U. BRUNNER 2009, S. 96). Als Zweck des Handlungsfeldes Gestaltung der Resilienz in der Beschaffung kann somit die langfristige Versorgungssicherung betrachtet werden. Die konkrete Gestaltung der Resilienz (d. h. die Konfiguration) wirkt sich wiederum auf das Formalziel aus.

5.2.2 Identifikation der Betrachtungsobjekte

Die Betrachtungsobjekte, für die im Rahmen der Resilienz in der Beschaffung ein Störungsprofil berücksichtigt werden muss, werden anhand der Strukturen, Ressourcen und Akteuren der Beschaffung abgeleitet. In jedem Betrachtungsobjekt können Störungswirkungen auftreten. Gleichzeitig können sie Störungsquellen für nachfolgende Betrachtungsobjekte darstellen. Darüber hinaus können in den einzelnen Betrachtungsobjekten Resilienzpotenziale aufgebaut werden.

Die Beschaffung verbindet, wie in Kapitel 2.1 beschrieben, Hersteller und Lieferanten miteinander. Als Teilnehmer einer typischen Beschaffungskette identifiziert BECKMANN Lieferanten, Hersteller, Logistikdienstleister und Händler (s. BECKMANN 2019, S. 22). Die Struktur der Beschaffungskanäle kann dabei als Netzwerk betrachtet werden, wobei der Materialfluss verschiedene Knoten miteinander verbindet. Knoten können neben Lieferanten und Herstellern auch Lager und Umschlagpunkte sein. (s. BECKMANN 2019, S. 80)

Der Fokus dieser Arbeit liegt auf Herstellern und den durch sie durchgeführten Prozessen zur Beschaffung von Rohmaterialien und Zwischenprodukten (s. Kapitel 2.3). Dabei sollen nur Störungswirkungen betrachtet werden, die sich direkt auf den Hersteller beziehen. Innerhalb eines Unternehmens ist der Wareneingang die direkte Schnittstelle zum Lieferanten bzw. Logistikdienstleister (LDL). Der Wareneingang stellt daher das erste Betrachtungsobjekt dar. Mögliche Störungen im Wareneingang können durch Lieferanten oder Logistikdienstleister hervorgerufen werden und zeigen sich immer dann, wenn Material zum geplanten Wareneingangstermin nicht verfügbar ist. Bedarfsträger der Rohmaterialien und Zwischenprodukte innerhalb des Unternehmens ist die Produktion (s. GRÜN U. BRUNNER 2009, S. 94–95). Diese wird als zweites Betrachtungsobjekt definiert. Störungen entstehen hier, wenn benötigtes Material zum geplanten Produktionstermin nicht verfügbar ist. Als Akteure des Beschaffungsmarkts stellen Lieferanten und Logistikdienstleister ein weiteres Betrachtungsobjekt dar, welches als externer Inputgeber bezeichnet wird. Dabei werden diese insbesondere integriert, um die informationstechnische Verknüpfung zwischen Hersteller und den externen Akteuren abzudecken, welche sich auf den Beginn der Reaktionszeit auswirken kann. Die für die weiteren Betrachtungsobjekte relevante Störungswirkung stellt das Nichterfüllen von Aufträgen dar, welche beim Hersteller zu mangelnder Verfügbarkeit von Material führen kann (s. CARVALHO REMIGIO 2012, S. 32).

Externe Inputgeber und der Wareneingang sind über die Beschaffungslogistik miteinander verbunden. Die interne Logistik verbindet den Wareneingang und die Produktion. Die Übergangszeiten stellen jeweils die für den Transport bzw. die Bereitstellung benötigten Zeiten dar. Darüber hinaus können die Betrachtungsobjekte voneinander entkoppelt werden, indem z. B. Lager in die Kette integriert werden. Diese werden im Rahmen der Resilienzpotenziale genauer betrachtet.

In Abbildung 5-12 sind die im Rahmen dieser Arbeit relevanten Betrachtungsobjekte sowie die Verknüpfungen zwischen diesen zusammengefasst.

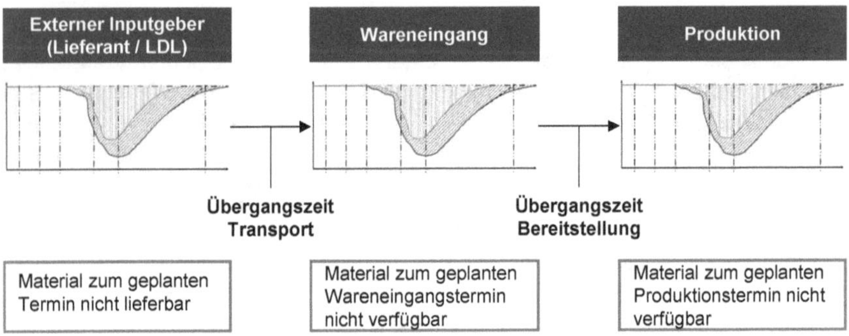

Abbildung 5-12: Zusammenfassung der Betrachtungsobjekte und Übergangszeiten (eigene Darstellung)

5.2.3 Identifikation der Stellgrößen

Die Stellgrößen dienen zur Strukturierung des Handlungsrahmens und unterstützen so bei der Anwendung des Ordnungsrahmens im Rahmen der Identifikation und Einordnung der Resilienzpotenziale. Als Stellgrößen werden die Aspekte definiert, die Gestaltungsmöglichkeiten innerhalb der Beschaffung darstellen. Dabei liegt der Fokus nicht auf kurzfristigen bzw. operativen Entscheidungen, sondern auf den Faktoren, die zu einer langfristigen Gestaltung der Beschaffung beitragen. Die Stellgrößen werden daher im Folgenden aus den Aufgaben der strategischen Beschaffung abgeleitet. Für einige Stellgrößen existieren konkrete Ausprägungen, die als Orientierung bei der Gestaltung dienen und in der Literatur, z. B. im Kontext der Sourcing-Strategien (s. Kapitel 2.1.2), häufig erwähnt werden. Diese werden im Zusammenhang mit den Stellgrößen erläutert.

Die Beschaffungspolitik und die Definition der Beschaffungsstrategie bilden die langfristigen Rahmenbedingungen für die operativen Geschäftsprozesse der Beschaffung. Die Strukturierung der Stellgrößen orientiert sich an den Bausteinen der Beschaffungspolitik nach MELZER-RIDINGER und BECKMANN (s. MELZER-RIDINGER 2008, S. 64; BECKMANN 2019, S. 27). Diese umfassen die vier Bereiche Beschaffungsprogrammpolitik, Lieferantenpolitik, Kontraktpolitik und Lagerpolitik. Da im Rahmen der Lagerpolitik Entscheidungen über die Bereitstellungsart getroffen werden, die maßgeblich die Bestellpolitik beeinflussen, wird im Rahmen dieser Arbeit als vierter Baustein die Lager- und Bestellpolitik definiert.

Stellgrößen in der Beschaffungsprogrammpolitik

Innerhalb der Beschaffungsprogrammpolitik wird definiert, welche Objekte von Lieferanten bezogen werden sollen (s. BECKMANN 2019, S. 27). Die Festlegung des Beschaffungsprogramms steht im Zusammenhang mit der Make-or-Buy-Entscheidung (dt. „herstellen oder kaufen"), der Materialstandardisierung und -substitution und Anforderungen an die Eigenschaften und Qualität der Beschaffungsobjekte (s. BECKMANN 2019, S. 27).

Im Rahmen der Make-or-Buy-Entscheidung wird bestimmt, welcher Umfang von Gütern selbst hergestellt werden soll und welcher Umfang fremdbezogen werden soll (s. KÜPPER 1984, S. 193). Dabei gibt die Fertigungstiefe an, in welchem Umfang ein Unternehmen Fertigungs- und Dienstleistungen selbst durchführt (s. MELZER-RIDINGER 2008, S. 66–67). Als Stellgröße in der Beschaffungspolitik kann somit die Fertigungstiefe definiert werden.

Die Fertigungstiefe steht in einem engen Zusammenhang mit der Art der Beschaffungsobjekte, die als zweite Stellgröße definiert wird. Sie definiert die Komplexität der zu beschaffenden Güter (s. LASCH 2019, S. 5). Für die Art der Beschaffungsobjekte können konkrete Ausprägungen unterschieden werden: ARNOLD U. EßIG unterscheiden zwischen der Beschaffung von Teilen, Modulen und Systemen (s. ARNOLD U. EßIG 2000, S. 126ff., zit. n. EßIG 2005, S. 6-8). MELZER-RIDINGER führt zusätzlich die Optionen *Verlängerte Werkbank* und *Teilelieferant mit Dispositionsverantwortung* auf (s. MELZER-RIDINGER 2008, S. 71). Diese unterschiedlichen Ausprägungen beeinflussen die Verteilung der Verantwortlichkeiten zwischen Abnehmern und Lieferanten.

Werden Teile im Rahmen des Konzepts verlängerte Werkbank beschafft, stellt der Abnehmer dem Fremdfertiger in der Regel das benötigte Material und evtl. Anlagen und Werkzeuge zur Verfügung. Somit werden Kapazitäten in der Fertigung des Abnehmers geschont. Dieses Konzept wird häufig für einfache Arbeitsgänge eingesetzt. (s. MELZER-RIDINGER 2008, S. 69) Die Beschaffung von Teilen bezieht sich auf Einzelteile, die im weiteren Verlauf der Produktion benötigt werden (s. MELZER-RIDINGER 2008, S. 69–70). Ein Teilelieferant mit Dispositionsverantwortung ist neben der Bereitstellung von Teilen auch für Aufgaben der Materialdisposition und des Bestandsmanagements des Abnehmers verantwortlich (s. MELZER-RIDINGER 2008, S. 70). Bei der Beschaffung von Modulen werden anstelle von Einzelteilen einbaufertige komplexere Baugruppen beschafft (s. ARNOLDS ET AL. 2016, S. 208; BECKMANN 2019, S. 33). Der

Modullieferant ist dabei für die Koordination der Unterlieferanten zuständig (s. PIONTEK 2016, S. 18; MELZER-RIDINGER 2008, S. 70). Bei der Beschaffung von Systemen ist der Lieferant zusätzlich für die Qualitätsplanung verantwortlich und an der Gestaltung der Produktmerkmale in Form von Entwicklungsleistungen beteiligt (s. MELZER-RIDINGER 2008, S. 70; BECKMANN 2019, S. 24). Während ein System funktional abgegrenzt ist, aber nicht zwingend lokal an einem einzelnen Verbaupunkt eingebaut werden muss, sind Module physische Einheiten (s. BECKMANN 2019, S. 24).

Eine weitere Stellgröße in der Beschaffungsprogrammpolitik stellt die Materialstandardisierung dar. In diesem Rahmen wird die Übereinstimmung bzw. die Unterschiede zwischen den zu beschaffenden Gütern bestimmt (s. KÜPPER 1984, S. 193). Die Materialstandardisierung beeinflusst die Teilevielfalt in der Beschaffung und wirkt sich somit auf die Komplexität aus. Ziel ist es, überflüssige Ausprägungsarten einzelner Teile zu vermeiden. (s. BECKMANN 2019, S. 30–31)

Die Stellgrößen der Beschaffungsprogrammpolitik sind in Abbildung 5-13 zusammengefasst.

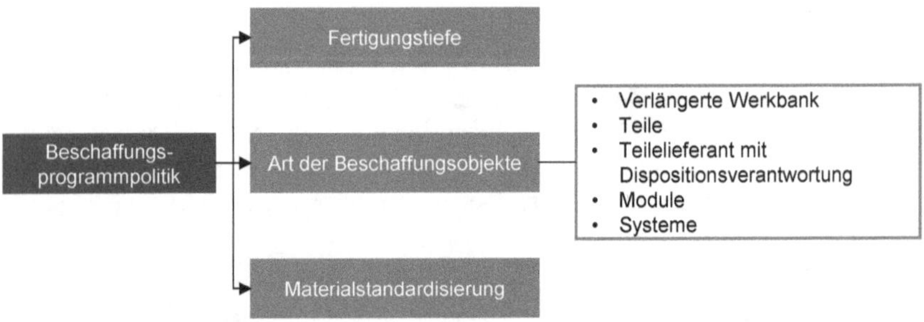

Abbildung 5-13: Zusammenfassung der Stellgrößen der Beschaffungsprogrammpolitik (eigene Darstellung)

Stellgrößen in der Lieferantenpolitik

In der Lieferantenpolitik werden die Beziehungen zwischen einem Unternehmen und seinen Lieferanten gestaltet. Dies betrifft die Lieferantenbasis und -struktur sowie die Motivation und Zusammenarbeit mit Lieferanten (s. ARNOLDS ET AL. 2016, S. 207).

Eine wesentliche Stellgröße bei der Gestaltung der Lieferantenstruktur stellt die Anzahl der Lieferanten dar. Die Anzahl der Lieferanten kann in unterschiedlichen konkreten Ausprägungsformen umgesetzt werden: Sole Sourcing (dt. alleinige Beschaffung), Single Sourcing (dt. Einzelquellenbeschaffung), Dual Sourcing (dt. Doppelquellenbeschaffung), Parallel Sourcing (dt. Parallelbeschaffung), Multiple Sourcing (dt. Mehrquellenbeschaffung) und Preferential Sourcing (dt. bevorzugte Beschaffung).

Beim Sole Sourcing steht marktbedingt nur ein möglicher Lieferant für die Beschaffung zur Verfügung, welcher eine monopolistische Stellung auf dem Markt einnimmt (s. BECKMANN 2019, S. 32; LASCH 2019, S. 4). Dagegen entscheidet sich ein Abnehmer beim Single Sourcing freiwillig dafür, das Beschaffungsobjekt nur von einem Lieferanten zu beziehen (s. BECKMANN 2019, S. 32; LASCH 2019, S. 4) Eine Sonderform des

Single Sourcings stellt das Parallel Sourcing dar, bei dem der Abnehmer das Beschaffungsobjekt abhängig vom Produktionsstandort oder dem Produktmodell von alternativen Lieferanten beschafft (s. BECKMANN 2019, S. 33; LASCH 2019, S. 4) Beim Dual Sourcing werden zwei miteinander im Wettbewerb stehende Lieferanten eingesetzt (s. BECKMANN 2019, S. 32–33). Zwischen den Lieferanten wird das Beschaffungsvolumen anteilig aufgeteilt (s. LASCH 2019, S. 5). Multiple Sourcing bezeichnet die Beschaffung bei mehreren Lieferanten (s. BECKMANN 2019, S. 33; LASCH 2019, S. 5) Als Sonderform wird beim Preferential Sourcing der Fokus auf wenige Vorzugslieferanten gelegt (s. BECKMANN 2019, S. 33).

Darüber hinaus werden die Beschaffungsmärkte in der Gestaltung der Lieferantenpolitik berücksichtigt. Die geographische Ausdehnung des Beschaffungsmarktes stellt daher eine weitere Stellgrößen dar. Auch hier werden konkrete Ausprägungen unterschieden: Local Sourcing (dt. lokale Beschaffung), National Sourcing (dt. nationale Beschaffung) und Global Sourcing (dt. globale Beschaffung).

Beim Local Sourcing erfolgt die Beschaffung bei Lieferanten, die sich in unmittelbarer Nähe des Abnehmers befinden (s. BECKMANN 2019, S. 31; ARNOLDS ET AL. 2016, S. 212). In diesem Zusammenhang wird teilweise auch der Begriff Regional Sourcing (dt. regionale Beschaffung) verwendet (s. LASCH 2019, S. 10). National Sourcing bezieht sich auf die Beschaffung aus demselben Land, wodurch kein grenzüberschreitender Warenverkehr erforderlich ist (s. ARNOLDS ET AL. 2016, S. 212). Beim Global Sourcing werden internationale Beschaffungsquellen eingesetzt und der weltweite Beschaffungsmarkt berücksichtigt (s. MELZER-RIDINGER 2008, S. 83; BECKMANN 2019, S. 31; ARNOLDS ET AL. 2016, S. 212–213).

Bei der Auswahl der Lieferanten wird entschieden, ob die Beschaffungsobjekte direkt beim Hersteller oder bei einem Händler bezogen werden (s. KÜPPER 1984, S. 194; ARNOLDS ET AL. 2016, S. 217–218). Dabei handelt es sich um den Beschaffungsweg, welcher eine weitere Stellgröße darstellt. Der Bezug beim Hersteller wird als direkter Beschaffungsweg bezeichnet, während es sich bei der Beschaffung über einen Händler um einen indirekten Beschaffungsweg handelt (s. KÜPPER 1984, S. 194; ARNOLDS ET AL. 2016, S. 217–218).

Ein wesentlicher Aspekt bei der Gestaltung der Lieferantenpolitik ist die Zusammenarbeit mit Lieferanten. Dabei können die Dauer und der Umfang der Zusammenarbeit festgelegt werden. Als Stellgröße wird die Intensität der Zusammenarbeit definiert. Grundsätzlich kann zwischen einer kurzfristigen und langfristigen Zusammenarbeit unterschieden werden (s. ARNOLDS ET AL. 2016, S. 240). Darüber hinaus bestimmt die Intensität der Zusammenarbeit, inwiefern Lieferanten in Wertschöpfungs-, Forschungs- und Entwicklungsaktivitäten eingebunden werden (s. BECKMANN 2019, S. 33). Die Zusammenarbeit kann sich auch auf Gebiete, wie die Qualitätssicherung und Logistik, beziehen (s. ARNOLDS ET AL. 2016, S. 240). Während bei einer eher marktorientierten Beziehung der Fokus auf den Gesetzen von Angebot und Nachfrage sowie gegenseitiges Ausspielen von Lieferanten liegt, ist eine partnerschaftliche Beziehung auf die langfristige Integration von Lieferanten ausgelegt (s. SCHÖNSLEBEN

2020, S. 81–82). In einer partnerschaftlichen Beziehung können konkrete Maßnahmen zur Förderung der Lieferanten, wie Schulungen und Kontaktpflege, eingesetzt werden (s. KÜPPER 1984, S. 194).

Im Rahmen der Lieferantenpolitik wird darüber hinaus festgelegt, wie Lieferanten ausgewählt und bewertet werden. Als weitere Stellgröße wird daher die Gestaltung der Lieferantenzulassung definiert. Dabei unterscheidet MELZER-RIDINGER zwischen den Ausprägungen keine Zulassung, Selbstauskunft, Zertifikat und eigenes Audit (s. MELZER-RIDINGER 2008, S. 65). Demnach muss nicht für jedes Beschaffungsobjekt bzw. jeden Lieferanten ein Zulassungsverfahren definiert sein. Im Rahmen der Gestaltung der Lieferantenpolitik muss jedoch festgelegt werden, wie das Zulassungsverfahren gestaltet wird und welche Lieferanten dieses durchlaufen müssen (s. MELZER-RIDINGER 2008, S. 86–88).

Während die Lieferantenzulassung vor der ersten Auftragserteilung stattfindet, wird mithilfe der Lieferantenbewertung die laufende Geschäftsbeziehung bewertet. Als Stellgröße wird dabei daher die Gestaltung der Lieferantenbewertung definiert. Bei der Gestaltung der Lieferantenbewertung wird einerseits festgelegt, welche Lieferanten regelmäßig bewertet werden sollen (s. MELZER-RIDINGER 2008, S. 89). Andererseits werden die Bewertungskriterien und deren Gewichtung bestimmt. Dabei kann zwischen einem Einfaktorenvergleich, bei dem der Fokus auf einem leicht messbaren Kriterium liegt, und einem Mehrfaktorenvergleich unterschieden werden. (s. BECKMANN 2019, S. 32)

Die Stellgrößen der Lieferantenpolitik sind in Abbildung 5-14 zusammengefasst.

Abbildung 5-14: Zusammenfassung der Stellgrößen der Lieferantenpolitik (eigene Darstellung)

Stellgrößen in der Kontraktpolitik

Im Rahmen der Kontraktpolitik wird die vertragliche Beziehung zwischen einem Unternehmen und seinen Lieferanten festgelegt (s. BECKMANN 2019, S. 34). Dabei werden individuelle oder allgemeine Vereinbarungen getroffen, die sich auf Spezifikation, Preis, Liefermenge und -termin sowie Prüf- und Qualitätsmanagementvereinbarungen beziehen können (s. MELZER-RIDINGER 2008, S. 90–94).

Bei Verträgen kann zwischen Einzelbestellungen oder Rahmenverträgen unterschieden werden. Als erste Stellgröße der Kontraktpolitik wird daher die Art des Vertrags definiert. Bei einer Einzelbestellung wird ein Einzelvertrag abgeschlossen. Rahmenverträge sind für mehrere Bestellungen gültig. Bei einem Rahmenvertrag können Spezifikationen, Prüfmittel und -methoden, Lieferungs- und Zahlungsbedingungen sowie Abnahmemengen vereinbart werden. (s. MELZER-RIDINGER 2008, S. 94)

Verträge können darüber hinaus kurz- oder langfristig ausgelegt sein. Eine Stellgröße stellt daher die Vertragslaufzeit dar. Dabei können sowohl Einzelbestellungen, die sich auf Objekte mit langen Lieferzeiten beziehen, als auch Rahmenverträge langfristig ausgelegt sein (s. MELZER-RIDINGER 2008, S. 94).

Eine wesentliche Vertragskomponente stellt zudem der Preis dar. Als Stellgröße wird daher die Preisvereinbarung definiert. Bei der Preisvereinbarung kann zwischen Festpreisen, unbestimmten Preisvorbehaltsklauseln und Preisbegleitklausen unterschieden werden. Bei einem Festpreis kann unter normalen Umständen weder der Lieferant noch der Abnehmer in der Vertragslaufzeit den Preis neu verhandeln (s. MELZER-RIDINGER 2008, S. 97–98). Bei unbestimmten Preisvorbehaltsklauseln existiert keine Preisbindung, sondern der Preis wird zum Liefertermin bzw. Rechnungsstellung festgelegt (s. MELZER-RIDINGER 2008, S. 100). Eine Preisbegleitklausel ermöglicht eine kostenorientierte Preisfindung, bei der Lieferant und Abnehmer im Vorfeld eine Formel zur Errechnung des zukünftigen Preises vereinbaren (s. MELZER-RIDINGER 2008, S. 101).

Als letzte Stellgröße wird die Lieferbedingung definiert. Im Rahmen der Lieferbedingungen wird festgelegt, wer die Kosten und die Verantwortung für den Transport übernimmt. Wird als Lieferbedingung die Vereinbarung frei Haus festgelegt, ist der Lieferant für den Transport verantwortlich und kalkuliert die entstehenden Kosten in den Absatzpreis ein (s. MELZER-RIDINGER 2008, S. 108). Bei der Lieferung ab Werk ist der Abnehmer für den Transport verantwortlich. Die logistischen Leistungen können in diesem Fall entweder vom eigenen Fuhrpark des Abnehmers oder von einem Spediteur, der durch den Abnehmer beauftragt wird, erfolgen. (s. MELZER-RIDINGER 2008, S. 109)

Die Stellgrößen der Lieferantenpolitik sind in Abbildung 5-15 zusammengefasst.

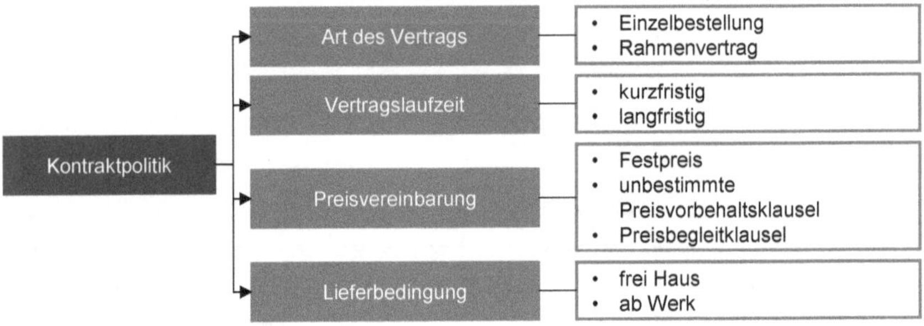

Abbildung 5-15: Zusammenfassung der Stellgrößen der Kontraktpolitik (eigene Darstellung)

Stellgrößen in der Lager- und Bestellpolitik

Die Dimension *Lager- und Bestellpolitik* umfasst Entscheidungen bzgl. der Lager sowie der Bereitstellung von Beschaffungsobjekten (s. BECKMANN 2019, S. 34).

Im Rahmen der Bestellpolitik ist zu entscheiden, wer die Beschaffung durchführt. Eine Stellgröße stellt somit das Beschaffungssubjekt dar. Dabei können die Beschaffungsaktivitäten alleine oder gemeinsam mit anderen erfolgen (s. KÜPPER 1984, S. 194; LASCH 2019, S. 9). Bei der individuellen Beschaffung werden die Beschaffungsaktivitäten unabhängig von anderen Unternehmen oder Organisationseinheiten durchgeführt. Im Rahmen einer kooperativen Beschaffung wird innerhalb einer Kooperation von Nachfragern beschafft, wobei diese Kooperation unterschiedliche Intensitäten aufweisen kann. So kann beispielsweise die Beschaffung in einer losen Zusammenarbeit oder durch eine Einkaufsgesellschaft erfolgen. (s. LASCH 2019, S. 9) In diesem Zusammenhang kann, z. B. bei Unternehmensverbünden oder Produzenten mit mehreren

Standorten, auch zwischen einer zentralen oder dezentralen Beschaffung unterschieden werden. Bei einer zentralen Beschaffung werden die Beschaffungsaktivitäten beispielsweise für einzelne Produkte, Bereiche oder Standorte in einer Organisationseinheit gebündelt. Hingegen werden diese Aktivitäten bei einer dezentralen Beschaffung von unterschiedlichen Organisationseinheiten ausgeführt. (s. LASCH 2019, S. 13)

Die Umsetzung der Lagerpolitik erfolgt mithilfe unterschiedlicher Bereitstellungsarten, welche die Notwendigkeit zur Lagerung beeinflussen. Eine wesentliche Stellgröße ist daher die Bereitstellungsart. Dabei unterscheiden sich verschiedene Bereitstellungarten bzgl. der Art und dem Ort der Lagerung von Material und der Aufteilung der Verantwortlichkeiten für die Bestände und die Disposition zwischen Lieferant und Kunde (s. MELZER-RIDINGER 2008, S. 164; BRUNNER 2011, S. 56). Grundsätzlich können die Bereitstellungsarten in Bezug darauf unterschieden werden, ob eine Vorratshaltung stattfindet oder nicht (s. BECKMANN 2019, S. 67). Als konkrete Ausprägungen werden Vorratsbeschaffung, Einzelbeschaffung im Bedarfsfall, einsatzsynchrone Beschaffung, Kanban-Beschaffung, „Vendor Managed Inventory“ (VMI) und Konsignationslager betrachtet (s. KÜPPER 1984, S. 218; MELZER-RIDINGER 2008, S. 164; BRUNNER 2011, S. 14; LASCH 2019, S. 7; BECKMANN 2019, S. 67).

Bei der Vorratsbeschaffung sind die Bestellmengen regelmäßig höher als der aktuelle Bedarf und es werden Lagerbestände für die benötigten Güter vorgehalten (s. KÜPPER 1984, S. 218; MELZER-RIDINGER 2008, S. 165; BECKMANN 2019, S. 68). Die Dispositions- und Bestandsverantwortung liegt bei dem beschaffenden Unternehmen (s. BRUNNER 2011, S. 14). Bei der Einzelbeschaffung im Bedarfsfall erfolgt die Beschaffung aufgrund eines mit einem konkreten Auftrag verbundenen Bedarfs (s. KÜPPER 1984, S. 218; LASCH 2019, S. 8; MELZER-RIDINGER 2008, S. 166–167; BECKMANN 2019, S. 67). Die einsatzsynchrone Beschaffung wird auch Just-in-Time-Beschaffung (dt. „gerade zur rechten Zeit“) genannt und beschreibt die Anlieferung des benötigten Materials durch den Lieferanten unmittelbar vor der Verarbeitung in der Fertigung (s. KÜPPER 1984, S. 219; MELZER-RIDINGER 2008, S. 167; BECKMANN 2019, S. 78–79). Bei der Kanban-Beschaffung wird die Beschaffung mithilfe sogenannter Kanban-Karten nach dem Holprinzip gesteuert und das Material in standardisierten Behältern vorgehalten. Eine Bestellung wird ausgelöst, wenn ein definierter Behälter leer ist und demnach ein tatsächlicher Bedarf vorliegt. (s. MELZER-RIDINGER 2008, S. 169; BRUNNER 2011, S. 14) Die Bereitstellungsarten „Vendor Managed Inventory“ und Konsignationslager stellen Varianten der Vorratsbeschaffung dar, die sich hinsichtlich der Dispositions- und Bestandsverantwortung und dem Eigentumsübergang unterscheiden (s. BECKMANN 2019, S. 70). Beim VMI ist der Lieferant für die Disposition und den Bestand verantwortlich, wobei Kunde und Lieferant einen Mindestbestand vereinbaren und der Lieferant Zugriff auf die Bestandsdaten des Lieferanten erhält (s. MELZER-RIDINGER 2008, S. 171; BECKMANN 2019, S. 70; BRUNNER 2011, S. 14). Ein Konsignationslager wird vom Lieferanten beim Kunden oder in dessen unmittelbarer Nähe eingerichtet und unterhalten. Bis zur Entnahme durch den Kunden bleibt die Ware im Eigentum des Lieferanten. Die Dispositions- und Bestandsverantwortung liegt beim Lieferanten. Wie beim VMI vereinbaren Kunde und Lieferant Mindestbestände. (s. LASCH 2019, S. 7–8; MELZER-RIDINGER 2008, S. 173–174; BECKMANN 2019, S. 70)

Im Kontext der Lager- und Bestellpolitik wird mit der Dispositionsart zudem definiert, auf welcher Grundlage Bedarfe ermittelt werden sollen (s. MELZER-RIDINGER 2008, S. 180). Eine Stellgröße ist somit die Dispositionsart. Dabei kann zwischen einer verbrauchs- und einer programmorientierten Bedarfsplanung unterschieden werden. Bei der verbrauchsorientierten Bedarfsplanung bilden Vergangenheitswerte und Erfahrungen die Grundlage für die Ermittlung der Bedarfe. Es können unterschiedliche Prognoseverfahren eingesetzt werden. (s. MELZER-RIDINGER 2008, S. 180) Bei der programmorientierten Bedarfsplanung wird hingegen bedarfsgesteuert geplant (s. MELZER-RIDINGER 2008, S. 181). Die Dispositionsart steht in einem engen Zusammenhang mit der Bereitstellungsart: Während eine verbrauchsorientierte Planung nur mit der Vorratsbeschaffung vereinbar ist, kann die programmorientierte Planung sowohl bei einer Vorrats- als auch bei einer lagerlosen Beschaffung angewendet werden. (s. MELZER-RIDINGER 2008, S. 180–181)

Wird eine Vorratsbeschaffung gewählt, werden bei der Festlegung der Lagerhaltungspolitik verschiedene Parameter bestimmt, aus denen das Bestellverfahren resultiert. Diese umfassen die Zeitpunkte zur Kontrolle der Lagerbestände (Kontrollzeitpunkt), die Bestellmenge sowie den Bestellzeitpunkt und werden als weitere Stellgrößen definiert. Die Kontrolle der Lagerbestände kann sowohl laufend als auch in einem festen Kontrollrhythmus erfolgen. Die Bestellmenge kann fest oder bestandsabhängig sein. Bei einer bestandsabhängigen Bestellmenge wird diese aus der Differenz zwischen einem maximalen Bestand und dem zum Bestellzeitpunkt vorliegenden Bestand ermittelt werden. Der Bestellzeitpunkt kann entweder fest oder meldebestandsabhängig sein. Je nach Kombination dieser Möglichkeiten ergeben sich unterschiedliche Bestellverfahren: Bestellverfahren mit laufender Bestandskontrolle und meldebestandabhängigen Bestellzeitpunkten werden als Bestellpunktverfahren bezeichnet. Bei Bestellrhythmusverfahren sind die Bestandskontrollen und Bestellzeitpunkte fest definiert. Ist der Kontrollzeitpunkt fest und der Bestellzeitpunkt meldebestandabhängig, wird dies als Optionalverfahren bezeichnet. (s. KÜPPER 1984, S. 230)

Darüber hinaus wird im Rahmen des Bestellverfahrens der Sicherheitsbestand festgelegt, der dazu beiträgt, Planungsunsicherheiten auszugleichen. Jener stellt eine weitere Stellgröße dar. Mithilfe des Sicherheitsbestands können unerwartete Lagerbestandsverringerungen zwischen Bestell- und Lieferzeitpunkt ausgeglichen werden (s. KÜPPER 1984, S. 232).

Die Stellgrößen der Lieferantenpolitik sind in Abbildung 5-16 zusammengefasst.

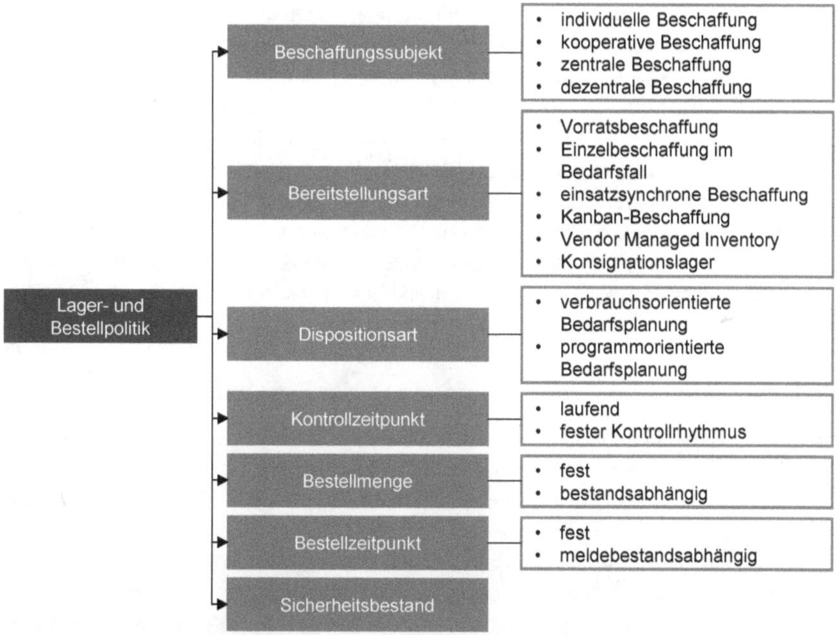

Abbildung 5-16: Zusammenfassung der Stellgrößen der Lager- und Bestellpolitik (eigene Darstellung)

Zusammenfassung der Stellgrößen

Die beschriebenen Stellgrößen sind in Abbildung 5-17 zusammenfassend dargestellt.

Abbildung 5-17: Zusammenfassung der Stellgrößen (eigene Darstellung)

Die einzelnen Stellgrößen sind nicht unabhängig voneinander. Konkrete Ausprägungen einzelner Stellgrößen beeinflussen die Gestaltung anderer Stellgrößen: So bedingt beispielweise ein Modullieferant eine engere Zusammenarbeit zwischen Abnehmer und Lieferant oder ein Rahmenvertrag geht in der Regel mit einem längeren Vertragslaufzeit einher. Die Gestaltung der Beschaffungsstrategie muss demnach unter Berücksichtigung der verschiedenen Stellgrößen und ihrer Abhängigkeiten erfolgen. Im Rahmen dieser Arbeit sollen die Stellgrößen nicht zur konkreten Ausgestaltung der Beschaffungsstrategie eingesetzt werden, sondern einen strukturierten Handlungsrahmen bieten, um Möglichkeiten zur Beeinflussung der Resilienz zu identifizieren und einzuordnen. Daher werden die Wechselwirkungen zwischen den Stellgrößen im Rahmen dieser Arbeit nicht betrachtet.

5.3 Reflexion und Zusammenfassung der Ergebnisse

In diesem Kapitel wurde ein Ordnungsrahmen zur Beschreibung und Strukturierung der Resilienz entwickelt. Das Modell schafft Verständnis über das multidimensionale und komplexe Konzept der Resilienz, in dem es die einzelnen Komponenten und Zusammenhänge zwischen diesen strukturiert. Die Grundstruktur baut auf bestehenden Ansätzen zur Strukturierung der Resilienz auf und orientiert sich am Verlauf der Leistungsfähigkeit über die Zeit. Insgesamt umfasst der entwickelte Ordnungsrahmen acht Resilienzkomponenten in den Kategorien Zeit, Leistung und Kurvenverlauf. Darüber hinaus wurden in diesem Kapitel neun Resilienzprinzipien definiert, welche die Zielrichtungen zur Steigerung der Resilienz aufzeigen. Diese bauen auf den Resilienzkomponenten auf. Somit bildet der Ordnungsrahmen eine wesentliche Grundlage zur systematischen Gestaltung der Resilienz und ist eines der Kernergebnisse dieser Dissertationsschrift. Das entwickelte Modell ist generisch und kann in unterschiedlichen Kontexten angewendet werden. Dafür sind die betrachteten Leistungsgrößen sowie die relevanten Betrachtungsobjekte und die Verknüpfungen zwischen diesen zu definieren.

Vor dem Hintergrund des Kontextes dieser Arbeit wurde der Ordnungsrahmen für die Beschaffung konkretisiert. Als zu betrachtende Leistungsgröße wurde basierend auf möglichen Störungswirkungen in der Beschaffung die Materialverfügbarkeit identifiziert. Außerdem wurde als zentrales Betrachtungsobjekt der Wareneingang definiert. Weitere relevante Betrachtungsobjekte stellen Lieferanten und Logistikdienstleister als externe Inputgeber sowie die Produktion als Bedarfsträger innerhalb eines Unternehmens dar. Diese Betrachtungsobjekte sind über die Übergangszeiten für den Transport und die interne Materialbereitstellung miteinander verknüpft. Schließlich wurden zur Strukturierung des Handlungsrahmens Stellgrößen der strategischen Beschaffung beschrieben. Diese unterstützen die Identifikation und Einordnung der Resilienzpotenziale. Insgesamt wurden 20 Stellgrößen in den vier Bereichen Beschaffungsprogrammpolitik, Lieferantenpolitik, Kontraktpolitik und Lager- und Bestellpolitik identifiziert.

6 Entwicklung eines strukturierten Resilienzpotenzialkatalogs

Das Erklärungsmodell dient der Analyse und Strukturierung von Resilienzpotenzialen in der Beschaffung. Dabei werden zunächst Resilienzpotenziale in der Beschaffung identifiziert (s. Kapitel 6.1). Anschließend werden die Resilienzpotenziale mithilfe unterschiedlicher Kriterien charakterisiert (s. Kapitel 6.2). Die Charakterisierung bildet die Grundlage zur Durchführung einer Clusteranalyse, mithilfe derer Potenzialkategorien ermittelt werden (s. Kapitel 6.3). Teilergebnisse dieses Kapitels wurden vorveröffentlicht (s. SPIß ET AL. 2023).

6.1 Identifikation von Potenzialen zur Steigerung der Resilienz

Eine wesentliche Grundlage zur systematischen Konfiguration der Resilienz in der Beschaffung stellt ein Verständnis über konkrete Möglichkeiten zur Steigerung der Resilienz dar. Diese Möglichkeiten zur Steigerung der Resilienz werden im Rahmen dieser Arbeit als Resilienzpotenziale bezeichnet. Daher werden im Folgenden zunächst relevante Resilienzpotenziale für den Bereich der Beschaffung identifiziert und in einem Potenzialkatalog zusammengefasst. Zur Einordnung der Potenziale wird das in Kapitel 5.2 beschriebene generische Beschaffungssystem genutzt.

6.1.1 Vorgehensweise zur Identifikation von Resilienzpotenzialen

Die Identifikation der Resilienzpotenziale erfolgt empirisch-induktiv auf der Grundlage bestehender Literatur. Zusätzlich werden die bereits beschriebenen Stellgrößen (s. Kapitel 5.2.3) verwendet, um weitere Resilienzpotenziale zu ergänzen, die in der Literatur nicht genannt werden.

Eine Herausforderung bei der Identifikation in der Literatur beschriebener Resilienzpotenziale stellen unterschiedliche Betrachtungsebenen und Detaillierungsformen dar. Während einige Autoren konkrete Resilienzpotenziale diskutieren, analysieren viele Autoren generische Eigenschaften und Erfolgsfaktoren. Darüber hinaus mangelt es an einer einheitlichen Benennung der Eigenschaften und eines Konsenses hinsichtlich der spezifischen Begriffsbedeutung. Diese Aspekte werden auch von BIEDERMANN als wesentliche Herausforderungen bei der Steigerung der Resilienz identifiziert (s. BIEDERMANN 2018, S. 93–95).

Zur Identifikation in der Literatur beschriebener Resilienzpotenziale werden daher zwei Gruppen von Quellen analysiert (s. Abbildung 6-1): Einerseits erfolgt eine systematische Literaturrecherche nach Ansätzen, deren Fokus explizit auf Resilienzpotenzialen liegt. Darüber hinaus werden die in Kapitel 3 beschriebenen Ansätze dahingehend geprüft, ob konkrete Resilienzpotenziale genannt werden.

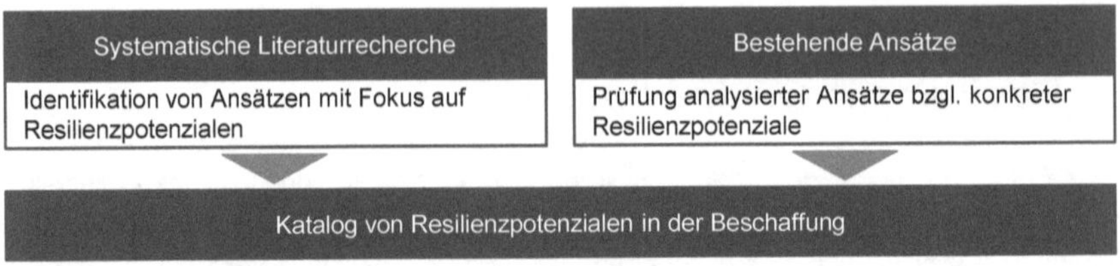

Abbildung 6-1: Übersicht verwendeter Quellen zur Identifikation der Resilienzpotenziale (eigene Darstellung)

Die systematische Literaturrecherche erfolgte im Zeitraum von Oktober bis November 2021 in der wissenschaftlichen Datenbank Scopus. Scopus zählt zu den weltweit führenden wissenschaftlichen Datenbanken (s. MONGEON U. PAUL-HUS 2016, S. 214; ZHU U. LIU 2020, S. 321). Für die Suche werden dabei verschiedene Schlagworte mit logischen Operatoren kombiniert. Der Suchalgorithmus setzt sich aus drei Schlagwortkategorien zusammen, die über den Operator „AND" verbunden werden. Innerhalb der Schlagwortkategorien werden synonyme Begriffe über den Operator „OR" verknüpft. Für die Suche werden englische Begriffe verwendet. Die erste Kategorie umfasst den Betrachtungsbereich der Beschaffung. Neben Begriffen für Beschaffung werden dabei auch Begriffe für Supply-Chain und Unternehmen berücksichtigt. Die zweite Kategorie enthält verschiedene Synonyme für Gestaltungsoptionen. Die dritte Kategorie grenzt das Themenfeld auf Resilienz ein. Neben dem Begriff Resilienz wird dabei auch der Begriff „mitigation" (dt. Abmilderung) verwendet, da dieser Begriff häufig im Kontext mit dem Umgang mit Störungen verwendet wird. Die verwendeten Suchbegriffe sind in Abbildung 6-2 dargestellt.

Betrachtungsbereich Beschaffung	Gestaltungsoptionen	Themenfeld Resilienz
procurement sourc* supply chain organisation enterprise	potential measure strateg* practic*	resilien* mitigat*

Abbildung 6-2: Suchbegriffe systematische Literaturrecherche (eigene Darstellung)

Um Quellen zu identifizieren, deren Fokus auf Gestaltungsoptionen liegt, wurde der Suchalgorithmus auf die Titel der Quellen bezogen. Darüber hinaus erfolgte eine Eingrenzung auf ingenieur- und betriebswissenschaftliche Themenbereiche. Insgesamt ergab die Suche 184 Ergebnisse. Anschließend erfolgte eine zweistufige Prüfung dieser Ergebnisse: Zunächst wurden die Zusammenfassungen der Artikel auf die Nennung konkrete Resilienzpotenziale geprüft. Für die verbleibenden Artikel 54 wurde im zweiten Schritt der Volltext analysiert. Für die weitere Analyse wurden Quellen ausgewählt, die konkrete Resilienzpotenziale beschreiben. Insgesamt wurden neun Artikel für die weitere Analyse ausgewählt. Zusätzlich wurden drei weitere Artikel, auf die in den analysierten Artikeln verwiesen wurde, ergänzt. Die identifizierten Quellen sind im Anhang zu finden (s. Tabelle 9-1).

Neben den im Rahmen der systematischen Recherche identifizierten Artikeln wurden alle Artikel aus Kapitel 3 für die weitere Analyse berücksichtigt, die die Anforderung *Identifikation von Gestaltungsoptionen* teilweise oder vollständig erfüllen (s. Abbildung 3-4).

Aus diesen Quellen werden die genannten Resilienzpotenziale gesammelt und die Benennung angepasst, um Resilienzpotenziale mit gleicher Bedeutung zusammen zu fassen.

Um sicherzustellen, dass die in der Literatur genannten Resilienzpotenziale die Zielsetzung dieser Arbeit erfüllen, werden Anforderungen definiert. Anhand dieser Anforderungen werden die in der Literatur genannten Resilienzpotenziale geprüft und die für diese Arbeit relevanten Resilienzpotenziale ermittelt. Im Rahmen dieser Arbeit werden Resilienzpotenziale betrachtet, die die folgenden Anforderungen erfüllen:

- Praktische Anwendbarkeit: Die Resilienzpotenziale sollen so detailliert formuliert sein, dass eine praktische Anwendbarkeit in Unternehmen möglich ist. Generische Erfolgsfaktoren, wie Flexibilität und Transparenz, müssen dafür konkretisiert und in spezifische Resilienzpotenziale übersetzt werden.
- Langfristige Gestaltung: Die Resilienzpotenziale sollen zu einer langfristigen Gestaltung der Resilienz beitragen und sich daher nicht auf ausschließlich kurzfristige Reaktionen im Störungsfall beziehen.
- Fokus Beschaffung: Die Resilienzpotenziale sollen die resiliente Gestaltung der Beschaffung ermöglichen. Der Fokus liegt auf dem Betrachtungsobjekt *Wareneingang*. Potenziale, welche im Betrachtungsobjekt *Produktion* aufgebaut werden können, werden nicht betrachtet. Potenziale aus dem Betrachtungsobjekt *Externer Inputgeber* werden betrachtet, wenn die Beschaffung durch diese aktiv Einfluss auf die Zusammensetzung und den Störungsverlauf innerhalb des unternehmensspezifischen Beschaffungsnetzwerks nehmen kann. Außerdem werden Potenziale berücksichtigt, die die informationstechnische Verknüpfung von Lieferanten bzw. Logistikdienstleistern und dem Wareneingang beeinflussen.
- Fokus Unternehmensebene: Die Resilienzpotenziale sollen sich auf die Resilienz des Unternehmens beziehen. Das bedeutet, dass Resilienzpotenziale, die sich auf Individuen beziehen, im Rahmen dieser Arbeit nicht betrachtet werden. Eine Übersicht von Potenzialen auf der Ebene von Individuen ist z. B. bei BENGEL U. LYSSENKO zu finden (vgl. BENGEL U. LYSSENKO 2012).
- Fokus Prozessbezug: Die Resilienzpotenziale sollen sich auf die strategische Ausrichtung und die Prozesse der Beschaffung beziehen. Potenziale, die sich auf die Gestaltung des Managementsystems und der Organisationskultur sowie die Entwicklung von Managementkompetenzen beziehen, werden im Rahmen dieser Arbeit nicht betrachtet.

Für die identifizierten Resilienzpotenziale erfolgt eine Einordnung in die vier Dimensionen (Beschaffungsprogrammpolitik, Lieferantenpolitik, Kontraktpolitik und Lager- und Bestellpolitik) sowie eine Zuordnung zu den Stellgrößen (s. Kapitel 5.2.3). Anschließend wird anhand der identifizierten Stellgrößen analysiert, ob weitere Resilienzpotenziale in den vier Dimensionen existieren. Insgesamt werden 24 Resilienzpotenziale identifiziert. In Tabelle 6-1 sind diese Resilienzpotenziale dargestellt. Eine Übersicht über die Nennung in den jeweiligen Quellen ist im Anhang (s. Tabelle 9-2 und Tabelle 9-3) zu finden.

Tabelle 6-1: Übersicht der identifizierten Resilienzpotenziale (eigene Darstellung)

Resilienzpotenzial	Stellgröße
Beschaffungsprogrammpolitik	
Make-and-Buy	Fertigungstiefe
Identifikation von Substituten	Materialstandardisierung
Lieferantenpolitik	
Einsatz von Multiple Sourcing	Anzahl Lieferanten
Verschiedene Lieferanten für unterschiedliche Standorte	Anzahl Lieferanten
Identifikation alternativer Lieferanten	Anzahl Lieferanten
Qualifikation alternativer Lieferanten	Anzahl Lieferanten Lieferantenzulassung
Geographische Diversifikation der Lieferantenbasis	Geograph. Ausdehnung
Regionalisierung der Supply-Chain	Geograph. Ausdehnung
Zusammenarbeit - Teilen von Informationen	Intensität der Zusammenarbeit
Zusammenarbeit - Kollaborative Planung	Intensität der Zusammenarbeit
Lieferantenentwicklung	Intensität der Zusammenarbeit
Lieferantenauswahl unter Berücksichtigung des Risikobewusstseins	Lieferantenbewertung
Nutzung unterschiedlicher Transportmöglichkeiten	Beschaffungsweg
Identifikation alternativer Transportmöglichkeiten	Beschaffungsweg
Vorhalten zusätzlicher Transportkapazitäten	Beschaffungsweg
(Echtzeit-)Monitoring des Transports	Beschaffungsweg
Kontraktpolitik	
Prüfung der Beschaffung auf dem Spotmarkt	Art des Vertrags
Flexible Lieferantenverträge	Vertragsinhalt
Back-up-Lieferantenvertrag	Vertragsinhalt
Lager- und Bestellpolitik	
Beschaffung im Unternehmensverbund	Beschaffungssubjekt
Hohe Bestellfrequenz	Bestellzeitpunkt
Einplanen von Puffern zwischen Bedarfsterminen	Bestellzeitpunkt Bereitstellungsart
Sicherheitsbestand	Sicherheitsbestand
Sicherheitsbestand an zentralem Standort	Sicherheitsbestand

Im Folgenden werden die identifizierten Resilienzpotenziale erläutert.

6.1.2 Resilienzpotenziale im Bereich der Beschaffungsprogrammpolitik

Die Resilienzpotenziale im Bereich der Beschaffungsprogrammpolitik beziehen sich auf die Stellgrößen *Fertigungstiefe*, *Art der Beschaffungsobjekte* und *Materialstandardisierung*. Dabei werden zwei Resilienzpotenziale unterschieden.

Make-and-Buy

Das Resilienzpotenzial *Make-and-Buy* (dt. „herstellen und kaufen") beschreibt die Möglichkeit, dass erforderliche Produkte selbst hergestellt werden, und bezieht sich somit auf die Stellgröße *Fertigungstiefe*. Im störungsfreien Betrieb wird im Rahmen einer Make-and-Buy-Strategie ein Teil des Bedarfs durch Eigenproduktion und ein Teil durch Zukauf gedeckt (s. CARBONARA U. PELLEGRINO 2017, S. 358–359). Im Rahmen einer Störung ermöglicht dieses Potenzial den schnellen Wechsel zwischen Eigen- und Fremdfertigung (s. TANG 2006, S. 39). Dabei kann der Anteil der Eigenfertigung erhöht werden, um fehlende Lieferungen auszugleichen. Die Möglichkeit zur Eigenfertigung erfordert den Aufbau der benötigten Ressourcen und Kompetenzen (s. CARBONARA U. PELLEGRINO 2017, S. 359). Die Steigerung des Eigenfertigungsanteils wird von der Organisation der Fertigung und den vorhandenen Kapazitäten beeinflusst.

Identifikation von Substituten

Ein weiteres Resilienzpotenzial im Bereich der Beschaffungsprogrammpolitik stellt die Identifikation von Substituten dar. Im Fall einer Störung kann ein fehlender Inputfaktor durch Beschaffung des entsprechenden Substituts ersetzt werden. (s. HASANI U. KHOSROJERDI 2016, S. 25; HOSSEINI ET AL. 2019, S. 296; DORMADY ET AL. 2019, S. 449) Die Möglichkeit zur Substitution einzelner Inputfaktoren wird dabei durch die Produktgestaltung beeinflusst. Die Identifikation und der Einsatz von Substituten sind bei standardisierten oder modularen Produkten leichter umsetzbar (s. MELZER-RIDINGER 2008, S. 73–74; KAGERMANN ET AL. 2021, S. 32). Das Resilienzpotenzial bezieht sich daher auf die Stellgröße *Materialstandardisierung*.

Der Stellgröße *Art der Beschaffungsobjekte* lässt sich kein Resilienzpotenzial direkt zuordnen. Vielmehr beeinflusst diese Stellgröße die Einsatzmöglichkeiten anderer Resilienzpotenziale, wie *Identifikation von Substituten* oder *Identifikation alternativer Lieferanten*.

6.1.3 Resilienzpotenziale im Bereich der Lieferantenpolitik

Die Resilienzpotenziale im Bereich der Lieferantenpolitik beziehen sich auf die Stellgrößen *Anzahl der Lieferanten*, *Geographische Ausdehnung des Beschaffungsmarktes*, *Beschaffungsweg*, *Intensität der Zusammenarbeit*, *Gestaltung der Lieferantenzulassung* und *Gestaltung der Lieferantenbewertung*. Darüber hinaus sind in diesem Bereich diejenigen Resilienzpotenziale eingeordnet, die sich auf den Transport beziehen. Insgesamt lassen sich 14 Resilienzpotenziale in den Bereich der Lieferantenpolitik einordnen.

Einsatz von Multiple Sourcing

Der Einsatz von Multiple Sourcing wird in der Literatur sehr häufig als Möglichkeit zur Steigerung der Resilienz genannt (s. SHEFFI U. RICE 2005, S. 44; KILUBI 2016, S. 613; ALI ET AL. 2017, S. 6). Wie oben beschrieben, wird dabei der Gesamtbedarf für ein Produkt auf mehrere Lieferanten aufgeteilt. Dieses Resilienzpotenzial steht somit im direkten Zusammenhang mit der Stellgröße *Anzahl der Lieferanten*. Im Störungsfall erlaubt Multiple Sourcing den Wechsel zwischen bestehenden Lieferanten, ohne neue Lieferanten suchen zu müssen (s. TANG 2006, S. 39; CARBONARA U. PELLEGRINO 2017,

S. 358). Eine Voraussetzung zur Umsetzung dieses Resilienzpotenzials ist, dass verschiedene Lieferanten existieren, die die geforderten Leistungen erbringen können (s. SINGER 2012, S. 238).

Verschiedene Lieferanten für unterschiedliche Standorte

Verschiedene Lieferanten für unterschiedliche Standorte stellen eine Sonderform des Multiple Sourcings dar. Dabei werden bei diesem Resilienzpotenzial verschiedene Lieferanten für die an unterschiedlichen Standorten benötigten Produkte eingesetzt. Somit können die einzelnen Standorte die Vorteile des Single Sourcings nutzen, ohne das vollständige Risiko des Single Sourcings tragen zu müssen (s. CHRISTOPHER U. PECK 2004, S. 8). Ähnlich wie beim Multiple Sourcing kann im Falle einer Störung zwischen Lieferanten gewechselt werden.

Identifikation alternativer Lieferanten

Alternative Lieferanten werden in der Literatur häufig als Möglichkeit zur Schaffung von Redundanz und damit zur Steigerung der Resilienz genannt (s. CHRISTOPHER U. PECK 2004, S. 8; CARVALHO ET AL. 2012b, S. 221; DABHILKAR ET AL. 2016, S. 966). Als konkretes Resilienzpotenzial wird zunächst die Identifikation alternativer Lieferanten betrachtet (s. SANCHIS ET AL. 2020a, S. 20; DIN EN ISO 22313, S. 51). Diese bezieht sich auch auf die Stellgröße *Anzahl der Lieferanten*. Anders als beim Multiple Sourcing werden die identifizierten Lieferanten jedoch nicht im Tagesgeschäft genutzt. Im Falle einer Störung kann ein alternativer Lieferant einen ausgefallenen Lieferant ersetzen (s. GENC 2015, S. 116; PAPIER U. THONEMANN 2018, S. 53).

Qualifikation alternativer Lieferanten

Die Qualifikation alternativer Lieferanten stellt ein weiteres Resilienzpotenzial dar, welches über die reine Identifikation von alternativen Lieferanten hinausgeht (s. PAPIER U. THONEMANN 2018, S. 53). Dabei steht dies im Zusammenhang mit den Stellgrößen *Anzahl der Lieferanten* und *Gestaltung der Lieferantenzulassung*. Sind bereits alternative Lieferanten qualifiziert, kann im Falle einer Störung ein alternativer Lieferant eingesetzt werden.

Geographische Diversifikation der Lieferantenbasis

Neben der Anzahl an Lieferanten stellt der Standort bzw. die Standorte der Lieferanten einen wesentlichen Aspekt zur Steigerung der Resilienz dar. Wie häufig bestimmte Arten von Störungen (z. B. Erdbeben, politische Unruhen) auftreten, wird maßgeblich durch die geographische Region beeinflusst (s. STECKE U. KUMAR 2009, S. 207). Ein Potenzial zur Steigerung der Resilienz stellt daher die geographische Diversifikation der Lieferantenbasis dar. Dabei werden gezielt verschiedene Lieferanten an unterschiedlichen Standorten gewählt. (s. HOSSEINI ET AL. 2019, S. 293) Dieses Resilienzpotenzial lässt sich somit der Stellgröße *Geographische Ausdehnung des Beschaffungsmarktes* zuordnen. Die geographische Diversifikation kann auf unterschiedlichen Betrachtungsebenen erfolgen: interkontinentale Verteilung (z. B. Europa, Asien, Amerika), internationale Märkte nach Ländern, regionale Verteilung innerhalb eines Landes

(s. HEẞ U. KLEINLEIN 2021, S. 128). Eine Voraussetzung für die Umsetzung dieses Potenzials stellt die Beschaffung bei mindestens zwei verschiedenen Lieferanten dar. Es handelt sich somit um einen Sonderfall des Multiple Sourcings. Im Störungsfall soll dieses Potenzial dazu beitragen, dass nicht alle Lieferanten gleichzeitig betroffen sind (s. HOSSEINI ET AL. 2019, S. 293) und darüber hinaus den Wechsel zwischen Lieferanten ermöglichen (s. TANG 2006, S. 39).

Regionalisierung der Supply-Chain

Im Zusammenhang mit der Stellgröße *Geographische Ausdehnung des Beschaffungsmarktes* stellt die Regionalisierung der Supply-Chain ein weiteres Resilienzpotenzial dar. Dabei liegt der Fokus auf der Nutzung lokaler Lieferanten (s. SINGER 2012, S. 238; CARVALHO ET AL. 2012b, S. 221; CHOPRA U. SODHI 2014, S. 76). Durch die Regionalisierung der Supply-Chain wird insbesondere der erforderliche Transport beeinflusst: Transportwege sind in der Regel kürzer und weniger komplex, Grenzübertritte sind nicht erforderlich und Handelshemmnisse und Ausfuhrverbote sind weniger relevant (s. HEẞ U. KLEINLEIN 2021, S. 164).

Zusammenarbeit mit Lieferanten

Kollaboration oder die Zusammenarbeit mit Lieferanten wird von einer Vielzahl von Autoren als wesentlicher Erfolgsfaktor beim Aufbau von Resilienz betrachtet (s. PEREIRA ET AL. 2014, S. 633; ALI ET AL. 2017, S. 26). Kollaboration bezeichnet dabei die Fähigkeit, mit anderen Akteuren effektiv zusammenzuarbeiten, um gemeinsame Vorteile zu erzielen (s. CAO ET AL. 2010, S. 6616). Nach SCHOLTEN U. SCHILDER ist Kollaboration nicht direkt ein Bestandteil von Resilienz, sondern vielmehr eine Voraussetzung für andere Erfolgsfaktoren wie Transparenz und Flexibilität (s. SCHOLTEN U. SCHILDER 2015, S. 480). Darüber hinaus fassen verschiedene Autoren mehrere Aspekte unter dem Begriff Kollaboration im Kontext von Resilienz zusammen: Bestandteile von Kollaboration sind demnach ein unternehmensübergreifender Informationsaustausch, gemeinsame Ressourcennutzung, offene Kommunikation, Wissensaustausch, gemeinsame Entscheidungsfindung und gemeinsame Planung (s. BIEDERMANN 2018, S. 138; SCHOLTEN U. SCHILDER 2015, S. 473; HAN ET AL. 2020, S. 4561). Als konkrete Resilienzpotenziale werden im Folgenden das Teilen von Informationen und die kollaborative Planung betrachtet, die beide der Stellgröße *Intensität der Zusammenarbeit* zugeordnet sind.

Zusammenarbeit – Teilen von Informationen

Teilen von Informationen stellt ein wesentliches Resilienzpotenzial bei der Betrachtung verschiedener Akteure dar. Dabei trägt das Teilen von Informationen zu einer erhöhten Transparenz der Aktivitäten innerhalb der Supply-Chain bei und reduziert somit Unsicherheiten (s. CHRISTOPHER U. PECK 2004, S. 9). In diesem Zusammenhang müssen die Art der geteilten Informationen, die Häufigkeit des Informationsaustauschs und die Übertragungsmethode definiert werden (s. SCHOLTEN U. SCHILDER 2015, S. 478). Im Rahmen dieses Resilienzpotenzials wird unter Teilen von Informationen insbesondere das Teilen von störungsrelevanten Informationen zwischen Lieferanten verstanden.

Informationen, die sich explizit auf Transporte und deren Status beziehen, werden in einem separaten Resilienzpotenzial (s. (Echtzeit-)Monitoring des Transports) betrachtet.

Zusammenarbeit – Kollaborative Planung

Das Resilienzpotenzial *Kollaborative Planung* bezieht sich nicht auf den Austausch von Informationen, die konkrete Störungen betreffen, sondern umfasst die Abstimmung mit Lieferanten bezogen auf die Produktionsplanung. Dabei können beispielsweise Zeitpläne und Mengenvorhersagen geteilt werden (s. Christopher u. Peck 2004, S. 10–11; Pettit et al. 2010, S. 12). Eine kollaborative Planung kann im Störungsfall dazu genutzt werden, die Aktivitäten zum Umgang mit einer Störung über verschiedene Stufen einer Supply-Chain aufeinander abzustimmen (s. Kilubi 2016, S. 616).

Lieferantenentwicklung

Ein weiteres Resilienzpotenzial stellt die Lieferantenentwicklung dar (s. Christopher u. Peck 2004, S. 8; Pereira et al. 2014, S. 637). Dies steht im engen Zusammenhang mit der Zusammenarbeit mit Lieferanten und lässt sich somit auch der Stellgröße *Intensität der Zusammenarbeit* zuordnen. Grundsätzlich beschreibt die Lieferantenentwicklung als Teilbereich des Lieferantenmanagements gemäß Hofbauer et al. Aktivitäten zur Förderung bestehender Lieferanten oder zum Aufbau neuer Lieferanten. Dabei kann die Lieferantenförderung sowohl reaktiv beim Auftreten von Problemen oder aktiv zur Verbesserung des Leistungsniveaus eingesetzt werden. (s. Hofbauer et al. 2016, S. 80–81) Die Entwicklung der Lieferanten kann entweder durch eine Eigenoptimierung durch den Lieferanten selbst (z. B. über Zielvereinbarungen) oder aktiv durch den Abnehmer in Zusammenarbeit mit dem Lieferanten (z. B. durch Wissenstransfer oder Beratung zu strategischen Fragestellungen) erfolgen (s. Hofbauer et al. 2016, S. 84). Im Kontext des Resilienzpotenzials wird die Entwicklung von bestehenden Lieferanten betrachtet. Durch die gezielte Lieferantenentwicklung können Lieferanten beispielsweise dabei unterstützt werden, das Risikomanagement zu verbessern (s. Christopher u. Peck 2004, S. 8). Außerdem kann die Lieferantenentwicklung dazu beitragen, die Effizienz, die Leistungsbereitschaft und die Zuverlässigkeit zu verbessern. Zur Lieferantenentwicklung zählen auch Aktionen bzw. Investitionen, die zum Schutz des Lieferanten beitragen. Dadurch wird die Vorbereitung eines Lieferanten auf mögliche Störungen verbessert und die Wahrscheinlichkeit, dass ein Lieferant ausfällt, gesenkt (s. Kamalahmadi u. Parast 2017, S. 218). Eine Grundlage zur gezielten Entwicklung von Lieferanten stellt eine Bewertung der Lieferanten anhand verschiedener Kennzahlen dar (s. Helmold 2021, S. 70).

Lieferantenauswahl unter Berücksichtigung des Risikobewusstseins

Die Vorbereitung eines Lieferanten auf den Umgang mit Störungen beeinflusst die Resilienz der gesamten Supply-Chain (s. Stecke u. Kumar 2009, S. 208). Daher stellt die Berücksichtigung des Risikobewusstseins von Lieferanten bei der Auswahl von Lieferanten ein weiteres Resilienzpotenzial dar (s. Christopher u. Peck 2004, S. 8;

PEREIRA ET AL. 2020, S. 7). Das Resilienzpotenzial lässt sich der Stellgröße *Gestaltung der Lieferantenbewertung* zuordnen. Berücksichtigt werden sollte, ob die Lieferanten Risikomanagement betreiben und dadurch ein Verständnis potenzieller Risiken besitzen und Maßnahmen zur Überwachung und Begrenzung von Risiken initiiert haben (s. CHRISTOPHER U. PECK 2004, S. 8). Daneben ist die Reaktionsfähigkeit von Lieferanten von Bedeutung (s. CHRISTOPHER U. PECK 2004, S. 10). Weitere Aspekte für die Lieferantenauswahl sind die vorhandenen Fähigkeiten sowie die finanzielle Stabilität (s. PEREIRA ET AL. 2020, S. 7). Als konkretes Beispiel kann bei der Auswahl von Lieferanten explizit darauf geachtet werden, dass der Lieferant an zwei oder mehr Standorten produzieren kann. Im Störungsfall kann dann eine Verlagerung der Aktivitäten an einen anderen Standort erfolgen. (s. HEß U. KLEINLEIN 2021, S. 163)

Nutzung unterschiedlicher Transportmöglichkeiten

Im Bereich Transport wird übergeordnet die Gestaltung eines flexiblen Transports als Möglichkeit zur Steigerung der Resilienz von verschiedenen Autoren genannt (s. TANG 2006, S. 40; RAJESH ET AL. 2015, S. 241; ALI ET AL. 2017, S. 26; PEUKERT 2021, S. 108). Transportmöglichkeiten können sich dabei auf alternative Transportmittel, Transportrouten oder Logistikdienstleister beziehen. Die Nutzung unterschiedlicher Transportmöglichkeiten stellt eine Möglichkeit zur Integration von Redundanz und somit ein Potenzial zur Steigerung der Resilienz dar. Es bezieht sich auf die Stellgröße *Beschaffungsweg*. Dieses Resilienzpotenzial ist in Analogie zum Multiple Sourcing zu betrachten. Beispielhaft können für den Transport von Gütern unterschiedliche Möglichkeiten, wie See, Luft, Schiene und Straßen, genutzt werden. Im Störungsfall erlaubt dies den Wechsel zwischen den Transportmitteln. (s. TANG 2006, S. 40) Darüber hinaus können auch verschiedene Logistikdienstleister (LDL) eingesetzt werden (s. TANG 2006, S. 41).

Identifikation alternativer Transportmöglichkeiten

Analog zu dem oben beschriebenen Resilienzpotenzial *Identifikation alternativer Lieferanten* stellt die Identifikation alternativer Transportmöglichkeiten ein weiteres Resilienzpotenzial dar (s. TANG 2006, S. 41; STECKE U. KUMAR 2009, S. 210; HOSSEINI ET AL. 2019, S. 296). Wie bei der Nutzung unterschiedlicher Transportmöglichkeiten erwähnt, können sich Transportmöglichkeiten auf alternative Transportmittel, Transportrouten oder Logistikdienstleister beziehen. Wie das zuvor beschriebene Resilienzpotenzial ist auch dieses Resilienzpotenzial der Stellgröße *Beschaffungsweg* zugeordnet. Im Fall einer Störung kann ein Wechsel zwischen verschiedenen Transportmöglichkeiten stattfinden.

Vorhalten zusätzlicher Transportkapazität

Ein weiteres Resilienzpotenzial im Bereich des Transports und im Zusammenhang mit der Stellgröße *Beschaffungsweg* stellt das Vorhalten zusätzlicher Transportkapazität dar (DIN EN ISO 22313, S. 52; ALI ET AL. 2017, S. 26). Dieses kann sowohl innerhalb des eigenen Fuhrparks umgesetzt oder durch entsprechende vertragliche Vereinbarungen mit Logistikdienstleistern erreicht werden. Beim Ausfall von Transportkapazitäten können diese zusätzlichen Kapazitäten abgerufen werden.

(Echtzeit-)Monitoring des Transports

Als wesentlichen Aspekt zur Schaffung von Resilienz nennen verschiedene Autoren die Sicherstellung von Transparenz (s. KILUBI 2016, S. 613; ALI ET AL. 2017, S. 26). Dies ist im operativen Betrieb insbesondere für den Transport von Bedeutung (s. CHRISTOPHER U. PECK 2004, S. 9–10; SHEFFI U. RICE 2005, S. 47). Als weiteres Resilienzpotenzial wird daher das (Echtzeit-)Monitoring des Transports betrachtet (s. CHRISTOPHER U. PECK 2004, S. 9–10; PETTIT ET AL. 2013, S. 72). Dabei wird unter (Echtzeit-)Monitoring die kontinuierliche und möglichst zeitnahe Verfügbarkeit von transportbezogenen Informationen, beispielsweise zum Standort oder zum Verladestatus, verstanden. Solch eine Überwachung des Transports ermöglicht die schnelle Identifikation von Abweichungen und unterstützt die Auswahl potenzieller Alternativen (s. SHEFFI U. RICE 2005, S. 47; STECKE U. KUMAR 2009, S. 209). Das Resilienzpotenzial ist der Stellgröße *Beschaffungsweg* zugeordnet. Zur Umsetzung des (Echtzeit-)Monitorings ist der Aufbau einer IT-Infrastruktur erforderlich.

6.1.4 Resilienzpotenziale im Bereich der Kontraktpolitik

Die Resilienzpotenziale im Bereich der Kontraktpolitik beziehen sich auf die Stellgrößen *Art des Vertrags*, *Vertragslaufzeit*, *Preisvereinbarungen* und *Lieferbedingungen*.

Prüfung der Beschaffung auf dem Spotmarkt

Manche Artikel und Rohstoffe können auf dem Spotmarkt beschafft werden. Dabei werden keine Verträge geschlossen, die über den einzelnen Kauf hinausgehen (s. MELZER-RIDINGER 2008, S. 76). Auf dem Spotmarkt wird der tagesaktuelle Marktpreis gezahlt (s. NAMDAR ET AL. 2018, S. 2345). Die Möglichkeit zur Beschaffung auf dem Spotmarkt existiert in der Regel nur für standardisierte Artikel und Rohstoffe (s. MELZER-RIDINGER 2008, S. 76). Als Resilienzpotenzial wird die Prüfung der Beschaffung auf dem Spotmarkt betrachtet, welche der Stellgröße *Art des Vertrags* zugeordnet ist. Im Störungsfall kann bei den betreffenden Artikeln der Spotmarkt als alternative Beschaffungsquelle genutzt werden.

Flexible Lieferantenverträge

Als wesentlicher Faktor zur Schaffung von Flexibilität werden von verschiedenen Autoren flexible Verträge mit Lieferanten genannt (s. PETTIT ET AL. 2010, S. 12; SINGER 2012, S. 238; PEUKERT 2021, S. 108). Die Gestaltung flexibler Verträge lässt sich den Stellgrößen *Art des Vertrags*, *Vertragslaufzeit* und *Preisvereinbarungen* zuordnen. Die Verträge beziehen sich dabei auf bestehende Kunden-Lieferanten-Beziehungen. Die Flexibilität kann sich sowohl auf die Liefermengen als auch auf die Lieferzeiten beziehen. Bezogen auf die Flexibilität der Liefermenge wird vertraglich vereinbart, inwiefern der Lieferant zusätzliche Kapazitäten vorhält bzw. weitere Kapazitäten schaffen kann

(DIN EN ISO 22313, S. 51; STECKE U. KUMAR 2009, S. 210). Mengenzusagen können auch für den Fall vereinbart werden, bei dem ein Lieferant aufgrund von Materialknappheit entscheiden muss, welchem Kunden das knappe Material zugeordnet wird. Dabei können Abnahmeverpflichtungen vereinbart werden, die bei geringerem Bedarf die Flexibilität verringern. (s. HEß U. KLEINLEIN 2021, S. 134) Tritt eine Störung bei einem Lieferanten auf oder werden größere Mengen benötigt, erlauben es flexible Verträge, die Liefermengen anzupassen. Neben der Flexibilität bzgl. der vereinbarten Mengen tragen Verträge mit zeitlicher Flexibilität zum Aufbau von Resilienz bei (s. SINGER 2012, S. 238). Werden Möglichkeiten zur Anpassung der Lieferzeiten vereinbart, können im Störungsfall vereinbarte Lieferungen vorgezogen werden.

Back-up-Lieferantenvertrag

Eine Möglichkeit zum Aufbau von Resilienz stellt der Abschluss eines Back-up-Lieferantenvertrags dar (s. HOSSEINI ET AL. 2019, S. 295). Dieses Resilienzpotenzial lässt sich der Stellgröße *Art des Vertrags* zuordnen. Der Back-up-Vertrag wird vor dem Eintreten einer Störung abgeschlossen. Anders als bei den zuvor beschriebenen flexiblen Verträgen wird der Back-up-Lieferant nur eingesetzt, wenn die primäre Beschaffungsquelle ausfällt. (s. KAMALAHMADI U. PARAST 2017, S. 216) Der Back-up-Lieferant verpflichtet sich dazu, eine bestimmte Menge vorzuhalten. Ruft der Käufer die Menge nicht ab, wird eine Strafzahlung fällig. (s. NAMDAR ET AL. 2018, S. 2345) Im Störungsfall können die vereinbarten Mengen abgerufen werden.

Die Stellgröße *Lieferbedingung* beeinflusst die Einsatzmöglichkeiten der zuvor beschriebenen Resilienzpotenziale im Bereich des Transports. Abhängig davon, welcher Akteur für den Transport verantwortlich ist, sind müssen diese Akteure in die Gestaltung der Resilienzpotenziale, die sich auf den Beschaffungsweg beziehen, integriert werden. Weitere Resilienzpotenziale, die sich explizit auf die Lieferbedingungen beziehen, werden nicht identifiziert.

6.1.5 Resilienzpotenziale im Bereich der Lager- und Bestellpolitik

Die Resilienzpotenziale im Bereich der Lager- und Bestellpolitik beziehen sich auf die Stellgrößen *Beschaffungssubjekt*, *Bereitstellungsart*, *Dispositionsart*, *Kontrollzeitpunkt*, *Bestellmenge*, *Bestellzeitpunkt* und *Sicherheitsbestand*.

Beschaffung im Unternehmensverbund

Ein Resilienzpotenzial, welches im Zusammenhang mit der Stellgröße *Beschaffungssubjekt* steht, ist die Beschaffung im Unternehmensverbund. Durch die Bündelung der Beschaffungsaktivitäten sind die abgenommenen Mengen tendenziell größer, wodurch eine größere Verhandlungsmacht entsteht (s. SINGER 2012, S. 238).

Hohe Bestellfrequenz

Das Resilienzpotenzial *Hohe Bestellfrequenz* bezieht sich auf die beiden Stellgrößen *Bestellmenge* und *Bestellzeitpunkt*. Durch eine Erhöhung der Bestellfrequenz werden kleinere Mengen häufiger bestellt, wodurch die Flexibilität gesteigert werden kann (s. SINGER 2012, S. 258).

Einplanen von Puffern zwischen Bedarfsterminen

Im Zusammenhang mit den Stellgrößen *Bestellzeitpunkt* und *Bereitstellungsart* wird als weiteres Resilienzpotenzial das Einplanen von Puffern zwischen Bedarfsterminen definiert (s. SINGER 2012, S. 240; PEUKERT 2021, S. 108). Anders als bei einer einsatzsynchronen Beschaffung wird dabei zusätzlich zur benötigten Verarbeitungszeit im Wareneingang und der internen Bereitstellungszeit Zeit zwischen dem Bedarfstermin im Wareneingang und dem Bedarfstermin in der Produktion eingeplant werden. Dies trägt dazu bei, den Wareneingang und die Produktion zeitlich zu entkoppeln. Als Voraussetzung für die Umsetzung dieses Resilienzpotenzials müssen Lagerkapazitäten zur Verfügung stehen.

Sicherheitsbestand

Sicherheitsbestand wird von einer Vielzahl von Autoren als Möglichkeit zur Schaffung von Resilienz genannt (s. SHEFFI U. RICE 2005, S. 44; CARVALHO ET AL. 2012b, S. 221; KILUBI 2016, S. 613; ALI ET AL. 2017, S. 26). Das Resilienzpotenzial *Sicherheitsbestand* steht im direkten Zusammenhang mit der Stellgröße *Sicherheitsbestand*. Im Rahmen dieser Arbeit wird dieses Resilienzpotenzial als zusätzlicher Bestand in unmittelbarer Nähe der Produktion betrachtet. Im Fall einer Störung kann der Sicherheitsbestand anstelle der bestellten Mengen verwendet werden.

Sicherheitsbestand an zentralem Standort

Als Sonderform des klassischen Sicherheitsbestands stellt Sicherheitsbestand an einem zentralen Standort, welcher auch als strategischer Bestand bezeichnet wird, ein weiteres Resilienzpotenzial dar (s. TANG 2006, S. 38; CHRISTOPHER U. PECK 2004, S. 8). Wie der klassische Sicherheitsbestand, dient dieser Bestand zum Ausgleich fehlender Mengen.

Die Stellgrößen *Dispositionsart* und *Kontrollzeitpunkt* beeinflussen wie oben beschrieben die Ermittlung der Bedarfe. Die Güte der Bedarfsermittlung beeinflusst wiederum die Anforderungen an die Resilienz in der Beschaffung. Konkrete Resilienzpotenziale, die sich der Stellgröße *Dispositionsart* oder *Kontrollzeitpunkt* zuordnen lassen, werden nicht identifiziert.

6.2 Charakterisierung der Resilienzpotenziale

Die Ermittlung der Resilienzpotenzialkategorien baut auf einer Charakterisierung der Resilienzpotenziale auf. Daher werden die Resilienzpotenziale in diesem Kapitel hinsichtlich unterschiedlicher Merkmale analysiert. Die Merkmale werden in einem morphologischen Kasten zusammengefasst, welcher die Grundlage für die Clusteranalyse bildet. Zunächst werden der Betrachtungsrahmen für die Charakterisierung der Resilienzpotenziale erläutert und die relevanten Merkmale sowie die betrachteten Ausprägungen hergeleitet. Im Anschluss werden die zuvor beschriebenen Resilienzpotenziale bewertet.

6.2.1 Betrachtungsrahmen für die Charakterisierung der Resilienzpotenziale

Die Charakterisierung der Resilienzpotenziale erfolgt unter Berücksichtigung verschiedener Rahmenbedingungen, welche im Folgenden erläutert werden.

Wie in Kapitel 5.2.1 beschrieben, wird als relevante Leistungsgröße im Rahmen dieser Arbeit die Materialverfügbarkeit betrachtet. Zudem liegt der Fokus im Folgenden vornehmlich auf dem Betrachtungsobjekt *Wareneingang*. Der Leistungseinbruch bezieht sich somit auf die Gesamtmenge des eingeplanten, aber nicht verfügbaren Materials im Wareneingang. Um die Auswirkungen der Resilienzpotenziale zu bewerten, werden Veränderungen in den Störungsprofilen der angrenzenden Betrachtungsobjekte berücksichtigt, wenn diese Auswirkungen die Resilienz im Betrachtungsobjekt *Wareneingang* beeinflussen. Dies tritt insbesondere bei durch die Resilienzpotenziale hervorgerufene Veränderungen in dem Störungsprofil des Betrachtungsobjekts *Externer Inputgeber* auf.

Als Grundlage für die Bewertung der Beiträge ist es zunächst erforderlich, die Wirkungsmöglichkeiten der Resilienzpotenziale zu analysieren. Wie oben beschrieben, werden im Rahmen dieser Arbeit ausschließlich Resilienzpotenziale betrachtet, die sich für die langfristige Gestaltung der Resilienz eignen (s. Kapitel 6.1.1). Sie werden somit alle vor einer Störung initiiert. Wie in Kapitel 5.1 beschrieben, wird die Resilienz sowohl durch den Systemzustand als auch durch Handlungen während einer Störung beeinflusst. Resilienzpotenziale können sowohl den Systemzustand als auch die Handlungen beeinflussen. Für die Wirkungsmöglichkeiten der Resilienzpotenziale nach einem Störereignis lassen sich somit drei Fälle unterscheiden:

- Fall 1: Das Resilienzpotenzial beeinflusst den Systemzustand und wirkt nach einem Störereignis direkt dem negativen Einfluss auf die Leistungsfähigkeit entgegen.
- Fall 2: Das Resilienzpotenzial schafft einen Handlungsrahmen. Nach einem Störereignis werden in diesem Handlungsrahmen Reaktionen getätigt, welche dem negativen Einfluss auf die Leistungsfähigkeit entgegenwirken.
- Fall 3: Das Resilienzpotenzial wirkt direkt und schafft gleichzeitig einen Handlungsrahmen für Reaktionen.

Für die Bewertung der Beiträge der Resilienzpotenziale werden sowohl die direkte Wirkung als auch der geschaffene Handlungsrahmen und der Einfluss auf die möglichen Reaktionen berücksichtigt. Reaktionen im Rahmen einer Störung stellen wie in Kapitel 5.1.2 beschrieben ein Entscheidungsproblem dar. Die Strukturierung von Reaktionen erfordert daher ein Verständnis des Entscheidungsprozesses zur Bewältigung von Störungen.

Gemäß LAUX sind im Rahmen eines generischen Entscheidungsprozesses fünf Aufgaben zu lösen: Problemformulierung, Präzisierung des Zielsystems, Erforschung möglicher Handlungsalternativen, Auswahl einer Alternative und Entscheidungen in der Realisationsphase. Die Problemformulierung umfasst die Identifikation und Konkretisierung eines zu lösenden Problems. Die Präzisierung des Zielsystems stellt die Grundlage zur Bewertung verschiedener Handlungsalternativen dar. Die Erforschung möglicher Handlungsalternativen beinhaltet die Ermittlung von Restriktionen, die Identifikation von Alternativen und die Prognose der Ergebnisse der Alternativen. Im Rahmen der Auswahl einer Alternative findet die eigentliche Entscheidung für eine bestimmte Alternative statt. Die Entscheidungen in der Realisationsphase beziehen sich auf die weiteren Entscheidungen, die notwendig sind, um eine Alternative umzusetzen. (s. LAUX ET AL. 2014, S. 12–15)

Bezogen auf den Entscheidungsprozess im Rahmen von Störungen identifiziert FISCHÄDER sechs Schritte zur Störungsbewältigung: Identifikation der Störung, Störungsauswertung, Abschätzung der Störungsfolgen, Maßnahmenkonfiguration, Maßnahmenauswahl und Maßnahmenveranlassung (s. FISCHÄDER 2007, S. 32).

In Abbildung 6-3 sind der generische Entscheidungsprozess und der störungsbezogene Entscheidungsprozess einander gegenübergestellt.

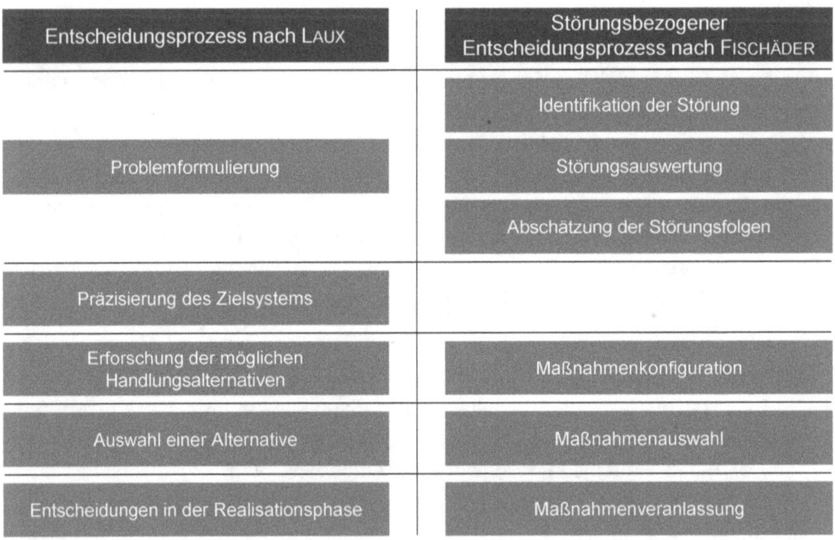

Abbildung 6-3: Gegenüberstellung generischer und störungsbezogener Entscheidungsprozess (eigene Darstellung)

Die Identifikation der Störung, die Störungsauswertung und die Abschätzung der Störungsfolgen konkretisieren die Aufgabe Problemformulierung. Die Maßnahmenkonfiguration ist Bestandteil des Erforschens möglicher Handlungsalternativen. Die Maßnahmenveranlassung stellt den ersten Schritt der Realisation dar, in der weitere Entscheidungen erforderlich sein können.

Basierend auf diesen Aufgaben wird im Rahmen dieser Arbeit der in Abbildung 6-4 dargestellte Entscheidungsprozess für Reaktionen auf Störungen zugrunde gelegt.

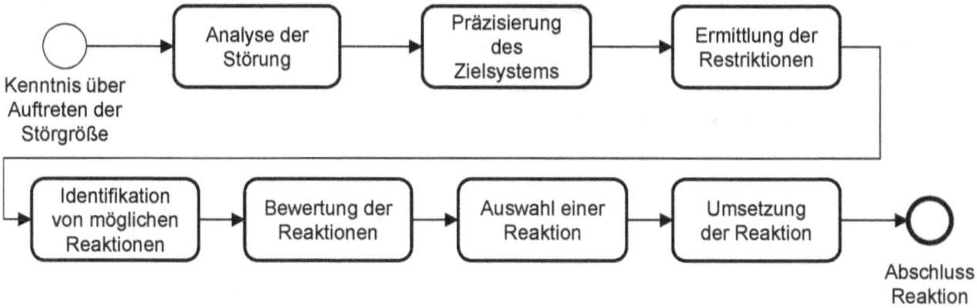

Abbildung 6-4: Entscheidungsprozess für Reaktionen auf Störungen (eigene Darstellung)

Die Reaktion beginnt mit der Identifikation der Störung. Die Störungsauswertung und die Abschätzung der Störungsfolgen werden unter dem Schritt Analyse der Störung zusammengefasst. Die Präzisierung des Zielsystems umfasst die Festlegung der für eine konkrete Reaktion relevanten Ziele. Das übergeordnete Ziel der Reaktionen stellt die Minimierung der Störungsauswirkung dar. Bezogen auf eine konkrete Störung kann dieses Ziel präzisiert werden. So kann beispielsweise der Fokus auf eine möglichst schnelle Reaktion oder auf eine möglichst kostengünstige Reaktion gelegt werden. Anschließend erfolgt die Ermittlung der Restriktionen, die bei der Auswahl einer Reaktion beachtet werden müssen. Restriktionen können beispielsweise aus politischen Regularien oder den unternehmensspezifischen Rahmenbedingungen entstehen. Einen wesentlichen Aspekt stellt die Identifikation von möglichen Reaktionen dar. Nach der Bewertung der Reaktionen erfolgen die Auswahl und die Umsetzung einer Reaktion. Die Umsetzung der Reaktion umfasst dabei sowohl die interne als auch die externe Umsetzung, wenn weitere Akteure an der Reaktion beteiligt sind.

Der beschriebene Prozess stellt den idealtypischen Ablauf dar. In der Realität kann der Prozess Rückkopplungen und Iterationen zwischen den einzelnen Schritten beinhalten.

Die Schritte *Identifikation der Störung* bis *Ermittlung der Restriktionen* beziehen sich auf eine konkrete Störung. Sie sind daher störungsindividuell. Die Schritte *Identifikation von möglichen Reaktionen* bis zur *Umsetzung der Reaktion* können bereits vor dem Eintreten einer konkreten Störung beeinflusst werden. So können potenzielle Reaktionen bereits im Vorfeld identifiziert und bewertet sowie eine Vorauswahl getroffen werden. Diese Schritte stehen im Zusammenhang mit der Entscheidungszeit. Für die potenziellen Reaktionen können bereits Vorkehrungen getroffen werden, die die Umsetzung vorbereiten. Dadurch können die Reaktionsvorlaufzeit und die Erholungszeit sowie die Erholungsgeschwindigkeit beeinflusst werden. Diese Schritte können durch Resilienzpotenziale beeinflusst werden. Es handelt sich dabei um den oben beschriebenen Handlungsrahmen (Fall 2 und 3), den Resilienzpotenziale schaffen können.

Da der Fokus im Rahmen dieser Arbeit auf der Materialverfügbarkeit liegt, umfassen die betrachteten Reaktionen verschiedene Beschaffungsoptionen. Die Beschaffungsoptionen beziehen sich dabei nicht nur auf Beschaffungsquellen, sondern auch auf transportbezogene Optionen. Daraus ergibt sich der folgende Entscheidungsprozess für Reaktionen in der Beschaffung (s. Abbildung 6-5). Die möglichen Beschaffungsoptionen werden im Folgenden konkretisiert.

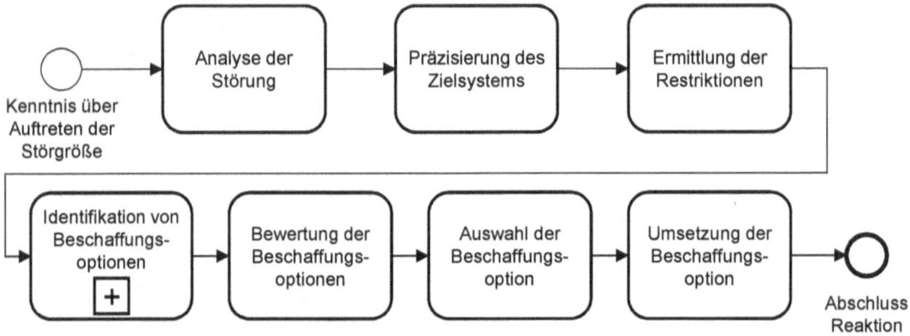

Abbildung 6-5: Entscheidungsprozess für Reaktionen in der Beschaffung (eigene Darstellung)

SINGER identifiziert im Kontext der Flexibilität von Supply-Chains vier übergeordnete Optionsarten, die sich auf Reaktionen in der Beschaffung übertragen lassen: Die Option *Wechsel* bezieht sich auf die Option einen Lieferanten, ein Vorprodukt oder einen Rohstoff zu wechseln. Die Option *Kapazitätsanpassung* umfasst die Erhöhung oder Senkung von Bestellmengen. Die Option *Zeit* bezieht sich auf das Beschleunigen oder Verzögern von Bestellungen. Die Option *Abbruch* ermöglicht das Abbestellen von Lieferungen sowie das Kündigen von Verträgen. (s. SINGER 2012, S. 154–155) Darüber hinaus beschreibt SINGER konkrete Reaktionen im Bereich der Beschaffung und der Logistik. Diese Reaktionen sind in Tabelle 6-2 dargestellt.

Tabelle 6-2: Reaktionen im Bereich der Beschaffung und Logistik (Inhalte s. SINGER 2012, S. 238–243)

Beschaffung	Logistik
Verzicht auf Bestellung bei einem Lieferanten und Umstellung auf alternativen Lieferanten	Verzicht auf Bestellung eines Transportdienstleisters und Umstellung auf alternativen Transportdienstleister
	Nutzung einer alternativen Transportroute
	Nutzung einer alternativen Versandart
Bestellung bei einem weiteren Lieferanten	Bestellung eines weiteren Transportdienstleisters
Verringerung des Bestellvolumens bei einem Lieferanten und Erhöhung bei einem anderen Lieferanten	Verringerung des Bestellvolumens bei einem Transportdienstleister und Erhöhung bei einem anderen Transportdienstleister
	Verteilung der Transportmenge auf mehrere Transportmittel / -routen / -versandarten
	Nutzung von Reservekapazität im Transport
Anpassung der Liefermenge eines Lieferanten	Anpassung der Transportmenge eines Transportdienstleisters
Anpassung der Lieferzeitpunkte und der Frequenz der Lieferungen	Anpassung der Lieferzeitpunkte und der Frequenz der Lieferungen
Einkauf bestimmter Teile auf dem Spotmarkt	Einkauf der Transportdienstleistung auf dem Spotmarkt
Verzicht auf Vorproduktlieferung und Eigenfertigung	Verzicht auf Transportdienstleistung und Selbsterbringung
Verzicht auf Produkt- / Rohstofflieferung und Ersatz durch anderes Produkt / anderen Rohstoff	Verzicht auf Transportdienstleistung und Ersatz durch anderes Fahrzeug / Nutzung alternativer Transportmittel

Die Gegenüberstellung veranschaulicht, dass sich die Reaktionen im Bereich der Beschaffung und der Logistik ähnlich sind. Während sich die Reaktionen im Bereich der Beschaffung auf Lieferanten beziehen, stehen Reaktionen im Bereich der Logistik im Zusammenhang mit Transportmöglichkeiten. Die ersten sechs Reaktionen der linken Spalte und die ersten zehn Reaktionen der rechten Spalte beziehen sich auf Fremdbezugsoptionen. Die Reaktionen *Verzicht auf Vorproduktlieferung und Eigenfertigung* und *Verzicht auf Transportdienstleistung und Selbsterbringung* sind Eigenfertigungsoptionen. Die letzte Zeile stellt die Beschaffung eines Substituts als Option dar. Neben diesen Beschaffungsoptionen ist die Nutzung von strategischem Bestand eine weitere Option. Sicherheitsbestand am eigenen Standort wird im Rahmen dieser Arbeit nicht als Beschaffungsoption betrachtet, da die entsprechenden Materialien und Vorprodukte bereits am betroffenen Standort vorhanden sind. Als relevante Beschaffungsoptionen ergeben sich somit:

- Nutzung strategischen Bestands
- Fremdbezugsoptionen
- Eigenfertigungsoptionen
- Beschaffung eines Substituts

Die Identifikation von Beschaffungsoptionen kann anhand des in Abbildung 6-6 dargestellten Prozesses strukturiert werden.

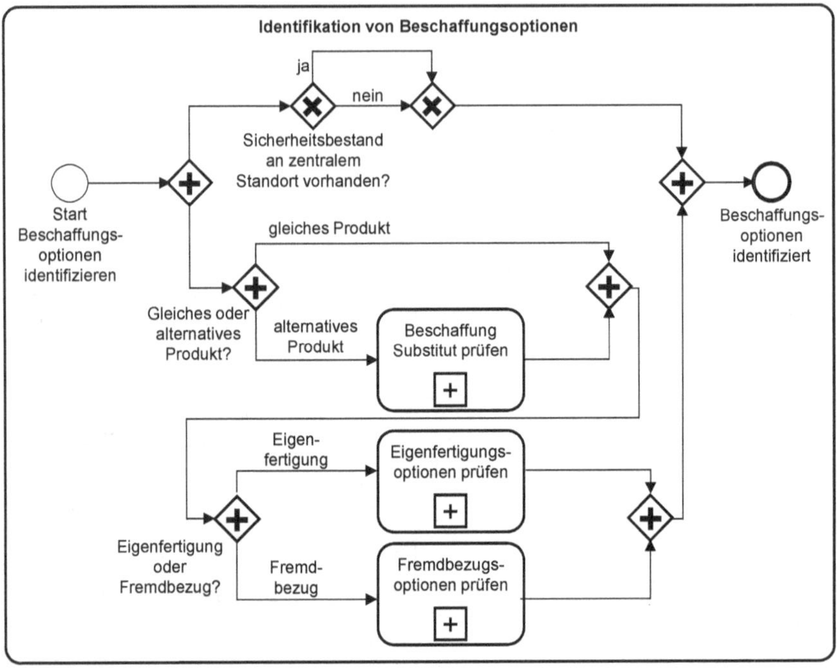

Abbildung 6-6: Prozess zur Identifikation von Beschaffungsoptionen (eigene Darstellung)

In einem ersten Schritt ist zu prüfen, ob strategischer Bestand an einem zentralen Standort vorhanden ist. Dies identifizieren auch GAONKAR U. VISWANADHAM als erste Reaktionsstufe bei der Analyse von Lieferantenausfällen (s. GAONKAR U. VISWANADHAM 2003, S. 1765). Darüber hinaus können fehlendes Material bzw. fehlende Produkte neu beschafft werden. Hierbei ist zu unterscheiden, ob das gleiche oder ein alternatives Material bzw. Produkt beschafft werden soll. Weiterhin kann die Beschaffung über eine Eigenfertigung oder über einen Fremdbezug erfolgen. Die Prozessschritte *Beschaffung Substitut prüfen*, *Eigenfertigungsoptionen prüfen* und *Fremdbezugsoptionen prüfen* stellen übergeordnete Schritte dar, die weiter konkretisiert werden.

Die Prüfung der Beschaffung eines Substituts erfordert die Definition der Anforderungen an ein Beschaffungsobjekt. Bei der Spezifikation des Beschaffungsbedarfs kann es sich sowohl um eine funktionale als auch um eine technische Spezifikation handeln. Die funktionale Spezifikation beschreibt, welche Funktion das Beschaffungsobjekt aus Sicht des Nutzers erfüllen soll (s. VAN WEELE U. EßIG 2017, S. 55). Wird eine funktionale Spezifikation bestimmt, erhält ein potenzieller Lieferant größere Freiheiten und kann beispielsweise die eigenen Fähigkeiten und neue Technologien einbringen (s. VAN WEELE U. EßIG 2017, S. 56). Eine technische Spezifikation umfasst technische Merkmale und Eigenschaften, die ein Produkt erfüllen muss. Eine solche Spezifikation kann beispielsweise in einer technischen Zeichnung erfolgen. Die Spezifikation umfasst darüber hinaus Informationen zur erforderlichen Qualität und beschreibt, ob Normen und Standards einzuhalten sind. (s. VAN WEELE U. EßIG 2017, S. 56) Die Definition von Anforderungen erfolgt häufig unter Zusammenarbeit von unterschiedlichen Abteilungen wie der Fertigung, der Qualitätsabteilung und dem Vertrieb (s. MELZER-RIDINGER 2008, S. 73–74). Darüber hinaus muss nach der Identifikation eines potenziellen Substituts entschieden werden, ob eine Qualifikation und Freigabe des Substituts erforderlich sind. In diesem Zusammenhang ist ein möglicher Anpassungsbedarf innerhalb der Produktion zu prüfen. Anpassungsbedarf kann sich beispielsweise auf die Maschinen, Werkzeuge oder den Produktionsprozess beziehen. Entsteht ein Anpassungsbedarf, ist dieser zu bewerten. Die Planung was, wie und womit hergestellt werden soll, ist Aufgabe der Arbeitsvorbereitung (s. EVERSHEIM 1997, S. 3). Diese ermittelt den Arbeitsablauf mit den erforderlichen Arbeitsvorgängen und plant das Arbeitssystem mit den erforderlichen Produktionsmitteln (s. EVERSHEIM 1997, S. 5). Der Ablauf ist in Abbildung 6-7 zusammengefasst.

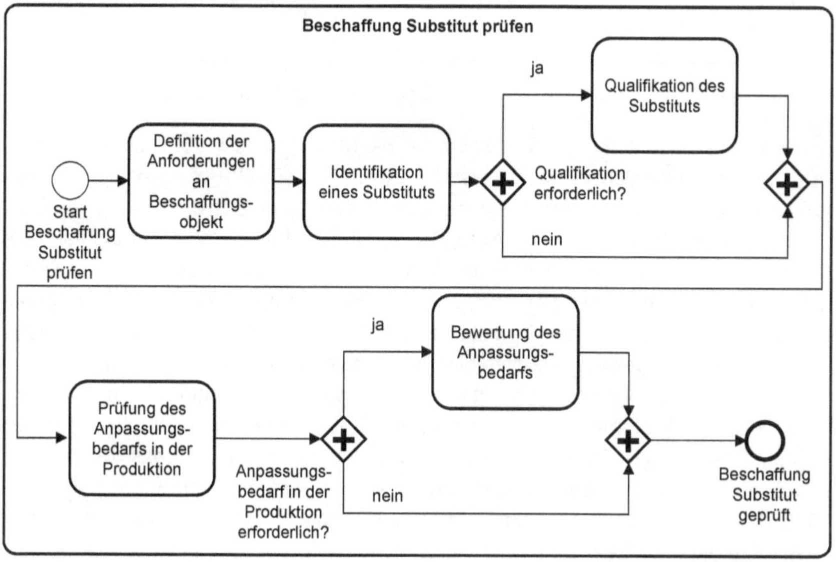

Abbildung 6-7: Prozess zur Prüfung der Beschaffung eines Substituts (eigene Darstellung)

Bei der Prüfung der Eigenfertigungsoptionen wird zunächst analysiert, ob das Beschaffungsobjekt bereits gefertigt wird bzw. wurde. Falls das Beschaffungsobjekt bisher nicht selbst gefertigt wurde, werden im nächsten Schritt die Eigenfertigungsmöglichkeiten analysiert. Diese umfassen u. a. die erforderlichen Inputmaterialien, Maschinen, Werkzeuge und Hilfsmittel sowie die erforderliche Mitarbeiterqualifikation (s. ARNOLDS ET AL. 2016, S. 258). Anschließend muss die Verfügbarkeit der erforderlichen Ressourcen überprüft werden. Neben den Kapazitäten der Maschinen und Mitarbeitenden zählen dazu auch die Verfügbarkeit von Inputmaterialien. Abschließend erfolgt eine Bewertung der Eigenfertigungsmöglichkeiten. Die Schritte sind in Abbildung 6-8 dargestellt.

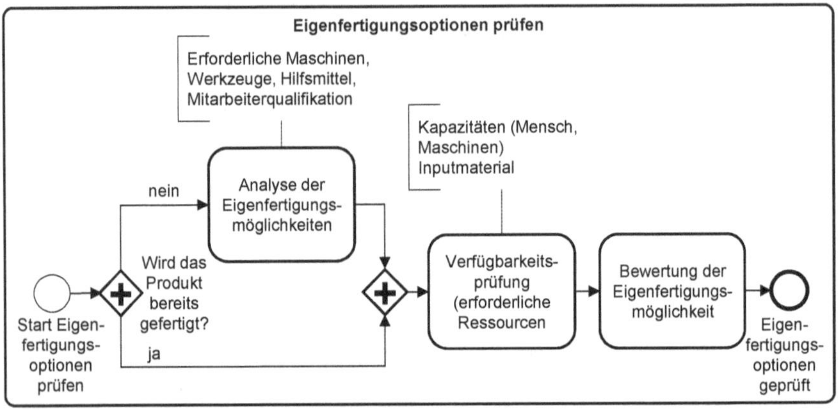

Abbildung 6-8: Prozess zur Prüfung der Eigenfertigungsoptionen (eigene Darstellung)

Die Fremdbezugsoptionen umfassen sowohl die Möglichkeit zur Beschaffung auf dem Spotmarkt als auch den Wechsel zwischen Lieferanten. Der Wechsel zwischen Lieferanten ist abhängig von den Vertragsoptionen. Dabei lassen sich drei Fälle unterscheiden: Ein bestehender Vertrag kann genutzt werden, ein bestehender Vertrag kann angepasst werden oder ein neuer Vertrag kann abgeschlossen werden. Besteht bereits ein Vertrag, z. B. in Form eines Back-up-Vertrags, stellt dieser eine Fremdbezugsoption dar und die vereinbarten Konditionen müssen bewertet werden. Können bestehende Verträge angepasst werden, sind die Anpassungsmöglichkeiten zu bewerten. Ein neuer Vertrag kann entweder mit einem bereits bekannten oder mit einem bislang nicht bekannten Lieferanten vereinbart werden. Die erforderlichen Schritte orientieren sich am Beschaffungsprozess. Gemäß PIONTEK umfasst dieser Prozess die vier Phasen Beschaffungsvorbereitung, -anbahnung, -abschluss und -realisation (s. PIONTEK 2016, S. 10). Für den Prozess zur Prüfung der Fremdbezugsoptionen sind dabei insbesondere die Anbahnung und der Abschluss relevant. Die Beschaffungsvorbereitung umfasst die Ermittlung und Spezifikation des Beschaffungsbedarfs, welcher nicht in den hier betrachteten Prozessen zur Reaktion auf Störungen, sondern bereits im Vorfeld erfolgt. Die Beschaffungsrealisierung erfolgt mit der Umsetzung einer Reaktion. Die Beschaffungsanbahnung beinhaltet die Identifikation potenzieller Lieferanten (s. PIONTEK 2016, S. 10). Dafür wird eine Marktforschung durchgeführt. Aus der Gesamtheit der identifizierten Lieferanten wird eine Vorauswahl getroffen und die Liste der potenziellen Lieferanten somit eingegrenzt (s. LASCH 2019, S. 39–40). Dafür werden Basisinformationen wie Unternehmensstammdaten, Unternehmensstruktur und Informationen über das Leistungsspektrum der Lieferanten erfasst (s. BRÄKLING U. OIDTMANN 2019, S. 170–171). Anschließend erfolgt eine Detailanalyse der möglichen

Lieferanten, die Lieferantenbesuche, Tiefeninterviews und Unternehmensbesichtigung umfassen kann (s. BRÄKLING U. OIDTMANN 2019, S. 172). Bedarfsweise kann auch die Lieferung eines Musters erfolgen oder ein Audit durchgeführt werden, um den Lieferanten zu qualifizieren (s. BOGASCHEWSKY 2018, S. 480–481). Bei möglichen Lieferanten erfolgt daraufhin die Einholung von Angeboten (s. VAN WEELE U. EßIG 2017, S. 59). Diese werden analysiert und basierend auf den Ergebnissen erfolgt die Auswahl eines Lieferanten. Die Analyse der Angebote beinhaltet die Qualität, die Menge, die Lieferzeit und die Verkaufsbedingungen (s. ARNOLDS ET AL. 2016, S. 167). Mit diesem Lieferanten werden im Rahmen des Beschaffungsabschlusses Vertragsverhandlungen durchgeführt (s. PIONTEK 2016, S. 10). Der Prozess ist in Abbildung 6-9 dargestellt.

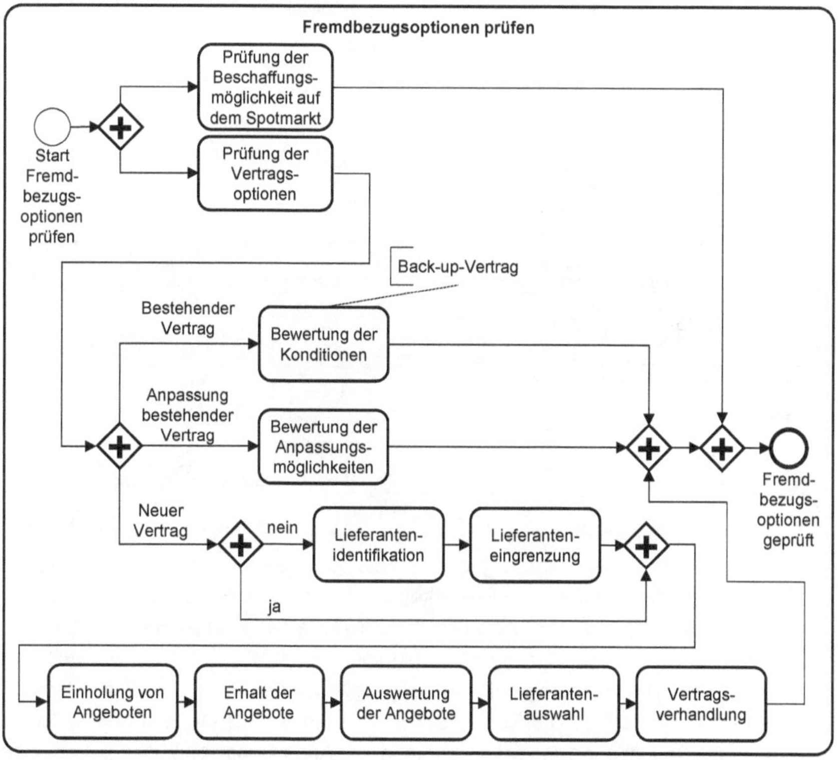

Abbildung 6-9: Prozess zur Prüfung der Fremdbezugsoptionen (eigene Darstellung)

Die beschriebenen Abläufe gelten nicht nur für die Beschaffung von Materialien oder Vorprodukten bei Lieferanten, sondern auch für die Beschaffung von Transportdienstleistungen und den Wechsel zwischen Transportmöglichkeiten.

Auf dieser Grundlage lassen sich den in Kapitel 6.1 identifizierten Resilienzpotenzialen unterschiedliche Reaktionsmöglichkeiten zuweisen, welche in Tabelle 6-3 zusammengefasst sind.

Tabelle 6-3: Zusammenhang zwischen Resilienzpotenzialen und möglichen Reaktionen (eigene Darstellung)

Resilienzpotenzial	Reaktion
Beschaffungsprogrammpolitik	
Make-and-Buy	Erhöhung des Eigenfertigungsanteils
Identifikation von Substituten	Beschaffung eines Substituts
Lieferantenpolitik	
Einsatz von Multiple Sourcing	Wechsel zwischen Lieferanten
Verschiedene Lieferanten für unterschiedliche Standorte	Wechsel zwischen Lieferanten
Identifikation alternativer Lieferanten	Wechsel zwischen Lieferanten
Qualifikation alternativer Lieferanten	Wechsel zwischen Lieferanten
Geographische Diversifikation der Lieferantenbasis	Wechsel zwischen Lieferanten
Regionalisierung der Supply-Chain	-
Zusammenarbeit - Teilen von Informationen	-
Zusammenarbeit - Kollaborative Planung	-
Lieferantenentwicklung	-
Lieferantenauswahl (Beachtung des Risikobewusstseins)	-
Nutzung unterschiedlicher Transportmöglichkeiten	Wechsel zwischen Transportmöglichkeiten
Identifikation alternativer Transportmöglichkeiten	Wechsel zwischen Transportmöglichkeiten
Vorhalten zusätzlicher Transportkapazitäten	Nutzung der Reservekapazität
(Echtzeit-)Monitoring des Transports	-
Kontraktpolitik	
Prüfung der Beschaffung auf dem Spotmarkt	Beschaffung auf dem Spotmarkt
Flexible Lieferantenverträge	Anpassung bestehender Verträge
Back-up-Lieferantenvertrag	Nutzung bestehender Verträge
Lager- und Bestellpolitik	
Beschaffung im Unternehmensverbund	-
Hohe Bestellfrequenz	-
Einplanen von Puffern zwischen Bedarfsterminen	-
Sicherheitsbestand	-
Sicherheitsbestand an zentralem Standort	Nutzung strategischer Bestand

Im Bereich der Beschaffungsprogrammpolitik setzen die Resilienzpotenziale den Handlungsrahmen für die Erhöhung des Eigenfertigungsanteils oder die Beschaffung eines Substituts. Im Bereich der Lieferantenpolitik beziehen sich die Reaktionen vornehmlich auf den Wechsel zwischen Lieferanten sowie den Wechsel zwischen Transportmöglichkeiten und die Nutzung der Reservekapazität. Soll ein Wechsel zwischen Lieferanten oder Transportmöglichkeiten umgesetzt werden, ist eine Prüfung der Vertragsoptionen erforderlich. Die Resilienzpotenziale im Bereich der Kontraktpolitik ermöglichen die Beschaffung auf dem Spotmarkt, die Anpassung von Verträgen oder die Nutzung bestehender Verträge zum Abruf vertraglich vereinbarter Mengen als Ersatz für ausgefallene Mengen. Im Bereich der Lager- und Bestellpolitik erzeugt nur ein Resilienzpotenzial einen Handlungsrahmen. Als Ersatz für ausgefallene Lieferungen kann der an einem zentralen Standort vorgehaltene Sicherheitsbestand genutzt werden.

Die Zuordnung der Reaktionen schafft Verständnis hinsichtlich der bestehenden Handlungsrahmen und stellt somit die Grundlage für die Charakterisierung der Resilienzpotenziale dar.

6.2.2 Auswahl der Merkmale und Ausprägungen zur Charakterisierung der Resilienzpotenziale

Die Analyse bestehender Ansätze hat verdeutlicht, dass wenige Autoren einen detaillierten Vergleich und Bewertung der verschiedenen Gestaltungsoptionen vornehmen. Die systematische Konfiguration der Resilienz erfordert jedoch ein Verständnis der Wirkung der Resilienzpotenziale. Daher wird im Folgenden ein morphologischer Kasten entwickelt, welcher zur Charakterisierung der Wirkung der Resilienzpotenziale geeignet ist. Als Grundlage zur Auswahl der relevanten Merkmale dient der Ordnungsrahmen zur Beschreibung der Resilienz in der Beschaffung.

Der morphologische Kasten umfasst vier Merkmalskategorien: Die erste Merkmalskategorie beinhaltet Merkmale, die die Wirkung übergreifend charakterisieren. Die zweite, dritte und vierte Merkmalskategorie stehen in einem direkten Zusammenhang mit den identifizierten Resilienzkomponenten und -prinzipien. Die Analyse der Wirkung der Resilienzpotenziale auf die einzelnen Resilienzprinzipien ermöglicht eine Konkretisierung der Beiträge der Resilienzpotenziale zur Steigerung der Resilienz. Die zweite Kategorie umfasst Merkmale, die sich auf die zeitbezogene Wirkung beziehen. Die dritte Merkmalskategorie fasst die Merkmale, die sich auf die leistungsbezogene Wirkung beziehen, zusammen und die vierte Merkmalskategorie beinhaltet Merkmale, die die verlaufsbezogene Wirkung beschreiben.

Das erste Merkmal zur Charakterisierung der übergreifenden Wirkung stellt die Wirkungsmöglichkeit dar. Dieses Merkmal bezieht sich auf die in Kapitel 6.2.1 beschriebenen Fälle der Wirkungsmöglichkeit. Als Ausprägungen dienen die drei erläuterten Fälle. Ein Resilienzpotenzial kann demnach entweder eine direkte Wirkung auf die Leistungsfähigkeit nach einem Störereignis haben, einen Handlungsrahmen für Reaktionen schaffen oder sowohl eine direkte Wirkung haben als auch einen Handlungsrahmen schaffen (direkte Wirkung + Handlungsrahmen).

Das zweite Merkmal in der Kategorie *Wirkung übergreifend* ist der Wirkungsumfang. In Kapitel 2.2.2 wurden verschiedene Störungsaspekte in Supply-Chains beschrieben. Bezogen auf den Ordnungsrahmen zur Beschreibung der Resilienz in der Beschaffung (s. Kapitel 5) beeinflussen verschiedene Betrachtungsobjekte und die Übergangszeiten zwischen den Objekten die Resilienz. Infolge der Ursache-Wirkungsbeziehungen von einzelnen Störungswirkungen kann eine Störungswirkung in einem vorgelagerten Betrachtungsobjekt eine Auswirkung auf ein nachgelagertes Betrachtungsobjekt haben. Das Betrachtungsobjekt *Wareneingang* wird durch das vorgelagerte Betrachtungsobjekt *Externer Inputgeber* und die Übergangszeit *Transport* beeinflusst. Resilienzpotenziale, welche in einem Betrachtungsobjekt initiiert werden, können den Störungswirkungen verschiedener Betrachtungsobjekte entgegenwirken. Mithilfe des Merkmals *Wirkungsumfang* wird analysiert, ob ein Resilienzpotenzial Störungen aus einem bestimmten Bereich entgegenwirkt und somit eingeschränkt einsetzbar ist oder ob es universell einsetzbar ist. Somit werden im Rahmen der Charakterisierung die Ausprägungen *Eingeschränkt einsetzbar* und *Universell einsetzbar* unterschieden.

Eingeschränkt einsetzbar ist ein Resilienzpotenzial dann, wenn es sich nur für Störungswirkungen im Wareneingang eignet, die entweder aus einer mangelnden Lieferfähigkeit der Lieferanten oder aus einer mangelnden Transportfähigkeit in der Übergangszeit zwischen den Betrachtungsobjekten *Externer Inputgeber* und *Wareneingang* resultieren. Die Einordnung der Resilienzpotenziale wird durch die erfolgte Zuordnung zu den Stellgrößen der Beschaffung unterstützt. Während sich beispielsweise die Stellgrößen *Anzahl der Lieferanten*, *Lieferantenbewertung* und *Lieferantenzulassung* auf das Betrachtungsobjekt *Externer Inputgeber* beziehen, hängt die Stellgröße *Beschaffungsweg* mit der Übergangszeit *Transport* zusammen. Universell einsetzbar ist ein Resilienzpotenzial, wenn die Wirkung auf die Materialverfügbarkeit im Wareneingang unabhängig davon beeinflusst wird, ob die Störungswirkung aus einer mangelnden Lieferfähigkeit oder einer mangelnden Transportfähigkeit resultiert.

In Abbildung 6-10 sind die Merkmale und Ausprägungen der Kategorie *Wirkung übergreifend* dargestellt.

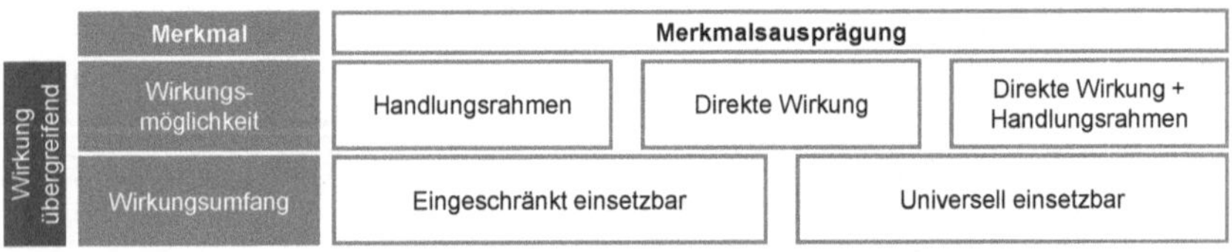

Abbildung 6-10: Merkmalskategorie *Wirkung übergreifend* (eigene Darstellung)

In den folgenden Merkmalskategorien dienen die Resilienzprinzipien als Merkmale zur Charakterisierung der Resilienzpotenziale. Im Rahmen der Charakterisierung soll analysiert werden, ob die Resilienzpotenziale einen Einfluss auf die identifizierten Resilienzprinzipien haben. Die Betrachtung erfolgt dabei qualitativ. Das beschriebene Störungsprofil und die qualitative Veränderung des Kurvenverlaufs dienen als Hilfsmittel zur Analyse der Resilienzpotenziale. Wie stark der Einfluss des Resilienzpotenzials auf das Resilienzprinzip ist, wird im Rahmen dieser Arbeit nicht betrachtet, da die Einflussstärke abhängig von der konkreten Ausgestaltung des jeweiligen Resilienzpotenzials ist. So bestimmt beispielsweise die Höhe des Sicherheitsbestands, wie stark die Verlängerung der Pufferzeit ist. Als Ausprägungen wird für die einzelnen Merkmale daher zwischen einem direkten Einfluss, einem indirekten Einfluss und keinem Einfluss auf das Resilienzprinzip unterschieden. Im Folgenden werden die Merkmalskategorien beschrieben und erläutert unter welchen Umständen ein direkter oder indirekter Einfluss vorliegt.

Die Merkmale aus der Kategorie *Zeitbezogene Wirkung* leiten sich aus den Resilienzprinzipien ab, die sich auf die zeitbezogenen Komponenten der Resilienz beziehen (s. Abbildung 6-11).

	Merkmal	Merkmalsausprägung		
Zeitbezogene Wirkung	Pufferzeit-verlängerung	Kein Einfluss	Indirekter Einfluss	Direkter Einfluss
	Reaktionsbeginn-verschiebung	Kein Einfluss	Indirekter Einfluss	Direkter Einfluss
	Entscheidungszeit-verkürzung	Kein Einfluss	Indirekter Einfluss	Direkter Einfluss
	Reaktionsvorlauf-zeitverkürzung	Kein Einfluss	Indirekter Einfluss	Direkter Einfluss
	Erholungszeit-verkürzung	Kein Einfluss	Indirekter Einfluss	Direkter Einfluss

Abbildung 6-11: Merkmalskategorie *Zeitbezogene Wirkung* (eigene Darstellung)

Durch die Pufferzeitverlängerung wird die Zeit bis zum Auftreten des Leistungseinbruchs verlängert. Eine direkte Verlängerung der Pufferzeit findet statt, wenn der negative Einfluss der Störung durch vorhandene Strukturen am Störungsort ausgeglichen wird. Dies ist möglich durch die Nutzung von Ressourcen, die bereits vor dem Störereignis am Störungsort aufgebaut werden. Zusätzlich ist für eine direkte Pufferzeitverlängerung im Störungsfall keine Umsetzung von Aktionen erforderlich. Eine indirekte Verlängerung der Pufferzeit liegt vor, wenn zwei verkettete Betrachtungsobjekte voneinander entkoppelt werden. Eine Entkopplung der Betrachtungsobjekte erfolgt durch eingeplante Pufferzeiten zwischen diesen Betrachtungsobjekten.

Die Reaktionsbeginnverschiebung ermöglicht einen früheren Start der Reaktionsaktivitäten und ist abhängig von der Kenntnis über das Störereignis. Ein direkter Beitrag zur Verschiebung des Reaktionsbeginns liegt vor, wenn Informationen, die sich auf ein konkretes Störereignis beziehen, weitergegeben werden. Dabei wird insbesondere berücksichtigt, wenn Informationen zwischen verschiedenen Betrachtungsobjekten ausgetauscht werden. Ein indirekter Beitrag zur Verschiebung des Reaktionsbeginns erfolgt durch eine grundsätzliche Steigerung der Transparenz sowie Maßnahmen zur Verbesserung der Antizipation von Störereignissen. Außerdem wird der Reaktionsbeginn indirekt durch den Austausch von Informationen ohne direkten Störungsbezug beeinflusst.

Die Entscheidungszeitverkürzung trägt dazu bei, dass die Auswahl einer Reaktion möglichst schnell erfolgt, und beinhaltet somit einen Eingriff in das System. Eine direkte Verkürzung der Entscheidungszeit liegt vor, wenn das Resilienzpotenzial notwendige Aktivitäten zur Auswahl einer Reaktion ersetzt. Dabei trägt auch das Vorliegen von Informationen über die Störung zu einem besseren Verständnis und somit zu einer schnelleren Entscheidung bei. Eine indirekte Verkürzung der Entscheidungszeit findet statt, wenn durch das Resilienzpotenzial Aktivitäten für die Auswahl von Reaktionen zwar vorbereitet werden, für die konkrete Entscheidung jedoch weitere Aktivitäten erforderlich sind.

Die Reaktionsvorlaufzeitverkürzung bezieht sich auf die erforderliche Zeit für die Umsetzung einer Reaktion und ist abhängig von den Aufwänden, die zur Umsetzung einer Reaktion benötigt werden. Wie auch die Entscheidungszeit, beinhaltet sie einen expliziten Eingriff in das System. Eine direkte Verkürzung der Reaktionsvorlaufzeit erfolgt, wenn durch das Resilienzpotenzial notwendige Aktivitäten zur Umsetzung der Reaktionen (z. B. eine erforderliche Qualifikation) ersetzt werden. Außerdem wird die Reaktionsvorlaufzeit direkt beeinflusst, wenn die Wirkungsverzögerung einer Reaktion (z. B. durch Sicherstellung der Verfügbarkeit) verringert wird. Wirkungsverzögerung bedeutet dabei, dass zwischen der Entscheidung für den Einsatz einer Reaktion und der Wirkung dieser Reaktion eine gewisse Zeit vergeht. Eine indirekte Verkürzung der Reaktionsvorlaufzeit liegt vor, wenn die Aktivitäten zur Umsetzung zwar vorbereitet werden, aber für die tatsächliche Umsetzung noch weitere Aktivitäten erforderlich sind.

Die Erholungszeitverkürzung steht im Zusammenhang mit der Zeit, die für die vollständige Umsetzung der Reaktionen erforderlich ist. Dabei wird die Erholung durch die Dauer und die Häufigkeit der erforderlichen Aktivitäten sowie deren Verfügbarkeit beeinflusst. Diese Aspekte werden durch die Organisation der Reaktionsumsetzung beeinflusst. Eine direkte Erholungszeitverkürzung liegt vor, wenn die Dauer, die Häufigkeit und Verfügbarkeit der erforderlichen Aktivitäten durch das Resilienzpotenzial aktiv beeinflusst werden. Eine indirekte Erholungszeitverkürzung findet statt, wenn die Dauer, die Häufigkeit und Verfügbarkeit der erforderlichen Aktivitäten abhängig von anderen Akteuren sind.

In Tabelle 6-4 sind die Bewertungsfaktoren zur Einordnung des Einflusses für die zeitbezogenen Merkmale zusammengefasst.

Tabelle 6-4: Bewertungsfaktoren der zeitbezogenen Merkmale (eigene Darstellung)

Merkmal	Direkter Einfluss	Indirekter Einfluss
Pufferzeit-verlängerung	• Ausgleich durch am Störungsort vorhandene Ressourcen • Wirkung erfordert keine Reaktion	• Eingeplante Pufferzeiten zwischen zwei Betrachtungsobjekten (Entkopplung der Systeme)
Reaktions-beginn-verschiebung	• Weitergabe von Informationen über konkretes Störereignis (zwischen Systemen)	• Generelle Transparenzsteigerung und Verbesserung der Antizipation • Austausch von Informationen ohne direkten Störungsbezug
Entscheidungs-zeitverkürzung	• Potenzial ersetzt notwendige Aktivitäten zur Auswahl einer Reaktion • Potenzial trägt zu einer verbesserten Informationslage bei	• Potenzial bereitet Aktivitäten für die Auswahl einer Reaktion vor • Für Entscheidung sind weitere Aktivitäten erforderlich
Reaktionsvorlauf-zeitverkürzung	• Potenzial ersetzt notwendige Aktivitäten zur Umsetzung einer Reaktion • Potenzial beeinflusst bestehende Wirkungsverzögerung (z. B. Verfügbarkeit)	• Potenzial bereitet Aktivitäten für die Umsetzung einer Reaktion vor • Für Umsetzung sind weitere Aktivitäten erforderlich
Erholungszeit-verkürzung	• Aktive Beeinflussung der Dauer, Häufigkeit und Verfügbarkeit der erforderlichen Aktivitäten	• Beeinflussung der Dauer, Häufigkeit und Verfügbarkeit der erforderlichen Aktivitäten ist abhängig von anderen Akteuren

Die Merkmale aus der Kategorie *Leistungsbezogene Wirkung* leiten sich aus den Resilienzprinzipien ab, die sich auf die leistungsbezogenen Komponenten der Resilienz beziehen (s. Abbildung 6-12).

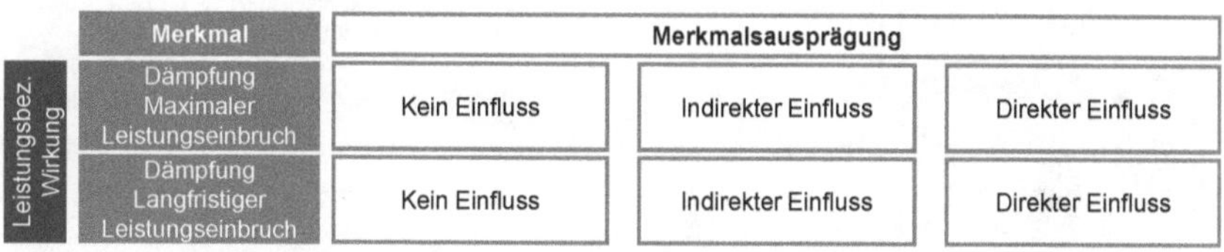

Abbildung 6-12: Merkmalskategorie *Leistungsbezogene Wirkung* (eigene Darstellung)

Die Dämpfung des maximalen Leistungseinbruchs bezieht sich auf das gesamte Ausfallvolumen, welches auch durch die Charakteristika der Störung, insbesondere die Schwere der Störungswirkung, beeinflusst wird. Eine direkte Dämpfung des maximalen Leistungseinbruchs liegt vor, wenn ein Ausgleichsvolumen sicher vorhanden ist. Dies ist der Fall, wenn das Ausgleichsvolumen entweder unabhängig von anderen Akteuren ist oder vertraglich vereinbart wurde. Ein Resilienzpotenzial trägt indirekt zur Dämpfung des Leistungseinbruchs bei, wenn das Ausgleichsvolumen potenziell vorhanden, aber abhängig von anderen Akteuren ist.

Die Dämpfung des langfristigen Leistungseinbruchs bezieht sich darauf, ob nach einer Störung das ursprüngliche Leistungsniveau langfristig wieder erreicht wird. Es wird somit durch das langfristige Ausgleichsvolumen der vorhandenen Reaktionen beeinflusst. Eine direkte Dämpfung des langfristigen Leistungseinbruchs liegt vor, wenn langfristig ein unbegrenztes Ausgleichsvolumen unabhängig von anderen Akteuren vorhanden ist oder dieses vertraglich vereinbart wurde. Eine indirekte Dämpfung des langfristigen Leistungseinbruchs findet statt, wenn langfristig zwar potenziell ein unbegrenztes Ausgleichsvolumen vorhanden ist, dieses aber abhängig von anderen Akteuren ist.

Die Bewertungsfaktoren für den Einfluss der leistungsbezogenen Merkmale sind zusammenfassend in Tabelle 6-5 dargestellt.

Tabelle 6-5: Bewertungsfaktoren der leistungsbezogenen Merkmale (eigene Darstellung)

Merkmal	Direkter Einfluss	Indirekter Einfluss
Dämpfung Maximaler Leistungs-einbruch	• Ausgleichsvolumen sicher vorhanden (unabhängig von anderen Akteuren oder vertraglich vereinbart)	• Ausgleichsvolumen potenziell vorhanden (abhängig von anderen Akteuren)
Dämpfung Langfristiger Leistungs-einbruch	• Langfristig unbegrenztes Ausgleichsvolumen vorhanden (unabhängig von anderen Akteuren oder vertraglich vereinbart)	• Langfristig unbegrenztes Ausgleichsvolumen potenziell vorhanden (abhängig von anderen Akteuren)

Die Merkmale aus der Kategorie *Verlaufsbezogene Wirkung* leiten sich aus den Resilienzprinzipien ab, die sich auf die verlaufsbezogenen Komponenten der Resilienz beziehen (s. Abbildung 6-13).

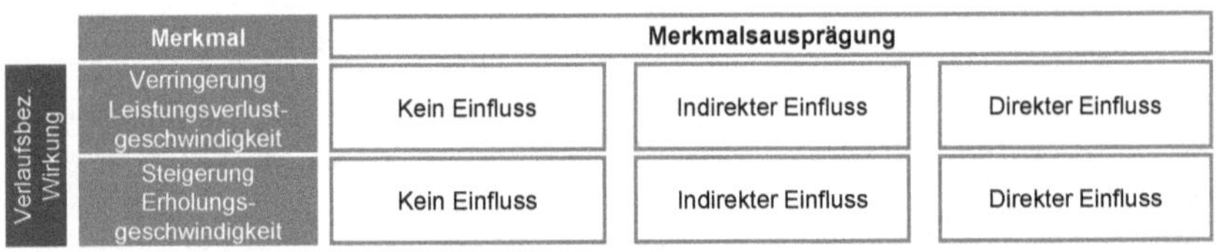

Abbildung 6-13: Merkmalskategorie *Verlaufsbezogene Wirkung* (eigene Darstellung)

Die Verringerung der Leistungsverlustgeschwindigkeit wirkt sich auf das Ausfallvolumen pro Zeiteinheit aus. Sie wird maßgeblich durch die Charakteristika der Störung beeinflusst. Eine direkte Verringerung der Leistungsverlustgeschwindigkeit findet statt, wenn der Leistungsabfall durch Anpassungsmöglichkeiten von eigenen Ressourcen kontrolliert und somit verlangsamt werden kann. Dabei handelt es sich jedoch nicht um eine Reaktion zur Erholung nach der Störung. Eine indirekte Verringerung der Leistungsverlustgeschwindigkeit liegt vor, wenn das Ausfallvolumen pro Zeiteinheit dadurch begrenzt ist, dass die Gesamtmenge des erforderlichen Materials bereits vor einer Störung auf unterschiedliche Quellen oder unterschiedliche Zeitpunkte verteilt wurde. Außerdem wird die Leistungsverlustgeschwindigkeit durch eine Reduktion der Ausfallwahrscheinlichkeit des Beschaffungsnetzwerks indirekt beeinflusst.

Die Steigerung der Erholungsgeschwindigkeit wirkt sich auf das Ausgleichsvolumen pro Zeit aus. Dies wird durch die Wirksamkeit der Reaktionen und deren zeitliche Verfügbarkeit beeinflusst. Ein schleppender Erholungsverlauf kann beispielsweise durch fehlende oder begrenzte Ressourcen entstehen. Für die Bewertung des Einflusses auf die Erholungsgeschwindigkeit wird das Ausgleichsvolumen bei einmaliger Durchführung der Reaktionsaktivität betrachtet. Eine direkte Steigerung der Erholungsgeschwindigkeit liegt vor, wenn das Ausgleichsvolumen bei einmaliger Durchführung der Reaktionsaktivität durch das Resilienzpotenzial aktiv beeinflusst wird. Eine indirekte Steigerung der Erholungsgeschwindigkeit findet statt, wenn das einmalige Ausgleichsvolumen abhängig von anderen Akteuren ist.

In Tabelle 6-6 sind die Bewertungsfaktoren zur Einordnung des Einflusses für die verlaufsbezogenen Merkmale zusammengefasst.

Tabelle 6-6: Bewertungsfaktoren der verlaufsbezogenen Merkmale (eigene Darstellung)

Merkmal	Direkter Einfluss	Indirekter Einfluss
Verringerung Leistungsverlust-geschwindigkeit	• Anpassungsmöglichkeiten von eigenen Ressourcen zur Verlangsamung des Leistungsverlusts	• Ausfallvolumen pro Zeiteinheit wird beeinflusst • Reduktion der Ausfallwahrscheinlichkeit
Steigerung Erholungs-geschwindigkeit	• Aktive Beeinflussung des Ausgleichsvolumens bei einmaliger Durchführung	• Beeinflussung des Ausgleichsvolumens bei einmaliger Durchführung ist abhängig von anderen Akteuren

Als weiteres Charakterisierungsmerkmal nennen verschiedene Autoren die Kosten zum Aufbau oder der Nutzung von Resilienzpotenzialen (s. PEUKERT 2021, S. 85; CARBONARA U. PELLEGRINO 2017, S. 362; TALLURI ET AL. 2013, S. 264; KAMALAHMADI U. PARAST 2017, S. 215–218). Dieser Aspekt wird in dieser Arbeit nicht zur Charakterisierung der Resilienzpotenziale genutzt, da die Wirkung auf die Resilienz nicht durch die Kosten beeinflusst werden. Der Aspekt Kosten wird jedoch im Rahmen des Gestaltungsmodells (s. Kapitel 7.3.3) berücksichtigt.

Der vollständige morphologische Kasten ist in Abbildung 6-14 zusammenfassend dargestellt.

	Merkmal	Merkmalsausprägung		
Wirkung übergreifend	Wirkungsmöglichkeit	Handlungsrahmen	Direkte Wirkung	Direkte Wirkung + Handlungsrahmen
	Wirkungsumfang	Eingeschränkt einsetzbar	Universell einsetzbar	
Zeitbezogene Wirkung	Pufferzeitverlängerung	Kein Einfluss	Indirekter Einfluss	Direkter Einfluss
	Reaktionsbeginnverschiebung	Kein Einfluss	Indirekter Einfluss	Direkter Einfluss
	Entscheidungszeitverkürzung	Kein Einfluss	Indirekter Einfluss	Direkter Einfluss
	Reaktionsvorlaufzeitverkürzung	Kein Einfluss	Indirekter Einfluss	Direkter Einfluss
	Erholungszeitverkürzung	Kein Einfluss	Indirekter Einfluss	Direkter Einfluss
Leistungsbez. Wirkung	Dämpfung Maximaler Leistungseinbruch	Kein Einfluss	Indirekter Einfluss	Direkter Einfluss
	Dämpfung Langfristiger Leistungseinbruch	Kein Einfluss	Indirekter Einfluss	Direkter Einfluss
Verlaufsbez. Wirkung	Verringerung Leistungsverlustgeschwindigkeit	Kein Einfluss	Indirekter Einfluss	Direkter Einfluss
	Steigerung Erholungsgeschwindigkeit	Kein Einfluss	Indirekter Einfluss	Direkter Einfluss

Abbildung 6-14: Morphologischer Kasten zur Charakterisierung der Resilienzpotenziale (eigene Darstellung)

Der morphologische Kasten wird im Folgenden verwendet, um die Resilienzpotenziale zu charakterisieren.

6.2.3 Charakterisierung der Resilienzpotenziale im Bereich der Beschaffungsprogrammpolitik

Im Folgenden werden die Resilienzpotenziale im Bereich der Beschaffungsprogrammpolitik charakterisiert.

Make-and-Buy

Das Resilienzpotenzial *Make-and-Buy* hat eine direkte Wirkung auf die Resilienzkomponenten und schafft einen Handlungsrahmen für Reaktionen: Der Eigenfertigungsanteil reduziert direkt die Ausfallwahrscheinlichkeit. Gleichzeitig kann der Eigenfertigungsanteil im Rahmen einer Reaktion erhöht werden. Bezogen auf die Wirkungsmöglichkeit wird diesem Resilienzpotenzial somit die Ausprägung *Direkte Wirkung + Handlungsrahmen* zugeordnet. Darüber hinaus lässt sich das Resilienzpotenzial *Make-and-*

Buy dem Wirkungsumfang *Universell einsetzbar* zuordnen: Die Möglichkeit zur Eigenproduktion kann sowohl bei Störungswirkungen, die aus einer mangelnden Lieferfähigkeit bei Lieferanten resultieren, als auch bei Störungswirkungen, die aus mangelnder Transportfähigkeit resultieren, eingesetzt werden.

Das Resilienzpotenzial *Make-and-Buy* kann ohne aktives Eingreifen einen Leistungseinbruch nicht verhindern und leistet somit keinen Beitrag zur Verlängerung der Pufferzeit. Gleichzeitig wird der Reaktionsbeginn nicht beeinflusst, da kein Informationsaustausch stattfindet. Make-and-Buy trägt jedoch zu einer Verkürzung der Entscheidungszeit bei, da die Möglichkeit zur Eigenfertigung bereits bekannt ist und die erforderlichen Fähigkeiten vorhanden sind. Zudem wird auch die Reaktionsvorlaufzeit direkt beeinflusst, da die notwendigen Kompetenzen zur Eigenproduktion (z. B. Qualifikation der Mitarbeiter, Maschinen, Werkzeuge, Messmittel) bereits im Unternehmen vorhanden sind. Die Erholungszeit ist abhängig von der vorhandenen Produktionskapazität und der Gestaltung der Produktion. Dies kann durch die Auslegung und Organisation der Produktion direkt beeinflusst werden.

Der maximale Leistungseinbruch wird direkt beeinflusst, da durch das Hochfahren der Eigenfertigung ein Ausgleichsvolumen entsteht. Darüber hinaus leistet das Resilienzpotenzial keinen Beitrag zur Dämpfung des langfristigen Leistungseinbruchs, da das Ausgleichsvolumen durch die eigene Produktion begrenzt ist. Durch kurzfristige Umstellungen ist zwar eine Erhöhung der Produktionskapazität möglich. Um jedoch langfristig eine deutliche Kapazitätserhöhung umsetzen zu können, sind weitere Aktionen erforderlich (z. B. Ausbau des Produktionsstandorts, Kauf zusätzlicher Maschinen, Einstellen neuer Mitarbeiter). Diese Aktionen stehen im Zusammenhang mit Investitionen und gehen über den Betrachtungsrahmen dieses Resilienzpotenzials hinaus.

Die Leistungsverlustgeschwindigkeit wird indirekt beeinflusst, da das Ausfallvolumen pro Zeiteinheit beschaffungsseitig auf den Fremdfertigungsanteil beschränkt ist. Die Erholungsgeschwindigkeit ist abhängig von der Ausbringungsmenge der Produktion, welche durch die Auslegung der Produktion direkt beeinflusst werden kann.

Identifikation von Substituten

Die Identifikation eines Substituts dient als Vorbereitung für die Reaktion *Beschaffung eines Substituts* und schafft somit einen Handlungsrahmen. Bezogen auf die Wirkungsmöglichkeit wird dem Potenzial daher die Ausprägung *Handlungsrahmen* zugeordnet. Ein Substitut kann dann eingesetzt werden, wenn Material aufgrund einer mangelnden Lieferfähigkeit nicht verfügbar ist. Somit lässt sich dieses Resilienzpotenzial dem Wirkungsumfang *Eingeschränkt einsetzbar* zuordnen.

Das Resilienzpotenzial trägt nicht zu einer Verlängerung der Pufferzeit oder der Verschiebung des Reaktionszeitbeginns bei, da weder Ressourcen für einen direkten Ausgleich der Störungswirkung vorhanden sind noch ein Informationsaustausch stattfindet. Ist bereits ein Substitut identifiziert, trägt das jedoch zu einer direkten Verkürzung der Entscheidungszeit bei. Für eine konkrete Umsetzung der Reaktion sind weitere

Aktivitäten wie die Auswahl eines potenziellen Lieferanten erforderlich, sodass die Reaktionsvorlaufzeit nicht beeinflusst ist. Die Identifikation des Substituts im Vorfeld einer Störung verbessert nicht die Organisation und Umsetzung der Substitutsbeschaffung nach einem Störereignis. Somit leistet das Resilienzpotenzial keinen Beitrag zur Erholungszeit.

Der maximale Leistungseinbruch wird indirekt beeinflusst, da ein Substitut potenziell den Leistungseinbruch dämpfen kann. Die Dämpfung ist jedoch von der Verfügbarkeit des Substituts bei möglichen Lieferanten abhängig. Darüber hinaus trägt das Resilienzpotenzial zu einer indirekten Dämpfung des langfristigen Leistungseinbruchs bei, da über ein Substitut ein langfristiges Ausgleichsvolumen potenziell vorhanden ist.

Die Leistungsverlustgeschwindigkeit wird nicht beeinflusst, da durch die Identifikation eines Substituts das Ausfallvolumen pro Zeit nicht beeinflusst wird. Gleichzeitig wird durch die Identifikation eines Substituts nicht das Ausgleichsvolumen bei einmaliger Durchführung der Reaktion beeinflusst. Somit hat das Resilienzpotenzial keinen Einfluss auf die Erholungsgeschwindigkeit.

In Abbildung 6-15 ist die Charakterisierung der Resilienzpotenziale im Bereich der Beschaffungsprogrammpolitik zusammenfassend dargestellt.

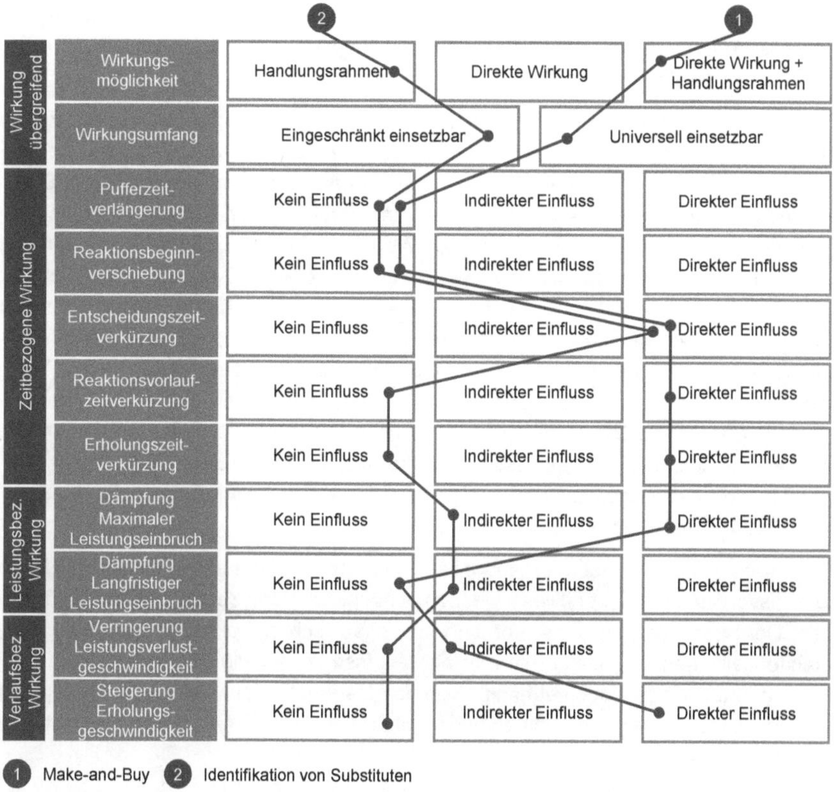

Abbildung 6-15: Charakterisierung der Resilienzpotenziale im Bereich der Beschaffungsprogrammpolitik (eigene Darstellung)

6.2.4 Charakterisierung der Resilienzpotenziale im Bereich der Lieferantenpolitik

Im Folgenden werden die Resilienzpotenziale im Bereich der Lieferantenpolitik charakterisiert.

Einsatz von Multiple Sourcing

Der Einsatz von Multiple Sourcing leistet einen direkten Beitrag zur Resilienz und schafft einen Handlungsrahmen für Reaktionen im Störungsfall: Während der Einsatz von Multiple Sourcing direkt dazu beiträgt, dass die Ausfallwahrscheinlichkeit reduziert wird, erlaubt es im Störungsfall den Wechsel zwischen Lieferanten. Somit wird dem Resilienzpotenzial, bezogen auf die Wirkungsmöglichkeit, die Ausprägung *Direkte Wirkung + Handlungsrahmen* zugeordnet. Ein Wechsel zwischen Lieferanten kann eingesetzt werden, um einer Auswirkung aufgrund einer mangelnden Lieferfähigkeit entgegenzuwirken. Daher ist dieses Resilienzpotenzial bezogen auf den Wirkungsumfang eingeschränkt einsetzbar.

Der Einsatz von Multiple Sourcing leistet keinen Beitrag zur Verlängerung der Pufferzeit, da ohne aktives Eingreifen der Leistungseinbruch nicht verhindert wird. Der Reaktionsbeginn wird nicht beeinflusst, da kein Informationsaustausch stattfindet. Durch die Beschaffung bei mehreren Lieferanten sind bereits verschiedene Alternativen bekannt und qualifiziert. Dies unterstützt den Wechsel zwischen Lieferanten und verkürzt somit direkt sowohl die Entscheidungs- als auch die Reaktionsvorlaufzeit. Der Einfluss auf die Erholungszeit ist abhängig davon, wie schnell ein Lieferant zusätzliche Mengen liefern kann. Dies wird sowohl vom Standort des Lieferanten als auch von dessen Produktionskapazität beeinflusst. Eine schnelle Erhöhung der Liefermenge wird dadurch unterstützt, dass das erforderliche Wissen und die Fähigkeiten zur Erfüllung der Anforderungen an die Beschaffungsprodukte beim Lieferanten bereits vorhanden sind und eventuell die Möglichkeit besteht, die zusätzlichen Mengen mit bereits eingeplanten Mengen zusammenzufassen. Somit beeinflusst das Resilienzpotenzial die Erholungszeit indirekt.

Außerdem ist durch das Vorhandensein mehrerer Lieferanten potenziell ein Ausgleichsvolumen verfügbar. Dies ist jedoch abhängig von den Kapazitäten der Lieferanten. Der maximale Leistungseinbruch wird daher auch indirekt gedämpft. Beim Vorhandensein mehrerer Lieferanten ist ein langfristiges Ausgleichsvolumen potenziell vorhanden. Da dies jedoch abhängig von den Lieferanten ist, wird die Dämpfung des langfristigen Leistungseinbruch somit indirekt durch dieses Resilienzpotenzial beeinflusst.

Beim Einsatz von Multiple Sourcing ist beim Ausfall eines Lieferanten nicht die gesamte Menge gleichzeitig betroffen. Somit wirkt sich dieses Potenzial indirekt auf die Leistungsverlustgeschwindigkeit aus. Das Ausgleichsvolumen bei einmaliger Durchführung der Reaktion und damit die Erholungsgeschwindigkeit wird durch das Resilienzpotenzial nicht beeinflusst.

Verschiedene Lieferanten für unterschiedliche Standorte

Wie bereits oben beschrieben, stellt das Resilienzpotenzial *Verschiedenen Lieferanten für unterschiedliche Standorte* einen Sonderfall des Multiple Sourcings bei der Betrachtung von mehreren Standorten dar. Somit leistet dieses Resilienzpotenzial ähnliche Beiträge zu den Resilienzprinzipien, wie sie bereits oben für das Multiple Sourcing beschrieben wurden.

Wie das Resilienzpotenzial *Multiple Sourcing* hat auch das Potenzial *Verschiedene Lieferanten für unterschiedliche Standorte* eine direkte Wirkung auf die Resilienz und schafft einen Handlungsrahmen für Reaktionen. Somit lässt sich dem Resilienzpotenzial bezogen auf die Wirkungsmöglichkeit die Ausprägung *Direkte Wirkung + Handlungsrahmen* zuordnen. Gleichzeitig ist der Wirkungsumfang eingeschränkt.

Das Resilienzpotenzial leistet keinen Beitrag zur Verlängerung der Pufferzeit oder zur Verschiebung des Reaktionsbeginns. Darüber hinaus trägt das Resilienzpotenzial direkt zu einer Verkürzung der Entscheidungs- und der Reaktionsvorlaufzeit bei. Außerdem ist der Einfluss auf die Erholungszeit abhängig von den Lieferanten.

Wie schon für das Multiple Sourcing beschrieben, ist beim Einsatz von verschiedenen Lieferanten potenziell ein Ausgleichsvolumen (indirekte Dämpfung des maximalen Leistungseinbruchs) und ein langfristiges Ausgleichsvolumen (indirekte Dämpfung des langfristigen Leistungseinbruchs) vorhanden.

Durch den Einsatz von verschiedenen Lieferanten für unterschiedliche Standorte wird die Ausfallwahrscheinlichkeit des Produktionsnetzwerks insgesamt reduziert, da bei einem Lieferantenausfall nicht alle Standorte betroffen sind. Das Ausfallvolumen an einem Standort wird jedoch nicht beeinflusst. Somit trägt das Resilienzpotenzial nicht zu einer Verringerung der Leistungsverlustgeschwindigkeit bei. Die Erholungsgeschwindigkeit wird nicht beeinflusst.

Identifikation alternativer Lieferanten

Die Beiträge des Resilienzpotenzials *Identifikation alternativer Lieferanten* lassen sich in Anlehnung an die Beiträgen des Resilienzpotenzials *Identifikation von Substituten* herleiten.

Wie auch die Identifikation von Substituten, schafft die Identifikation alternativer Lieferanten einen Handlungsrahmen für Reaktionen. Dem Resilienzpotenzial wird somit die Ausprägung *Handlungsrahmen* des Merkmals *Wirkungsmöglichkeit* zugeordnet. Das Resilienzpotenzial eignet sich für Störungswirkungen, die aus einer mangelnden Lieferfähigkeit der Lieferanten resultieren, und ist demnach bezogen auf den Wirkungsumfang eingeschränkt einsetzbar.

Die Identifikation alternativer Lieferanten trägt nicht zu einer Verlängerung der Pufferzeit oder der Verschiebung des Reaktionsbeginns bei. Da bereits vor einer Störung potenzielle Alternativen identifiziert werden, wirkt sich dieses Potenzial direkt auf die Verkürzung der Entscheidungszeit aus. Bevor im Störungsfall ein Wechsel zwischen Lieferanten erfolgen kann, muss der Alternativlieferant jedoch qualifiziert werden, weshalb die Reaktionsvorlaufzeit durch das Resilienzpotenzial nicht beeinflusst wird. Durch die gezielte Auswahl eines alternativen Lieferanten kann die Erholungszeit indirekt beeinflusst werden. So können beispielsweise die Entfernung und die Anbindung der Lieferanten bei der Identifikation alternativer Lieferanten berücksichtigt werden, um eine schnelle Lieferung durch kurze Transportwege zu ermöglichen. Während die Rahmenbedingungen zwar beeinflusst werden können, sind die konkreten Ausprägungen der Erholungszeit abhängig von den Lieferanten.

Da alternative Lieferanten potenziell das ausgefallene Volumen ausgleichen können, wird der maximale Leistungseinbruch indirekt beeinflusst. Das langfristige Ausgleichsvolumen und damit der langfristige Leistungseinbruch werden auch indirekt beeinflusst, da das Ausgleichsvolumen zwar potenziell vorhanden, aber abhängig von den Lieferanten ist.

Wie bereits oben beschrieben, wird die Leistungsverlustgeschwindigkeit nicht beeinflusst. Die Erholungsgeschwindigkeit ist abhängig von den Lieferanten. Auch hier können bei der Identifikation der alternativen Lieferanten Einflussgrößen wie die Größe und generelle Kapazität des Lieferanten berücksichtigt werden, weshalb die Erholungsgeschwindigkeit indirekt beeinflusst wird.

Qualifikation alternativer Lieferanten

Die Beiträge des Resilienzpotenzials *Qualifikation alternativer Lieferanten* sind für alle Merkmale außer der Reaktionsvorlaufzeitverkürzung identisch zu den zuvor beschriebenen Zusammenhängen für das Resilienzpotenzial *Identifikation alternativer Lieferanten*. Anders als bei der reinen Identifikation alternativer Lieferanten wird bei der Qualifikation auch die Reaktionsvorlaufzeit direkt beeinflusst, da im Störungsfall schneller bei den entsprechenden Lieferanten bestellt werden kann.

Geographische Diversifikation der Lieferantenbasis

Wie bereits in Kapitel 6.1 beschrieben, stellt das Resilienzpotenzial *Geographische Diversifikation der Lieferantenbasis* einen Sonderfall des Multiple Sourcings dar. Daher gelten für die Beiträge dieses Resilienzpotenzials die gleichen Zusammenhänge wie für das Resilienzpotenzial *Multiple Sourcing*.

Regionalisierung der Supply-Chain

Das Resilienzpotenzial *Regionalisierung der Supply-Chain* schafft keinen Handlungsrahmen für Reaktionen nach dem Eintritt eines Störereignisses. Es trägt jedoch direkt zu einer Verringerung der Ausfallwahrscheinlichkeit bei. Bezogen auf die Wirkungsmöglichkeit wird diesem Resilienzpotenzial daher die Ausprägung *Direkte Wirkung* zugeordnet. Da für das Resilienzpotenzial *Regionalisierung der Supply-Chain* insbesondere die Auswirkung auf die Störungsanfälligkeit im Bereich des Transports betrachtet wird, ist das Resilienzpotenzial bezogen auf den Wirkungsumfang eingeschränkt einsetzbar.

Durch die Regionalisierung der Supply-Chain kann ein Leistungseinbruch nicht ohne aktives Eingreifen verhindert werden. Somit wird die Pufferzeit nicht beeinflusst. Gleichzeitig trägt dieses Resilienzpotenzial nicht zu einem Informationsaustausch bei, wodurch der Reaktionsbeginn nicht beeinflusst wird. Darüber hinaus werden auch die Entscheidungs- und Reaktionsvorlaufzeit nicht beeinflusst, da das Resilienzpotenzial in keinem direkten Zusammenhang mit möglichen Reaktionen nach dem Störereignis steht. Das Resilienzpotenzial beeinflusst daher auch die Erholungszeit nicht.

Die Regionalisierung der Supply-Chain umfasst keine Reaktion, welche ein Ausgleichsvolumen erzeugen oder zu einer Erholung beitragen kann. Es trägt somit nicht zu einer Dämpfung des maximalen oder langfristigen Leistungseinbruchs bei.

Da Lieferanten in räumlicher Nähe weniger von Störungen in Zusammenhang mit dem Transport beeinflusst werden, wird die Leistungsverlustgeschwindigkeit indirekt beeinflusst. Das Resilienzpotenzial beeinflusst jedoch nicht die Erholungsgeschwindigkeit.

Zusammenarbeit – Teilen von Informationen

Das Resilienzpotenzial *Teilen von Informationen* steht in keinem Zusammenhang mit einer konkreten Reaktion und schafft somit keinen Handlungsrahmen. Bezogen auf die Wirkungsmöglichkeit wird dem Resilienzpotenzial daher die Ausprägung *Direkte Wirkung* zugeordnet. Das Teilen von Informationen ist auf den Austausch von störungsbezogenen Informationen mit Lieferanten bezogen. Die Wirkung des Resilienzpotenzials steht daher im Zusammenhang mit Auswirkungen durch eine mangelnde Lieferfähigkeit. Somit wird dem Resilienzpotenzial für das Merkmal *Wirkungsumfang* die Ausprägung *Eingeschränkt einsetzbar* zugeordnet.

Das Resilienzpotenzial *Teilen von Informationen* hat keinen Einfluss auf die Pufferzeit, da ohne aktives Eingreifen der Leistungseinbruch nicht verhindert wird. Durch die Weitergabe von störungsbezogenen Informationen zwischen verschiedenen Supply-Chain-Akteuren wird jedoch der Reaktionsbeginn direkt beeinflusst. Insbesondere wenn Statusinformationen zu Störungen in der Produktion bei Lieferanten oder Vorlieferanten weitergegeben werden, kann die Reaktion beim Hersteller früher starten. Die Weitergabe von Informationen wirkt sich auch direkt auf die Entscheidungszeit aus, da die Entscheidungsfindung durch eine bessere Informationslage vereinfacht wird. Die Reaktionsvorlaufzeit wird hingegen nicht beeinflusst, da das Resilienzpotenzial keine Aktivitäten zur Umsetzung einer Reaktion vorbereitet. Die verbesserte Informationslage ermöglicht eine gezieltere Organisation und Umsetzung von Maßnahmen. Die Dauer der Erholung ist jedoch abhängig von der konkreten Maßnahme. Somit wird die Erholungszeit indirekt beeinflusst.

Das Resilienzpotenzial leistet keinen Beitrag zur Dämpfung des maximalen oder des langfristigen Leistungseinbruchs, da das Teilen von Informationen kein Ausgleichsvolumen beinhaltet.

Darüber hinaus wird auch die Leistungsverlustgeschwindigkeit nicht beeinflusst, da durch den Austausch von Informationen keine Ressourcen zum Ausgleich des Leistungseinbruchs zur Verfügung stehen und die Ausfallwahrscheinlichkeit nicht reduziert wird. Die Erholungsgeschwindigkeit wird nicht beeinflusst, da das Ausgleichsvolumen potenzieller Reaktionen nicht beeinflusst wird.

Zusammenarbeit – Kollaborative Planung

Wie das zuvor beschriebene Resilienzpotenzial, steht auch die kollaborative Planung nicht in einem Zusammenhang mit Reaktionen und schafft daher keinen Handlungsrahmen. Die kollaborative Planung wirkt sich bezogen auf die Wirkungsmöglichkeit direkt auf die Resilienz aus. Gleichzeitig bezieht sich die gemeinsame Planung auf die Zusammenarbeit mit Lieferanten. Der Wirkungsumfang des Resilienzpotenzials ist somit eingeschränkt.

Durch den Einsatz einer kollaborativen Planung wird die Pufferzeit nicht beeinflusst. Die kollaborative Planung umfasst die Abstimmung von Zeitplänen und Mengen und steigert somit die Transparenz zwischen verschiedenen Akteuren. Dadurch wird der Reaktionsbeginn indirekt beeinflusst. Gleichzeitig trägt eine kollaborative Planung dazu bei, dass Reaktionen mit den Lieferanten abgestimmt werden können. Dadurch wird die Auswahl von Reaktionen unterstützt. Das Resilienzpotenzial beeinflusst somit direkt die Entscheidungszeit. Darüber hinaus wirkt sich die gemeinsame Planung auch indirekt auf die Reaktionsvorlaufzeit aus, da die Umsetzung durch die Abstimmung vereinfacht wird. Gleichzeitig kann durch eine engere Zusammenarbeit die Organisation von Maßnahmen verbessert und die Erholungszeit indirekt beeinflusst werden.

Das Resilienzpotenzial leistet jedoch keinen Beitrag zur Dämpfung des maximalen oder langfristigen Leistungseinbruchs, da kein Ausgleichsvolumen vorhanden ist.

Die Leistungsverlustgeschwindigkeit wird nicht beeinflusst, da eine kollaborative Planung keine Anpassungsmöglichkeiten der Ressourcen umfasst oder die Ausfallwahrscheinlichkeit reduziert. Da eine kollaborative Planung eine enge Zusammenarbeit zwischen Lieferanten und Herstellern erfordert, kann dieses Resilienzpotenzial zu einer Bevorzugung im Störungsfall führen. Dies ist insbesondere bei der Verteilung knapper Mengen von Bedeutung. Dies wirkt sich indirekt auf die Erholungsgeschwindigkeit aus.

Lieferantenentwicklung

Das Resilienzpotenzial *Lieferantenentwicklung* umfasst keinen Handlungsrahmen für Reaktionen im Wareneingang. Daher ist dem Potenzial bezogen auf die Wirkungsmöglichkeit die Ausprägung *Direkte Wirkung* zugeordnet. Außerdem bezieht sich die Wirkung des Resilienzpotenzials auf Störungswirkungen, die aus einer mangelnden Lieferfähigkeit der Lieferanten resultieren. Der Wirkungsumfang ist somit eingeschränkt.

Das Resilienzpotenzial *Lieferantenentwicklung* leistet keinen Beitrag zur Pufferzeitverlängerung, da der Leistungsverlust ohne aktives Eingreifen nicht verringert wird. Zudem wird der Reaktionsbeginn nicht beeinflusst, da kein Informationsaustausch stattfindet. Die Lieferantenentwicklung trägt nicht zu einer Verkürzung der Entscheidungs- oder der Reaktionsvorlaufzeit bei, da die Reaktionsauswahl und -umsetzung im Wareneingang nicht beeinflusst werden. Eine verbesserte Reaktionsfähigkeit des Lieferanten trägt jedoch indirekt zu einer Verkürzung der Erholungszeit bei. Durch die bessere Vorbereitung des Lieferanten ist dieser potenziell in der Lage, Störungen schneller auszugleichen und beispielsweise fehlende Mengen nachzuliefern. Somit wird die Erholung auch ohne eine Umsetzung von Reaktionen im Wareneingang verbessert.

Das Resilienzpotenzial leistet keinen Beitrag zur Dämpfung des maximalen oder langfristigen Leistungseinbruchs, da durch die Lieferantenentwicklung alleine kein Ausgleichsvolumen vorhanden ist.

Da die Umsetzung dieses Resilienzpotenzials in einer besseren Vorbereitung der Lieferanten auf mögliche Störungen resultiert, sind mögliche Aktionen bei Lieferanten potenziell schon vorbereitet. Dies wiederum führt dazu, dass die Ausfallwahrscheinlichkeit eines Lieferanten sinkt, wodurch die Leistungsverlustgeschwindigkeit indirekt beeinflusst wird. Außerdem trägt die bessere Reaktionsfähigkeit des Lieferanten zu einer indirekten Steigerung der Erholungsgeschwindigkeit bei.

Lieferantenauswahl unter Berücksichtigung des Risikobewusstseins

Das Resilienzpotenzial *Lieferantenauswahl* lässt sich ebenso wie das Resilienzpotenzial *Lieferantenentwicklung* der Wirkungsmöglichkeit *Direkte Wirkung* zuordnen. Außerdem ist der Wirkungsumfang eingeschränkt.

Bei der Lieferantenentwicklung wird aktiv darauf eingewirkt, die Fähigkeit zum Umgang mit Störungen bei Lieferanten zu verbessern. Bei der Auswahl der Lieferanten unter Berücksichtigung des Risikobewusstseins wird gezielt darauf geachtet, dass diese Fähigkeiten bereits vorhanden sind. Die Beiträge des Resilienzpotenzials *Lieferantenauswahl* sind daher identisch zu denen der Lieferantenentwicklung.

Nutzung unterschiedlicher Transportmöglichkeiten

Das Resilienzpotenzial *Nutzung unterschiedlicher Transportmöglichkeiten* besitzt eine hohe Ähnlichkeit zum Resilienzpotenzial *Multiple Sourcing*. Während Multiple Sourcing die Nutzung mehrerer Lieferanten umfasst, bezieht sich jenes Resilienzpotenzial auf die Anzahl der genutzten Transportmittel, -routen sowie Logistikdienstleister. Der Unterschied der beiden Resilienzpotenziale liegt somit auf dem betrachteten Bereich der Supply-Chain, in welchem Redundanzen erzeugt werden.

Wie das Resilienzpotenzial *Multiple Sourcing* lässt sich auch die Nutzung unterschiedlicher Transportmöglichkeiten der Wirkungsmöglichkeit *Direkte Wirkung + Handlungsrahmen* zuordnen. Darüber hinaus eignet sich das Resilienzpotenzial für Störungswirkungen, die aus einer mangelnden Transportfähigkeit resultieren. Bezogen auf den Wirkungsumfang ist dem Resilienzpotenzial demnach die Ausprägung *Eingeschränkt einsetzbar* zuzuordnen.

Wie bereits bei der Bewertung von Multiple Sourcing erläutert, wird die Pufferzeit nicht beeinflusst, da ohne aktives Eingreifen keine Ausgleichsmöglichkeit vorhanden ist. Zusätzlich wirkt sich das Resilienzpotenzial nicht auf den Reaktionsbeginn aus. Da im störungsfreien Betrieb bereits mehrere Transportmöglichkeiten eingesetzt werden, sind bereits verschiedene Alternativen bekannt, wodurch die Entscheidungs- und die Reaktionsvorlaufzeit im Störungsfall verkürzt werden. Wie bereits oben beschrieben, wird die Erholungszeit dadurch beeinflusst, dass die Transportmöglichkeiten bereits genutzt werden und somit die Anforderungen bereits bekannt sind sowie potenziell die Möglichkeit zur Erhöhung der bereits eingeplanten Transportmengen besteht. Der Wechsel zwischen den Transportmitteln und Logistikdienstleistern ist jedoch abhängig von den vorhandenen Kapazitäten. Das Resilienzpotenzial leistet somit einen indirekten Beitrag zur Verkürzung der Erholungszeit.

Durch die Nutzung unterschiedlicher Transportmöglichkeiten ist potenziell ein Ausgleichsvolumen vorhanden. Da dies abhängig von den Transportmitteln und Logistikdienstleistern ist, werden sowohl der maximale Leistungseinbruch als auch der langfristige Leistungseinbruch indirekt gedämpft.

Die Nutzung unterschiedlicher Transportmöglichkeiten reduziert die Ausfallwahrscheinlichkeit und trägt dazu bei, dass bei einer Störung nicht die gesamte Transportmenge betroffen ist. Somit leistet das Resilienzpotenzial einen indirekten Beitrag zur

Verringerung der Leistungsverlustgeschwindigkeit. Die Erholungsgeschwindigkeit hingegen wird durch das Resilienzpotenzial nicht beeinflusst, weil das Ausgleichsvolumen bei einmaliger Durchführung nicht beeinflusst wird.

Identifikation alternativer Transportmöglichkeiten

Die Identifikation alternativer Transportmöglichkeiten ist ähnlich zu den Resilienzpotenzialen *Identifikation alternativer Lieferanten* und *Identifikation von Substituten*, wobei der Fokus, wie bei dem zuvor beschriebenen Resilienzpotenzial, auf dem Betrachtungsbereich *Transport* liegt.

Die Identifikation alternativer Transportmöglichkeiten hat keine direkte Wirkung auf die Resilienz, ermöglicht jedoch den Wechsel zwischen Transportmöglichkeiten. Daher gilt für die Wirkungsmöglichkeit die Ausprägung *Handlungsrahmen*. Das Resilienzpotenzial eignet sich für Störungswirkungen, die aus einer mangelnden Transportfähigkeit resultieren, und ist demnach bezogen auf die Wirkungsumfang der Ausprägung *Eingeschränkt einsetzbar* zuzuordnen.

Durch die Identifikation von alternativen Transportmöglichkeiten wird weder die Pufferzeit noch der Reaktionsbeginn beeinflusst. Wie bereits zuvor beschrieben, erlaubt die Identifikation möglicher Alternativen eine schnelle Entscheidungsfindung im Störungsfall, wodurch eine direkte Verkürzung der Entscheidungszeit entsteht. Der konkrete Wechsel erfordert jedoch weitere Aktivitäten, wie die Auswahl des konkreten Transportmittels oder ggf. eines neuen Logistikdienstleisters. Somit wird die Reaktionsvorlaufzeit nicht beeinflusst. Wie bereits für die Identifikation alternativer Lieferanten beschrieben, können durch die gezielte Auswahl der Alternativen die Rahmenbedingungen für eine schnelle Reaktionsumsetzung beeinflusst werden. Bei der Auswahl alternativer Transportmöglichkeiten kann z. B. die Transportdauer berücksichtigt werden. Die konkrete Umsetzungsdauer bei einem Wechsel der Transportmöglichkeiten ist jedoch abhängig von den Kapazitäten. Somit wird die Erholungszeit indirekt beeinflusst.

Wenn alternative Transportmöglichkeiten existieren, ist potenziell ein Ausgleichsvolumen vorhanden. Dies ist jedoch abhängig von anderen Akteuren, wodurch das Resilienzpotenzial indirekt zu einer Dämpfung des maximalen und des langfristigen Leistungsverlust beiträgt.

Darüber hinaus trägt die Identifikation alternativer Transportmöglichkeiten nicht zu einer Verringerung der Leistungsverlustgeschwindigkeit bei. Die Erholungsgeschwindigkeit wird hingegen indirekt beeinflusst, da bei der Identifikation alternativer Transportmöglichkeiten die Kapazitäten und Verfügbarkeiten berücksichtigt werden können. Die Ausprägungen bei der tatsächlichen Umsetzung sind jedoch abhängig von anderen Akteuren.

Vorhalten zusätzlicher Transportkapazität

Werden zusätzliche Transportkapazitäten vorgehalten, können diese beim Ausfall von anderen Transportkapazitäten eingesetzt werden. Das Vorhalten zusätzlicher Transportkapazität schafft somit einen Handlungsrahmen für Reaktionen. Dem Resilienzpotenzial wird daher bezogen auf die Wirkungsmöglichkeit die Ausprägung *Handlungsrahmen* zugeordnet. Das Vorhalten zusätzlicher Transportkapazität eignet sich für Störungswirkungen, die aus einer mangelnden Transportfähigkeit resultieren und ist demnach bezogen auf den Wirkungsumfang eingeschränkt einsetzbar.

Das Resilienzpotenzial *Vorhalten zusätzlicher Transportkapazität* ermöglicht im Störungsfall eine schnelle Umstellung der Transporte, hat aber keine direkte Wirkung im Betrachtungsobjekt *Wareneingang*. Die Pufferzeit wird daher nicht beeinflusst. Darüber hinaus findet kein Informationsaustausch statt und der Reaktionsbeginn wird somit nicht beeinflusst. Das Vorhalten zusätzlicher Transportkapazität beeinflusst direkt die Entscheidungs- und Reaktionsvorlaufzeit. Außerdem wird die Erholungszeit durch die vertragliche Gestaltung direkt beeinflusst.

Gleichzeitig trägt dieses Resilienzpotenzial zu einer direkten Dämpfung des maximalen Leistungsverlusts bei, da das Ausgleichsvolumen beim Fuhrpark sicher vorhanden ist. Da die zusätzlichen Kapazitäten begrenzt sind, trägt das Resilienzpotenzial nicht zu einer Dämpfung des langfristigen Leistungseinbruchs bei.

Das Vorhalten zusätzlicher Transportkapazität beeinflusst nicht die Leistungsverlustgeschwindigkeit. Durch die vertragliche Gestaltung trägt das Resilienzpotenzial jedoch direkt zu einer Steigerung der Erholungsgeschwindigkeit bei.

(Echtzeit-)Monitoring des Transports

Das Resilienzpotenzial *(Echtzeit-)Monitoring des Transports* besitzt eine große Ähnlichkeit zum bereits beschriebenen Resilienzpotenzial *Teilen von Informationen*. Der Informationsaustausch, der im Rahmen dieses Resilienzpotenzials stattfindet, bezieht sich jedoch auf transportbezogene Informationen.

Wie das Teilen von Informationen schafft auch das (Echtzeit-)Monitoring des Transports keinen Handlungsrahmen und dem Resilienzpotenzial wird daher bezogen auf die Wirkungsmöglichkeit die Ausprägung *Direkte Wirkung* zugeordnet. Das Resilienzpotenzial wirkt im Rahmen von Störungswirkungen, die aus einer mangelnden Transportfähigkeit resultieren. Hinsichtlich des Wirkungsumfangs ist dieses Resilienzpotenzial daher eingeschränkt einsetzbar.

Analog zu den für das Resilienzpotenzial *Teilen von Informationen* beschriebenen Beiträgen beeinflusst das Monitoring des Transports nicht die Pufferzeit. Der Austausch von transportbezogenen Informationen wirkt sich bei Störungen, welche den Transport betreffen, direkt auf den Reaktionsbeginn aus. Darüber hinaus ermöglicht die größere Transparenz eine schnellere Entscheidungsfindung, wodurch die Entscheidungszeit direkt beeinflusst wird. Da keine Aktivitäten zur Umsetzung einer Reaktion vorbereitet werden, wird die Reaktionsvorlaufzeit nicht beeinflusst. Die Verfügbarkeit von Informationen trägt dazu bei, dass Reaktionsmaßnahmen gezielter organisiert und umgesetzt werden können. Die Dauer der Erholung ist jedoch abhängig von der Reaktion. Somit wird die Erholungszeit indirekt beeinflusst.

Das Resilienzpotenzial beeinflusst weder den maximalen noch den langfristigen Leistungsverlust, da das Resilienzpotenzial kein Ausgleichsvolumen beinhaltet.

Außerdem hat das Monitoring des Transports keinen Einfluss auf die Leistungsverlustgeschwindigkeit. Da das Resilienzpotenzial keinen Einfluss auf das Ausgleichsvolumen bei einmaliger Durchführung einer Reaktion hat, wird die Erholungsgeschwindigkeit nicht beeinflusst.

In Abbildung 6-16 bis Abbildung 6-18 ist die Charakterisierung der Resilienzpotenziale im Bereich der Lieferantenpolitik zusammenfassend dargestellt. Dabei sind die Resilienzpotenziale, die die gleichen Beiträge leisten, in einer Nummer zusammengefasst. Um die Lesbarkeit sicherzustellen, sind die Resilienzpotenziale auf mehrere Abbildungen verteilt.

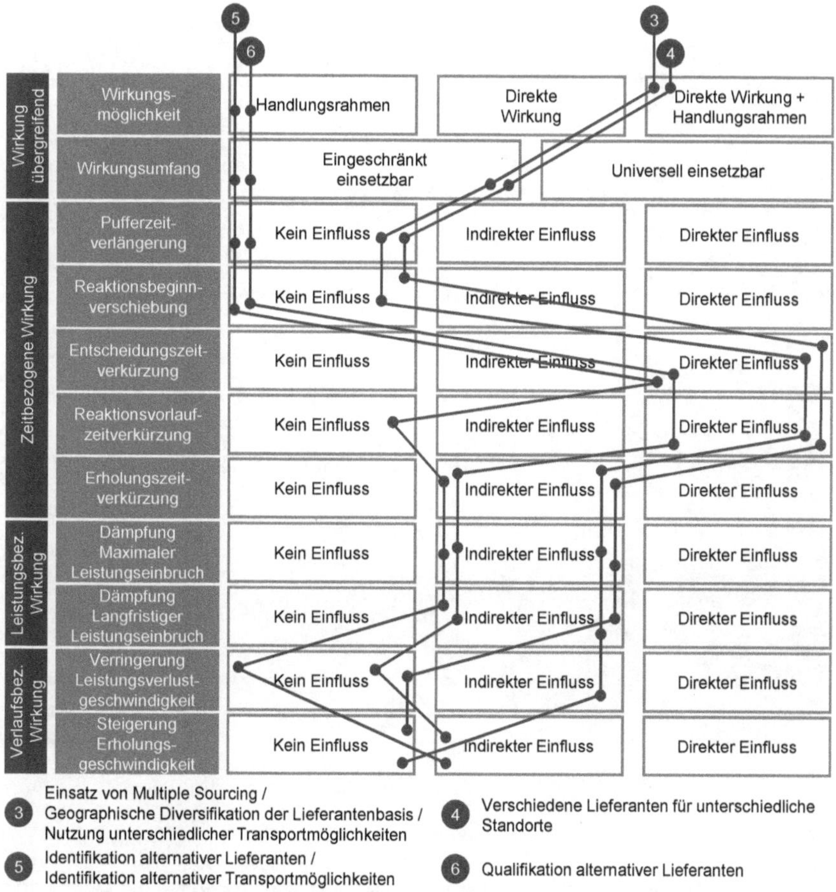

Abbildung 6-16: Charakterisierung der Resilienzpotenziale im Bereich der Lieferantenpolitik – Teil 1 (eigene Darstellung)

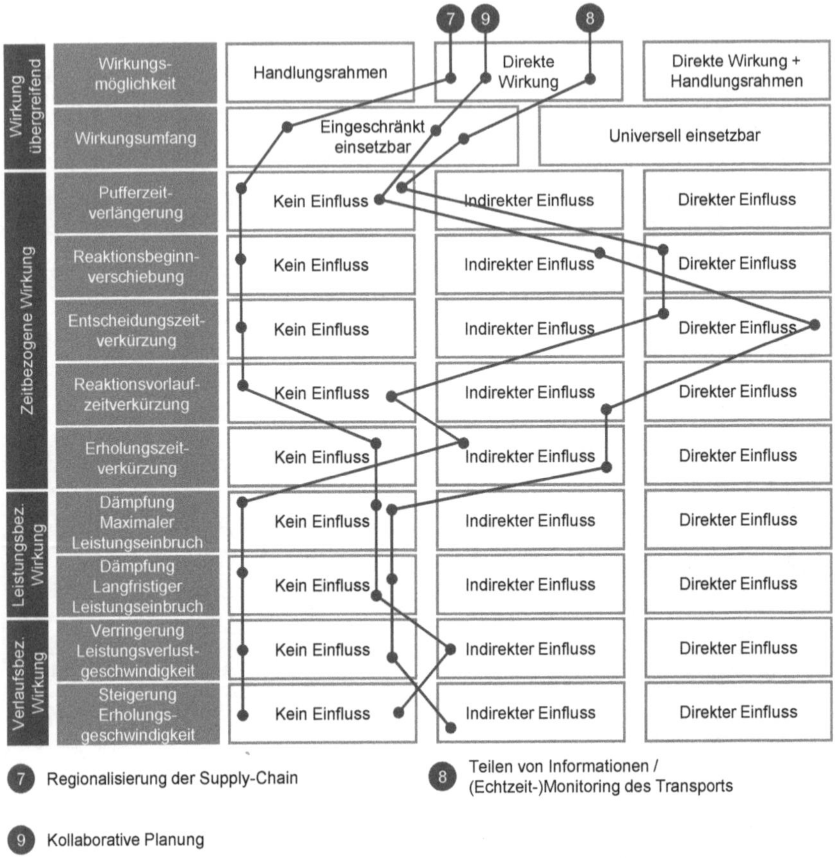

Abbildung 6-17: Charakterisierung der Resilienzpotenziale im Bereich der Lieferantenpolitik – Teil 2 (eigene Darstellung)

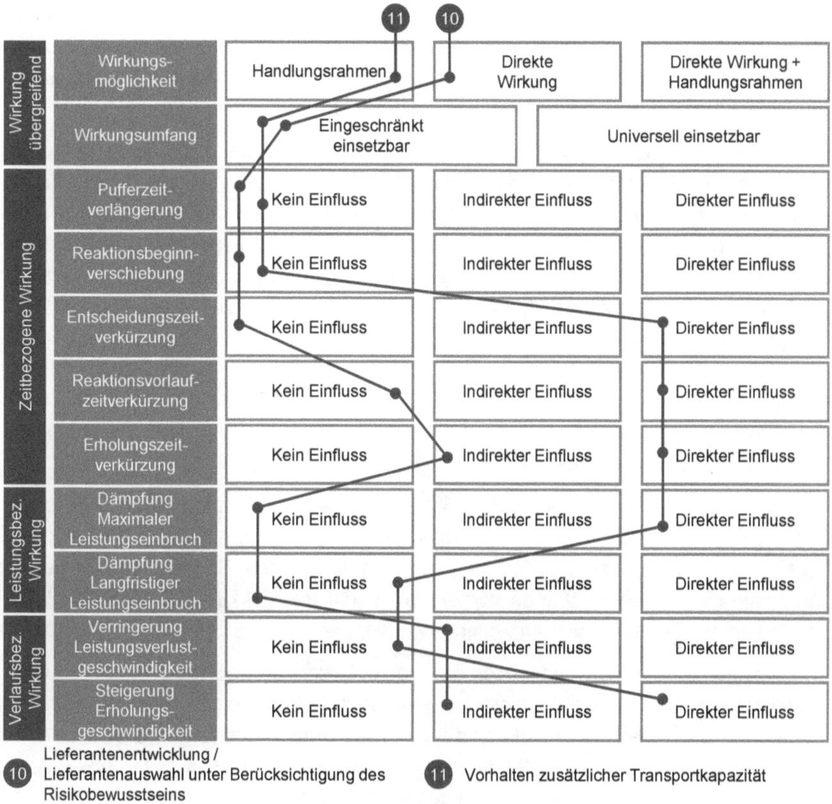

Abbildung 6-18: Charakterisierung der Resilienzpotenziale im Bereich der Lieferantenpolitik – Teil 3 (eigene Darstellung)

6.2.5 Charakterisierung der Resilienzpotenziale im Bereich der Kontraktpolitik

Im Folgenden werden die Resilienzpotenziale im Bereich der Kontraktpolitik charakterisiert.

Prüfung der Beschaffung auf dem Spotmarkt

Die Prüfung der Beschaffung auf dem Spotmarkt wirkt sich ähnlich auf die Resilienz aus wie die Resilienzpotenziale *Identifikation eines Substituts* und *Identifikation alternativer Lieferanten*.

Die Prüfung der Beschaffung auf dem Spotmarkt bereitet die Beschaffung auf dem Spotmarkt vor und schafft somit einen Handlungsrahmen für eine Reaktion im Störungsfall. Daher wird dem Resilienzpotenzial bezogen auf die Wirkungsmöglichkeit die Ausprägung *Handlungsrahmen* zugeordnet. Die Beschaffung auf dem Spotmarkt kann dann eingesetzt werden, wenn Material nicht lieferbar ist. Dabei können nur standardisierte Produkte und Rohstoffe über den Spotmarkt beschafft werden. Somit lässt sich diesem Resilienzpotenzial hinsichtlich des Wirkungsumfangs die Ausprägung *Eingeschränkt einsetzbar* zuordnen.

Die Prüfung der Beschaffung auf dem Spotmarkt trägt weder zu einer Verlängerung der Pufferzeit noch zu einer Verschiebung des Reaktionsbeginns bei. Da mithilfe dieses Resilienzpotenzials bereits vor dem Eintritt einer Störung mögliche Beschaffungsalternativen identifiziert werden, trägt dies direkt zu einer Verkürzung der Entscheidungszeit bei. Im Rahmen der Prüfung der Beschaffung auf dem Spotmarkt werden bereits konkrete Spotmärkte identifiziert, wodurch auch die Reaktionsvorlaufzeit direkt beeinflusst wird. Durch die Wahl des Spotmarkts werden Rahmenbedingungen, die sich auf die Reaktionsdurchführung und damit die Erholung auswirken (z. B. benötigte Transportzeit und Kapazität), beeinflusst. Diese Aspekte sind beim Kauf auf dem Spotmarkt jedoch auch abhängig von anderen Akteuren. Das Resilienzpotenzial beeinflusst somit indirekt die Erholungszeit.

Ein Ausgleichsvolumen ist auf dem Spotmarkt potenziell vorhanden. Da dies jedoch abhängig von der aktuellen Verfügbarkeit auf dem Spotmarkt ist, wird der maximale Leistungseinbruch indirekt gedämpft. Außerdem ist auf dem Spotmarkt potenziell ein langfristiges Ausgleichsvolumen vorhanden. Somit trägt das Resilienzpotenzial indirekt zu einer Dämpfung des langfristigen Leistungseinbruchs bei.

Das Resilienzpotenzial leistet keinen Beitrag zur Verringerung der Leistungsverlustgeschwindigkeit. Die Erholungsgeschwindigkeit ist abhängig von den Gegebenheiten auf dem Spotmarkt. Diese können durch die Wahl des Spotmarkts beeinflusst werden. Sie sind aber auch abhängig von den auf dem Spotmarkt anbietenden Akteuren, weshalb die Erholungsgeschwindigkeit indirekt beeinflusst wird.

Flexible Lieferantenverträge

Flexible Lieferantenverträge erlauben im Störungsfall eine Anpassung der Liefermengen. Sie schaffen somit einen Handlungsrahmen für eine Reaktion im Störungsfall. Dem Resilienzpotenzial wird daher bezogen auf die Wirkungsmöglichkeit die Ausprägung *Handlungsrahmen* zugeordnet. Flexible Lieferantenverträge eignen sich für Störungswirkungen, die aus einer mangelnden Lieferfähigkeit resultieren und sind bezogen auf den Wirkungsumfang eingeschränkt einsetzbar.

Da der Leistungsverlust ohne aktives Eingreifen nicht verändert wird, trägt das Resilienzpotenzial nicht zu einer Verlängerung der Pufferzeit bei. Gleichzeitig werden auch keine störungsbezogenen Informationen zwischen verschiedenen Akteuren ausgetauscht, weshalb der Reaktionsbeginn nicht beeinflusst wird. Flexible Lieferantenverträge tragen direkt zu einer Verkürzung der Entscheidungs- und der Reaktionsvorlaufzeit bei, da durch die flexiblen Verträge die Auswahl und Umsetzung von Aktivitäten ersetzt wird. Zusätzlich lässt sich die Erholungszeit direkt durch die vertragliche Gestaltung beeinflussen.

Der maximale Leistungseinbruch wird durch das Resilienzpotenzial direkt gedämpft, da zusätzliche Mengen vertraglich vereinbart sind. Der langfristige Leistungseinbruch hingegen wird nicht gedämpft, da das vertraglich vereinbarte Ausgleichsvolumen begrenzt ist.

Das Ausfallvolumen pro Zeit und somit die Leistungsverlustgeschwindigkeit wird nicht beeinflusst. Die vertraglichen Gestaltungsmöglichkeiten tragen hingegen zu einer direkten Beeinflussung der Erholungsgeschwindigkeit bei.

Back-up-Lieferantenvertrag

Die Beiträge des Resilienzpotenzials *Back-up-Lieferantenvertrag* lassen sich analog zu den oben beschriebenen Beiträgen der flexiblen Lieferantenverträge herleiten. Der Unterschied zwischen den beiden Resilienzpotenzialen liegt darin, dass sich flexible Lieferantenverträge auf Anpassungsmöglichkeiten in bestehenden Verträgen beziehen, während ein Back-up-Lieferant nur zum Einsatz kommt, wenn die primären Lieferanten ausfallen.

Back-up-Lieferantenverträge schaffen genauso wie flexible Lieferantenverträge einen Handlungsrahmen für Reaktionen und eignen sich für Störungswirkungen, die aus einer mangelnden Lieferfähigkeit resultieren. Das Resilienzpotenzial ist daher der Wirkungsmöglichkeit *Handlungsrahmen* und dem Wirkungsumfang *Eingeschränkt einsetzbar* zugeordnet.

Das Resilienzpotenzial *Back-up-Lieferantenvertrag* wirkt sich weder auf die Pufferzeit noch auf den Reaktionsbeginn aus. Die Entscheidungs- und Reaktionsvorlaufzeit hingegen werden direkt beeinflusst. Gleichzeitig trägt das Resilienzpotenzial durch die vertragliche Gestaltung direkt zur Verkürzung der Erholungszeit bei.

Durch die vertragliche Vereinbarung zwischen dem Hersteller und dem Back-up-Lieferanten wird der maximale Leistungseinbruch direkt gedämpft. Da das vertraglich vereinbarte Ausgleichsvolumen begrenzt ist, wird der langfristige Leistungseinbruch nicht gedämpft.

Das Resilienzpotenzial hat keinen Einfluss auf die Leistungsverlustgeschwindigkeit. Durch die vertragliche Gestaltung trägt das Resilienzpotenzial direkt zu einer Steigerung der Erholungsgeschwindigkeit bei.

Die Charakterisierung der Resilienzpotenziale aus dem Bereich der Kontraktpolitik ist in Abbildung 6-19 dargestellt.

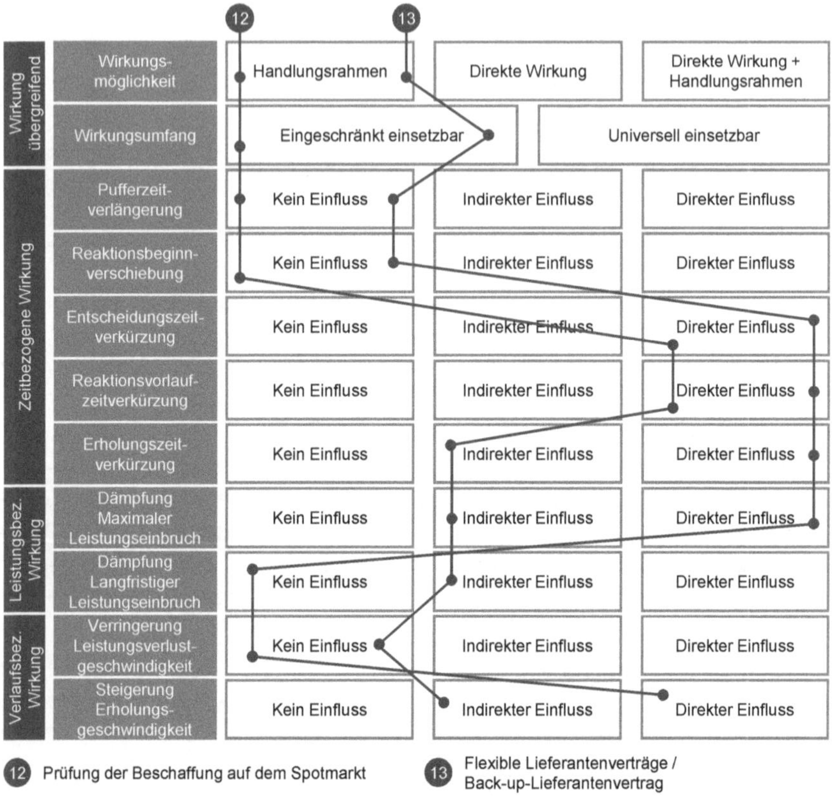

Abbildung 6-19: Charakterisierung der Resilienzpotenziale im Bereich der Kontraktpolitik (eigene Darstellung)

6.2.6 Charakterisierung der Resilienzpotenziale im Bereich der Lager- und Bestellpolitik

Im Folgenden werden die Resilienzpotenziale im Bereich der Lager- und Bestellpolitik charakterisiert.

Beschaffung im Unternehmensverbund

Die Beschaffung im Unternehmensverbund steht nicht im Zusammenhang mit einer konkreten Reaktion, die im Störungsfall umgesetzt werden kann. Durch die Beschaffung im Unternehmensverbund entsteht jedoch eine größere Verhandlungsmacht, die sich auf die möglichen Reaktionen auswirkt. Daher wird dem Resilienzpotenzial bezogen auf die Wirkungsmöglichkeit die Ausprägung *Handlungsrahmen* zugeordnet. Der Aspekt der größeren Verhandlungsmacht betrifft sowohl den Bereich *Lieferanten* als auch den Bereich *Transport*. Daher ist dieses Resilienzpotenzial hinsichtlich des Wirkungsumfangs universell einsetzbar.

Da das Resilienzpotenzial keine konkreten Reaktionen oder den Austausch von Informationen umfasst, werden die Pufferzeit, der Reaktionsbeginn, die Entscheidungs- und Reaktionsvorlaufzeit und die Erholungszeit nicht beeinflusst.

Darüber hinaus umfasst das Resilienzpotenzial auch kein Ausgleichsvolumen, sodass weder der maximale noch der langfristige Leistungseinbruch beeinflusst werden.

Die Leistungsverlustgeschwindigkeit wird nicht beeinflusst, da die Beschaffung im Unternehmensverbund keine Anpassungsmöglichkeiten der Ressourcen umfasst oder die Ausfallwahrscheinlichkeit reduziert. Da durch eine Bündelung der Beschaffungsmengen potenziell eine größere Verhandlungsmacht gegenüber den Lieferanten entsteht, kann dies zu einer Bevorzugung im Störungsfall, z. B. bei der Allokation knapper Mengen, führen. Dies wirkt sich, wie bereits bei der kollaborativen Planung beschrieben, indirekt auf die Erholungsgeschwindigkeit aus.

Hohe Bestellfrequenz

Eine hohe Bestellfrequenz schafft keinen Handlungsrahmen für Reaktionen und wird daher bezogen auf die Wirkungsmöglichkeit der Ausprägung *Direkte Wirkung* zugeordnet. Die Wirkung des Resilienzpotenzials betrifft sowohl Störungswirkungen aus mangelnder Lieferfähigkeit als auch mangelnder Transportfähigkeit und wird somit dem Wirkungsumfang *Universell einsetzbar* zugeordnet.

Das Resilienzpotenzial *Hohe Bestellfrequenz* leistet keinen Beitrag zur Verlängerung der Pufferzeit oder Verschiebung des Reaktionsbeginns. Außerdem beinhaltet es keine konkreten Reaktionen, sodass die Entscheidungs- und Reaktionsvorlaufzeit sowie die Erholungszeit nicht beeinflusst werden.

Das Resilienzpotenzial umfasst kein Ausgleichsvolumen, weshalb weder der maximale noch der langfristige Leistungseinbruch beeinflusst werden.

Eine hohe Bestellfrequenz geht mit kleineren Bestellmengen einher. Somit sinkt das Ausfallvolumen pro Zeiteinheit und die Leistungsverlustgeschwindigkeit wird indirekt beeinflusst. Die Erholungsgeschwindigkeit wird hingegen nicht beeinflusst, da das Resilienzpotenzial kein Ausgleichsvolumen umfasst.

Einplanen von Puffern zwischen Bedarfsterminen

Das Resilienzpotenzial *Einplanen von Puffern zwischen Bedarfsterminen* führt zu einer Entkopplung der Betrachtungsobjekte *Wareneingang* und *Produktion* und wirkt sich somit direkt auf die Resilienz aus. Die Wirkungsmöglichkeit ist demnach direkt. Das Resilienzpotenzial eignet sich sowohl bei Störungswirkungen, die aus einer mangelnden Lieferfähigkeit bei Lieferanten resultieren, als auch bei Störungswirkungen, die aus mangelnder Transportfähigkeit resultieren. Daher wird es dem Wirkungsumfang *Universell einsetzbar* zugeordnet.

Das Einplanen von Puffern in der Beschaffung trägt wie oben beschrieben dazu bei, die Zeit zwischen dem Bedarfstermin im Wareneingang und dem Bedarfstermin der Produktion zu vergrößern. Somit werden die beiden Betrachtungsobjekte *Wareneingang* und *Produktion* voneinander entkoppelt und die Pufferzeit indirekt beeinflusst.

Der Reaktionsbeginn wird hingegen nicht beeinflusst, weil das Resilienzpotenzial keinen Informationsaustausch umfasst. Da das Resilienzpotenzial keinen Handlungsrahmen für Reaktionen schafft, werden weder die Entscheidungs- noch die Reaktionsvorlaufzeit oder die Erholungszeit beeinflusst.

Außerdem umfasst das Resilienzpotenzial kein Ausgleichsvolumen und hat daher keinen Einfluss auf den maximalen oder den langfristige Leistungseinbruch.

Darüber hinaus werden auch die Leistungsverlust- und die Erholungsgeschwindigkeit nicht beeinflusst.

Sicherheitsbestand

Sicherheitsbestand kann direkt am Störungsort eingesetzt werden und besitzt daher eine direkte Wirkungsmöglichkeit. Darüber hinaus eignet sich das Resilienzpotenzial sowohl für Störungswirkungen, die aus einer mangelnden Lieferfähigkeit als auch für welche, die aus einer mangelnden Transportfähigkeit resultieren. Bezogen auf den Wirkungsumfang ist das Resilienzpotenzial somit universell einsetzbar.

Das Resilienzpotenzial *Sicherheitsbestand* stellt eine am Störungsort vorhandene Ressource dar, die im Störungsfall ohne Umsetzung von Reaktionen eingesetzt werden kann. Somit leistet dieses Resilienzpotenzial direkt einen Beitrag zur Verlängerung der Pufferzeit. Ein Sicherheitsbestand umfasst, genauso wie das Einplanen von Puffern zwischen Bedarfsterminen, keinen Informationsaustausch oder Reaktionen für den Störungsfall und beeinflusst somit weder den Reaktionsbeginn noch die Entscheidungs- und Reaktionsvorlaufzeit sowie die Erholungszeit.

Da durch den zur Verfügung stehenden Sicherheitsbestand ein Ausgleichsvolumen vorhanden ist, leistet das Resilienzpotenzial einen direkten Beitrag zur Dämpfung des maximalen Leistungseinbruchs. Das Ausgleichsvolumen ist jedoch begrenzt, weshalb der Sicherheitsbestand keinen Beitrag zur Dämpfung des langfristigen Leistungseinbruch leistet.

Das Resilienzpotenzial wirkt sich nicht auf die Leistungsverlustgeschwindigkeit aus. Darüber hinaus wird auch die Erholungsgeschwindigkeit nicht beeinflusst, da das Resilienzpotenzial keine konkreten Reaktionen umfasst.

Sicherheitsbestand an zentralem Standort

Sicherheitsbestand an einem zentralen Standort kann genutzt werden, wenn andere Lieferungen ausfallen. Das Resilienzpotenzial schafft daher, anders als der Sicherheitsbestand am Störungsort, bezogen auf die Wirkungsmöglichkeit einen Handlungsrahmen für eine Reaktion im Störungsfall. Sicherheitsbestand von einem zentralen Standort kann sowohl bei Störungswirkungen, die aus einer mangelnden Lieferfähigkeit bei Lieferanten resultieren, als auch bei Störungswirkungen, die aus mangelnder Transportfähigkeit resultieren, eingesetzt werden. Somit ist das Resilienzpotenzial bezogen auf den Wirkungsumfang universell einsetzbar.

Sicherheitsbestand an einem zentralen Standort liegt nicht direkt am Störungsort vor und kann somit nicht ohne aktives Eingreifen eingesetzt werden. Somit wird die Pufferzeit nicht beeinflusst. Außerdem beinhaltet dieses Resilienzpotenzial keinen Informationsaustausch und leistet daher keinen Beitrag zur Reaktionsbeginnverschiebung. Das Resilienzpotenzial trägt jedoch direkt zu einer Verkürzung der Entscheidungs- und Reaktionsvorlaufzeit bei, da der Bestand bereits vorhanden ist. Durch die Wahl des Standorts für den Sicherheitsbestand können z. B. die Entfernung und die Anbindung an Transportmöglichkeiten beeinflusst werden. Somit leistet das Resilienzpotenzial einen direkten Beitrag zur Erholungszeit.

Wie auch der Sicherheitsbestand am eigenen Standort, trägt der Sicherheitsbestand an einem zentralen Standort dazu bei, dass der maximale Leistungseinbruch gedämpft wird. Da das Ausgleichsvolumen des Sicherheitsbestands begrenzt ist, trägt das Resilienzpotenzial nicht zu einer Dämpfung des langfristigen Leistungseinbruchs bei.

Die Leistungsverlustgeschwindigkeit wird durch die Nutzung des strategischen Bestands nicht verringert. Das Resilienzpotenzial leistet jedoch durch die Auslegung des strategischen Bestands einen direkten Beitrag zur Steigerung der Erholungsgeschwindigkeit.

In Abbildung 6-20 und Abbildung 6-21 ist die Charakterisierung der Resilienzpotenziale im Bereich der Lager- und Bestellpolitik zusammenfassend dargestellt.

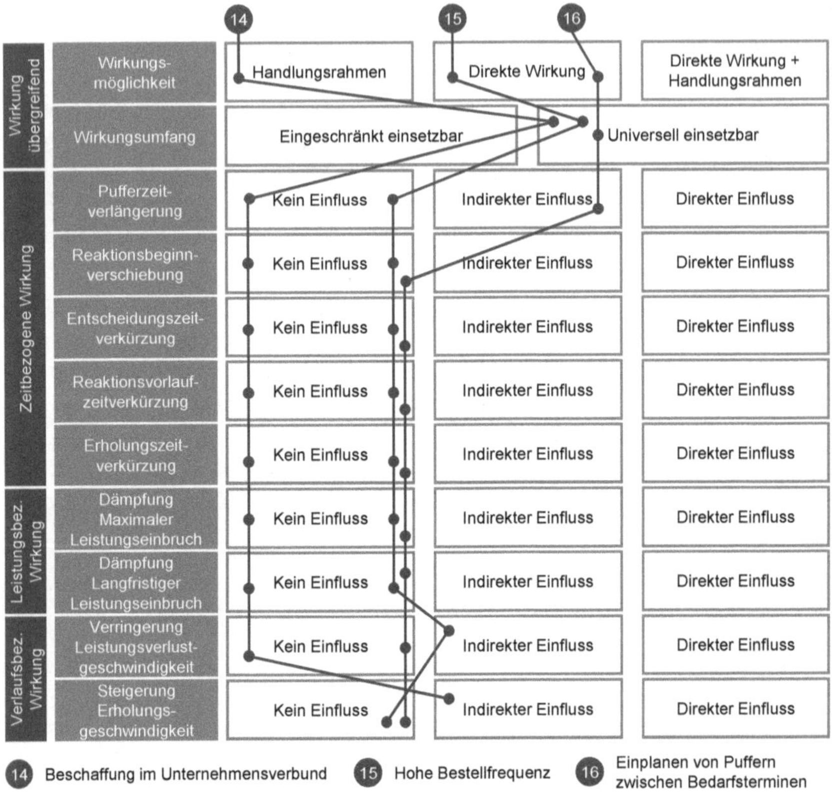

Abbildung 6-20: Charakterisierung der Resilienzpotenziale im Bereich der Lager- und Bestellpolitik – Teil 1 (eigene Darstellung)

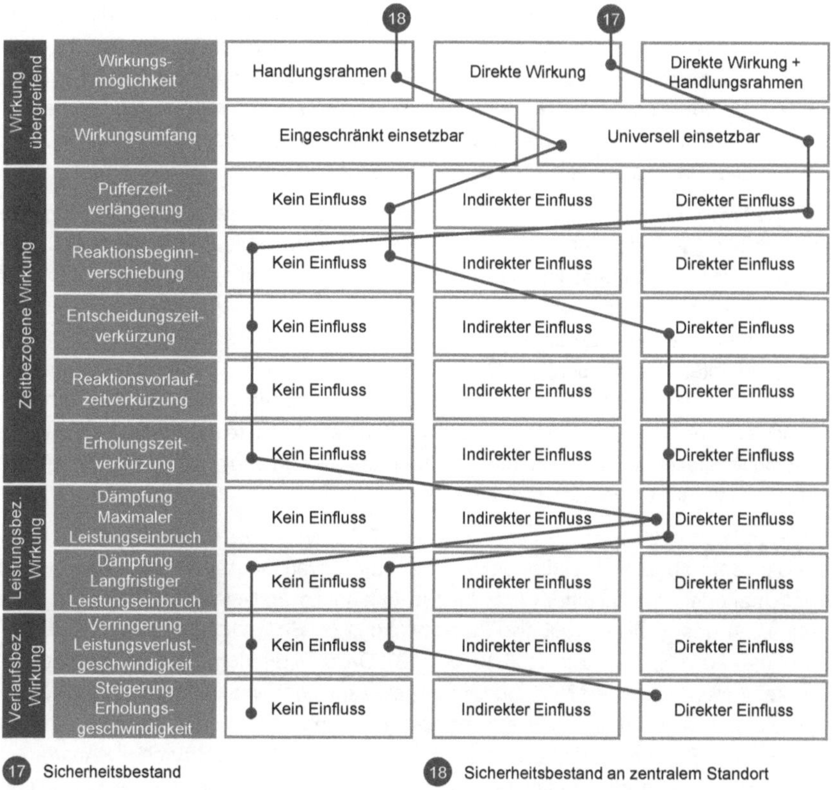

Abbildung 6-21: Charakterisierung der Resilienzpotenziale im Bereich der Lager- und Bestellpolitik – Teil 2 (eigene Darstellung)

6.3 Ermittlung von Potenzialkategorien

Zur Strukturierung der Resilienzpotenziale werden Potenzialkategorien ermittelt. Diese Ermittlung erfolgt mithilfe einer Clusteranalyse. Zur Durchführung der Clusteranalyse werden zunächst die Charakterisierungsmerkmale skaliert und transformiert. Diese Datenbasis dient als Grundlage zur Durchführung der Clusteranalyse. Abschließend werden die identifizierten Potenzialkategorien beschrieben.

6.3.1 Skalierung und Transformation der Charakterisierungsmerkmale

Die Grundlage einer Clusteranalyse stellt eine Rohdatenmatrix dar, in welcher jedem Objekt die Merkmalsausprägungen der einzelnen Merkmale zugeordnet sind (s. SCHULZE 2007, S. 168; BACKHAUS ET AL. 2018, S. 439). Die Qualität dieser Eingangsdaten beeinflusst maßgeblich die Ergebnisqualität der Clusteranalyse. Verzerrungen treten auf, wenn die betrachteten Merkmale miteinander korrelieren (s. SCHULZE 2007, S. 234). Darüber hinaus müssen die betrachteten Merkmale für die Anwendung einer deterministischen Clusteranalyse vergleichbar sein. Dies ist nicht der Fall, wenn die Merkmale unterschiedliche Maßeinheiten oder ein gemischtes Messniveau besitzen oder hierarchisch sind. Bei hierarchischen Merkmalen hängt das Auftreten eines Merkmals von dem Auftreten einer Merkmalsausprägung eines anderen Merkmals ab. (s. BACHER 2010, S. 175) Für die Anwendung eines Clusteralgorithmus müssen somit quantitative Daten in einer einheitlichen Darstellung vorliegen.

Die Merkmalsausprägungen können auf unterschiedlichen Skalen gemessen werden, die sich bzgl. des Informationsgehalts und der Anwendbarkeit von Rechenoperationen unterscheiden. Grundsätzlich lassen sich Nominal-, Ordinal-, Intervall- und Ratioskalen unterscheiden, wobei der Informationsgehalt zunimmt. Nominalskalen umfassen qualitative Ausprägungen. Ordinalskalen erlauben das Bilden einer Rangfolge. Bei einer Intervallskala sind die Skalenabschnitte gleich groß. Ratioskalen besitzen zusätzlich einen natürlichen Nullpunkt, wodurch sie Informationen über das Verhältnis verschiedener Ausprägungen beinhalten. Nominal- und Ordinalskalen stellen nichtmetrische Skalen dar, während Intervall- und Ratioskalen als metrisch bezeichnet werden. (s. BACKHAUS ET AL. 2018, S. 10–12)

Die Rohdatenmatrix wird aus dem in Kapitel 6.2.2 entwickelten morphologischen Merkmalsschema abgeleitet. Dabei werden die qualitativen Aussagen der Charakterisierungsmerkmale mittels einer Skalierung in Anlehnung an SCHWEICHER, BRUNNER und KORALL in quantitative Ergebnisse umgewandelt (s. SCHWEICHER 2009, S. 126–127; BRUNNER 2011, S. 79; KORALL 2016, S. 113). Dazu wird jedem Feld der Morphologie ein Zahlenwert zwischen Null und Eins zugewiesen, wobei die Abstufungen zwischen den Feldern symmetrisch gewählt werden. Es kommt somit eine Intervallskala zum Einsatz. Die Ergebnisse der Clusteranalyse werden maßgeblich durch die Anordnung der Merkmalsausprägungen in dem morphologischen Kasten beeinflusst. Um Cluster ableiten zu können, ist es erforderlich, dass die Anordnung nach einem einheitlichen Grundgedanken erfolgt. Im vorliegenden Fall werden Merkmalsausprägungen bezogen auf ihren Beitrag zur Steigerung der Resilienz angeordnet. Je größer der Beitrag zur Steigerung der Resilienz ist, desto weiter rechts sind die Merkmalsausprägungen angeordnet. Abbildung 6-22 zeigt die skalierte Morphologie.

Wirkung übergreifend	Wirkungsmöglichkeit	0 *Handlungsrahmen*	0,5 *Direkte Wirkung*	1 *Direkte Wirkung + Handlungsrahmen*
	Wirkungsumfang	0 *Eingeschränkt einsetzbar*	1 *Universell einsetzbar*	
Zeitbezogene Wirkung	Pufferzeitverlängerung	0 *Kein Einfluss*	0,5 *Indirekter Einfluss*	1 *Direkter Einfluss*
	Reaktionsbeginnverschiebung	0 *Kein Einfluss*	0,5 *Indirekter Einfluss*	1 *Direkter Einfluss*
	Entscheidungszeitverkürzung	0 *Kein Einfluss*	0,5 *Indirekter Einfluss*	1 *Direkter Einfluss*
	Reaktionsvorlaufzeitverkürzung	0 *Kein Einfluss*	0,5 *Indirekter Einfluss*	1 *Direkter Einfluss*
	Erholungszeitverkürzung	0 *Kein Einfluss*	0,5 *Indirekter Einfluss*	1 *Direkter Einfluss*
Leistungsbez. Wirkung	Dämpfung Maximaler Leistungseinbruch	0 *Kein Einfluss*	0,5 *Indirekter Einfluss*	1 *Direkter Einfluss*
	Dämpfung Langfristiger Leistungseinbruch	0 *Kein Einfluss*	0,5 *Indirekter Einfluss*	1 *Direkter Einfluss*
Verlaufsbez. Wirkung	Verringerung Leistungsverlustgeschwindigkeit	0 *Kein Einfluss*	0,5 *Indirekter Einfluss*	1 *Direkter Einfluss*
	Steigerung Erholungsgeschwindigkeit	0 *Kein Einfluss*	0,5 *Indirekter Einfluss*	1 *Direkter Einfluss*

Abbildung 6-22: Skalierte Morphologie (eigene Darstellung)

Auf dieser Grundlage kann nun die Rohdatenmatrix abgeleitet werden. Diese ist in Tabelle 9-4 im Anhang dargestellt.

6.3.2 Durchführung der Clusteranalyse

Eine aussagekräftige Clusterlösung soll verschiedene Anforderungen erfüllen: Während die Objekte innerhalb eines Clusters möglichst ähnlich sein sollen, sollen die einzelnen Cluster möglichst voneinander isoliert sein. Außerdem sollen die Cluster die Variation in den Daten erklären können und so stabil sein, dass geringfügige Änderungen in den Daten keine gravierenden Änderungen der Ergebnisse hervorrufen. Darüber hinaus sollen die Cluster inhaltlich gut interpretierbar und valide sein. (s. BACHER 2010, S. 18) Eine Clusteranalyse bezieht sich auf einen bestimmten Zweck und die Ergebnisse können daher nur als brauchbar oder unbrauchbar, aber nicht als richtig oder falsch bezeichnet werden (s. SCHULZE 2007, S. 219). Zur Durchführung einer Clusteranalyse sind, wie in Kapitel 4.2.3 beschrieben, die drei Schritte (1) Festlegung und Berechnung des Proximitätsmaßes, (2) Auswahl eines Clusteranalyseverfahrens und (3) inhaltliche Analyse und Interpretation der gefundenen Cluster erforderlich.

Festlegung und Berechnung des Proximitätsmaßes

Im Rahmen dieser Arbeit eignet sich, wie in Kapitel 4.2.3 beschrieben, ein Distanzmaß als Proximitätsmaß, da der absolute Abstand der analysierten Objekte untersucht werden soll. Die Auswahl eines konkreten Distanzmaßes ist dabei einerseits abhängig von dem Skalenniveau der Rohdaten (s. SCHULZE 2007, S. 234). Andererseits erfordern einige Clusteranalyseverfahren die Nutzung eines speziellen Proximitätsmaßes.

Liegen die betrachteten Daten in metrischer Form vor, werden als Distanzmaß häufig die sogenannten Minkowski-Metriken eingesetzt (s. BACKHAUS ET AL. 2018, S. 449). Aus dieser lassen sich die City-Block-Metrik, die euklidische Distanz, die quadrierte euklidische Distanz und die Chebychev-Distanz ableiten (s. BACHER 2010, S. 219). Die einzelnen Metriken unterscheiden sich in der verschieden starken Gewichtung von Unterschieden (s. BACHER 2010, S. 220). Die City-Block-Metrik wird berechnet, indem für jedes Merkmal die Differenz für ein Objektpaar gebildet und die sich ergebenden absoluten Differenzwerte addiert werden (s. BACKHAUS ET AL. 2018, S. 449). Für die Berechnung der euklidischen Distanz werden zunächst die Differenzwerte der einzelnen Merkmale für ein Objektpaar quadriert und addiert und anschließend aus der Summe die Quadratwurzel gezogen. Bei der quadrierten euklidischen Distanz werden die Differenzwerte der einzelnen Merkmale für ein Objektpaar quadriert und addiert. Im Gegensatz zur City-Block-Metrik werden bei der euklidischen und der quadrierten euklidischen Distanz große Distanzen stärker gewichtet. (s. BACKHAUS ET AL. 2018, S. 450) Die Chebychev-Metrik berücksichtigt bei der Berechnung nur den maximalen Unterschied in einem Merkmal. Somit wird lediglich ein kleiner Teil der verfügbaren Informationen bei der Berechnung berücksichtigt. (s. BACHER 2010, S. 466)

Im Folgenden wird für die Ermittlung der Potenzialkategorien die City-Block-Metrik gewählt, da größere Distanzen nicht stärker gewichtet werden sollen.

Die City-Block-Metrik wird für zwei Objekte l und m eines Objektpaars, die Merkmale j und den Werten der Merkmale j bei Objekt l bzw. m (w_{lj} bzw. w_{mj}) nach folgender Formel berechnet:

$$d_{l,m} = \sum_{j=1}^{J} |w_{lj} - w_{mj}| \tag{6.1}$$

Auswahl und Anwendung des Clusteranalyseverfahrens

Für die Durchführung einer hierarchisch-agglomerativen Clusteranalyse existieren verschiedene Clusteralgorithmen, denen unterschiedliche Prinzipien zugrunde liegen. Bevor ein Clusteralgorithmus für die Durchführung der Clusteranalyse im Rahmen dieser Arbeit ausgewählt wird, werden verschiedene Verfahren zunächst miteinander verglichen. Die zugrunde liegenden Prinzipien lassen sich in Nächste-Nachbarn-Verfahren, Mittelwertverfahren und Verfahren zur Konstruktion von Clusterzentren unterteilen (s. BACHER 2010, S. 148).

Bei Nächste-Nachbarn-Verfahren werden Objekte dann zusammengefasst, wenn sie in einem Cluster eine bestimmte Anzahl von nächsten Nachbarn oder zumindest einen nächsten Nachbarn haben. Als Nachbarn werden dabei Objekte bezeichnet, die sich ähnlich sind und deren Ähnlichkeit einen bestimmten Schwellenwert aufweist. (s. BACHER 2010, S. 148–149) Bekannte Verfahren dieser Gruppe sind das Single-Linkage- und das Complete-Linkage-Verfahren. Beim Single-Linkage-Verfahren (auch Methode des nächsten Nachbarn) werden die Objekte bzw. Cluster zusammengefasst, die die geringste Distanz zueinander aufweisen (s. BACKHAUS ET AL. 2018, S. 461). Jedes Objekt soll dabei mindestens einen nächsten Nachbarn im Cluster besitzen (s. BACHER 2010, S. 149). Als neue Distanz für ein gebildetes Cluster wird die kleinste Einzeldistanz aus den alten Distanzen der in einer Gruppe vereinigten Objekte zu einem anderen Objekt verwendet (s. BACKHAUS ET AL. 2018, S. 462). Beim Complete-Linkage-Verfahren (auch Methode des am weitest entfernten Nachbarn) sollen alle Objekte innerhalb eines Clusters nächste Nachbarn zueinander sein (s. BACHER 2010, S. 149). Im Unterschied zum Single-Linkage-Verfahren wird als neue Distanz der maximale Abstand zwischen Clustern bzw. Objekten verwendet (s. BACKHAUS ET AL. 2018, S. 464). Das Single-Linkage-Verfahren neigt dazu, viele kleine und wenige große Gruppen zu bilden und eignet sich somit zur Identifikation von Ausreißern. Gleichzeitig neigt es zur Kettenbildung, wobei gut getrennte Cluster miteinander verschmolzen werden. (s. BACKHAUS ET AL. 2018, S. 463) Bei der Anwendung des Complete-Linkage-Verfahrens entstehen häufig sehr viele kleine Gruppen (s. BACHER 2010, S. 152).

Mittelwertverfahren stellen eine Modifikation der Nächste-Nachbarn-Verfahren dar, wodurch die Nachteile des Single-Linkage- und des Complete-Linkage-Verfahrens vermieden werden sollen (s. BACHER 2010, S. 264). Die Neuberechnung der Distanzen zwischen Objekten und Clustern erfolgt mithilfe von durchschnittlichen paarweisen Ähnlichkeiten bzw. Unähnlichkeiten (s. BACHER 2010, S. 149–150). Konkrete Verfahren dieser Gruppe sind das Average-Linkage-, das Weighted-Average-Linkage- und das Within-Average-Linkage-Verfahren. Während beim Average-Linkage-Verfahren die Unähnlichkeit zwischen zwei Objekten bzw. Clustern als Durchschnitt über die paarweisen Distanzen bestimmt wird, wird beim Weighted-Average-Linkage-Verfahren der Durchschnitt mit der Anzahl der im jeweiligen Cluster enthaltenen Objekte gewichtet. Das Within-Average-Linkage-Verfahren verfolgt das Ziel, dass das Verschmelzungsniveau in den einzelnen Schritten der mittleren paarweisen Unähnlichkeit zwischen den Objekten des neu gebildeten Clusters entspricht. (s. BACHER 2010, S. 264–265) BACHER empfiehlt beim Einsatz von Mittelwertverfahren die Nutzung des Weighted-Average-Linkage-Verfahrens, da das Verschmelzungsschema gut interpretierbar ist und keine Inversionen (d. h. kleinere Verschmelzungsniveaus in einem späteren Verschmelzungsschritt) auftreten (s. BACHER 2010, S. 268).

Bei Verfahren zur Konstruktion von Clusterzentren werden Cluster durch Clusterzentren, die durch die Mittelwerte der in die Clusterbildung einbezogenen Variablen bestimmt werden, charakterisiert. Die Homogenität innerhalb der Cluster wird durch die quadratische Abweichung vom Clustermittelwert bestimmt. Als Distanzmaß muss bei diesen Verfahren die quadrierte euklidische Distanz genutzt werden. Verfahren dieser

Gruppe sind das Median-, das Zentroid- und das Ward-Verfahren. (s. BACHER 2010, S. 150) Beim Median- und Zentroid-Verfahren werden die Cluster so gebildet, dass die Clusterzentren möglichst weit voneinander entfernt sind. Beim Ward-Verfahren wird die Streuung zwischen den Clusterzentren maximiert. (s. BACHER 2010, S. 285) Anders als bei den Linkage-Verfahren werden beim Ward-Verfahren nicht die Objekte bzw. Gruppen mit der geringsten Distanz zusammengefasst, sondern die Objekte bzw. Gruppen, die die Streuung in einer Gruppe möglichst wenig erhöhen (s. BACKHAUS ET AL. 2018, S. 465). Da sowohl beim Median- als auch beim Zentroid-Verfahren Inversionen auftreten können, sind sie weniger gut für die Anwendung geeignet (s. BACHER 2010, S. 295). Als Nachteil des Ward-Verfahrens nennt BACKHAUS die Tendenz des Verfahrens, gleich große Gruppen zu bilden, wodurch Gruppen mit kleiner Objektzahl nicht erkannt werden (s. BACKHAUS ET AL. 2018, S. 470).

In Abbildung 6-23 sind die für die Auswahl eines Clusteranalyseverfahrens wesentlichen Eigenschaften der verschiedenen Verfahren zusammenfassend dargestellt.

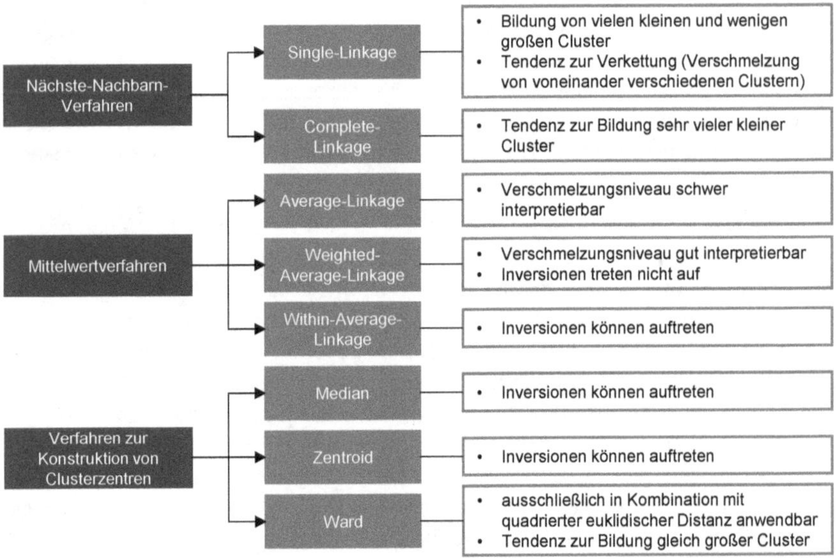

Abbildung 6-23: Eigenschaften hierarchisch-agglomerativer Clusteranalyseverfahren (eigene Darstellung)

Sowohl BACHER als auch BACKHAUS verweisen auf die positiven Eigenschaften des Ward-Verfahrens, sofern sich die quadrierte euklidische Distanz als Distanzmaß eignet (s. BACHER 2010, S. 295; BACKHAUS ET AL. 2018, S. 475). Ist diese Anforderung nicht erfüllt, empfiehlt BACHER die Anwendung des Weighted-Average-Linkage-Verfahrens (s. BACHER 2010, S. 275). SCHULZE empfiehlt, mehrere Clusteranalyseverfahren und unterschiedliche Distanzmaße für eine Clusteranalyse anzuwenden, um die Stabilität der gefundenen Lösung sicherzustellen (s. SCHULZE 2007, S. 234).

Im Rahmen dieser Arbeit wird das Weighted-Average-Linkage-Verfahren als Clusteranalyseverfahren gewählt, da die Möglichkeit zur Bildung unterschiedlich großer Cluster eine wesentliche Anforderung darstellt. Im Gegensatz zum Ward-Verfahren neigt das Weighted-Average-Linkage-Verfahren nicht zur Bildung gleich großer Cluster. Darüber hinaus kann das Verfahren in Kombination mit der City-Block-Metrik angewendet werden. Zur Bewertung der Stabilität der Lösung wird das Ward-Verfahren herangezogen. Da dieses nur in Kombination mit der quadrierten euklidischen Distanz verwendet werden kann, wird zusätzlich das Weighted-Average-Linkage-Verfahren in Kombination mit diesem Distanzmaß betrachtet.

Die Anwendung des Weighted-Average-Linkage-Verfahrens erfolgt in fünf Schritten (s. Abbildung 6-24).

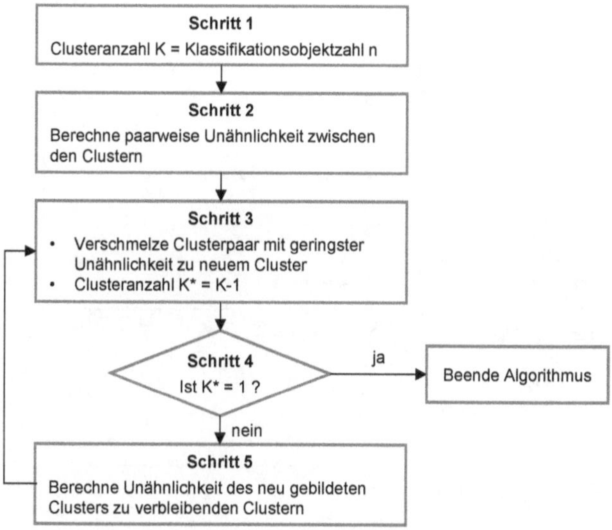

Abbildung 6-24: Vorgehensweise Weighted-Average-Linkage-Verfahren (eigene Darstellung, basierend auf Inhalten von BACKHAUS ET AL. 2018, S. 459–460; BACHER 2010, S. 233)

Zu Beginn entspricht jedes Klassifikationsobjekt einem Cluster. Zwischen allen Clustern wird die paarweise Unähnlichkeit berechnet. Das Clusterpaar mit der geringsten Unähnlichkeit wird zu einem neuen Cluster verschmolzen. Anschließend wird die Unähnlichkeit des neuen Clusters zu den verbleibenden Clustern berechnet. Die letzten beiden Schritte werden so lange wiederholt, bis alle Objekte einem einzigen Cluster zugeordnet sind. (s. BACKHAUS ET AL. 2018, S. 459–460; BACHER 2010, S. 233)

Für die Neuberechnung der Unähnlichkeiten in Schritt 5 gilt für das Weighted-Average-Linkage-Verfahren mit der Zahl der Objekte n_p und n_q in den Clustern p und q:

$$u_{(p+q),j}^{neu} = \frac{n_p u_{p,j} + n_q u_{q,j}}{n_p + n_q} \tag{6.2}$$

Die einzelnen Verschmelzungsschritte können in einem Verschmelzungsschema dargestellt werden. In diesem sind für jeden Schritt die Cluster, die miteinander verknüpft werden, das Verschmelzungsniveau und der Zuwachs des Verschmelzungsniveaus dargestellt (s. BACHER 2010, S. 160). Beim Weighted-Average-Linkage-Verfahren entspricht das Verschmelzungsniveau der mittleren paarweisen Unähnlichkeit zwischen den Clustern p und q, die im Schritt i verschmolzen werden (s. BACHER 2010, S. 265). Das Verschmelzungsschema der durchgeführten Clusteranalyse wird im Rahmen der inhaltlichen Analyse und Interpretation verwendet.

Darüber hinaus kann die Clusterbildung in Form eines Dendrogramms graphisch dargestellt werden (s. BACKHAUS ET AL. 2018, S. 470). Für die durchgeführte Clusteranalyse ist dies in Abbildung 6-25 dargestellt.

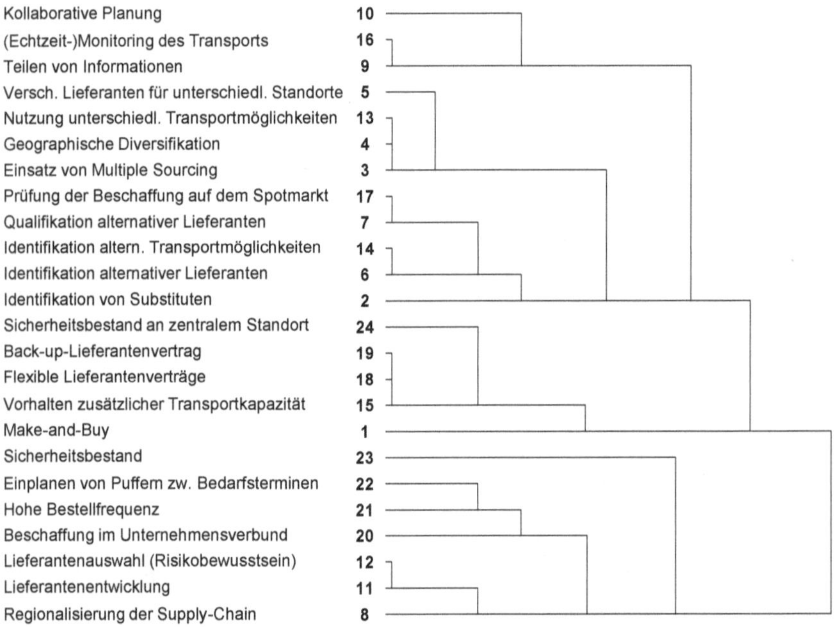

Abbildung 6-25: Dendrogramm der durchgeführten Clusteranalyse (eigene Darstellung)

Das Dendrogramm zeigt die Objekte und das zunehmende Distanzniveau bei der Clusterbildung (s. SCHULZE 2007, S. 226). Diese graphische Darstellung veranschaulicht dabei die hierarchischen Ähnlichkeitsbeziehungen (s. BACHER 2010, S. 237). Je früher Objekte zusammengefasst werden, desto höher ist die Homogenität zwischen diesen Objekten (s. SCHULZE 2007, S. 233).

Inhaltliche Analyse und Interpretation der gefundenen Cluster

Wie in Kapitel 4.2.3 beschrieben, umfasst die Analyse und Interpretation bei hierarchischen Clusteranalyseverfahren die Ermittlung der optimalen Clusteranzahl. Dabei können unterschiedliche Bewertungsmethoden zum Einsatz kommen.

Eine Möglichkeit zur Ermittlung der optimalen Clusteranzahl stellt die Betrachtung des Verschmelzungsschemas dar (s. BACHER 2010, S. 275). Dabei wird das Verschmelzungsschema von oben nach unten gelesen und deutliche Zunahmen identifiziert. Tritt bei K-Clustern eine deutliche Zunahme auf, beträgt die Clusterzahl nach diesem Kriterium K+1. Dabei können mehrere Lösungen identifiziert werden. (s. BACHER 2010, S. 242)

In Tabelle 6-7 ist das Verschmelzungsschema dargestellt. Die Zahlen in der ersten Spalte beziehen sich auf die einzelnen Resilienzpotenziale, wobei die Zuordnung dem Dendrogramm (s. Abbildung 6-25) entnommen werden kann. Dort wo Cluster miteinander verschmolzen werden, ist aus Gründen der Übersichtlichkeit die Nummer des jeweils ersten Objekts des Clusters angegeben.

Tabelle 6-7: Verschmelzungsschema der durchgeführten Clusteranalyse (eigene Darstellung)

Clusterverknüpfungen	Clusterzahl	Distanzniveau	Zuwachs
18 + 19	23	0	0
15 + 18	22	0	0
7 + 17	21	0	0
9 + 16	20	0	0
6 + 14	19	0	0
4 + 13	18	0	0
11 + 12	17	0	0
3 + 4	16	0	0
3 + 5	15	0,500	0,500
15 + 24	14	1,000	0,500
21 + 22	13	1,000	0
8 + 11	12	1,000	0
6 + 7	11	1,000	0
20 + 21	10	1,500	0,500
9 + 10	9	1,500	0
2 + 6	8	1,500	0
1 + 15	7	2,25	0,750
8 + 20	6	2,278	0,028
2 + 3	5	2,475	0,197
8 + 23	4	3,250	0,775
2 + 9	3	3,407	0,157
1 + 2	2	4,050	0,643
1 + 8	1	4,971	0,921

Für die durchgeführte Analyse ergeben sich deutliche Zunahmen bei der Verschmelzung von 8 auf 7, von 5 auf 4 und von 3 auf 2 Cluster. Daher werden im Folgenden eine 8-, 5- und 3-Cluster-Lösung in Betracht gezogen.

Eine weitere Möglichkeit ist der sogenannte Scree-Test (s. BACKHAUS ET AL. 2018, S. 476; BACHER 2010, S. 241). Dabei wird die Veränderung des Heterogenitätsmaß bei den Verschmelzungsschritten visualisiert, um Sprünge in der Veränderung zu erkennen. Das Heterogenitätsmaß ist abhängig von dem gewählten Clusteranalyseverfahren. (s. BACKHAUS ET AL. 2018, S. 476) Erzeugt die Zusammenfassung zweier Cluster einen großen Sprung, können diese als klar voneinander abgrenzbar betrachtet werden (s. SCHULZE 2007, S. 233). Bei der Anwendung des Weighted-Average-Linkage-Verfahrens werden zur Konstruktion des Scree-Diagramms auf der X-Achse die Clusterzahl und auf der Y-Achse das Verschmelzungsniveau abgebildet. Zeigt das Scree-Diagramm einen deutlichen Knick, wird diese Clusterzahl gewählt.

Das Scree-Diagramm für die durchgeführte Analyse ist in Abbildung 6-26 dargestellt. Dabei ist das Verschmelzungsniveau auf den Zahlenbereich 1 bis 7 normiert, wobei 1 das erste und 7 das letzte Verschmelzungsniveau darstellt.

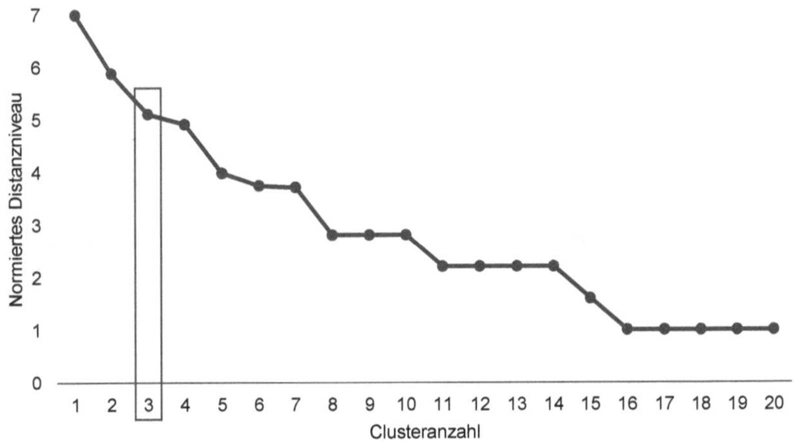

Abbildung 6-26: Scree-Diagramm der durchgeführten Clusteranalyse (eigene Darstellung)

Der erste Knick ist bei 3 Clustern zu erkennen. Darüber hinaus bestehen weitere Knicke bei 5 und 8 Clustern.

Zur Beurteilung der identifizierten Clusterlösungen können verschiedene Maßzahlen eingesetzt werden. Mithilfe der Maßzahlen wird analysiert, in welchem Ausmaß die Cluster die Anforderungen an eine möglichst hohe Homogenität innerhalb der Cluster und Heterogenität zwischen den Clustern erfüllen (s. BACHER 2010, S. 247). Dafür werden im Folgenden ein Korrelationsmaß und ein Homogenitätsindex als Maßzahlen verwendet.

Als Korrelationsmaß eignet sich gemäß BACHER bei Mittelwertverfahren die kophenetische Korrelation (s. BACHER 2010, S. 248). Das Korrelationsmaß basiert auf einer theoretischen Unähnlichkeitsmatrix, die sich aus dem Verschmelzungsniveau ergibt (s. BACHER 2010, S. 237). Die kophenetische Korrelation ist die Produkt-Moment-Korrelation zwischen der empirischen und der theoretischen Unähnlichkeitsmatrix (s.

BACHER 2010, S. 240). Zur Bestimmung von Signifikanzschwellen können darüber hinaus Simulationsrechnungen durchgeführt werden, in denen Wahrscheinlichkeitswerte für die verwendeten Maßzahlen berechnet werden. Diese dienen wiederum zur Berechnung von Vertrauensintervallen und Teststatistiken. (s. BACHER 2010, S. 250–251)

Der Homogenitätsindex basiert auf einem Vergleich der durchschnittlichen paarweisen Unähnlichkeit in und zwischen den Clustern (s. BACHER 2010, S. 248–249). Für den Homogenitätsindex lässt sich anschließend mithilfe einer Teststatistik (z-Wert), die auf dem Erwartungswert und der Standardabweichung basiert, prüfen, ob eine zufällige Partition vorliegt (s. BACHER 2010, S. 249–250).

In Tabelle 6-8 sind die kophenetische Korrelation und der Homogenitätsindex sowie die dazugehörigen Teststatistiken für die 8-, 5- und 3-Cluster-Lösung dargestellt.

Tabelle 6-8: Vergleich der Maßzahlen der Clusterlösungen (eigene Darstellung)

Clusterlösung	Kophenetische Korrelation			Homogenitätsindex	
	Korrelationskoeffizient	Teststatistik	Schwellenwert (95 %)	Homogenitätsmaß	z-Wert
8 Cluster	0,600	9,56	0,11	3,702	11,906
5 Cluster	0,696	11,29	0,12	3,409	10,217
3 Cluster	0,684	11,23	0,11	2,796	11,871

Als Grenzwerte für den kophenetischen Korrelationskoeffizienten schlägt BACHER eine Orientierung an definierten Schwellwerten für Faktorladungen vor, wonach ein Wert ab 0,65 als ausreichende Modellanpassung interpretiert werden kann (s. BACHER 2010, S. 238). Darüber hinaus sollte die Teststatistik größer als 2 sein, um die gefundene Clusterlösung als überzufällig betrachten zu können. Gleichzeitig sollte der empirisch berechnetet Wert des Korrelationskoeffizienten deutlich über den Schwellenwert liegen. (s. BACHER 2010, S. 251) Diese Anforderungen sind für die 5- und 3-Cluster-Lösungen erfüllt.

Ein positives Homogenitätsmaß zeigt an, dass die Unähnlichkeit zwischen den Clustern größer als die Unähnlichkeit in den Clustern ist (s. BACHER 2010, S. 249). Bezogen auf den die Prüfung des Homogenitätsindex beschreibt BACHER, dass der z-Wert größer 2 sein soll, um die Nullhypothese des Vorliegens einer zufälligen Partition zu einem Fehlerniveau von 2,5 % verwerfen zu können (s. BACHER 2010, S. 249–250). Dies ist für alle betrachteten Clusterlösungen erfüllt.

Insgesamt kann somit sowohl bei 5- als auch bei der 3-Cluster-Lösung von einer guten Modellanpassung ausgegangen werden, wobei die betrachteten Maßzahlen bei der 5-Cluster-Lösung höher ausfallen. Neben der Modellanpassung ist darüber hinaus die inhaltliche Interpretierbarkeit bei der Bewertung der Clusterlösung erforderlich. (s. BACHER 2010, S. 162)

Ziel der inhaltlichen Interpretation ist es, Namen für die identifizierten Cluster zu finden (s. BACHER 2010, S. 162). Die Ermittlung der Clusteranzahl muss dabei brauchbar und für das betrachtete Untersuchungsziel passend sein (s. KAUFMANN U. PAPE 1996,

S. 470). Brauchbar ist eine Lösung dann, wenn die Gruppen gut interpretierbar sind (s. SCHULZE 2007, S. 233). Für das hier betrachtete Untersuchungsziel bedeutet dies, dass eine sehr feine Aufgliederung mit vielen Clustern keinen Mehrwert bei der Analyse der Resilienzpotenziale bietet. Da die 8-Cluster-Lösung zudem keine gute Modellanpassung besitzt, wird sie nicht weiter betrachtet. Gleichzeitig stellen wenige große Cluster keine brauchbare Lösung dar, da dann die Resilienzpotenzialkategorien nicht ausreichend unterschiedlich sind. In Tabelle 6-9 ist die Zuordnung der Resilienzpotenziale für die 5- und die 3-Cluster-Lösung dargestellt.

Tabelle 6-9: Vergleich der 5- und 3-Cluster-Lösung (eigene Darstellung)

<table>
<tr><th>5-Cluster-Lösung</th><th>3-Cluster-Lösung</th></tr>
<tr><td>Cluster 1
• Make-and-Buy
• Vorhalten zusätzlicher Transportkapazität
• Flexible Lieferantenverträge
• Back-up-Lieferantenvertrag
• Sicherheitsbestand an zentralem Standort</td><td>Cluster 1
• Make-and-Buy
• Vorhalten zusätzlicher Transportkapazität
• Flexible Lieferantenverträge
• Back-up-Lieferantenvertrag
• Sicherheitsbestand an zentralem Standort</td></tr>
<tr><td>Cluster 2
• Identifikation von Substituten
• Einsatz von Multiple Sourcing
• Geographische Diversifikation der Lieferantenbasis
• Verschiedene Lieferanten für unterschiedliche Standorte
• Identifikation alternativer Lieferanten
• Qualifikation alternativer Lieferanten
• Nutzung unterschiedlicher Transportmöglichkeiten
• Identifikation alternativer Transportmöglichkeiten
• Prüfung der Beschaffung auf dem Spotmarkt</td><td rowspan="2">Cluster 2
• Identifikation von Substituten
• Einsatz von Multiple Sourcing
• Geographische Diversifikation der Lieferantenbasis
• Verschiedene Lieferanten für unterschiedliche Standorte
• Identifikation alternativer Lieferanten
• Qualifikation alternativer Lieferanten
• Nutzung unterschiedlicher Transportmöglichkeiten
• Identifikation alternativer Transportmöglichkeiten
• Prüfung der Beschaffung auf dem Spotmarkt
• Zusammenarbeit - Teilen von Informationen
• Zusammenarbeit - Kollaborative Planung
• (Echtzeit-)Monitoring des Transports</td></tr>
<tr><td>Cluster 3
• Zusammenarbeit - Teilen von Informationen
• Zusammenarbeit - Kollaborative Planung
• (Echtzeit-)Monitoring des Transports</td></tr>
<tr><td>Cluster 4
• Regionalisierung der Supply-Chain
• Lieferantenentwicklung
• Lieferantenauswahl unter Berücksichtigung des Risikobewusstseins
• Beschaffung im Unternehmensverbund
• Hohe Bestellfrequenz
• Einplanen von Puffern in Bedarfsterminen</td><td rowspan="2">Cluster 3
• Regionalisierung der SC
• Lieferantenentwicklung
• Lieferantenauswahl unter Berücksichtigung des Risikobewusstseins
• Beschaffung im Unternehmensverbund
• Hohe Bestellfrequenz
• Einplanen von Puffern in Bedarfsterminen
• Sicherheitsbestand</td></tr>
<tr><td>Cluster 5
• Sicherheitsbestand</td></tr>
</table>

Inhaltlich lässt sich die 5-Cluster-Lösung gut interpretieren: Cluster 1 umfasst Resilienzpotenziale, die im Störungsfall eine sichere Alternative darstellen. Die Resilienzpotenziale in Cluster 2 stellen Optionen für eine Reaktion dar. Sie lassen sich als potenzielle Alternativen interpretieren. Das dritte Cluster fasst Resilienzpotenziale zusammen, die zu einer erhöhten Transparenz und verbesserten Informationslage führen. Cluster 4 trägt zu einer Entkopplung des Wareneingangs von anderen

Betrachtungsobjekten der Supply-Chain bei. Das Resilienzpotenzial Sicherheitsbestand in Cluster 5 schafft einen direkten Ausgleich der Störungswirkung, ohne dass eine Reaktion erforderlich ist.

Bei der 3-Cluster-Lösung ist die Interpretation insbesondere durch das sehr große Cluster 2 erschwert. Hier ist keine Trennung zwischen der verbesserten Informationsverfügbarkeit und potenziellen Reaktionen möglich. Gleichzeitig ist das Resilienzpotenzial *Sicherheitsbestand* von den anderen Cluster 3 zugeordneten Resilienzpotenzialen verschieden. Bei lediglich drei Clustern erfolgt zudem eine so starke Verdichtung, dass die Ableitung konkreter Handlungsempfehlungen behindert wird.

Insgesamt weist somit die 5-Cluster-Lösung eine bessere Brauchbarkeit für das vorliegende Untersuchungsziel auf. Für diese Lösung erfolgt nun abschließend eine Stabilitätsprüfung. Bei der Stabilitätsprüfung werden mehrere Analysen mit unterschiedlichen Modellparametern durchgeführt und die Übereinstimmung zwischen den einzelnen Lösungen analysiert (s. BACHER 2010, S. 272). Für den Vergleich der Lösungen wird der sogenannte Rand-Index eingesetzt, der den Anteil übereinstimmender Zuordnungen der Elemente zu den Clustern misst. Eine perfekte Übereinstimmung liegt bei einem Wert von 1 vor. Eine ausreichende Übereinstimmung liegt bei einem Wert größer 0,7 vor. (s. BACHER 2010, S. 272–273)

Zunächst wird eine Stabilitätsprüfung für das Distanzmaß durchgeführt und die Ergebnisse bei Anwendung der City-Block-Metrik mit den Ergebnissen bei der Anwendung der quadrierten euklidischen Distanz verglichen. Als Clusteranalyseverfahren wird dabei das Weighted-Average-Linkage-Verfahren eingesetzt. Darüber hinaus wird eine Stabilitätsprüfung bezogen auf das angewendeten Clusteranalyseverfahren durchgeführt. Als weiteres Verfahren wird dabei das Ward-Verfahren für die Stabilitätsprüfung verwendet, da dessen Anwendung von verschiedenen Autoren empfohlen wird. Die Rand-Indizes für diese Prüfungen sind in Tabelle 6-10 dargestellt.

Tabelle 6-10: Stabilitätsprüfung für 5-Cluster-Lösung (eigene Darstellung)

Fokus	Distanzmaß	Clusteranalyseverfahren
Parameter	City-Block-Metrik vs. Quadrierte euklidische Distanz	Weighted-Average-Linkage-Verfahren vs. Ward-Verfahren
Rand-Index	1	0,793

Sowohl bei der Analyse des Distanzmaßes als auch beim Clusteranalyseverfahren ist die 5-Cluster-Lösung stabil. Sie erfüllt somit alle Anforderungen, die an eine gute Clusterlösung gestellt werden. Die identifizierten Cluster werden im Folgenden detailliert vorgestellt.

6.3.3 Beschreibung der Potenzialkategorien

Die Resilienzpotenziale lassen sich entsprechend der beschriebenen Clusteranalyse in fünf Cluster unterteilen, die sich in ihrer Wirkung auf die Resilienz unterscheiden. Die identifizierten Resilienzpotenzialkategorien sind in Tabelle 6-11 dargestellt.

Tabelle 6-11: Identifizierte Resilienzpotenzialkategorien (eigene Darstellung)

Cluster	Resilienzpotenziale
Cluster 1 – Sichere Alternativen	• Make-and-Buy • Vorhalten zusätzlicher Transportkapazität • Flexible Lieferantenverträge • Back-up-Lieferantenvertrag • Sicherheitsbestand an zentralem Standort
Cluster 2 – Potenzielle Alternativen	• Identifikation von Substituten • Einsatz von Multiple Sourcing • Geographische Diversifikation der Lieferantenbasis • Verschiedene Lieferanten für unterschiedliche Standorte • Identifikation alternativer Lieferanten • Qualifikation alternativer Lieferanten • Nutzung unterschiedlicher Transportmöglichkeiten • Identifikation alternativer Transportmöglichkeiten • Prüfung der Beschaffung auf dem Spotmarkt
Cluster 3 – Transparenz	• Zusammenarbeit - Teilen von Informationen • Zusammenarbeit - Kollaborative Planung • (Echtzeit-)Monitoring des Transports
Cluster 4 – Entkopplung	• Regionalisierung der Supply-Chain • Lieferantenentwicklung • Lieferantenauswahl unter Berücksichtigung des Risikobewusstseins • Beschaffung im Unternehmensverbund • Hohe Bestellfrequenz • Einplanen von Puffern in Bedarfsterminen
Cluster 5 – Direkter Ausgleich	• Sicherheitsbestand

Cluster 1 – Sichere Alternativen

Die Resilienzpotenziale in Cluster 1 stellen wie oben beschrieben sichere Alternativen dar. Dieses Cluster umfasst Resilienzpotenziale aus allen Bereichen der Beschaffungspolitik. Kennzeichnend für die Resilienzpotenziale innerhalb dieses Clusters ist, dass sie im Einflussbereich des betrachteten Unternehmens liegen. Das Ausgleichsvolumen ist entweder vertraglich vereinbart (Vorhalten zusätzlicher Transportkapazität, flexible Lieferantenverträge, Back-up-Lieferantenvertrag) oder kann direkt durch das betrachtete Unternehmen beeinflusst werden (Make-and-Buy, Sicherheitsbestand an zentralem Standort). Gleichzeitig ist das Ausgleichsvolumen, welches durch diese Resilienzpotenziale entsteht, jedoch begrenzt.

Die Resilienzpotenziale im Cluster *Sichere Alternativen* zeichnen sich überwiegend durch die Schaffung eines Handlungsrahmens aus. Bezogen auf den Wirkungsumfang sind die vertraglich vereinbarten Alternativen eingeschränkt und die anderen Resilienzpotenziale universell einsetzbar. Der Aufbau von sicheren Alternativen trägt im Störungsfall dazu bei, dass die Entscheidungs- und Reaktionsvorlaufzeit direkt verkürzt werden. Darüber hinaus sorgen die Einflussmöglichkeiten bei der Gestaltung dafür, dass die Erholungszeit sowie die Erholungsgeschwindigkeit direkt beeinflusst werden. Während der maximale Leistungseinbruch dadurch direkt gedämpft wird, sind die Resilienzpotenziale aufgrund des begrenzten Ausgleichsvolumens nicht geeignet, um den langfristigen Leistungseinbruch zu dämpfen.

Die überwiegend vorkommenden Ausprägungen in den unterschiedlichen Merkmalen für das Cluster *Sichere Alternativen* sind in Abbildung 6-27 innerhalb des morphologischen Kastens dargestellt. Eine Kennzeichnung zwischen zwei Merkmalsausprägungen bedeutet, dass innerhalb des Clusters sowohl Resilienzpotenziale mit der einen als auch mit der anderen Ausprägung auftreten (s. Merkmal *Wirkungsumfang*).

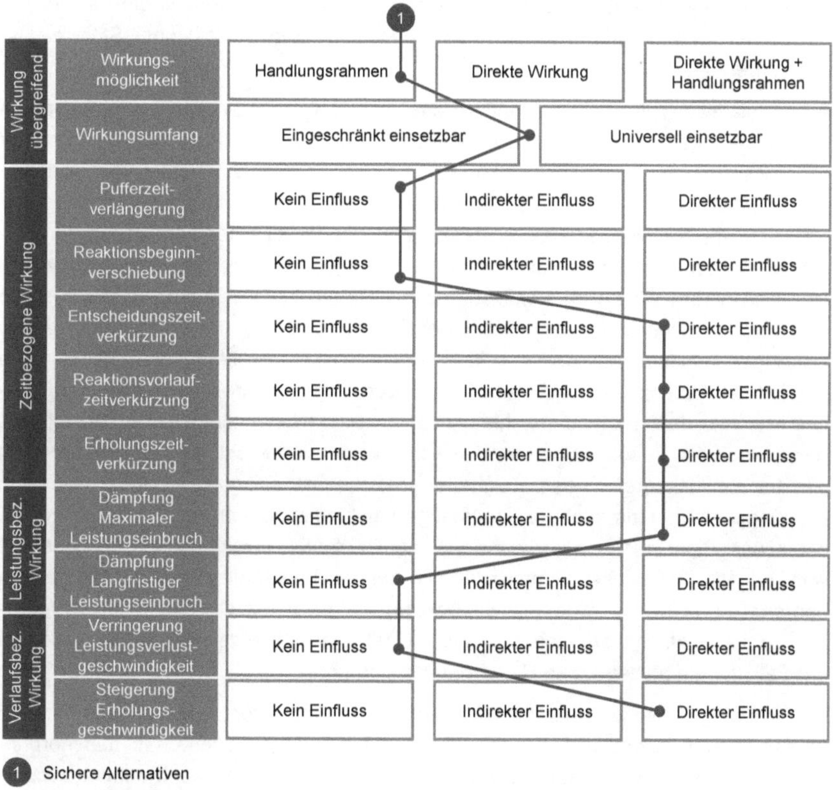

Abbildung 6-27: Eigenschaften des Clusters *Sichere Alternativen* (eigene Darstellung)

Cluster 2 – Potenzielle Alternativen

Das Cluster *Potenzielle Alternativen* ist das größte Cluster. Die hier eingeordneten Resilienzpotenziale kommen vornehmlich aus dem Bereich der Lieferantenpolitik. Alle Resilienzpotenziale aus Cluster 2 schaffen Möglichkeiten für Reaktionen im Störungsfall. Diese Reaktionsmöglichkeiten beziehen sich dabei sowohl auf die Lieferanten als auch auf den Transport. Anders als im Cluster *Sichere Alternativen* sind die Reaktionsmöglichkeiten in diesem Cluster jedoch abhängig von anderen Akteuren wie den Lieferanten oder den Transportdienstleistern. Die Einflussmöglichkeiten aus Sicht des betrachteten Unternehmens sind somit geringer und ein Ausgleich im Störungsfall ist nicht garantiert. Potenzielle Alternativen können einerseits durch eine gezielte Suche nach Alternativen (Substitute, Lieferanten, Transportrouten und -modus, Spotmarkt), die im Störungsfall eingesetzt werden sollen, geschaffen werden. Andererseits können auch bereits bestehende Redundanzen (Multiple Sourcing, geographische Diversifikation, verschiedene Lieferanten für unterschiedliche Standorte, unterschiedliche Transportmöglichkeiten), die auch im störungsfreien Zustand eingesetzt werden, als potenzielle Alternativen genutzt werden. Die Resilienzpotenziale innerhalb dieses Clusters unterscheiden sich darin, wie weit eine Reaktion bereits im Vorfeld eines Störereignisses vorbereitet ist.

Alle potenziellen Alternativen schaffen einen Handlungsrahmen. Die im störungsfreien Zustand eingesetzten Redundanzen haben darüber hinaus eine direkte Wirkung auf die Resilienz. Die potenziellen Alternativen beziehen sich auf Lieferanten oder den Transport und sind daher eingeschränkt einsetzbar. Wie die sicheren Alternativen, tragen auch die Resilienzpotenziale aus diesem Cluster zu einer Verkürzung der Entscheidungszeit bei. Die Reaktionsvorlaufzeit wird jedoch nicht von allen Resilienzpotenzialen dieses Clusters beeinflusst, da die Reaktionsvorbereitung unterschiedlich weit fortgeschritten ist. Die Umsetzung der Reaktionen dauert daher länger als bei den Resilienzpotenzialen des Clusters *Sichere Alternativen*. Darüber hinaus zeichnen sich die Resilienzpotenziale aus diesem Cluster durch einen indirekten Einfluss der Erholungszeit aus, da die Erholung abhängig von anderen Wertschöpfungspartnern ist. Das betrifft auch das Ausgleichsvolumen, welches weder vertraglich vereinbart ist noch im direkten Einflussbereich des betrachteten Unternehmens liegt. Sowohl der maximale Leistungseinbruch als auch der langfristige Leistungseinbruch werden daher indirekt beeinflusst. Kennzeichnend ist, dass auch der langfristige Leistungseinbruch gedämpft wird, da das Ausgleichsvolumen nicht wie bei den bereits vereinbarten Alternativen begrenzt ist. Teilweise tragen die Resilienzpotenziale dieses Clusters zu einer Verringerung der Leistungsverlustgeschwindigkeit bei. Dies ist bei den Resilienzpotenzialen der Fall, die auf bestehenden Redundanzen beruhen.

Die überwiegend vorkommenden Ausprägungen in den unterschiedlichen Merkmalen für das Cluster *Potenzielle Alternativen* sind in Abbildung 6-28 innerhalb des morphologischen Kastens dargestellt. Eine Kennzeichnung zwischen zwei Merkmalsausprägungen bedeutet, dass innerhalb des Clusters sowohl Resilienzpotenziale mit der einen als auch mit der anderen Ausprägung auftreten. Treten nicht benachbarte Ausprägungen auf, ist dies durch gestrichelte Linien gekennzeichnet.

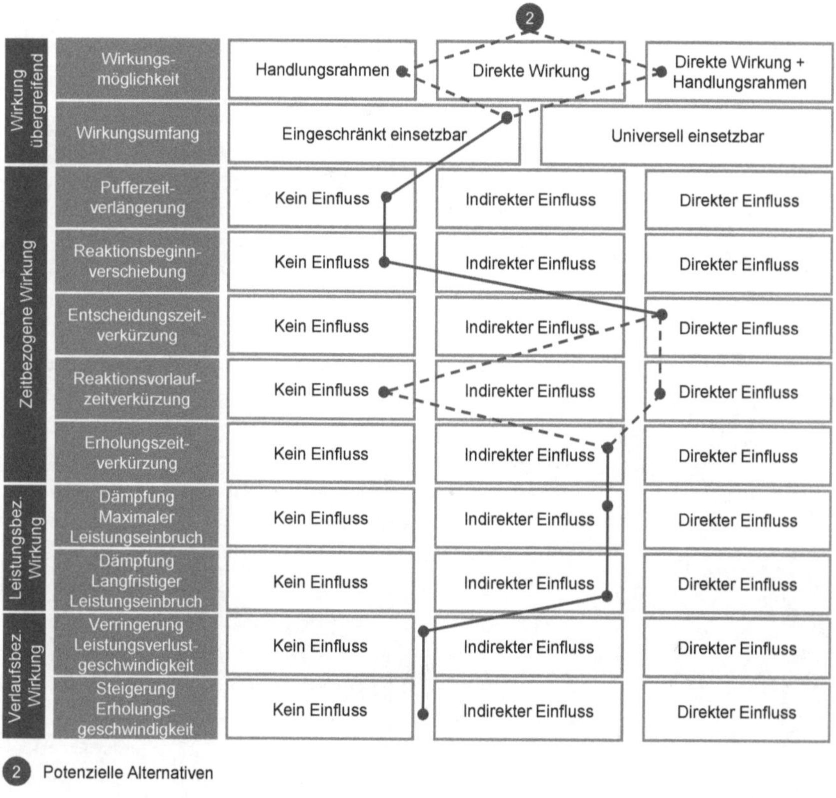

Abbildung 6-28: Eigenschaften des Clusters *Potenzielle Alternativen* (eigene Darstellung)

Cluster 3 – Transparenz

Die Resilienzpotenziale im Cluster *Transparenz* stehen im Zusammenhang mit dem Austausch von Informationen und der Zusammenarbeit mit Wertschöpfungspartnern. Alle hier eingeordneten Resilienzpotenziale sind dem Bereich der Lieferantenpolitik zugeordnet. Anders als die anderen Cluster besitzen die Resilienzpotenziale dieses Clusters vornehmlich eine Unterstützungsfunktion. Das bedeutet, dass die Resilienzpotenziale dieses Clusters zu einer gezielten Auswahl und Gestaltung anderer Reaktionen beitragen. Ohne weitere Reaktionen ermöglichen die Resilienzpotenziale dieses Clusters jedoch keine Erholung, da sie kein Ausgleichsvolumen schaffen.

Kennzeichnend für die Resilienzpotenziale des Clusters *Transparenz* ist die direkte Wirkung. Der Austausch von Informationen beeinflusst direkt den Reaktionszeitbeginn. Gleichzeitig führt die verbesserte Informationslage auch zu einer Verkürzung der Entscheidungs- und der Erholungszeit.

Die überwiegend vorkommenden Ausprägungen in den unterschiedlichen Merkmalen für das Cluster *Transparenz* sind in Abbildung 6-29 innerhalb des morphologischen Kastens dargestellt.

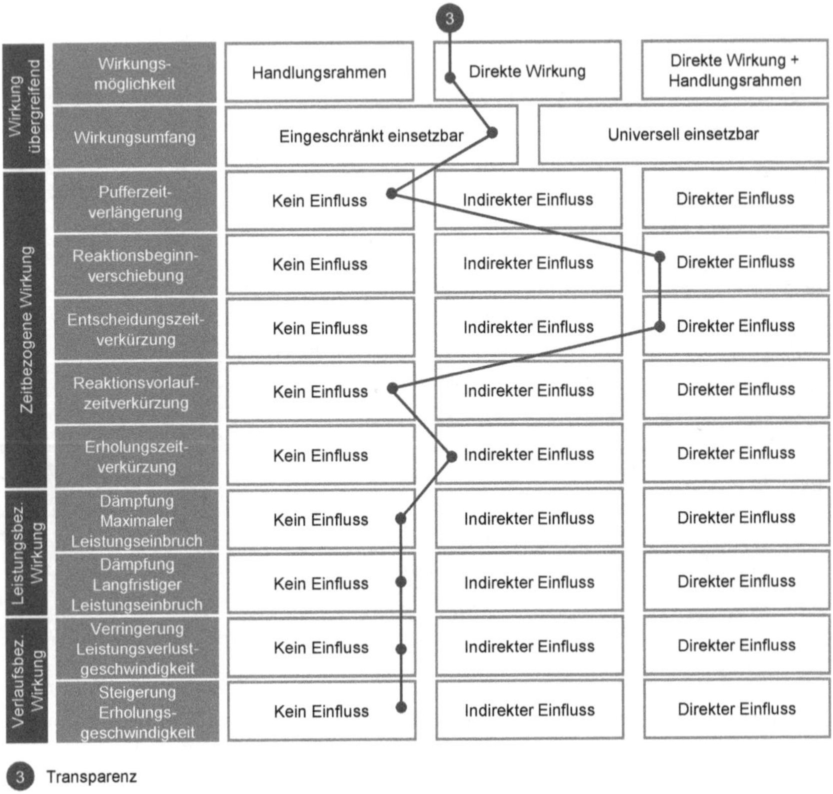

Abbildung 6-29: Eigenschaften des Clusters *Transparenz* (eigene Darstellung)

Cluster 4 – Entkopplung

Das Cluster *Entkopplung* beinhaltet Resilienzpotenziale, die dazu beitragen, dass sich Störungswirkungen aus anderen Betrachtungsobjekten der Supply-Chain nicht direkt auf die Materialverfügbarkeit im Wareneingang auswirken. Die Resilienzpotenziale dieses Clusters stammen aus dem Bereich der Lieferantenpolitik sowie der Bestell- und Lagerpolitik. Eine Entkopplung kann durch das Bestellverhalten (Einplanen von Puffern zwischen Bedarfsterminen, hohe Bestellfrequenz, Beschaffung im Unternehmensverbund), Beeinflussung der Transportwege (Regionalisierung der Supply-Chain) oder durch die Ausfallwahrscheinlichkeit von Lieferanten (Lieferantenentwicklung, Lieferantenauswahl) entstehen.

Kennzeichnend für die Resilienzpotenziale im Cluster *Entkopplung* ist ihre direkte Wirkung. Einige Resilienzpotenziale innerhalb dieses Clusters sind universell einsetzbar

(Beschaffung im Unternehmensverbund, hohe Bestellfrequenz, Einplanen von Puffern zwischen Bedarfsterminen) während andere nur eingeschränkt einsetzbar sind (Lieferantenentwicklung, Lieferantenauswahl, Regionalisierung der Supply-Chain). Die Resilienzpotenziale haben keinen Einfluss auf die zeitbezogenen und leistungsbezogenen Resilienzprinzipien. Dieses Cluster zeichnet sich dadurch aus, dass die enthaltenen Resilienzpotenziale überwiegend einen indirekten Einfluss auf die Leistungsverlustgeschwindigkeit haben. Die Verringerung der Leistungsverlustgeschwindigkeit entsteht durch eine Verringerung der Ausfallwahrscheinlichkeit von anderen Betrachtungsobjekten sowie des Ausfallvolumens. Darüber hinaus haben die Resilienzpotenziale teilweise auch einen indirekten Einfluss auf die Erholungsgeschwindigkeit.

Die überwiegend vorkommenden Ausprägungen in den unterschiedlichen Merkmalen für das Cluster *Entkopplung* sind in Abbildung 6-30 innerhalb des morphologischen Kastens dargestellt. Eine Kennzeichnung zwischen zwei Merkmalsausprägungen bedeutet, dass innerhalb des Clusters sowohl Resilienzpotenziale mit der einen als auch mit der anderen Ausprägung auftreten.

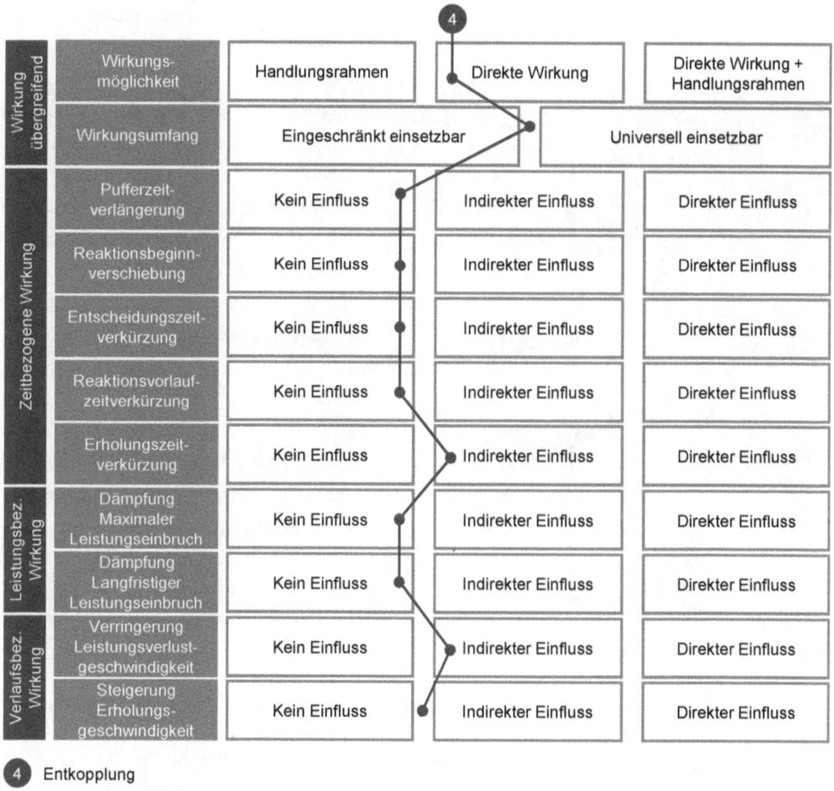

Abbildung 6-30: Eigenschaften des Clusters *Entkopplung* (eigene Darstellung)

Cluster 5 – Direkter Ausgleich

Das Cluster *Direkter Ausgleich* umfasst lediglich eins der analysierten Resilienzpotenziale. Kennzeichnend für das Resilienzpotenzial *Sicherheitsbestand* ist, dass es am Störungsort direkt einsetzbar ist und keine Reaktion erfordert. Es ist damit das einzige analysierte Resilienzpotenzial, dass die Pufferzeit im Wareneingang direkt verlängert. Darüber hinaus ist es universell einsetzbar und führt zu einer direkten Dämpfung des maximalen Leistungseinbruchs. Das mögliche Ausgleichsvolumen eines Sicherheitsbestands ist jedoch begrenzt, sodass sich dieses Resilienzpotenzial nicht zur Dämpfung des langfristigen Leistungseinbruchs eignet.

Die Ausprägungen in den unterschiedlichen Merkmalen für das Cluster *Direkter Ausgleich* sind in Abbildung 6-31 innerhalb des morphologischen Kastens dargestellt.

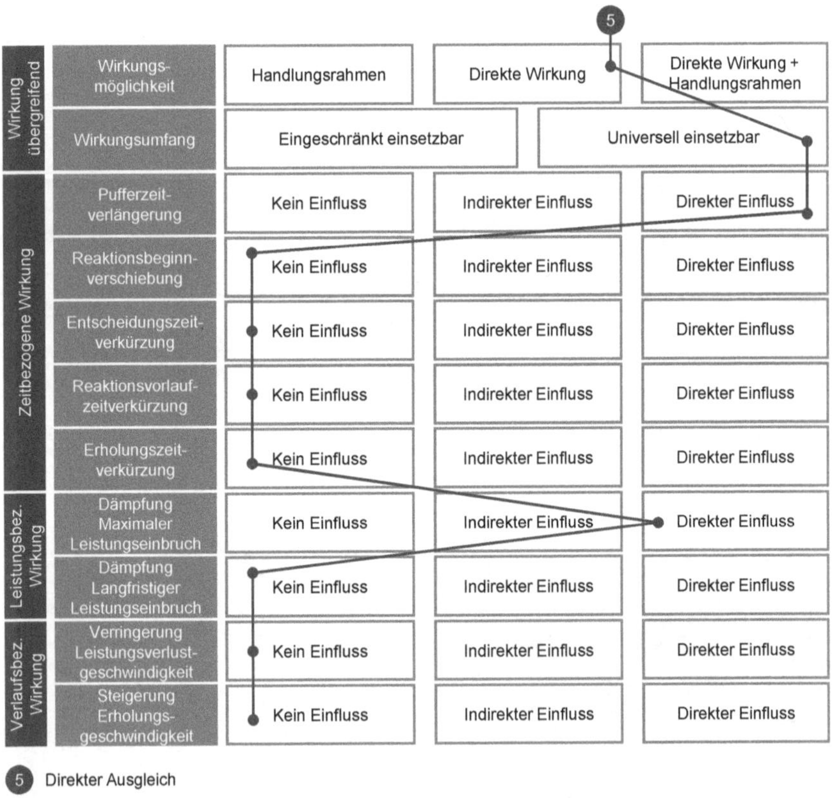

Abbildung 6-31: Eigenschaften des Clusters *Direkter Ausgleich* (eigene Darstellung)

Abschließend sind in Tabelle 6-12 die wesentlichen Charakteristika der fünf Clustern einander gegenübergestellt.

Tabelle 6-12: Gegenüberstellung der Resilienzpotenzialkategorien (eigene Darstellung)

Cluster	Charakteristika
Cluster 1 – Sichere Alternativen	• Verkürzung der Entscheidungszeit • **Verkürzung der Reaktionsvorlaufzeit** • Verkürzung der Erholungszeit • Dämpfung des maximalen Leistungseinbruchs • **Steigerung der Erholungsgeschwindigkeit**
Cluster 2 – Potenzielle Alternativen	• Verkürzung der Entscheidungszeit • indirekter Einfluss auf Erholungszeit • indirekter Einfluss auf maximalen Leistungseinbruch • **indirekter Einfluss auf langfristigen Leistungseinbruch**
Cluster 3 – Transparenz	• **Verschiebung des Reaktionsbeginns** • Verkürzung der Entscheidungszeit • indirekter Einfluss auf Erholungszeit
Cluster 4 – Entkopplung	• indirekter Einfluss auf Erholungszeit • **indirekter Einfluss auf Leistungsverlustgeschwindigkeit** • teilweise indirekter Einfluss auf Erholungsgeschwindigkeit
Cluster 5 – Direkter Ausgleich	• **Verlängerung der Pufferzeit** • Dämpfung des maximalen Leistungseinbruchs

Auffällig ist, dass sich jedes Clusters durch mindestens ein Merkmal besonders im Vergleich zu den anderen Clustern auszeichnet. Diese sind in der Tabelle fett gedruckt. Das Cluster *Sichere Alternativen* zeichnet sich durch eine direkte Beeinflussung der Reaktionsvorlaufzeit und der Erholungsgeschwindigkeit aus. Potenzielle Alternativen ermöglichen eine indirekte Dämpfung des langfristigen Leistungseinbruchs. Das Cluster *Transparenz* trägt als einziges Cluster zu einer Verschiebung des Reaktionsbeginns bei. Indirekter Einfluss auf die Leistungsverlustgeschwindigkeit ist kennzeichnend für das Cluster *Entkopplung*. Das Cluster *Direkter Ausgleich* hat als einziges Cluster einen direkten Einfluss auf die Pufferzeit.

6.4 Reflexion und Zusammenfassung der Ergebnisse

Als wesentliche Grundlage für die systematische Gestaltung der Resilienz in der Beschaffung und als Kernergebnis dieser Arbeit wurde in diesem Kapitel ein strukturierter Resilienzpotenzialkatalog entwickelt.

Die Resilienzpotenziale im Kontext der Beschaffung basieren auf bestehender Literatur zu Resilienzpotenzialen und Erfolgsfaktoren der Resilienz sowie der Analyse der Stellgrößen der Beschaffung (s. Kapitel 5.2.3). Insgesamt wurden so 24 Resilienzpotenziale in den vier Dimensionen Beschaffungsprogrammpolitik, Lieferantenpolitik, Kontraktpolitik und Lager- und Bestellpolitik identifiziert. Auffällig ist, dass in der Dimension der Lieferantenpolitik deutlich mehr Resilienzpotenziale identifiziert werden konnten als in den restlichen Dimensionen. Die Liste der identifizierten Resilienzpotenziale ist nicht als abschließende Liste aller möglichen Resilienzpotenziale zu verstehen. Vielmehr stellen die beschriebenen Resilienzpotenziale diejenigen Potenziale dar, die in der Literatur häufig genannt werden oder sich direkt aus den Stellgrößen ergeben. Somit gibt der Katalog einen Überblick über mögliche Gestaltungsoptionen. Die Liste der Potenziale kann jedoch bei Bedarf um weitere Resilienzpotenziale ergänzt werden.

Die Strukturierung der Resilienzpotenziale basiert auf der Analyse der Wirkung der einzelnen Resilienzpotenziale auf die unterschiedlichen Komponenten der Resilienz. Dabei wurde sowohl die direkte Wirkung als auch ein möglicher Handlungsrahmen für Reaktionen berücksichtigt. Für die Charakterisierung wurde ein morphologischer Kasten entwickelt, welcher vier Merkmalskategorien und 11 Merkmale umfasst. Für die jeweiligen Merkmalsausprägungen wurden Bewertungskriterien für die Einordnung definiert. Mithilfe des morphologischen Kastens wurden die einzelnen Resilienzpotenziale hinsichtlich der Wirkungsmöglichkeit und des Wirkungsumfangs sowie ihrer Beiträge zu den Resilienzprinzipien charakterisiert.

Zur Strukturierung des Resilienzpotenzialkatalogs wurden Potenzialkategorien ermittelt. Die Ermittlung dieser Potenzialkategorien erfolgte mithilfe einer Clusteranalyse. Die Datenbasis wurde durch eine Skalierung und Transformation der Charakterisierungsmerkmale aus dem morphologischen Merkmalsschema abgeleitet. Die Durchführung der Clusteranalyse erfolgte anhand des Weighted-Average-Linkage-Verfahrens. Als Ergebnis wurden fünf Resilienzpotenzialkategorien identifiziert. Jede dieser Kategorien zeichnet sich im Vergleich zu den anderen Kategorien durch mindestens ein Merkmal besonders aus. Im Vergleich zu bestehenden Strukturierungen von Maßnahmen bzw. Resilienzpotenzialen zeichnet sich der entwickelte Resilienzpotenzialkatalog insbesondere dadurch aus, dass die Kategorien die verschiedenen Wirkungsweisen der Resilienzpotenziale beschreiben. Der strukturierte Resilienzpotenzialkatalog schafft somit Verständnis darüber, wie Resilienz in der Beschaffung beeinflusst werden kann und was dies vor dem Hintergrund des multidimensionalen Resilienzkonzepts bedeutet. Dadurch stellen die Resilienzpotenzialkategorien eine wesentliche Grundlage für die gezielte Konfiguration der Resilienz dar. Die definierten Resilienzpotenzialkategorien und ihre wesentlichen Charakteristika ermöglichen außerdem die Einordnung weiterer Resilienzpotenziale.

7 Gestaltung der Resilienz in der Beschaffung

Das Gestaltungsmodell liefert Empfehlungen zur Konfiguration der Resilienz in der Beschaffung. Die Grundlage dafür bieten der Ordnungsrahmen der Resilienz in der Beschaffung (s. Kapitel 5) sowie der strukturierte Resilienzpotenzialkatalog (s. Kapitel 6). Zunächst wird die Grundstruktur des Resilienzkonfigurators beschrieben (s. Kapitel 7.1) und es werden Kennzahlen zur Bewertung des Resilienzportfolios definiert (s. Kapitel 7.2). Anschließend werden in Kapitel 7.3 die relevanten Zusammenhänge für die Bewertung und Gestaltung des Resilienzportfolios erläutert. Die Methode zur systematischen Konfiguration der Resilienz wird abschließend in Kapitel 7.4 vorgestellt. Teilergebnisse dieses Kapitels wurden vorveröffentlicht (s. SPIß ET AL. 2023).

7.1 Grundstruktur des Resilienzkonfigurators

Wie in Kapitel 1.2 beschrieben, umfasst eine Konfiguration die Komposition eines Objekts oder Prozesses aus Teilelementen unter Berücksichtigung von Restriktionen. Bezogen auf die Konfiguration der Resilienz in der Beschaffung bedeutet dies, dass einzelne Resilienzpotenziale ausgewählt und miteinander kombiniert werden. Die Resilienzpotenziale leisten dabei unterschiedliche Beiträge zu den identifizierten Resilienzprinzipien und somit zur Steigerung der Resilienz. Bei der Auswahl der Resilienzpotenziale gilt es zudem, bestehende Restriktionen, die sich aus den unternehmensindividuellen Rahmenbedingungen und dem Umfeld ergeben, zu berücksichtigen.

Die bisherigen Ergebnisse werden im Folgenden in einem Resilienzkonfigurator zusammengeführt, welcher die Grundlage für die systematische Konfiguration der Resilienz darstellt. Wesentliche Aspekte des Resilienzkonfigurators stellen somit die identifizierten Resilienzprinzipien, die ermittelten Resilienzpotenziale und -potenzialkategorien sowie die Beiträge der Resilienzpotenziale zu den Resilienzprinzipien dar. Der Resilienzkonfigurator schafft Verständnis über ein bestehendes Resilienzportfolio und unterstützt die Gestaltung des Resilienzportfolios. Als Resilienzportfolio werden dabei die bereits in einem Unternehmen angewendeten Resilienzpotenziale bezeichnet. Bezugspunkt eines Resilienzportfolios stellen Beschaffungsprodukte dar. Das Resilienzportfolio kann dabei sowohl für ein einzelnes Beschaffungsprodukt als auch für Beschaffungsproduktgruppen analysiert werden.

Mithilfe der Bewertung der angewendeten Resilienzpotenziale erlaubt der Resilienzkonfigurator einen Rückschluss auf die Ausprägungen der Resilienzprinzipien im Unternehmen. Während sich die Bewertung der Resilienzpotenziale auf die Spalten des Resilienzkonfigurators bezieht, steht die Bewertung der Resilienzprinzipien im Zusammenhang mit den Zeilen. In Abbildung 7-1 sind die Struktur des Resilienzkonfigurators und die sich daraus ergebenden Dimensionen für die Bewertung des Resilienzportfolios dargestellt.

Resilienzkonfigurator	Potenzialkategorie 1			Potenzialkategorie 2			...
	Resilienz-potenzial 1	...	...	Resilienz-potenzial n	...	...	...
Einordnung Resilienzportfolio	☑	☑	☐	☐	☑	☐	☑
Resilienzprinzipien: Resilienzprinzip 1	++	+					
Resilienzprinzipien: Resilienzprinzip 2				++	+		+
Resilienzprinzipien: ...	++	++	+	+		+	
Resilienzprinzipien: ...				++			++
Resilienzprinzipien: ...		+		+	++		
Auswertung							

Dimension Resilienzprinzipien

Dimension Resilienzpotenziale und -kategorien

Abbildung 7-1: Struktur des Resilienzkonfigurators (eigene Darstellung)

Die Kennzahlen zur Bewertung der Dimensionen werden im Folgenden definiert.

7.2 Definition von Kennzahlen zur Bewertung des Resilienzportfolios

Für die Bewertung des Resilienzportfolios eines Unternehmens werden im Folgenden Kennzahlen definiert. Kennzahlen geben quantitativ erfassbare Sachverhalte in konzentrierter Form wieder (s. WERNER 2020, S. 403). Dadurch stellen Kennzahlen Transparenz her und ermöglichen die Durchführung von Vergleichen (s. PIONTEK 2016, S. 186). Als Grundlage für die Ableitung der Kennzahlen dient die oben beschriebene Struktur des Resilienzkonfigurators. Die Kennzahlen bauen auf übergeordneten Ansätzen für die Gestaltung der Resilienz auf, die zunächst beschrieben werden. Anschließend werden die Kennzahlen in den Dimensionen Resilienzprinzipien und Resilienzpotenziale definiert.

7.2.1 Übergeordnete Gestaltungsansätze

Die übergeordneten Ansätze für die Gestaltung der Resilienz basieren einerseits auf den bestehenden Ansätzen zur Gestaltung der Resilienz (s. Kapitel 3). Andererseits werden Aspekte aus den Bereichen der strategischen Unternehmensplanung, der Projektportfolioplanung sowie der Produktentwicklung berücksichtigt. Ziel der strategischen Unternehmensplanung ist die Ermittlung der möglichst vorteilhaften Mischung unterschiedlicher Produkt-Markt-Kombinationen aus Gesamtunternehmenssicht (s. BAUM ET AL. 2013, S. 219). Die Projektportfolioplanung beschäftigt sich mit der Auswahl durchzuführender Projekte aus einer Menge potenzieller Projekte in einem Unternehmen (s. HÜLS 2021, S. 69). Planungsprämissen, die in diesen Bereichen angewendet werden, lassen sich auf die Gestaltung des Resilienzportfolios übertragen.

Ein wesentlicher Aspekt bei der Planung und Entwicklung der Produkt-Markt-Kombinationen ist die Berücksichtigung der Unternehmensziele (s. BAUM ET AL. 2013, S. 220–221). In Abhängigkeit der Strategie des Unternehmens lassen sich Entscheidungen für die einzelnen Produkt-Markt-Kombinationen ermitteln (s. BAUM ET AL. 2013, S. 216). Auch im Bereich der Projektportfolioplanung stellt die Berücksichtigung der strategischen Ziele eine wichtige Planungsprämisse dar (s. MOHAGHEGHI ET AL. 2019, S. 1381). Dies gilt auch für die Konfiguration der Resilienz. HEẞ U. KLEINLEIN betonen, dass die Gestaltung der Resilienz im Einkauf unter Berücksichtigung der Zielsetzungen des Einkaufs erfolgen muss und dadurch Komplexität in der Gestaltung entsteht (s. HEẞ U. KLEINLEIN 2021, S. 38). SHEFFI U. RICE erläutern, dass es keine richtigen oder falschen Maßnahmen gibt, sondern die einzelnen Maßnahmen mit der Strategie übereinstimmen und im Gesamtkontext betrachtet werden müssen (s. SHEFFI U. RICE 2005, S. 45). Als erster Gestaltungsansatz wird daher die Berücksichtigung der übergeordneten Unternehmensstrategie definiert. Vor dem Hintergrund der Konfiguration der Resilienz in der Beschaffung bezieht dieser Gestaltungsansatz insbesondere auch die Beschaffungsstrategie eines Unternehmens ein.

Die Produktportfolioanalyse baut auf einem Streben nach Ausgewogenheit auf. Der Gedanke der Diversifikation eines Portfolios, der ursprünglich aus der Finanzwirtschaft kommt, wird bei der strategischen Unternehmensplanung berücksichtigt. (s. BAUM ET AL. 2013, S. 218) Im Rahmen der Produkt-Markt-Kombinationen umfasst das Ausgewogenheitspostulat zwei Perspektiven: Die Entwicklungsperspektive basiert auf der Annahme, dass Produkte verschiedene Lebenszyklusphasen durchlaufen. In einem ausgewogenen Produktportfolio sollen sich die einzelnen Produkt-Markt-Kombinationen auf unterschiedliche Zyklusphasen verteilen, um eine strategische Tragfähigkeit sicherzustellen. (s. BAUM ET AL. 2013, S. 219) Die Finanzperspektive betrifft den Finanzstatus, der mit bestimmten Lebenszyklusphasen einhergeht. Dabei stellt Ausgewogenheit den langfristigen Ausgleich zwischen Finanzüberschüssen und -bedarfen sicher. (s. BAUM ET AL. 2013, S. 219) Das Grundprinzip einer ausgewogenen Gestaltung lässt sich auch auf das Resilienzportfolio übertragen. Die Gestaltung der Resilienz sollte alle Phasen (vor, während und nach einer Störung) berücksichtigen (s. ADOBOR U. MCMULLEN 2018, S. 1452; DUCHEK 2020, S. 233). Dabei ist eine Balance zwischen unterschiedlichen Resilienzprinzipien erforderlich, da der übermäßige Fokus auf ein einzelnes Prinzip katastrophale Folgen haben kann (s. DATTA ET AL. 2007, S. 29). In der Literatur werden häufig Robustheit und Agilität als zwei wesentliche Gestaltungsmöglichkeiten betrachtet. Auch dabei sollte eine Ausgewogenheit hergestellt und beide Gestaltungsmöglichkeiten berücksichtigt werden. Während Redundanz zur Schaffung von Robustheit bis zu einem gewissen Grad Teil jeder Resilienzstrategie ist, sollte ebenso Flexibilität zur Schaffung von Agilität integriert werden (s. SHEFFI U. RICE 2005, S. 41). Insbesondere vor dem Hintergrund, dass nicht viele Störungen vorhersehbar sind, stellt Agilität eine wesentliche Fähigkeit für den Umgang mit Störungen dar (s. BURNARD ET AL. 2018, S. 360; MELNYK ET AL. 2014a, S. 37). Der zweite Gestaltungsansatz bezieht sich somit auf die Ausgewogenheit des Resilienzportfolios. Bei der Gestaltung der Resilienz sollten alle Resilienzprinzipien berücksichtigt werden.

Im Bereich von Produkten und technischen Systemen stellt die Zuverlässigkeit einen wesentlichen Aspekt bei der Gestaltung und im Betrieb der Produkte und Systeme dar. Dabei beschreibt Zuverlässigkeit, dass Funktionen oder Komponenten eines Systems im Betrieb nicht versagen (s. ZINNIKER 2014, S. 470). In diesem Zusammenhang wird auch der Begriff Verfügbarkeit verwendet. Hier wird die Wahrscheinlichkeit, dass ein System zu einem Zeitpunkt funktioniert, betrachtet. (s. ZINNIKER 2014, S. 470) Die Zuverlässigkeit eines Systems hängt sowohl von der Auslegung des Systems als auch von den betrieblichen Einflüssen ab (s. ZINNIKER 2014, S. 473). Übertragen auf die Gestaltung der Resilienz sollte berücksichtigt werden, wie zuverlässig die einzelnen Komponenten eines Resilienzportfolios im Störungsfall zu einer Verbesserung der Resilienz beitragen. Das Resilienzportfolio sollte demnach so gestaltet sein, dass die Wirkung auf die einzelnen Resilienzprinzipien möglichst zuverlässig ist und die einzelnen Komponenten im Störungsfall verfügbar sind. Als dritter Gestaltungsansatz wird daher die Berücksichtigung der Zuverlässigkeit und Verfügbarkeit des Resilienzportfolios definiert.

Bei der Planung von Projektportfolios sind insbesondere begrenzte Ressourcen zu berücksichtigen (s. MOHAGHEGHI ET AL. 2019, S. 1381). Begrenzte Ressourcen umfassen dabei sowohl finanzielle als auch personelle Aspekte. Auch bei der Gestaltung der Resilienz stellen begrenzte Ressourcen einen wesentlichen Aspekt dar. Limitierte Ressourcen erfordern einen Trade-off zwischen unterschiedlichen Optionen, die zur Steigerung der Resilienz beitragen (s. BURNARD ET AL. 2018, S. 360). Alle Resilienzpotenziale werden vor dem Hintergrund der entstehenden Kosten nicht umgesetzt werden können. Bei der Gestaltung muss somit entschieden werden, in welche Maßnahmen die limitierten Ressourcen investiert werden (s. MELNYK ET AL. 2014a, S. 37). Der vierte Gestaltungsansatz umfasst daher die Berücksichtigung begrenzter Ressourcen. Insbesondere die Kosten von Resilienzpotenzialen sind im Rahmen der Gestaltung zu berücksichtigen.

Ein Kriterium zur Auswahl von Projekten im Rahmen der Projektportfolioplanung stellt Synergie dar. Die Nutzung von Synergien bei der Kombination gewisser Projekte erlaubt die Einsparung von Ressourcen und die Verbesserung der erzielten Ergebnisse (s. MOHAGHEGHI ET AL. 2019, 1392). Dies gilt auch für die Gestaltung der Resilienz (s. ADOBOR U. MCMULLEN 2018, S. 1452). Synergien können sowohl zwischen einzelnen Resilienzprinzipien als auch zwischen Resilienzpotenzialen bestehen. Als fünfter Gestaltungsansatz wird daher die Berücksichtigung von Synergien definiert.

Zusammenfassend sind folgende übergeordnete Gestaltungsansätze bei der Konfiguration der Resilienz zu berücksichtigen:

1. Bei der Gestaltung der Resilienz soll die übergeordnete Unternehmens- und Beschaffungsstrategie berücksichtigen werden.
2. Bei der Gestaltung der Resilienz soll auf eine Ausgewogenheit des Resilienzportfolios geachtet werden.
3. Bei der Gestaltung der Resilienz sollen die Zuverlässigkeit und Verfügbarkeit des Resilienzportfolios berücksichtigt werden.

4. Bei der Gestaltung der Resilienz sind begrenzte Ressourcen zu berücksichtigten und bei der Auswahl von Resilienzpotenzialen sollen die Kosten beachtet werden.
5. Bei der Gestaltung der Resilienz sollen Synergien genutzt werden.

7.2.2 Kennzahlen der Dimension *Resilienzprinzipien*

Grundsätzlich können zwei Arten von Kennzahlen unterschieden werden: absolute und relative Kennzahlen. Absolute Kennzahlen beschreiben „die tatsächliche Ausprägung einer technischen, wirtschaftlichen oder logistischen Größe" (PIONTEK 2016, S. 187). Dabei referenzieren sie nicht auf andere Größen. Beispiele für die Berechnung von absoluten Kennzahlen stellen Einzelwerte, Summen und Mittelwerte dar. (s. GOTTMANN 2019, S. 47) Relative Kennzahlen hingegen setzen mindestens zwei Größen miteinander in Beziehung, wobei die Beobachtungszahl im Zähler und die Bezugszahl im Nenner steht (s. PIONTEK 2016, S. 187).

Wie oben beschrieben, beziehen sich die Kennzahlen in der Dimension *Resilienzprinzipien* auf die Zeilen des Resilienzkonfigurators. Jedem Resilienzpotenzial r ist ein Zustandswert zugeordnet, der angibt, ob das Resilienzpotenzial aktiviert ist oder nicht:

$$x_r = \begin{cases} 0, & Resilienzpotenzial\ ist\ nicht\ aktiviert \\ 1, & Resilienzpotenzial\ ist\ aktiviert \end{cases}$$

Anhand der in Kapitel 6.2 und 6.3 ermittelten Zusammenhänge lassen sich Zeilensummen je Resilienzprinzip i aus den Beiträgen b_{ir} der aktivierten Resilienzpotenziale r bilden. Es gilt die folgende Formel:

$$Zeilensumme_i = \sum_r x_r b_{ir} \tag{7.1}$$

Bei einem direkten Einfluss des vorhandenen Resilienzpotenzials auf das betrachtete Resilienzprinzip wird die Zeilensummer somit um eins erhöht. Bei einem indirekten Einfluss wird die Zeilensumme entsprechend um 0,5 erhöht.

Für die Definition der Kennzahlen sind insbesondere der zweite und dritte Gestaltungsansatz von Bedeutung: Einerseits sollen die Kennzahlen eine Bewertung der Ausgewogenheit des Resilienzportfolios bezogen auf die Resilienzprinzipien ermöglichen. Andererseits soll mithilfe der Kennzahlen eine Aussage über die Zuverlässigkeit des Resilienzportfolios getroffen werden können.

Für die Bewertung der Ausgewogenheit des Resilienzportfolios ist es entscheidend, dass möglichst alle Resilienzprinzipien vorhanden sind. Zur Bewertung wird daher die Kennzahl *Beitragsanteil* definiert, die für jedes Resilienzprinzip ermittelt wird. Der Beitragsanteil ergibt sich aus dem Anteil der Zeilensumme eines Resilienzprinzips von der Summe aller Zeilensummen gemäß folgender Formel:

$$Beitragsanteil_i = \frac{Zeilensumme_i}{\sum_i Zeilensumme_i}\ \% \tag{7.2}$$

Die Kennzahl veranschaulicht somit, wie viel Prozent des Gesamtbeitrags zur Resilienz in Resilienzprinzip i stattfindet. Bei der Analyse dieser Kennzahl muss berücksichtigt werden, dass die Verteilung der Beiträge auf die einzelnen Resilienzprinzipien nicht gleichmäßig ist und dass die einzelnen Resilienzpotenziale jeweils zu mehreren Resilienzprinzipien beitragen. Insbesondere die Resilienzprinzipien Entscheidungszeitverkürzung, Reaktionsvorlaufzeitverkürzung, Erholungszeitverkürzung und die Dämpfung des maximalen Leistungseinbruchs werden von einer Vielzahl der identifizierten Resilienzpotenziale beeinflusst. Dies führt dazu, dass die Beitragsanteile für diese Resilienzprinzipien tendenziell höher ausfallen. Dennoch zeigt die Analyse der Beitragsanteile auf, ob bestimmte Resilienzprinzipien nicht oder nur sehr wenig durch das Resilienzportfolio beeinflusst werden.

Für die Anwendbarkeit der Resilienzpotenziale im Störungsfall ist es entscheidend, ob die aktivierten Resilienzpotenziale universell oder eingeschränkt einsetzbar sind. Daher werden basierend auf der Kennzahl *Beitragsanteil* zwei weitere Kennzahlen definiert. Je Beitragsanteil wird betrachtet, welcher Anteil durch universell einsetzbare Resilienzpotenziale und welcher Anteil durch eingeschränkt einsetzbare Resilienzpotenziale erzeugt wird. Dafür werden zwei Unterzeilensummen gebildet, in denen jeweils nur die universell (R_u) bzw. eingeschränkt einsetzbaren (R_e) aktivierten Resilienzpotenziale berücksichtigt werden. Daraus folgen die beiden Kennzahlen *Universell einsetzbarer Beitrag* und *Eingeschränkt einsetzbarer Beitrag*:

$$Universell\ einsetzbarer\ Beitrag_i = \frac{\sum_r x_r b_{ir}}{Zeilensumme_i} \%\ mit\ r \in R_u \tag{7.3}$$

$$Eingeschränkt\ einsetzbarer\ Beitrag_i = \frac{\sum_r x_r b_{ir}}{Zeilensumme_i} \%\ mit\ r \in R_e \tag{7.4}$$

Die Analyse dieser Kennzahlen kann einen Hinweis darauf geben, in welchen Fällen bestimmte Einsatzszenarien vor dem Hintergrund der Rahmenbedingungen, die ein Unternehmen ausgesetzt ist, geprüft werden sollten.

Wie oben beschrieben wird die Zuverlässigkeit durch die Auslegung eines Systems beeinflusst. Dabei werden zwei Arten von Systemarchitekturen unterschieden: Serienstrukturen und redundante Strukturen. Liegt eine Serienarchitektur vor, führt der Ausfall einer Komponente zum Ausfall des gesamten Systems (s. ZINNIKER 2014, S. 480). Bei redundanten Strukturen liegen „mehr funktionsfähige Mittel in einer Einheit [vor], als für die Erfüllung der geforderten Funktion notwendig sind" (DIN 40041, S. 9). Dadurch wird die Häufigkeit von Ausfällen verringert (s. ZINNIKER 2014, S. 481). Redundanzen erhöhen somit die Zuverlässigkeit. Zur Bewertung der Zuverlässigkeit des Resilienzportfolios in Bezug auf die Beiträge zu den Resilienzprinzipien wird daher die Anzahl der aktivierten Resilienzpotenziale betrachtet, die einen Beitrag zu dem jeweiligen Resilienzprinzip leisten. Dabei wird davon ausgegangen, dass durch das Vorliegen mehrerer Resilienzpotenziale die Wahrscheinlichkeit erhöht wird, dass die Resilienzpotenziale im Störungsfall ihre Wirkung zeigen. Als weitere Kennzahl wird somit die Anzahl beitragender Potenziale bezogen auf ein Resilienzprinzip definiert.

$$Anzahl\ beitragender\ Potenziale_i = \sum_r x_r\ mit\ b_{ir} \neq 0 \tag{7.5}$$

Auch hier ist bei der Analyse zu berücksichtigen, dass die Anzahl möglicher Potenziale innerhalb des Resilienzpotenzialkatalogs, die zu einem Resilienzpotenzial beitragen können, unterschiedlich ist. Dennoch gibt die Anzahl beitragender Potenziale Hinweise darauf, bei welchen Resilienzpotenzialen bei der Auslegung ein besonderer Fokus auf die Sicherstellung der Verfügbarkeit gelegt werden sollte.

7.2.3 Kennzahlen der Dimension *Resilienzpotenziale*

Die Kennzahlen in der Dimension *Resilienzpotenziale* beziehen sich, wie oben beschrieben, auf die Spalten des Resilienzkonfigurators. Bei der Bewertung dieser Dimension sind anders als bei der Dimension *Resilienzprinzipien* nicht die Beiträge der aktivierten Resilienzpotenziale relevant, sondern die Anzahl der aktivierten Resilienzpotenziale. Jedes Resilienzpotenzial r ist dabei einer Resilienzpotenzialkategorie k zugeordnet.

$$z_{k,r} = \begin{cases} 0, & Resilienzpotenzial\ r\ ist\ Kategorie\ k\ nicht\ zugeordnet \\ 1, & Resilienzpotenzial\ r\ ist\ Kategorie\ k\ zugeordnet \end{cases}$$

Wie bei den Kennzahlen der Dimension *Resilienzprinzipien* sind für die Definition der Kennzahlen auch in dieser Dimension insbesondere der zweite und dritte Gestaltungsansatz von Bedeutung: Einerseits sollen die Kennzahlen eine Bewertung der Ausgewogenheit des Resilienzportfolios bezogen auf die Resilienzpotenzialkategorien ermöglichen. Andererseits soll mithilfe der Kennzahlen eine Aussage über die Zuverlässigkeit des Resilienzportfolios getroffen werden können.

Für die Bewertung der Ausgewogenheit in dieser Dimension werden die aktivierten Resilienzpotenziale in den einzelnen Resilienzpotenzialkategorien betrachtet. Als Kennzahl wird der Verteilungsgrad definiert. Dieser wird pro Resilienzpotenzialkategorie k gemäß der folgenden Formel ermittelt:

$$Verteilungsgrad_k = \frac{\sum_r z_{k,r} x_r}{\sum_r x_r} \% \tag{7.6}$$

Die Kennzahl veranschaulicht die Verteilung der aktivierten Resilienzpotenziale über die verschiedenen Kategorien.

Die Bewertung der Zuverlässigkeit erfolgt, wie in der Dimension *Resilienzprinzipien*, über die Betrachtung der Anzahl der aktivierten Resilienzpotenziale je Kategorie. Je mehr Potenziale aus einer Kategorie aktiviert sind, desto wahrscheinlicher ist es, dass die Kategorie im Störungsfall verfügbar ist. Als weitere Kennzahl wird daher die Anzahl aktivierter Potenziale je Kategorie definiert.

$$Anzahl\ aktivierter\ Potenziale_k = \sum_r z_{k,r} x_r \tag{7.7}$$

Bei der Analyse dieser Kennzahl ist zu berücksichtigen, dass die Anzahl der möglichen Resilienzpotenziale in den einzelnen Kategorien unterschiedlich ist.

7.3 Analyse der relevanten Zusammenhänge für die Bewertung und Gestaltung des Resilienzportfolios

Der Einsatz von Kennzahlen erfordert eine Interpretation der Kennzahlen, wobei der Kontext berücksichtigt werden muss (s. GOTTMANN 2019, S. 38). Für die Interpretation der Kennzahlen ist es daher erforderlich, die Zusammenhänge zwischen den betrachteten Aspekten zu berücksichtigen. Relevante Zusammenhänge für die zuvor definierten Kennzahlen bestehen dabei zwischen den einzelnen Resilienzprinzipien, zwischen den verschiedenen Resilienzpotenzialkategorien und den Resilienzpotenzialen sowie zwischen den Resilienzpotenzialen und den daraus entstehenden Kosten. Diese Zusammenhänge beeinflussen die Bedeutung einzelner Kennzahlen. Je nach Ausprägung einer Kennzahl kann sich die Bedeutung einer anderen Kennzahl verändern. Für die Bewertung und Gestaltung des Resilienzportfolios ist daher die Analyse der Zusammenhänge erforderlich.

7.3.1 Zusammenhänge zwischen Resilienzprinzipien

Die verschiedenen Resilienzprinzipien stellen unterschiedliche Zielgrößen dar, die durch die Gestaltung des Resilienzportfolios beeinflusst werden. Dabei bestehen Zusammenhänge zwischen den einzelnen Resilienzprinzipien, die bei der Bewertung und Gestaltung berücksichtigt werden müssen. Die Zusammenhänge führen dazu, dass eine starke Ausprägung in einem Resilienzprinzip eine schwache Ausprägung in einem anderen Resilienzprinzip kompensieren kann.

Zur Ermittlung der Kompensationsmöglichkeiten werden im Folgenden zunächst je Resilienzprinzip die konkreten Auswirkungen einer resilienzsteigernden Veränderung des Prinzips auf die Resilienz analysiert. Dafür wird der Ordnungsrahmen zur Beschreibung und Strukturierung der Resilienz (s. Kapitel 5) genutzt und die Veränderung der Fläche zwischen den Kurven des Ausgangsniveaus und der Leistungsfähigkeit im Störungsverlauf betrachtet, welche durch eine Veränderung des Resilienzprinzips hervorgerufen wird. Anschließend werden die Resilienzprinzipien paarweise miteinander verglichen, um mögliche Kompensationen zu identifizieren. Für die Analyse der Auswirkungen wird dabei eine vereinfachte Darstellung gewählt, welche sich an der Darstellung des Resilienzdreiecks nach BRUNEAU ET AL. orientiert. Vereinfacht werden sowohl der Leistungsabfall bis zum Beginn der Reaktionswirkung als auch die Leistungszunahme bis zum Ende der Störung gemittelt über die Zeit betrachtet. So entsteht ein Dreieck, was sich wiederum aus zwei Teildreiecken zusammensetzt (s. Abbildung 7-2).

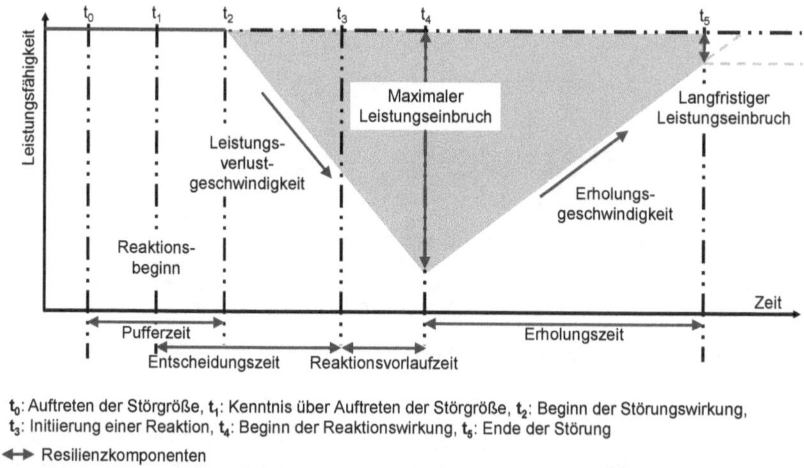

Abbildung 7-2: Vereinfachte Darstellung des Ordnungsrahmens (eigene Darstellung)

Insgesamt können folgende Veränderungen der Fläche im Vergleich zu der Ursprungsfläche auftreten:

- Symmetrische Verkleinerung des linken bzw. rechten Teildreiecks (horizontale und vertikale Stauchung)
- Vertikale Stauchung des linken bzw. rechten Teildreiecks
- Horizontale Stauchung des linken bzw. rechten Teildreiecks

Für die einzelnen Betrachtungen werden die jeweils anderen Resilienzprinzipien nach Möglichkeit konstant gehalten. Aufgrund der bestehenden Zusammenhänge kann die Veränderung eines Resilienzprinzips in einigen Fällen die Veränderung weiterer Resilienzprinzipien bewirken.

Auswirkung einer Pufferzeitverlängerung

Durch eine Pufferzeitverlängerung wird die Zeit bis zum Auftreten des Leistungseinbruchs verlängert (s. Abbildung 7-3).

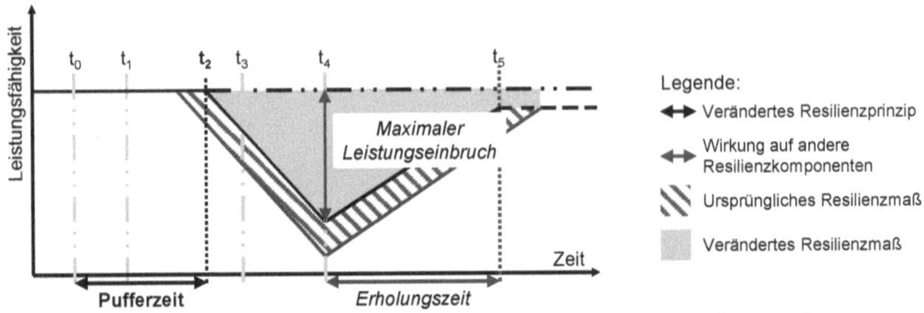

t_0: Auftreten der Störgröße, t_1: Kenntnis über Auftreten der Störgröße, t_2: Beginn der Störungswirkung, t_3: Initiierung einer Reaktion, t_4: Beginn der Reaktionswirkung, t_5: Ende der Störung

Abbildung 7-3: Auswirkung einer Pufferzeitverlängerung (eigene Darstellung)

Dabei bewirkt eine längere Pufferzeit, dass der Zeitpunkt, an dem der Leistungseinbruch beginnt (Beginn der Störungswirkung), zeitlich nach hinten verschoben wird. In der Flächenbetrachtung ergibt sich dadurch zusätzlich eine Dämpfung des maximalen Leistungseinbruchs. Das ist darin begründet, dass eine Pufferzeitverlängerung durch einen Ausgleich der Störungswirkung erfolgt. Das gesamte Ausfallvolumen wird somit um den ausgeglichenen Anteil reduziert. Daraus folgt eine Verkürzung der Erholungszeit, da weniger Volumen ausgeglichen werden muss. Insgesamt werden somit beide betrachteten Teildreiecke symmetrisch verkleinert und zeitlich nach hinten verschoben, da der Leistungseinbruch später erfolgt.

Für den Sonderfall einer indirekten Pufferzeitverlängerung, die wie oben beschrieben durch eine Entkopplung zweier Betrachtungsobjekte entsteht, gilt, dass der Zeitpunkt Auftreten der Störgröße im Betrachtungsobjekt zeitlich nach hinten verschoben wird. Dadurch wird wiederum auch der Zeitpunkt *Beginn der Störungswirkung* zeitlich nach hinten verschoben. Somit ändert sich zwar nicht die Zeitspanne zwischen den beiden Zeitpunkten, aber im Vergleich zu den ursprünglichen Zeitpunkten wird auch hier der Zeitpunkt, an dem der Leistungseinbruch beginnt, zeitlich nach hinten verschoben. Die Fläche wird jedoch nicht verkleinert.

Auswirkung einer Reaktionsbeginnverschiebung

Eine Reaktionsbeginnverschiebung ermöglicht einen früheren Start der Reaktionsaktivitäten und ist abhängig von der Kenntnis über das Störereignis (s. Abbildung 7-4).

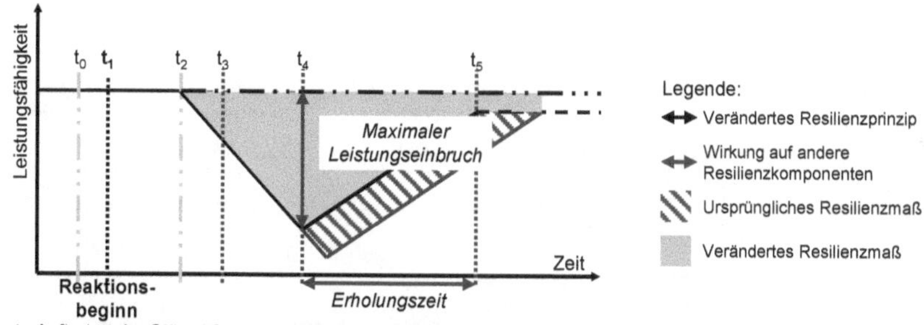

t_0: Auftreten der Störgröße, t_1: Kenntnis über Auftreten der Störgröße, t_2: Beginn der Störungswirkung, t_3: Initiierung einer Reaktion, t_4: Beginn der Reaktionswirkung, t_5: Ende der Störung

Abbildung 7-4: Auswirkung einer Reaktionsbeginnverschiebung (eigene Darstellung)

Dabei bedeutet eine Reaktionsbeginnverschiebung, dass der Zeitpunkt *Kenntnis über das Auftreten einer Störgröße* zeitlich früher geschieht. Bei der Analyse der Auswirkung einer Reaktionsbeginnverschiebung auf das Resilienzdreieck wird im Folgenden davon ausgegangen, dass eine Reaktion beginnt, sobald Kenntnis über das Störereignis besteht. Folglich wird der Zeitpunkt, an dem die Reaktion beginnt, zeitlich nach vorne verschoben. Auch in diesem Fall ist graphisch eine Dämpfung des maximalen Leistungseinbruchs zu erkennen, da bei gleichem Ablauf der Reaktion der Beginn der Reaktionswirkung und damit das Ende der Leistungsabnahme zeitlich früher erreicht wird. Dies kann nur unter der Voraussetzung erfolgen, dass eine Reaktion mit verfügbaren Ausgleichsvolumen getätigt wird. Zusätzlich ist eine Verkürzung der Erholungszeit zu erkennen, da weniger Volumen ausgeglichen werden muss. Die graphische Darstellung des Resilienzdreiecks zeigt die gleichen, verkleinerten Teildreiecke, welche auch bei einer Pufferzeitverlängerung entstehen. Der Leistungseinbruch erfolgt jedoch früher.

Auswirkung einer Entscheidungszeitverkürzung

Die Entscheidungszeitverkürzung beinhaltet einen Eingriff in das System und bedeutet eine schnellere Auswahl einer Reaktion. Dadurch kann die Reaktion schneller initiiert werden (s. Abbildung 7-5).

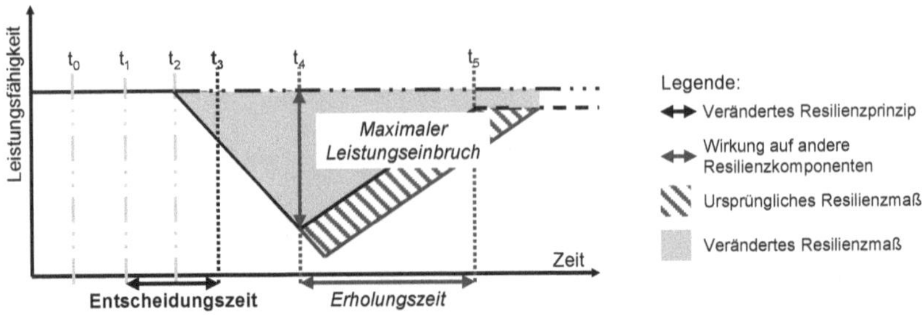

t_0: Auftreten der Störgröße, t_1: Kenntnis über Auftreten der Störgröße, t_2: Beginn der Störungswirkung, t_3: Initiierung einer Reaktion, t_4: Beginn der Reaktionswirkung, t_5: Ende der Störung

Abbildung 7-5: Auswirkung einer Entscheidungszeitverkürzung (eigene Darstellung)

Der Zeitpunkt *Initiierung der Reaktion* wird somit zeitlich nach vorne verschoben. Wie oben bei der Reaktionsbeginnverschiebung beschrieben, lassen sich auch hier graphisch eine Dämpfung des maximalen Leistungseinbruchs und eine Verkürzung der Erholungszeit erkennen. Ebenfalls wird das Ende der Leistungsabnahme bei einer kürzeren Reaktion schneller erreicht. Auch dies gilt nur unter der Voraussetzung, dass die anschließend umgesetzte Reaktion ein Ausgleichsvolumen umfasst. In der graphischen Darstellung entstehen die gleichen, verkleinerten Teildreiecke wie bei einer Reaktionsbeginnverschiebung.

Auswirkung einer Reaktionsvorlaufzeitverkürzung

Wie die Entscheidungszeitverkürzung beinhaltet auch die Reaktionsvorlaufzeitverkürzung einen Eingriff in das System. Die Reaktionsvorlaufzeitverkürzung bedeutet eine schnellere Umsetzung einer Reaktion, sodass auch deren Wirkung früher eintritt (s. Abbildung 7-6).

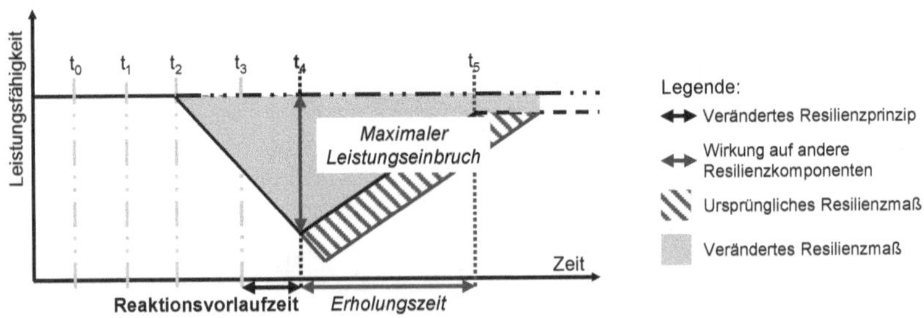

t_0: Auftreten der Störgröße, t_1: Kenntnis über Auftreten der Störgröße, t_2: Beginn der Störungswirkung, t_3: Initiierung einer Reaktion, t_4: Beginn der Reaktionswirkung, t_5: Ende der Störung

Abbildung 7-6: Auswirkung einer Reaktionsvorlaufzeitverkürzung (eigene Darstellung)

Somit wird der Zeitpunkt *Beginn der Reaktionswirkung* zeitlich früher erreicht. In der graphischen Darstellung sind eine Dämpfung des maximalen Leistungseinbruchs und eine Verkürzung der Erholungszeit zu erkennen, da durch die Wirkung der Reaktion die Leistungsabnahme früher gestoppt wird. Die Fläche zeigt die gleichen, verkleinerten Teildreiecke wie bei einer Reaktionsbeginnverschiebung oder Entscheidungszeitverkürzung.

Auswirkung einer Erholungszeitverkürzung

Eine Erholungszeitverkürzung bedeutet eine schnellere Wiederherstellung der Leistungsfähigkeit. Dabei kann, wie oben beschrieben, entweder der ursprüngliche Zustand oder ein neuer Gleichgewichtszustand erreicht werden. Insgesamt tritt der Zeitpunkt *Ende der Störung* zeitlich früher auf (s. Abbildung 7-7).

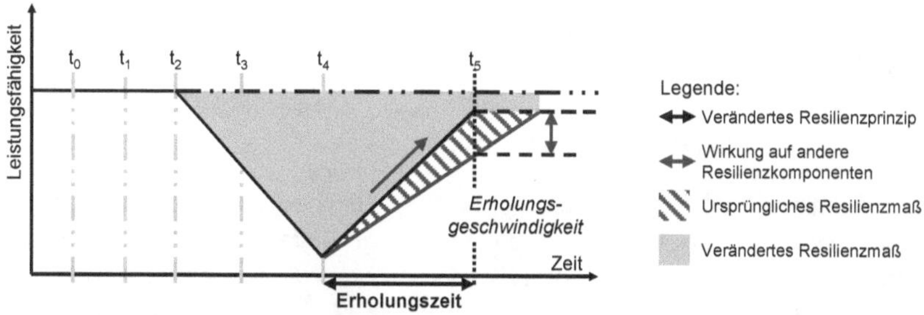

t_0: Auftreten der Störgröße, t_1: Kenntnis über Auftreten der Störgröße, t_2: Beginn der Störungswirkung, t_3: Initiierung einer Reaktion, t_4: Beginn der Reaktionswirkung, t_5: Ende der Störung

Abbildung 7-7: Auswirkung einer Erholungszeitverkürzung (eigene Darstellung)

In der graphischen Darstellung wird deutlich, dass eine Erholungszeitverkürzung nicht unabhängig von der Erholungsgeschwindigkeit und dem langfristigen Leistungseinbruch erfolgen kann. Eine unveränderte Erholungsgeschwindigkeit ist nur in Kombination mit einer Vergrößerung des langfristigen Leistungseinbruchs erreichbar. Dies würde ein Abbrechen der Erholungsaktivitäten auf einem niedrigeren Leistungsniveau bedeuten und keine Resilienzsteigerung umfassen. Bei einer gemittelten Betrachtung der Erholungsgeschwindigkeit kann eine Verkürzung der Erholungszeit daher nur mit einer Steigerung der Erholungsgeschwindigkeit einhergehen. Für die weiteren Analysen wird neben der gemittelten Betrachtung der Erholungsgeschwindigkeit in dieser Kombination daher auch der Fokus auf die Höhe des einmaligen Ausgleichsvolumens gelegt, welches am Anfang oder am Ende der Erholungszeit auftreten kann (s. Abbildung 7-8).

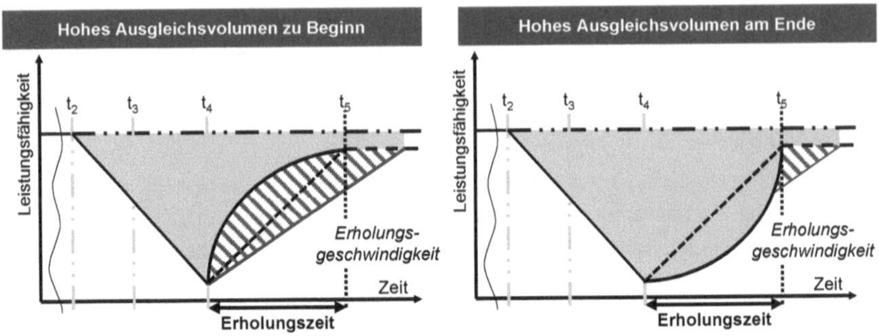

t_0: Auftreten der Störgröße, t_1: Kenntnis über Auftreten der Störgröße, t_2: Beginn der Störungswirkung, t_3: Initiierung einer Reaktion, t_4: Beginn der Reaktionswirkung, t_5: Ende der Störung

Abbildung 7-8: Vergleich des Ausgleichsvolumens zu Beginn und zum Ende der Erholungszeit (eigene Darstellung)

Für den Fall einer Erholungszeitverkürzung in Kombination mit einer Steigerung der Erholungsgeschwindigkeit resultiert bei gemittelter Betrachtung der Leistungszunahme eine Fläche, dessen rechtes Teildreieck horizontal gestaucht ist (s. Abbildung 7-7).

Auswirkung einer Dämpfung des maximalen Leistungseinbruchs

Eine Dämpfung des maximalen Leistungseinbruchs bedeutet, dass das Gesamtvolumen, das ausfallen kann, begrenzt ist und somit der Leistungseinbruch niedriger ist (s. Abbildung 7-9).

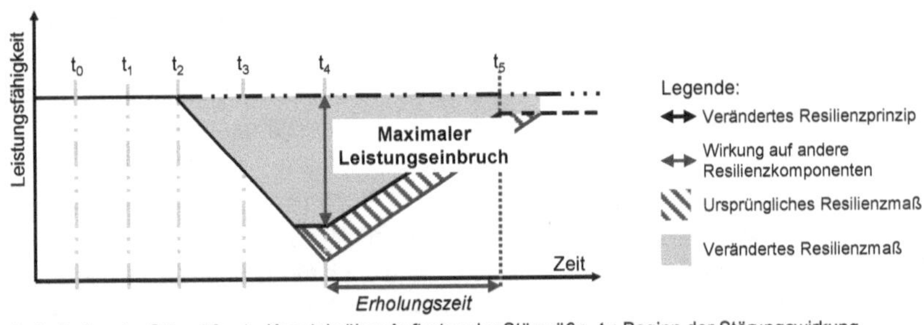

t_0: Auftreten der Störgröße, t_1: Kenntnis über Auftreten der Störgröße, t_2: Beginn der Störungswirkung, t_3: Initiierung einer Reaktion, t_4: Beginn der Reaktionswirkung, t_5: Ende der Störung

Abbildung 7-9: Auswirkung einer Dämpfung des maximalen Leistungseinbruchs (eigene Darstellung)

Eine Dämpfung des maximalen Leistungseinbruchs ohne eine Veränderung der Pufferzeit oder der Reaktion bewirkt, dass der maximale Leistungseinbruch erreicht wird, bevor die Reaktion eine Wirkung zeigt und die Leistung wieder zunimmt. Daraus folgt ein Sonderfall in der graphischen Darstellung, bei dem die Leistungsverlustgeschwindigkeit nicht über den gesamten Zeitraum zwischen Beginn der Störungswirkung und Beginn der Reaktionswirkung gemittelt dargestellt wird. Die Dämpfung des maximalen

Leistungseinbruchs bewirkt darüber hinaus, dass die Erholungszeit kürzer ausfällt. Da weniger Volumen ausgeglichen werden muss, resultiert dies in einer schnelleren Erholung. Die veränderte Fläche ist somit im linken Teildreieck vertikal gestaucht und im rechten Teildreieck symmetrisch verkleinert.

Auswirkung einer Dämpfung des langfristigen Leistungseinbruchs

Bei einer Dämpfung des langfristigen Leistungseinbruchs wird auch langfristig mehr Leistungsfähigkeit wiederhergestellt bzw. fehlendes Volumen auch langfristig ausgeglichen. Eine Dämpfung des langfristigen Leistungseinbruchs bedeutet somit, dass das neue Leistungsniveau am Ende der Störung näher an dem ursprünglichen Leistungsniveau liegt (s. Abbildung 7-10).

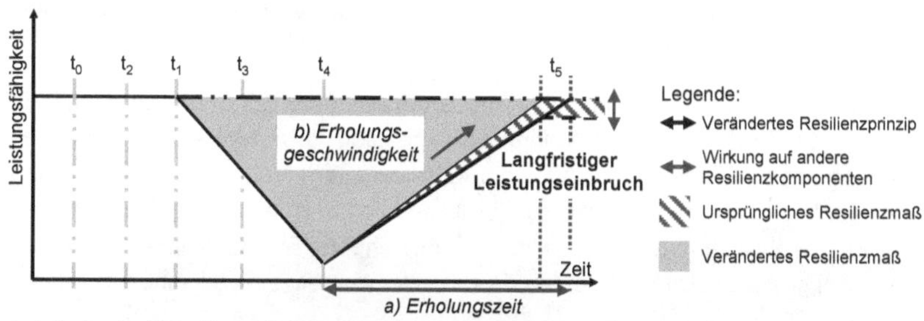

t_0: Auftreten der Störgröße, t_1: Kenntnis über Auftreten der Störgröße, t_2: Beginn der Störungswirkung, t_3: Initiierung einer Reaktion, t_4: Beginn der Reaktionswirkung, t_5: Ende der Störung

Abbildung 7-10: Auswirkung einer Dämpfung des langfristigen Leistungseinbruchs (eigene Darstellung)

Graphisch kann dies entweder in Kombination mit einer längeren Erholungszeit oder in Kombination mit einer Steigerung der Erholungsgeschwindigkeit erfolgen. Da mehr Volumen ausgeglichen wird, dauert die Erholung bei gleicher Erholungsgeschwindigkeit länger. Die Fläche wird somit um einen Balken im rechten Bereich reduziert und bei einer Steigerung der Erholungsgeschwindigkeit wird zusätzlich das rechte Teildreieck horizontal gestaucht.

Auswirkung einer Verringerung der Leistungsverlustgeschwindigkeit

Eine Verringerung der Leistungsverlustgeschwindigkeit bedeutet eine langsamere Abnahme der Leistungsfähigkeit zwischen den Zeitpunkten *Beginn der Störungswirkung* und *Beginn der Reaktionswirkung* (s. Abbildung 7-11).

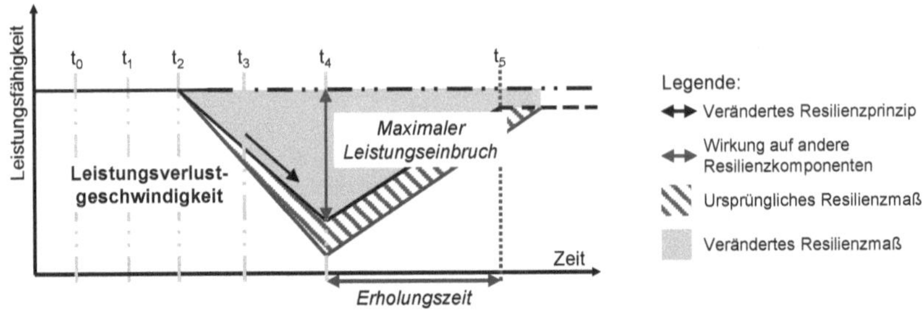

t_0: Auftreten der Störgröße, t_1: Kenntnis über Auftreten der Störgröße, t_2: Beginn der Störungswirkung, t_3: Initiierung einer Reaktion, t_4: Beginn der Reaktionswirkung, t_5: Ende der Störung

Abbildung 7-11: Auswirkung einer Verringerung der Leistungsverlustgeschwindigkeit (eigene Darstellung)

Bei gleichem Verlauf der Reaktion führt diese Veränderung dazu, dass bis zum Eintritt der Reaktionswirkung weniger Volumen ausgefallen ist. Graphisch ist daher eine Dämpfung des maximalen Leistungseinbruchs sowie eine Verkürzung der Erholungszeit erkennbar. Dies gilt nur unter der Voraussetzung, dass eine Reaktion mit verfügbaren Ausgleichsvolumen getätigt wird. Die entstehende Fläche ist im linken Teildreieck vertikal gestaucht und im rechten Teildreieck symmetrisch verkleinert.

Auswirkung einer Steigerung der Erholungsgeschwindigkeit

Eine Steigerung der Erholungsgeschwindigkeit bedeutet eine schnellere Zunahme der Leistungsfähigkeit zwischen den Zeitpunkten *Beginn der Reaktionswirkung* und *Ende der Störung* (s. Abbildung 7-12).

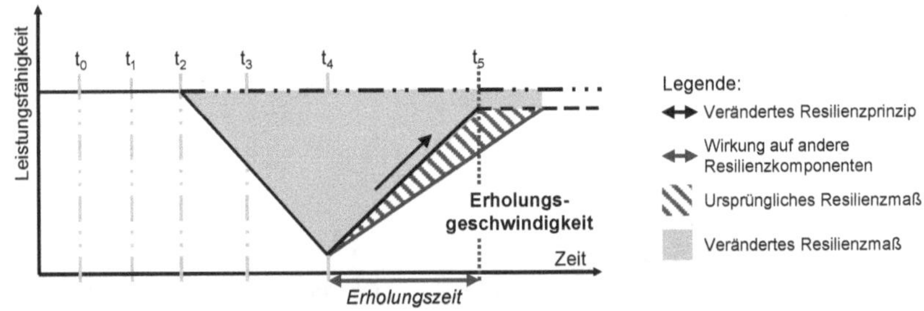

t_0: Auftreten der Störgröße, t_1: Kenntnis über Auftreten der Störgröße, t_2: Beginn der Störungswirkung, t_3: Initiierung einer Reaktion, t_4: Beginn der Reaktionswirkung, t_5: Ende der Störung

Abbildung 7-12: Auswirkung einer Steigerung der Erholungsgeschwindigkeit (eigene Darstellung)

Wie oben im Abschnitt zur Erholungszeit beschrieben, besteht eine Abhängigkeit zwischen der Erholungsgeschwindigkeit und der Erholungszeit. Bei gemittelter Betrachtung der Erholungsgeschwindigkeit führt eine Steigerung dieser zu einer Erholungszeitverkürzung. Die veränderte Fläche ist somit auch im rechten Teildreieck horizontal gestaucht.

Kompensationsmöglichkeiten

Aus dem paarweisen Vergleich der Flächenveränderungen lassen sich nun Kompensationsmöglichkeiten ableiten. Dabei werden drei Möglichkeiten für Kompensationen unterschieden:

- Vollständige Kompensation: Eine vollständige Kompensation liegt vor, wenn die Verbesserung eines Resilienzprinzips die Verschlechterung eines anderen Resilienzprinzips vollständig ausgleichen kann. Die beiden entstehenden Flächen führen also zu einer gleichartigen Veränderung.
- Teilweise Kompensation: Eine teilweise Kompensation liegt vor, wenn die Verbesserung eines Resilienzprinzips einen Großteil der Verschlechterung eines anderen Resilienzprinzips ausgleichen kann. Dies liegt insbesondere dann vor, wenn eine symmetrische Verkleinerung durch eine horizontale oder vertikale Stauchung teilweise kompensiert werden kann.
- Resilienzsteigernde Kompensation: Eine resilienzsteigernde Kompensation liegt vor, wenn die Verbesserung eines Resilienzprinzips die Verschlechterung eines anderen Resilienzprinzips nicht nur kompensieren, sondern zu einer Verkleinerung der Fläche und somit zu einer Steigerung der Resilienz führen kann. Dies kann auftreten, wenn eine horizontale oder vertikale Stauchung durch eine symmetrische Verkleinerung der Fläche kompensiert werden kann.

Für die Ermittlungen der Kompensationsmöglichkeiten wird bei einer Beeinflussung des maximalen Leistungseinbruchs davon ausgegangen, dass durch beide betrachteten Resilienzprinzipien das gleiche Level des maximalen Leistungseinbruchs erreicht wird.

Das Vorgehen zur Identifikation der Kompensationsmöglichkeiten ist beispielhaft in Abbildung 7-13 für den Vergleich der Pufferzeit und der Leistungsverlustgeschwindigkeit dargestellt.

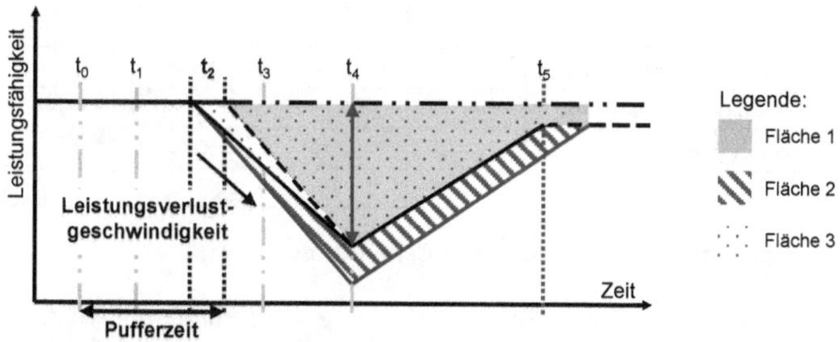

t_0: Auftreten der Störgröße, **t_1**: Kenntnis über Auftreten der Störgröße, **t_2**: Beginn der Störungswirkung, **t_3**: Initiierung einer Reaktion, **t_4**: Beginn der Reaktionswirkung, **t_5**: Ende der Störung

Abbildung 7-13: Veranschaulichung des Vorgehens zur Identifikation von Kompensationsmöglichkeiten (eigene Darstellung)

Fläche 1 entspricht einer kürzeren Pufferzeit. Fläche 2 entspricht einer längeren Pufferzeit. Fläche 1 wird nun durch die zusätzliche Anwendung einer verringerten Leistungsverlustgeschwindigkeit verändert. Dabei wird die Leistungsverlustgeschwindigkeit in dem Maße verringert, dass die Dämpfung des maximalen Leistungseinbruchs dem maximalen Leistungseinbruch bei längerer Pufferzeit (2) entspricht. Die daraus entstehende Fläche wird als Fläche 3 bezeichnet. Fläche 2 und Fläche 3 werden anschließend miteinander verglichen, um die Kompensationsmöglichkeit zu identifizieren. In dem oben dargestellten Beispiel wird deutlich, dass die Verringerung der Leistungsfähigkeit einen Teil der längeren Pufferzeit ausgleicht (schraffierter Bereich). Gleichzeitig ist die neu entstehende Fläche 3 jedoch etwas größer als Fläche 1 (gepunkteter Bereich). Die Verringerung der Leistungsverlustgeschwindigkeit kann eine längere Pufferzeit somit teilweise kompensieren.

Insgesamt ergeben sich somit die in Abbildung 7-14 dargestellten Kompensationsmöglichkeiten:

Legende
K: vollständige Kompensation
K-: teilweise Kompensation
K+: resilienzsteigernde Kompensation

	Kompensationswirkung von → auf	Zu kompensierende Resilienzkomponenten								
		Pufferzeit	Reaktionsbeginn	Entscheidungszeit	Reaktionsvorlaufzeit	Erholungszeit	Maximaler Leistungseinbruch	Langfristiger Leistungseinbruch	Leistungsverlustgeschwindigkeit	Erholungsgeschwindigkeit
Resilienzprinzipien	Pufferzeitverlängerung		K	K	K	K+	K+		K+	K+
	Reaktionsbeginnverschiebung	K		K	K	K+	K+		K+	K+
	Entscheidungszeitverkürzung	K	K		K	K+	K+		K+	K+
	Reaktionsvorlaufzeitverkürzung	K	K	K		K+	K+		K+	K+
	Erholungszeitverkürzung									K
	Dämpfung des maximalen Leistungseinbruchs	K-	K-	K-	K-	K+			K-	K+
	Dämpfung des langfristigen Leistungseinbruchs									
	Verringerung der Leistungsverlustgeschwindigkeit	K-	K-	K-	K-		K+			
	Steigerung der Erholungsgeschwindigkeit					K				

Abbildung 7-14: Kompensationsmöglichkeiten (eigene Darstellung)

Dabei muss berücksichtigt werden, dass die tatsächliche Veränderung der Fläche von der Dimensionierung der Resilienzpotenziale abhängt und eine Kompensation nur bei entsprechender Dimensionierung erfolgen kann.

Auffällig ist, dass ein langfristiger Leistungseinbruch nicht kompensiert werden kann. Außerdem muss bei der Betrachtung der Pufferzeit zusätzlich beachtet werden, dass eine Verlängerung der Pufferzeit zu einem späteren Leistungseinbruch führt. Bei der Analyse der Kompensationsmöglichkeiten wurde lediglich die Veränderung der Fläche und nicht ihre Position berücksichtigt.

Insgesamt zeigt sich, dass sich vornehmlich die Resilienzprinzipien kompensieren können, die in dem gleichen Teildreieck angreifen. Darüber hinaus wird deutlich, dass sich sowohl zeitbezogene und leistungsbezogene als auch verlaufsbezogene Resilienzprinzipien gegenseitig ausgleichen können. Eine vollständige Kompensation ist nur zwischen den zeitbezogenen Resilienzprinzipien im ersten Teildreieck sowie zwischen der Erholungszeit und der Erholungsgeschwindigkeit möglich. Eine Veränderung des maximalen Leistungseinbruchs beeinflusst das rechte Teildreieck. Daher können die Erholungszeit und -geschwindigkeit auch resilienzsteigernd durch eine Veränderung der zeitbezogenen Resilienzprinzipien, die im linken Teildreieck angreifen, kompensiert werden, da diese zu einer Veränderung des maximalen Leistungseinbruchs führen.

Bedeutung der Resilienzprinzipien

Aus den beschriebenen Zusammenhängen und Kompensationsmöglichkeiten lassen sich nun Rückschlüsse über die Bedeutung der Resilienzprinzipien ziehen. Dabei lassen sich für Resilienzprinzipien, zwischen denen Kompensationsmöglichkeiten bestehen, Rahmenbedingungen definieren, unter welchen die Bedeutung anderer Resilienzprinzipien abnimmt. Diese Zusammenhänge können im Rahmen der Gestaltung als Ansatzpunkt für die Gestaltung des Resilienzportfolios dienen. Die Bedeutung der Resilienzprinzipien ist dabei relativ und nicht absolut zu verstehen, d. h., sie dient zum Vergleich verschiedener Resilienzportfolios.

Die Rahmenbedingungen bezogen auf ein Resilienzprinzip sowie die sich daraus ergebenden Bedeutungsveränderungen anderer Resilienzprinzipien sind in Tabelle 7-1 dargestellt.

Tabelle 7-1: Bedeutung der Resilienzprinzipien (eigene Darstellung)

Rahmenbedingung	Bedeutungsverlust Resilienzprinzipien
Lange Pufferzeit	• Entscheidungszeit • Reaktionsbeginn • Reaktionsvorlaufzeit • Leistungsverlustgeschwindigkeit • Dämpfung des maximalen Leistungseinbruchs
Frühe Reaktion	• Pufferzeit • Entscheidungszeit • Reaktionsvorlaufzeit • Leistungsverlustgeschwindigkeit • Dämpfung des maximalen Leistungseinbruchs
Schnelle Entscheidung für Reaktion	• Pufferzeit • Reaktionsbeginn • Reaktionsvorlaufzeit • Leistungsverlustgeschwindigkeit • Dämpfung des maximalen Leistungseinbruchs
Kurze Reaktionsvorlaufzeit	• Pufferzeit • Reaktionsbeginn • Entscheidungszeit • Leistungsverlustgeschwindigkeit • Dämpfung des maximalen Leistungseinbruchs
Kurze Erholungszeit	• Erholungsgeschwindigkeit (zu Beginn)
Hohe Dämpfung des maximalen Leistungseinbruchs	• Pufferzeit • Reaktionsbeginn • Entscheidungszeit • Reaktionsvorlaufzeit • Erholungszeit • Leistungsverlustgeschwindigkeit • Erholungsgeschwindigkeit
Geringe Leistungsverlustgeschwindigkeit	• Pufferzeit • Reaktionsbeginn • Entscheidungszeit • Reaktionsvorlaufzeit • Dämpfung des maximalen Leistungseinbruchs
Hohe Erholungsgeschwindigkeit (zu Beginn)	• Erholungszeit

Bei der Bedeutungsveränderung ist zu berücksichtigen, dass einzelne Resilienzprinzipien zwar weniger wichtig werden, dies jedoch nicht bedeutet, dass sie gar nicht vorhanden sein müssen. Ist beispielsweise kein Ausgleichsvolumen vorhanden oder es findet keine Erholung statt, resultiert dies bei frühem Reaktionsbeginn oder kurzer Reaktionsvorlaufzeit in einer geringen Resilienz.

Die Beziehungen in der Tabelle verdeutlichen, dass einerseits bei einem geringen Leistungseinbruch die zeitlichen Komponenten und damit die Dauer der Störung weniger wichtig werden und andererseits bei einer kurzen Störung durch eine schnelle Reaktion und Erholung die Höhe des Leistungseinbruchs weniger wichtig wird.

Insgesamt veranschaulicht die Analyse der Zusammenhänge zwischen den Resilienzprinzipien, dass unterschiedliche Kompensationsmöglichkeiten bestehen und dass das Resilienzportfolio daher situationsspezifisch bewertet und gestaltet werden sollte.

7.3.2 Zusammenhänge zwischen Resilienzpotenzialen

Die Zusammenhänge zwischen den Resilienzpotenzialen beziehen sich sowohl auf die Resilienzpotenzialkategorien als auch auf die einzelnen Resilienzpotenziale innerhalb der Kategorien und erstrecken sich über verschiedene Kategorien hinweg.

Betrachtung der Resilienzpotenzialkategorien

Die Analyse der Zusammenhänge erfolgt zunächst für die identifizierten Resilienzpotenzialkategorien. Ziel dieser Analyse ist es, Kombinationsmöglichkeiten und eventuell bestehende Substitutionsmöglichkeiten der verschiedenen Kategorien zu ermitteln. Die Grundlage für die Analyse stellen die ermittelten Charakteristika der verschiedenen Kategorien dar (s. Kapitel 6.3.3).

PEUKERT nutzt im Rahmen ihrer Arbeit sogenannte Maßnahmenkaskaden, um Zusammenhänge zwischen verschiedenen Maßnahmen aufzuzeigen. Die Idee der Maßnahmenkaskaden beruht darauf, dass verschiedene Maßnahmen geeignet sind, um einer Störung entgegenzuwirken, und die Kombination verschiedener Maßnahmen zur Bewältigung einer Störung beitragen kann. Eine Maßnahmenkaskade veranschaulicht dabei, wie verschiedene Maßnahmen miteinander kombiniert und in welcher Reihenfolge die entsprechenden Maßnahmen implementiert werden sollten. Dabei sind Maßnahmenkaskaden laut PEUKERT störungsspezifisch. So beschreibt PEUKERT anhand des Beispiels einer Mitarbeiterstörung in der Produktion, dass ein unvollständiges Fortführen eines Auftrags mit einer Beschleunigungsmaßnahme kombiniert werden kann. Nicht sinnvoll ist es hingegen, nach dem unvollständigen Fortführen ein Überspringen eines Arbeitsschritts zu nutzen. (s. PEUKERT 2021, S. 88) Das Konzept der Maßnahmenkaskaden wird im Folgenden auf die Materialverfügbarkeit und die identifizierten Resilienzpotenzialkategorien übertragen, um die Zusammenhänge zwischen den Kategorien zu verdeutlichen.

Für die Analyse der Zusammenhänge zwischen den Resilienzpotenzialkategorien ist eine Unterscheidung der Kategorien dahingehend notwendig, ob sie ein Ausgleichsvolumen beinhalten, ob sie die Gestaltung der Reaktion beeinflussen oder ob sie die Wechselwirkungen zwischen verschiedenen Betrachtungsobjekten betreffen. Während die Kategorien *Sichere Alternativen*, *Potenzielle Alternativen* und *Direkter Ausgleich* ein Ausgleichsvolumen beinhalten, beeinflusst die Kategorie *Transparenz* die Gestaltung der Reaktion. Die Resilienzpotenzialkategorie *Entkopplung* betrifft die Wechselwirkungen zwischen dem Betrachtungsobjekt *Wareneingang* und den angrenzenden Betrachtungsobjekten.

Die Kategorie *Entkopplung* beeinflusst die Rahmenbedingungen, wie sich Störungen über verschiedene Betrachtungsobjekte hin ausbreiten. Im Betrachtungsobjekt *Wareneingang* hat dies vornehmlich eine Auswirkung auf die Leistungsverlustgeschwindigkeit. Sie sind somit unabhängig von Reaktionen im Störungsfall. Dabei können alle weiteren Kategorien mit dieser Kategorie kombiniert werden. Ein alleiniger Einsatz dieser Kategorie ist nicht sinnvoll, da keine Möglichkeit zum Ausgleich von fehlendem

Material besteht. Eine reine Entkopplung wird somit nicht ausreichen, um auftretende Störungswirkungen ausreichend zu verhindern.

Die Kategorie *Transparenz* hat, wie oben beschrieben, eine Unterstützungsfunktion. Insbesondere der Einfluss auf den Beginn der Reaktion stellt zwar eine wesentliche Grundlage für effektive Reaktionen dar, ist aber alleine nicht ausreichend (s. DUCHEK 2020, S. 233). Ohne implementierte Reaktionsmöglichkeiten ist diese Resilienzpotenzialkategorie nicht sinnvoll, da auch hier kein Ausgleichsvolumen vorhanden ist. Eine Kombination der Kategorie *Transparenz* mit den Kategorien *Sichere Alternativen* und *Potenzielle Alternativen* ist sinnvoll, da diese ein Ausgleichsvolumen beinhalten und Reaktionen erfolgen. Der Beitrag dieser Kategorie zur Auswahl und Gestaltung von Reaktionen ist besonders relevant bei Nutzung der Kategorie *Potenzielle Alternativen*. Da hier die Reaktionen und deren Umsetzung noch nicht feststehen, trägt eine höhere Transparenz zu einer besseren Entscheidungsgrundlage bei.

Die Kategorie *Direkter Ausgleich* zeichnet sich dadurch aus, dass das Ausgleichsvolumen direkt zur Verfügung steht und der Leistungseinbruch somit direkt gedämpft wird. Gleichzeitig führt das begrenzte Ausgleichsvolumen dazu, dass die alleinige Nutzung dieser Kategorie insbesondere bei starken Störungen keine ausreichende Materialverfügbarkeit sicherstellen kann (s. JOHNSON ET AL. 2021, S. 23). Der Einsatz dieser Kategorie schafft zusätzliche Zeit für die Umsetzung von Reaktionen (s. PEREIRA U. DA SILVA 2015, S. 90). Somit eignet sich diese Kategorie insbesondere zur Kombination mit den Kategorien *Sichere Alternativen* und *Potenzielle Alternativen*.

Die Kategorie *Sichere Alternativen* ermöglicht eine schnelle Umsetzung und Reaktion im Störungsfall, wobei bereits im Vorfeld durch Festlegung der Rahmenbedingungen ein Einfluss auf den Verlauf der Erholung genommen werden kann. Gleichzeitig geht die Sicherung des Ausgleichsvolumens mit einer Begrenzung desselben einher, wodurch diese Kategorie nicht für den langfristigen Ausgleich geeignet ist. Diese Kategorie lässt sich mit der Kategorie *Potenzielle Alternativen* kombinieren, um auch einen langfristigen Ausgleich zu ermöglichen.

Die Kategorie *Potenzielle Alternativen* wirkt ähnlich wie die Kategorie *Sichere Alternativen*, hat jedoch eine längere Umsetzungsdauer. Zudem ist ein Ausgleich abhängig von anderen Akteuren und somit nicht garantiert. Ein alleiniger Einsatz dieser Kategorie ist daher riskant. Ein Vorteil dieser Kategorie besteht darin, dass Ausgleichsvolumen und die Rahmenbedingungen des Ausgleichs erst im Störungsfall vereinbart werden und somit störungsspezifisch festgelegt werden. Zusätzlich trägt diese Kategorie teilweise auch zu einer Reduktion der Leistungsverlustgeschwindigkeit bei. Die Kategorien *Potenzielle Alternativen* und *Sichere Alternativen* können zum Teil als substituierbar betrachtet werden. Gleichzeitig können sie aber auch miteinander kombiniert werden. Die weiteren Kombinationsmöglichkeiten wurden bereits in den Absätzen zuvor beschrieben.

Die beschriebenen Zusammenhänge sind in Abbildung 7-15 zusammenfassend dargestellt. Eine Verbindung zwischen zwei Kategorien zeigt dabei an, dass diese Kategorien sinnvoll miteinander kombiniert werden können.

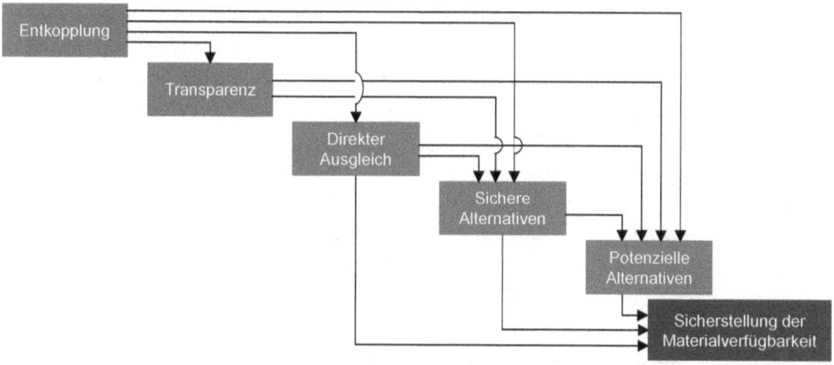

Abbildung 7-15: Zusammenhänge zwischen den Resilienzpotenzialkategorien (eigene Darstellung)

Betrachtung der Resilienzpotenziale

Neben den Zusammenhängen zwischen den Resilienzpotenzialkategorien werden nachfolgend Zusammenhänge zwischen den einzelnen Resilienzpotenzialen analysiert. Auch dabei wird das Ziel verfolgt, Kombinations- und Substitutionsmöglichkeiten zu identifizieren. Diese können sowohl zwischen Resilienzpotenzialen innerhalb einer Kategorie sowie über verschiedene Kategorien hinweg bestehen. Grundsätzlich gilt, dass die Resilienzpotenziale einer Kategorie eine ähnliche Wirkung aufweisen, da die Clusteranalyse auf den Beiträgen der Resilienzpotenziale zu den Resilienzprinzipien basiert. Die Grundlage für die Analyse der Zusammenhänge stellen die Charakteristika der einzelnen Resilienzpotenziale dar (s. Kapitel 6.2). Die Analyse ist erforderlich, da der Beitrag von kombinierten Maßnahmen zur Resilienz nicht zwingend die Summe der Einzelbeiträge darstellt (s. SANCHIS ET AL. 2020b, S. 12). Gleichzeitig ist eine Kombination von Maßnahmen grundsätzlich sinnvoll, da mehrere Optionen die Wahrscheinlichkeit erhöhen, dass Störungswirkungen ausgeglichen werden können. Dies ist auch das Ergebnis der Analyse von KAMALAHMADI ET AL. (s. KAMALAHMADI ET AL. 2022, S. 2003).

Die einzelnen Kategorien umfassen Resilienzpotenziale, die zwar ähnlich wirken, aber eingeschränkt einsetzbar sind und demnach andere Angriffspunkte besitzen. Bei der Auswahl von Resilienzpotenzialen innerhalb einer Kategorie ist daher eine Kombination von Resilienzpotenzialen sinnvoll, die einer mangelnden Lieferfähigkeit der Lieferanten und einer mangelnden Transportfähigkeit entgegenwirken. Darüber hinaus ist es sinnvoll, Resilienzpotenziale miteinander zu kombinieren, die sich auf unterschiedliche Reaktionen im Störungsfall beziehen (s. Kapitel 6.2.1). Für Potenziale, die sich auf die gleiche Reaktion im Störungsfall beziehen, wird im Folgenden auch analysiert, ob eins der Potenziale dem anderen überlegen ist.

In der Kategorie *Sichere Alternativen* stellen die Potenziale *Flexible Lieferantenverträge* und *Back-up-Lieferantenvertrag* direkte Substitute dar. Außerdem bestehen Zusammenhänge zwischen einzelnen Potenzialen dieser Kategorie mit der Kategorie *Potenzielle Alternativen*. So können das *Vorhalten zusätzlicher Transportkapazität* und die *Nutzung unterschiedlicher Transportmöglichkeiten* sowie die *Identifikation alternativer Transportmöglichkeiten* sich gegenseitig teilweise ersetzen. Wie bereits bei den Kategorien beschrieben, liegt der Unterschied in der Begrenzung und der sicheren Verfügbarkeit des Ausgleichsvolumens. Das Gleiche gilt für die Potenziale *Flexible Lieferantenverträge* und *Back-up-Lieferantenvertrag* in Bezug zu den Potenzialen *Einsatz von Multiple Sourcing, Geographische Diversifikation der Lieferantenbasis, Verschiedene Lieferanten für unterschiedliche Standorte, Identifikation alternativer Lieferanten* und *Qualifikation alternativer Lieferanten*. Darüber hinaus kann auch das Resilienzpotenzial *Sicherheitsbestand an einem zentralen Standort* ein Substitut für das Resilienzpotenzial *Sicherheitsbestand* darstellen. Wie ähnlich die Wirkung ist, hängt dabei von der Entfernung des zentralen Standorts vom Standort des Betrachtungsobjekts ab.

Innerhalb der Kategorie *Potenzielle Alternativen* stellen die Potenziale, die einen Wechsel zwischen Lieferanten ermöglichen, Substitute dar. Dies trifft auf die Potenziale *Einsatz von Multiple Sourcing, Geographische Diversifikation der Lieferantenbasis, Verschiedene Lieferanten für unterschiedliche Standorte, Identifikation alternativer Lieferanten* und *Qualifikation alternativer Lieferanten* zu. Innerhalb dieser Potenziale stellt die *Geographische Diversifikation der Lieferantenbasis* eine Erweiterung des *Einsatzes von Multiple Sourcing* dar und ist somit als besser zu bewerten. Darüber hinaus sind diese beiden Potenziale den anderen drei genannten Potenzialen überlegen, da sie gleichzeitig auch zu einer Verringerung der Leistungsverlustgeschwindigkeit beitragen. Das Potenzial *Verschiedene Lieferanten für unterschiedliche Standorte* ist den beiden Potenzialen *Identifikation alternativer Lieferanten* und *Qualifikation alternativer Lieferanten* überlegen, da die Lieferanten in diesem Fall auch aktiv genutzt werden. Schließlich stellt die *Qualifikation alternativer Lieferanten* die Erweiterung des Potenzials *Identifikation alternativer Lieferanten* dar, da die Qualifikation die Identifikation impliziert. Daher ist das Potenzial *Qualifikation alternativer Lieferanten* auch als besser zu bewerten. In dieser Kategorie stellen auch die Potenziale *Nutzung unterschiedlicher Transportmöglichkeiten* und *Identifikation alternativer Transportmöglichkeiten* Substitute dar. Dabei ist die *Nutzung unterschiedlicher Transportmöglichkeiten* als besser zu bewerten. Zusammenhänge mit Potenzialen aus anderen Kategorien bestehen außer den bereits oben beschriebenen nicht.

In der Kategorie *Transparenz* stellen die Potenziale *Teilen von Informationen* und *Kollaborative Planung* teilweise Substitute dar, deren jeweiligen Beiträge zur Resilienz sich bezogen auf die Entscheidungszeit und die Erholungszeit ersetzen. Es bestehen keine direkten Zusammenhänge mit Potenzialen aus anderen Kategorien.

Innerhalb der Kategorie *Entkopplung* stellen die Potenziale *Lieferantenentwicklung* und *Lieferantenauswahl unter Berücksichtigung des Risikobewusstseins* Substitute dar, wobei letzteres als besser bewertet werden kann. Sofern die Möglichkeit besteht, die Ausfallwahrscheinlichkeit eines Lieferanten bereits bei der Auswahl zu berücksichtigen, ist dies der nachträglichen Verbesserung der Ausfallwahrscheinlichkeit durch

Maßnahmen zur Lieferantenentwicklung vorzuziehen. Daneben kann das *Einplanen von Puffern zwischen Bedarfsterminen* in Bezug auf die Pufferzeitverlängerung als Substitut für das Resilienzpotenzial *Sicherheitsbestand* betrachtet werden. Da das *Einplanen von Puffern zwischen Bedarfsterminen* jedoch kein Ausgleichsvolumen umfasst, ist das Potenzial *Sicherheitsbestand* überlegen. Darüber hinaus ergänzen sich die Potenziale innerhalb dieser Kategorie und es bestehen keine weiteren Zusammenhänge zu Potenzialen aus anderen Kategorien.

Für die Kategorie *Direkter Ausgleich* wurden die relevanten Zusammenhänge des Resilienzpotenzials *Sicherheitsbestand* zu den anderen Resilienzpotenzialen bereits in den Absätzen zuvor erläutert.

Abbildung 7-16 veranschaulicht die beschriebenen Zusammenhänge. Dabei sind die Zusammenhänge zwischen den Resilienzpotenzialen in den Zeilen und den Resilienzpotenzialen in den Spalten dargestellt. Außerdem sind lediglich die Resilienzpotenziale in der Abbildung enthalten, die mit mindestens einem anderen Potenzial einen Zusammenhang aufweisen.

Legende

Resilienzpotenzialkategorien
1: Sichere Alternativen
2: Potenzielle Alternativen
3: Transparenz
4: Entkopplung
5: Direkter Ausgleich

Relationen
S: Substitut
TS: Teilsubstitut (wesentliche Überschneidung)
S-: unvorteilhafteres Substitut
S+: vorteilhafteres Substitut

Resilienzpotenzialkategorie	Resilienzpotenzial (von) / zu	Vorhalten zusätzlicher Transportkapazität	Flexible Lieferantenverträge	Back-up-Lieferantenvertrag	Sicherheitsbestand (zentraler Standort)	Einsatz von Multiple Sourcing	Geographische Diversifikation	Versch. Lieferanten (untersch. Standorte)	Identifikation alternativer Lieferanten	Qualifikation alternativer Lieferanten	Nutzung untersch. Transportmöglichkeiten	Identifikation altern. Transportmöglichkeiten	Teilen von Informationen	Kollaborative Planung	Lieferantenentwicklung	Lieferantenauswahl (Risikobewusstsein)	Einplanen von Puffern zw. Bedarfsterminen	Sicherheitsbestand
	Resilienzpotenzialkategorie	1				2							3		4			5
1	Vorhalten zusätzlicher Transportkapazität										TS	TS						
1	Flexible Lieferantenverträge			S		TS	TS	TS	TS	TS								
1	Back-up-Lieferantenvertrag		S			TS	TS	TS	TS	TS								
1	Sicherheitsbestand (zentraler Standort)																	S-
2	Einsatz von Multiple Sourcing		TS	TS			S-	S+	S+	S+								
2	Geographische Diversifikation		TS	TS		S+		S+	S+	S+								
2	Versch. Lieferanten (untersch. Standorte)		TS	TS		S-	S-		S+	S+								
2	Identifikation alternativer Lieferanten		TS	TS		S-	S-	S-		S-								
2	Qualifikation alternativer Lieferanten		TS	TS		S-	S-	S-	S+									
2	Nutzung untersch. Transportmöglichkeiten	TS										S+						
2	Identifikation altern. Transportmöglichkeiten	TS									S-							
3	Teilen von Informationen													TS				
3	Kollaborative Planung												TS					
4	Lieferantenentwicklung															S-		
4	Lieferantenauswahl (Risikobewusstsein)														S+			
4	Einplanen von Puffern zw. Bedarfsterminen																	S-
5	Sicherheitsbestand				S+												S+	

Abbildung 7-16: Zusammenhänge zwischen einzelnen Resilienzpotenzialen (eigene Darstellung)

In den Zellen ist gekennzeichnet, ob das Resilienzpotenzial ein Substitut darstellt und ob es vorteilhafter oder weniger vorteilhafter ist als das Potenzial, zu dem eine Relation besteht. Zudem sind wesentliche Teilsubstitute gekennzeichnet. Dabei stellen die Resilienzpotenziale keine vollständigen Substitute dar und zusätzlich ist nicht eins der Potenziale besser oder schlechter zu bewerten als das andere.

7.3.3 Zusammenhänge zwischen Resilienzpotenzialen und Kosten

Die Analyse der Zusammenhänge zwischen den Resilienzpotenzialen und den Kosten ist vor dem Hintergrund des vierten übergeordneten Gestaltungsansatzes von Bedeutung. Kosten als Bewertungskriterium für Maßnahmen bzw. Reaktionen werden insbesondere in simulationsbasierten Ansätzen berücksichtigt (s. Kapitel 3). Die Höhe der Kosten, die im Zusammenhang mit einem Resilienzpotenzial entstehen, sind maßgeblich abhängig von der konkreten Ausgestaltung und Dimensionierung des Resilienzpotenzials sowie von den unternehmensspezifischen Rahmenbedingungen. Die im Folgenden beschriebenen Zusammenhänge liefern einen Ansatzpunkt, welche Kostenkomponenten im Zusammenhang mit den unterschiedlichen Resilienzpotenzialen berücksichtigt werden sollen. Sie stellen somit die Grundlage für eine unternehmensspezifische Bewertung der Kosten dar.

Für die Analyse der Zusammenhänge zwischen Resilienzpotenzialen und den entstehenden Kosten ist Transparenz über die relevanten Kosten und ihre Einordnung erforderlich. Daher werden zunächst auf Basis bestehender Kostengliederungen Kostenkomponenten identifiziert, welche im Zusammenhang mit den Resilienzpotenzialen auftreten können. Grundsätzlich lassen sich Kosten im Rahmen der Kosten- und Leistungsrechnung anhand unterschiedlicher Kriterien gliedern: Dabei kann eine Einteilung nach der Art der verbrauchten Produktionsfaktoren, der Abgrenzung zum Aufwand, der Herkunft der Kostengüter, den betrieblichen Funktionen, der Art der Verrechnung, der Bezugsgröße der Kosten sowie nach dem Verhalten bei Beschäftigungsänderungen erfolgen. In jeder dieser Kategorien existieren verschiedene Kostenarten. (s. EBERT U. STEINHÜBEL 2020, S. 24)

Für die Analyse der Kosten im Rahmen dieser Arbeit sind zunächst die Kostenarten in der Kategorie der betrieblichen Funktionen von Bedeutung. Demnach können Kosten nach den Bereichen eines Unternehmens, in denen sie entstehen, in Beschaffungs-, Fertigungs-, Vertriebs- und Verwaltungskosten unterschieden werden (s. EBERT U. STEINHÜBEL 2020, S. 25–26). Da der Fokus dieser Arbeit auf der Beschaffung liegt, werden diese Kosten im Folgenden detailliert betrachtet. Die Beschaffungskosten setzen sich aus Anschaffungs-, Bestellabwicklungs-, Lagerhaltungs- und Fehlmengenkosten zusammen (s. ARNOLDS ET AL. 2016, S. 7; SCHULTE 2001, S. 27). Anschaffungskosten stellen die direkten Materialkosten dar und berechnen sich über die Multiplikation der beschafften Menge mit dem Einstandspreis. Der Einstandspreis beinhaltet den Einfluss der Preisnebenbedingungen, wie Mengenrabatte oder Skonto, und ermöglicht so den Vergleich verschiedener Angebotspreise von Lieferanten. (s. ARNOLDS ET AL. 2016, S. 8–9; SCHULTE 2001, S. 28) Bestellabwicklungskosten treten innerhalb des einkaufenden Unternehmens für die Umsetzung der Bestellungen auf (s. ARNOLDS ET AL. 2016, S. 9; SCHULTE 2001, S. 28–29). Dazu zählen beispielsweise Kosten der Beschaffungsmarktforschung, der Lieferantenauswahl, der Wareneingangsprüfung und der administrativen Abwicklung der Beschaffung (s. BICHLER ET AL. 2010, S. 97). Lagerhaltungskosten umfassen einerseits die Lagerkosten und andererseits die Kosten, die durch das Vorhalten von Lagerbeständen entstehen. Lagerkosten stellen u. a.

Raumkosten, Kosten für die Lagereinrichtung und Personalkosten dar. Kosten aus Lagerbeständen beziehen sich auf das im Lager gebundene Vermögen. (s. ARNOLDS ET AL. 2016, S. 9; SCHULTE 2001, S. 29–30) Fehlmengenkosten schließen direkte und indirekte Fehlmengenkosten ein. Direkte Fehlmengenkosten stellen reduzierte Erlöse und entgangene Deckungsbeiträge dar, die durch fehlendes Material zur Deckung der Bedarfe entstehen. Zusätzliche Kosten, die durch Maßnahmen zur Vermeidung einer drohenden Fehlmenge auftreten, zählen zu indirekten Fehlmengenkosten. (s. SCHULTE 2001, S. 31; ARNOLDS ET AL. 2016, S. 9–10) Fehlmengenkosten werden in der weiteren Analyse nicht als Kostenart betrachtet, da alle Kosten im Zusammenhang mit Resilienzpotenzialen als indirekte Fehlmengenkosten betrachtet werden können. Direkte Fehlmengenkosten sind nur im Zusammenhang mit konkreten Störungen relevant. Neben den verschiedenen Komponenten der Beschaffungskosten werden in der Analyse der Zusammenhänge auch der Einfluss der Resilienzpotenziale auf die Fertigungskosten und die Logistikkosten berücksichtigt. Logistikkosten umfassen im Rahmen dieser Arbeit insbesondere Transportkosten, Kosten des Materialhandlings, z. B. bei Umschlag des Materials, sowie Verpackungskosten (s. FLEISCHMANN ET AL. 2008, S. 8; WEBER 2012, S. 98).

Zur weiteren Detaillierung der Bestellabwicklungskosten wird das Konzept der Transaktionskosten verwendet. Transaktionskosten sind dabei gemäß SCHÖNSLEBEN die Kosten, die im Zusammenhang mit dem Produktionsfaktor Organisation stehen und nicht im Marktpreis inbegriffen sind (s. SCHÖNSLEBEN 2020, S. 68). Sie entstehen durch die eingesetzte Mühe und Zeit sowie die Koordination (s. EBERT U. STEINHÜBEL 2020, S. 265). Transaktionskosten können vor, während und nach einer Transaktion entstehen (s. ELLRAM 1993, S. 7). Sie umfassen Such- und Anbahnungskosten, Vereinbarungskosten, Steuerungs- und Kontrollkosten und Beendigungskosten (s. SCHÖNSLEBEN 2020, S. 68; EBERT U. STEINHÜBEL 2020, S. 271). Such- und Anbahnungskosten beziehen sich auf die Kosten, die durch die „Suche und Beschaffung von Informationen über potenzielle Geschäftspartner und deren Konditionen“ (SCHÖNSLEBEN 2020, S. 68) entstehen. Beispiele hierfür sind Kosten für Marktanalyse oder Interviews oder die Beschaffungskosten für Adressen (s. EBERT U. STEINHÜBEL 2020, S. 271). Vereinbarungskosten entstehen im Rahmen von Verhandlungen und enthalten beispielsweise Kosten für Vertragsausarbeitungen oder Rechtsberatungen (s. EBERT U. STEINHÜBEL 2020, S. 271). Steuerungs- und Kontrollkosten beziehen sich auf die Kosten für die Koordination und Überwachung von Aufträgen, u. a. zur Sicherstellung von Qualitäts- und Terminvereinbarungen, und die Anpassung bei geänderten Rahmenbedingungen (s. SCHÖNSLEBEN 2020, S. 68; EBERT U. STEINHÜBEL 2020, S. 271). Beendigungskosten umfassen u. a. Kosten für die Vertragsauflösung sowie Konventionalstrafen (s. EBERT U. STEINHÜBEL 2020, S. 271).

Die im Zusammenhang mit den Resilienzpotenzialen zu betrachtenden Kostenarten sind in Abbildung 7-17 zusammenfassend dargestellt.

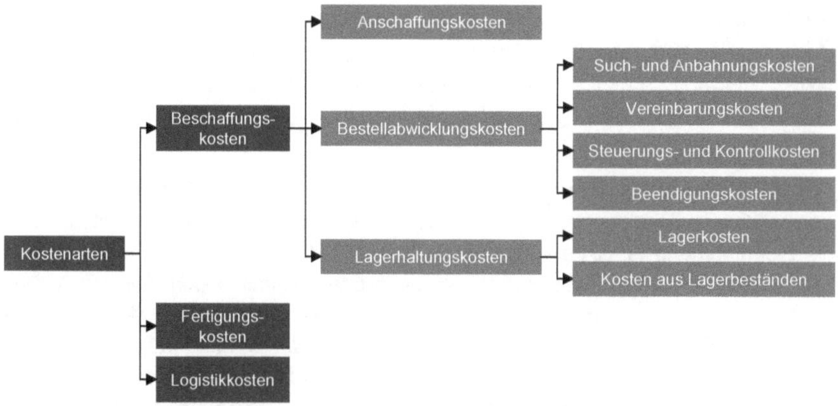

Abbildung 7-17: Zusammenfassung der zu betrachtenden Kostenarten (eigene Darstellung)

Neben der Kenntnis darüber, welche Kostenarten im Zusammenhang mit den Resilienzpotenzialen auftreten können, ist für die Gestaltung der Resilienz auch relevant, zu welchem Zeitpunkt diese Kosten auftreten. Bezogen auf Störungen können Kosten im Zusammenhang mit Resilienzpotenzialen vor oder nach dem Eintreten einer Störung auftreten. Im Bereich der Flexibilitätsplanung unterscheiden PIBERNIK und SINGER zwischen Kosten, die beim Aufbau und dem Aufrechterhalten eines Flexibilitätspotenzials entstehen und Kosten, die bei der Nutzung des Potenzials auftreten (s. PIBERNIK 2001, S. 55; SINGER 2012, S. 165). CARBONARA U. PELLEGRINO analysieren Kosten, die bei der Vorbereitung von Resilienzpotenzialen entstehen, vor dem Hintergrund der Realoptionsanalyse. Dabei entstehen Kosten einerseits bei der Schaffung von Realoptionen, welche in der Zukunft genutzt werden können. Andererseits treten Kosten bei der Nutzung der geschaffenen Realoptionen im Störungsfall auf. (s. CARBONARA U. PELLEGRINO 2017, S. 360–361) PEUKERT berücksichtigt in ihrem Simulationsmodell einerseits Kosten für proaktive Strategien, die sowohl Einfluss auf die variablen Kosten, wie Lohnkosten, haben können als auch Investitionen umfassen. Andererseits werden Kosten der Maßnahmen, die im Störungsfall auftreten, berücksichtigt. (s. PEUKERT 2021, S. 71) In der folgenden Analyse der Kosten wird daher unterschieden, ob die entsprechenden Kosten für den Aufbau und die Aufrechterhaltung des Resilienzpotenzials anfallen und somit unabhängig von dem tatsächlichen Einsatz im Störungsfall sind, oder ob die Kosten für die Nutzung des Resilienzpotenzials im Störungsfall anfallen.

Für jede Resilienzpotenzialkategorie wird im Folgenden analysiert, welche Kostenarten zu welchem Zeitpunkt für die einzelnen Resilienzpotenziale auftreten. Eine Grundlage für die Identifikation der Zusammenhänge zwischen den Resilienzpotenzialen und den Kostenarten stellen die beschriebenen Prozesse zur Reaktion (s. Kapitel 6.2.1) dar. Diese zeigen auf, welche Schritte zur Umsetzung einer Reaktion erforderlich sind.

Kostenanalyse für Resilienzpotenziale der Kategorie *Sichere Alternativen*

In der Resilienzpotenzialkategorie *Sichere Alternativen* entstehen wesentliche Kostenanteile zum Aufbau und zur Aufrechterhaltung der verschiedenen Alternativen. Darüber hinaus entstehen für einige der Resilienzpotenziale auch Kosten für die Nutzung der Alternativen.

Für das Potenzial *Make-and-Buy* umfassen die Kosten zur Schaffung des Resilienzpotenzials Investitionen zum Aufbau der benötigten Ressourcen und Kompetenzen für die Eigenfertigung (s. CARBONARA U. PELLEGRINO 2017, S. 361–362). Benötigte Ressourcen können dabei Maschinen, Werkzeuge oder Hilfsmittel sein. Für den Aufbau von Kompetenzen können Schulungen erforderlich sein. Diese Kosten werden bei den zuvor beschriebenen Kostenarten unter Fertigungskosten eingeordnet. Wird das Resilienzpotenzial im Rahmen einer Störung eingesetzt, muss die Fertigungskapazität erhöht werden. Somit entstehen Kosten für die zusätzliche Fertigung (s. CARBONARA U. PELLEGRINO 2017, S. 361–362). Weitere Kosten umfassen die Anschaffungskosten für benötigte Inputmaterialien.

Das *Vorhalten zusätzlicher Transportkapazitäten*, *flexible Lieferantenverträge* sowie *Back-up-Lieferantenverträge* erfordern das Vereinbaren von Mengen und Konditionen, unter welchen diese abgerufen werden können. Somit fallen für die Aufbau dieser Resilienzpotenziale Vereinbarungskosten an. Darunter werden auch Kosten berücksichtigt, die ein Lieferant für das Vorhalten bzw. die Reservierung der zusätzlichen Kapazitäten oder Mengen veranschlagt (s. KAMALAHMADI ET AL. 2022, S. 1997; NAMDAR ET AL. 2018, S. 2343). Darüber hinaus können Abnahmeverpflichtungen oder Strafzahlungen vereinbart werden. Diese werden als Mittel zum Aufrechterhalten der Potenziale unter der Kostenart *Beendigungskosten* berücksichtigt. Bei Abruf der vereinbarten Mengen bzw. Anpassung der Menge im Störungsfall fallen Anschaffungs- und Logistikkosten an. Dabei können die Anschaffungskosten höher ausfallen als unter störungsfreien Bedingungen (s. KAMALAHMADI ET AL. 2022, S. 1998).

Das Resilienzpotenzial *Sicherheitsbestand an einem zentralen Standort* erfordert die Beschaffung sowie das Vorhalten des Sicherheitsbestands (s. KAMALAHMADI U. PARAST 2017, S. 215). Dadurch entstehen einerseits Anschaffungskosten und andererseits Lagerkosten sowie Kosten für Lagerbestände (s. KAMALAHMADI U. PARAST 2017, S. 216). Für die Nutzung des Resilienzpotenzials ist der Transport der Artikel zum Fertigungsstandort erforderlich. Somit entstehen Logistikkosten (s. JOHNSON ET AL. 2021, S. 14; KAMALAHMADI U. PARAST 2017, S. 216).

Kostenanalyse für Resilienzpotenziale der Kategorie *Potenzielle Alternativen*

Die Resilienzpotenzialkategorie *Potenzielle Alternativen* umfasst einerseits Resilienzpotenziale, welche explizit zur Identifikation möglicher Alternativen beitragen, und andererseits Resilienzpotenziale, bei denen mögliche Alternativen durch die Nutzung redundanter Strukturen bestehen. Für den ersten Fall entstehen Kosten vor einem Störungsfall insbesondere dadurch, dass die Alternativen identifiziert werden. Für den zweiten Fall werden die Auswirkungen der Redundanzen auf die Kosten im Tagesgeschäft analysiert. In beiden Fällen entstehen wesentliche Kosten, wenn die Alternativen im Störungsfall umgesetzt werden.

Für den Aufbau der Resilienzpotenziale *Identifikation von Substituten*, *Identifikation alternativer Lieferanten, Qualifikation alternativer Lieferanten*, *Identifikation alternativer Transportmöglichkeiten* und *Prüfung der Beschaffung auf dem Sportmarkt* entstehen vornehmlich Such- und Anbahnungskosten.

Der Aufbau der Resilienzpotenziale *Einsatz von Multiple Sourcing*, *Geographische Diversifikation der Lieferantenbasis*, *Verschiedene Lieferanten für unterschiedliche Standorte* und die *Nutzung unterschiedlicher Transportmöglichkeiten* führt durch die größere Anzahl an Lieferanten bzw. Logistikdienstleister zu einem größeren Koordinationsaufwand. Somit entstehen durch diese Resilienzpotenziale Steuerungs- und Kontrollkosten (s. CARBONARA U. PELLEGRINO 2017, S. 362). Außerdem können keine Mengenrabatte genutzt werden, woraus potenziell höhere Anschaffungskosten bzw. für das Resilienzpotenzial *Nutzung unterschiedlicher Transportmöglichkeiten* höhere Logistikkosten resultieren (s. CARBONARA U. PELLEGRINO 2017, S. 362; PIBERNIK 2001, S. 56).

Für alle Resilienzpotenziale dieser Kategorie entstehen Kosten bei der Umsetzung der Potenziale: Es werden neue Verträge mit bestehenden oder neuen Vertragspartnern geschlossen, wodurch Vereinbarungskosten entstehen. Darüber hinaus fallen Anschaffungs- und Logistikkosten für die Beschaffung von Ersatzmengen im Störungsfall an. Für das Resilienzpotenzial *Identifikation von Substituten* können bei der Nutzung zusätzlich Fertigungskosten auftreten, wenn die Verarbeitung des Substituts Anpassungen in der Fertigung erfordert.

Kostenanalyse für Resilienzpotenziale der Kategorie *Transparenz*

Die Resilienzpotenziale der Kategorie *Transparenz* tragen, wie oben beschrieben, zu einer gezielten Auswahl und Gestaltung anderer Reaktionen bei und beinhalten keinen Handlungsrahmen für Reaktionen im Störungsfall. Somit entstehen die Kosten ausschließlich beim Aufbau und der Aufrechterhaltung der Resilienzpotenziale unabhängig von einer konkreten Störung.

Für die Resilienzpotenziale *Teilen von Informationen* sowie *(Echtzeit-)Monitoring des Transports* entstehen Kosten durch die Anschaffung und die Implementierung der erforderlichen Informationssysteme. Diese werden in die Kostenart *Anschaffungskosten* eingeordnet. Darüber hinaus fallen bei allen drei Resilienzpotenzialen Kosten für die Koordination und die Abstimmung mit den Partnern an. Diese Kosten stellen Steuerungs- und Kontrollkosten dar.

Kostenanalyse für Resilienzpotenziale der Kategorie *Entkopplung*

Einige Resilienzpotenziale der Kategorie *Entkopplung* beeinflussen die Anschaffungskosten. Darüber hinaus entstehen durch die Resilienzpotenziale in dieser Kategorie ausschließlich Kosten, die unabhängig von konkreten Störungen sind.

Durch den Aufbau des Resilienzpotenzials *Regionalisierung der Supply-Chain* entstehen nicht direkt Kosten. Das Resilienzpotenzial kann jedoch dazu führen, dass höhere Anschaffungskosten auftreten (s. BECKMANN 2019, S. 31). Gleichzeitig kann dieses Resilienzpotenzial jedoch aufgrund der kürzeren Transportwege zu geringeren Logistikkosten führen (s. ARNOLDS ET AL. 2016, S. 213).

Für den Aufbau des Resilienzpotenzials *Lieferantenentwicklung* fallen Investitionen zur Stärkung der Lieferanten an. Diese werden unter der Kostenart *Steuerungs- und Kontrollkosten* berücksichtigt.

Der Aufbau des Resilienzpotenzials *Lieferantenauswahl unter Berücksichtigung des Risikobewusstseins* kann zu größeren Suchaufwänden führen und somit in Such- und Anbahnungskosten resultieren. Darüber hinaus können höhere Anschaffungskosten bei weiter entwickelten Lieferanten auftreten.

Sowohl das Resilienzpotenzial *Beschaffung im Unternehmensverbund* als auch das Potenzial *Hohe Bestellfrequenz* führen zu Steuerungs- und Kontrollkosten: Bei der Beschaffung im Unternehmensverbund müssen die zu beschaffenden Mengen koordiniert werden. Bei hohen Bestellfrequenzen ist eine größere Anzahl an Bestellungen erforderlich. Darüber hinaus kann die Beschaffung im Unternehmensverbund aufgrund des größeren Bestellvolumens zu geringeren Anschaffungskosten führen (s. MELZER-RIDINGER 2008, S. 119). Aus der Bündelung der Bestellungen können zudem geringere Vereinbarungskosten resultieren (s. MELZER-RIDINGER 2008, S. 120). Bei einer hohen Bestellfrequenz können aufgrund der häufigeren Lieferungen höhere Logistikkosten entstehen sowie die Anschaffungskosten aufgrund der kleineren Mengen höher ausfallen.

Das Resilienzpotenzial *Einplanen von Puffern zwischen Bedarfsterminen* führt dazu, dass Bestellungen zwischengelagert werden müssen. Somit entstehen durch den Aufbau dieses Resilienzpotenzials sowohl Lagerkosten als auch Kosten aus Lagerbeständen.

Kostenanalyse für Resilienzpotenziale der Kategorie *Direkter Ausgleich*

Wie bereits oben für das Resilienzpotenzial *Sicherheitsbestand an strategischem Standort* beschrieben, sind auch für das Resilienzpotenzial *Sicherheitsbestand* die Beschaffung sowie das Vorhalten des Sicherheitsbestands erforderlich. Somit entstehen für den Aufbau und die Aufrechterhaltung auch hier Anschaffungs- und Lagerkosten sowie Kosten für Lagerbestände. Kosten für die Nutzung des Sicherheitsbestands im Störungsfall entstehen nicht.

Die beschriebenen Zusammenhänge sind in Abbildung 7-18 zusammenfassend dargestellt.

Legende
Resilienzpotenzialkategorien
1: Sichere Alternativen
2: Potenzielle Alternativen
3: Transparenz
4: Entkopplung
5: Direkter Ausgleich
Relationen
A: Kostenart entsteht beim Aufbau des Resilienzpotenzials vor einer Störung
N: Kostenart entsteht bei der Nutzung des Resilienzpotenzials im Störungsfall
E: Resilienzpotenzial kann Kostenart beeinflussen

		Kostenarten								
		Beschaffungskosten								
Resilienzpotenzialkategorie	**Resilienzpotenzial**	Anschaffungskosten	Such- und Anbahnungskosten	Vereinbarungskosten	Steuerungs- und Kontrollkosten	Beendigungskosten	Lagerkosten	Kosten aus Lagerbeständen	Fertigungskosten	Logistikkosten
1	Make-and-Buy	N							A/N	
1	Vorhalten zusätzlicher Transportkapazität	N		A		A				N
1	Flexible Lieferantenverträge	N		A		A				N
1	Back-up-Lieferantenvertrag	N		A		A				N
1	Sicherheitsbestand (zentraler Standort)	A					A	A		N
2	Identifikation von Substituten	N	A	N					N	N
2	Einsatz von Multiple Sourcing	E/N		N	A					N
2	Geographische Diversifikation	E/N		N	A					N
2	Versch. Lieferanten (untersch. Standorte)	E/N		N	A					N
2	Identifikation alternativer Lieferanten	N	A	N						N
2	Qualifikation alternativer Lieferanten	N	A	A/N						N
2	Nutzung untersch. Transportmöglichkeiten			N	A					E/N
2	Identifikation altern. Transportmöglichkeiten		A	N						N
2	Prüfung der Beschaffung auf dem Spotmarkt	N	A	N						N
3	Teilen von Informationen	A			A					
3	Kollaborative Planung				A					
3	(Echtzeit-)Monitoring des Transports	A			A					
4	Regionalisierung der Supply-Chain	E								E
4	Lieferantenentwicklung				A					
4	Lieferantenauswahl (Risikobewusstsein)	E	A							
4	Beschaffung im Unternehmensverbund	E		E	A					
4	Hohe Bestellfrequenz	E			A					E
4	Einplanen von Puffern zw. Bedarfsterminen						A	A		
5	Sicherheitsbestand	A					A	A		

Abbildung 7-18: Zusammenhänge zwischen Resilienzpotenzialen und Kosten (eigene Darstellung)

Die analysierten Zusammenhänge unterstützen im Folgenden verschiedene Schritte innerhalb der Methode zur systematischen Konfiguration der Resilienz.

7.4 Methode zur systematischen Konfiguration der Resilienz

Zur Sicherstellung der Anwendbarkeit ist es erforderlich, die Inhalte aus den vorherigen Kapiteln im Sinne einer Methode zusammenzuführen. Mithilfe der Methode werden die theoretischen Inhalte auf die Praxis übertragen. Anwendende werden durch die Methode dabei unterstützt, die Resilienz in der Beschaffung systematisch zu konfigurieren, indem sie den aktuellen Stand des eigenen Resilienzportfolios analysieren und Resilienzpotenziale zur Verbesserung des Portfolios auswählen. Die Methode gliedert sich in drei übergeordnete Schritte, die nachfolgend erläutert werden (s. Abbildung 7-19).

Abbildung 7-19: Übergeordnete Schritte der Methode (eigene Darstellung)

7.4.1 Festlegung des Betrachtungsrahmens

Zu Beginn der systematischen Konfiguration der Resilienz ist der Betrachtungsrahmen festzulegen. Dabei definiert die anwendende Person einerseits das zu analysierende Objekt. Andererseits sind die unternehmensindividuellen Ziele zu erfassen (s. Abbildung 7-20).

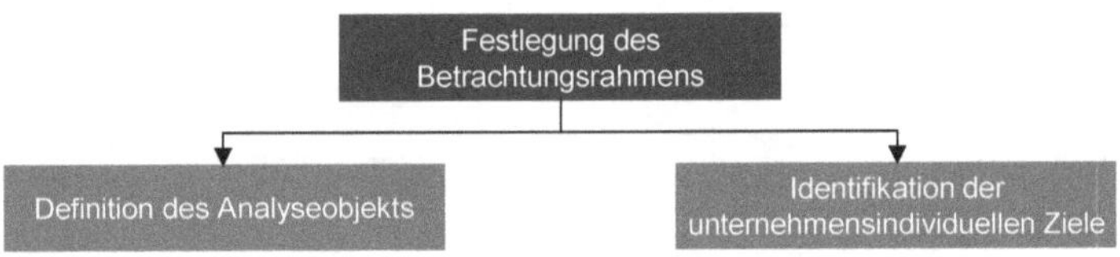

Abbildung 7-20: Festlegung des Betrachtungsrahmens (eigene Darstellung)

Die Definition des Analyseobjekts steht in einem engen Zusammenhang mit dem Auslöser für die systematische Konfiguration der Resilienz. Dabei können sowohl eine konkrete Störung und die dadurch erfahrenen Auswirkungen im Unternehmen als auch der grundsätzliche Wunsch nach einer Steigerung der Resilienz im Bereich der Beschaffung ohne konkreten Störungsbezug Auslöser zur Anwendung der Methode sein. Im ersten Fall stellen vornehmlich diejenigen Produkte, bei denen im Rahmen der Störung eine mangelnde Materialverfügbarkeit aufgetreten ist, die kritischen Beschaffungsprodukte dar. Diese bilden die Objekte für die weitere Analyse. Im zweiten Fall sind zunächst Beschaffungsprodukte für die weitere Analyse zu identifizieren. Wie oben genannt, können dabei entweder einzelne Beschaffungsprodukte oder Beschaffungsproduktgruppen analysiert werden. Die differenzierte Betrachtung von Beschaffungsprodukten und -produktgruppen ist insbesondere vor dem Hintergrund von üblicherweise heterogenen Beschaffungsobjekten mit unterschiedlichen Merkmalen erforderlich (s. MELZER-RIDINGER 2008, S. 45). Ein Verständnis der Charakteristika der verschiedenen Beschaffungsobjekte gibt dabei die Rahmenbedingungen für die Gestaltung der Beschaffungsstrategie vor (s. LARGE 2009, S. 69). Dies beeinflusst auch die Konfiguration der Resilienz.

Verschiedene Beschaffungsprodukte lassen sich anhand vorhandener material- oder produktionsbezogener Ähnlichkeiten zu Materialgruppen zusammenfassen (s. BOGASCHEWSKY 2018, S. 473). Für die Konfiguration der Resilienz kann entweder auf bestehende Klassifizierungen der Beschaffungsprodukte zurückgegriffen oder eine eigene Klassifizierung vorgenommen werden. Wird als Analyseobjekt für die Konfiguration der Resilienz eine Beschaffungsproduktgruppe betrachtet, ist auf eine ausreichende Ähnlichkeit zwischen den zu einer Gruppe gehörenden Beschaffungsprodukten zu achten. Vor dem Hintergrund der Resilienzgestaltung ist eine Ähnlichkeit bzgl. der Beschaffungsstrategie von Bedeutung.

Eine Möglichkeit zur Ermittlung von Beschaffungsproduktgruppen stellt die Durchführung einer ABC-Analyse dar. Dabei werden Produkte nach dem Anteil am gesamten Einkaufsvolumen gruppiert (s. MELZER-RIDINGER 2008, S. 50). Die ABC-Analyse basiert auf der Erfahrung, dass häufig eine geringe Anzahl an Produkten einen großen Anteil am Gesamtwert der Beschaffungsprodukte ausmachen (s. KÜPPER 1984, S. 217). Zusätzlich können Beschaffungsprodukte mit einer XYZ-Analyse bzgl. der Vorhersagegenauigkeit gruppiert werden (s. BECKMANN 2019, S. 57). Während sich X-Teile durch einen konstanten Verbrauch und eine hohe Vorhersagegenauigkeit auszeichnen, sind Y-Teile durch einen schwankenden Verbrauch und eine mittlere Vorhersagegenauigkeit gekennzeichnet. Der Verbrauch von Z-Teilen ist unregelmäßig und schwer vorhersehbar. (s. ARNOLDS ET AL. 2016, S. 26) Aus einer Kombination der ABC- und der XYZ-Analyse lassen sich Implikationen für die Gestaltung der Beschaffungsstrategie ableiten (s. BECKMANN 2019, S. 57). Vor diesem Hintergrund eignen sich die Analysen auch für die Definition des Analyseobjekts im Rahmen der Konfiguration der Resilienz.

Neben der Definition des Analyseobjekts sind vor der detaillierten Analyse des Resilienzportfolios die übergreifenden Ziele des anwendenden Unternehmens bezogen auf die Beschaffung und ihre Gewichtung zu untersuchen. Als Grundlage dafür dienen die in Kapitel 2.1.2 beschriebenen Zielrichtungen. Transparenz über die wesentlichen Ziele unterstützt im weiteren Verlauf der Methode die Ableitung der Gestaltungsempfehlungen.

7.4.2 Analyse des bestehenden Resilienzportfolios

Die Analyse des bestehenden Resilienzportfolios schafft Transparenz über den aktuellen Status. Die Analyse umfasst die Identifikation bestehender Resilienzpotenziale, die Berechnung der Kennzahlen und die Bewertung des Resilienzportfolios (s. Abbildung 7-21).

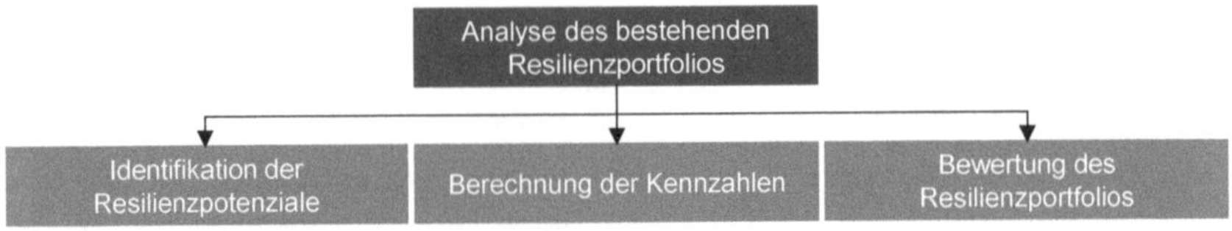

Abbildung 7-21: Analyse des bestehenden Resilienzportfolios (eigene Darstellung)

Für das definierte Beschaffungsprodukt bzw. die Beschaffungsproduktgruppe sind zunächst die bereits umgesetzten Resilienzpotenziale zu identifizieren. Dafür ist anhand des strukturierten Resilienzpotenzialkatalogs (s. Kapitel 6.3.3) je Kategorie zu bestimmen, welche der einzelnen Resilienzpotenziale bezogen auf das Analyseobjekt bereits im Unternehmen angewendet werden.

Sollen weitere Resilienzpotenziale berücksichtigt werden, die im Rahmen dieser Arbeit nicht analysiert wurden, so sind diese zunächst zu charakterisieren. Dafür dienen der in Kapitel 6.2.2 beschriebene morphologische Kasten und die Bewertungsfaktoren. Im Anschluss an die Charakterisierung sind die zusätzlichen Resilienzpotenziale anhand der Ausführungen in Kapitel 6.3.3 in eine der bestehenden Potenzialkategorien einzuordnen. Dabei ist die Potenzialkategorie zu wählen, die die wesentlichen Charakteristika des analysierten Resilienzpotenzials am besten widerspiegelt.

Anschließend sind die beschriebenen Kennzahlen (s. Kapitel 7.2) zu berechnen. Die Kennzahlen erlauben nun eine Bewertung des bestehenden Resilienzportfolios hinsichtlich der Ausgewogenheit und der Zuverlässigkeit vor dem Hintergrund der verfolgten Resilienzprinzipien und der im Fokus stehenden Resilienzpotenzialkategorien (s. Abbildung 7-22).

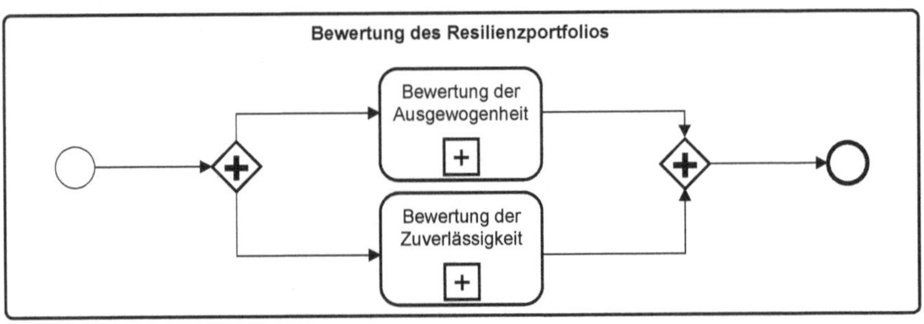

Abbildung 7-22: Vorgehen zur Bewertung des Resilienzportfolios (eigene Darstellung)

Die Bewertung der Ausgewogenheit erfolgt mithilfe der Kennzahlen *Beitragsanteil* und *Verteilungsgrad*.

Mit der Kennzahl *Beitragsanteil* werden die verhältnismäßig stark und schwach ausgeprägten Resilienzprinzipien identifiziert. Dabei sind insbesondere die Resilienzprinzipien zu ermitteln, die mit dem bestehenden Resilienzportfolio bisher nicht verfolgt werden (Beitragsanteil 0 %). Zur Einordnung der Beitragsanteile der Resilienzprinzipien wird ein Box-Plot verwendet. Mithilfe eines Box-Plots werden die Lage und die

Streuung eines Datensatzes visualisiert (s. CRAMER U. KAMPS 2014, S. 40). Die Darstellung umfasst einen Kasten sowie zwei Linien links und rechts des Kastens (s. Abbildung 7-23). Die Ränder des Kastens werden durch untere und obere Quartile bestimmt. Innerhalb des Kastens befindet sich der Median. Die linke Linie endet beim Minimum, während die rechte Linie beim Maximum endet. (s. CRAMER U. KAMPS 2014, S. 41)

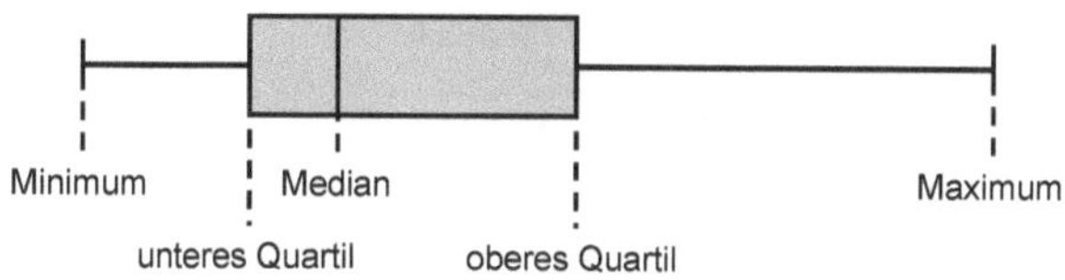

Abbildung 7-23: Darstellung Box-Plot (eigene Darstellung i. A. a. CRAMER U. KAMPS 2014, S. 41)

Die graphische Darstellung veranschaulicht übersichtlich die Verteilung der Beitragsanteile der einzelnen Resilienzprinzipien. Sowohl der minimale und der maximale Wert als auch die Entfernung dieser Werte zu den restlichen Werten lässt sich direkt aus dem Box-Plot ablesen. Je geringer die Spanne zwischen dem Minimum und dem Maximum ist, desto ausgewogener ist das Resilienzportfolio bezogen auf die Resilienzprinzipien.

Mithilfe des Box-Plots werden die Resilienzprinzipien in drei Gruppen unterteilt:

- Verhältnismäßig stark ausgeprägte Resilienzprinzipien: Diese umfassen die Resilienzprinzipien ab dem oberen Quartil. Ein besonderer Fokus in der weiteren Analyse liegt auf den Resilienzprinzipien oberhalb des Quartils.
- Mittelmäßig ausgeprägte Resilienzprinzipien: Diese umfassen die Resilienzprinzipien zwischen dem unteren und dem oberen Quartil.
- Verhältnismäßig schwach ausgeprägte Resilienzprinzipien: Diese umfassen die Resilienzprinzipien bis zum unteren Quartil. Ein besonderer Fokus liegt auch hier auf den Resilienzprinzipien unterhalb des Quartils.

Für alle Resilienzprinzipien ist zusätzlich anhand der Kennzahl *Universell einsetzbarer Beitrag* zu analysieren, ob die Berücksichtigung bestimmter Einsatzszenarien erforderlich ist. Dies ist der Fall, wenn die universell einsetzbaren Anteile niedrig ausfallen.

Mit der Kennzahl *Verteilungsgrad* werden die Resilienzpotenzialkategorien identifiziert, auf die in dem bestehenden Resilienzportfolio der Fokus gelegt wird. Auch hier lassen sich stark und schwach umgesetzte Potenzialkategorien ermitteln. Für die Ableitung der Gestaltungsempfehlungen sind insbesondere die am stärksten und am schwächsten umgesetzte Resilienzpotenzialkategorie und die Kategorien, in denen keine Resilienzpotenziale umgesetzt werden (Verteilungsgrad 0 %), von Bedeutung. Zur graphischen Darstellung der Verteilungsgrade wird wieder ein Box-Plot verwendet, um die Spanne zwischen Minimum und Maximum zu verdeutlichen.

Das Vorgehen zur Bewertung der Ausgewogenheit ist in Abbildung 7-24 zusammenfassend dargestellt.

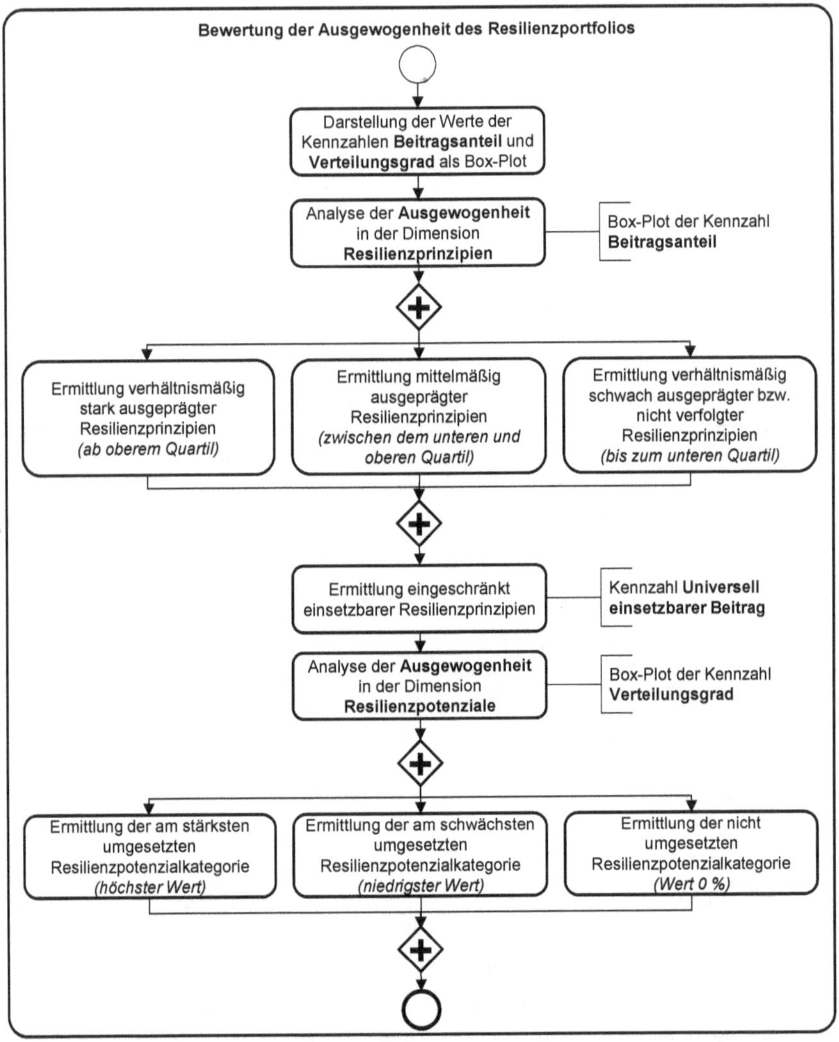

Abbildung 7-24: Vorgehen zur Bewertung der Ausgewogenheit (eigene Darstellung)

Die Bewertung der Zuverlässigkeit erfolgt mithilfe der Kennzahlen *Anzahl beitragender Potenziale* und *Anzahl aktivierter Resilienzpotenziale*. Eine eingeschränkte Zuverlässigkeit liegt sowohl bezogen auf die Resilienzprinzipien als auch bezogen auf die Resilienzpotenzialkategorien bei einem Wert von 1 vor. Bei einem Wert von 0 ist die Zuverlässigkeit nicht bewertbar. Das Vorgehen ist in Abbildung 7-25 dargestellt.

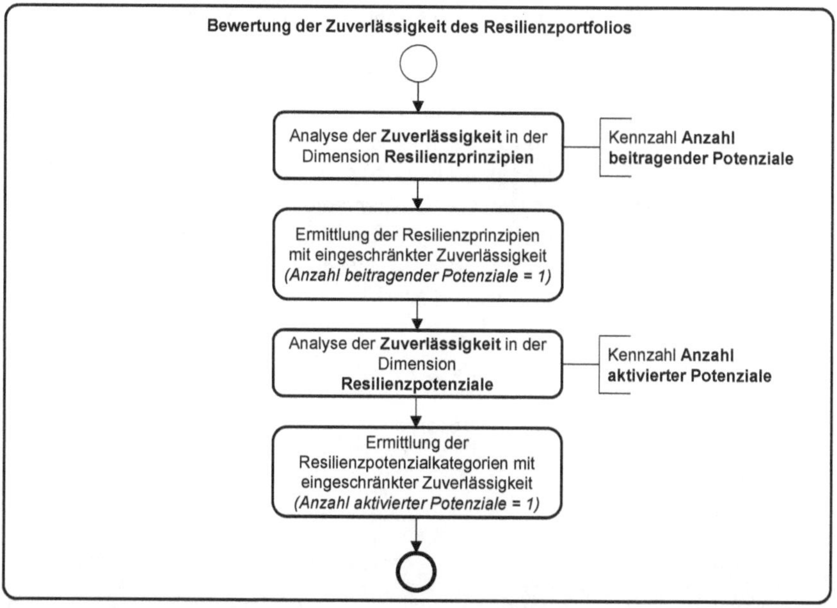

Abbildung 7-25: Vorgehen zur Bewertung der Zuverlässigkeit (eigene Darstellung)

Die jeweils ermittelten Resilienzprinzipien und Resilienzpotenzialkategorien dienen als Grundlage zur Ableitung von Gestaltungsempfehlungen.

7.4.3 Ableitung von Gestaltungsempfehlungen

Aufbauend auf der Analyse des bestehenden Resilienzportfolios erfolgt die Ableitung von Gestaltungsempfehlungen. Die Gestaltungsempfehlungen dienen dabei zur Identifikation von Verbesserungsmöglichkeiten und unterstützen die Auswahl zu implementierender Resilienzpotenziale (s. Abbildung 7-26).

Abbildung 7-26: Ableitung von Gestaltungsempfehlungen (eigene Darstellung)

Verbesserungsmöglichkeiten bestehen einerseits bei verhältnismäßig schwach ausgeprägten Resilienzprinzipien und schwach umgesetzten Resilienzpotenzialkategorien. Andererseits existieren Verbesserungsmöglichkeiten bei eingeschränkter Zuverlässigkeit.

Zunächst werden die Resilienzprinzipien der oben identifizierten Gruppen verhältnismäßig stark und verhältnismäßig schwach ausgeprägter Resilienzprinzipien betrachtet. Dabei wird für jedes schwach ausgeprägte Resilienzprinzip in Kombination mit den stark ausgeprägten Resilienzprinzipien in der Bedeutungstabelle der Resilienzprinzipien (s. Kapitel 7.3.1) geprüft, ob die Bedeutung dieser Prinzipien verringert ist. Ist dies nicht der Fall, stellen die Resilienzprinzipien Handlungsfelder für Verbesserung dar. Ist der universell einsetzbare Anteil der stark ausgeprägten Resilienzprinzipien niedrig, ist darüber hinaus der Einsatzbereich zu prüfen. Der Entscheidungsbaum zur Identifikation der Verbesserungsmöglichkeiten der Ausgewogenheit in der Dimension der Resilienzprinzipien ist in Abbildung 7-27 dargestellt.

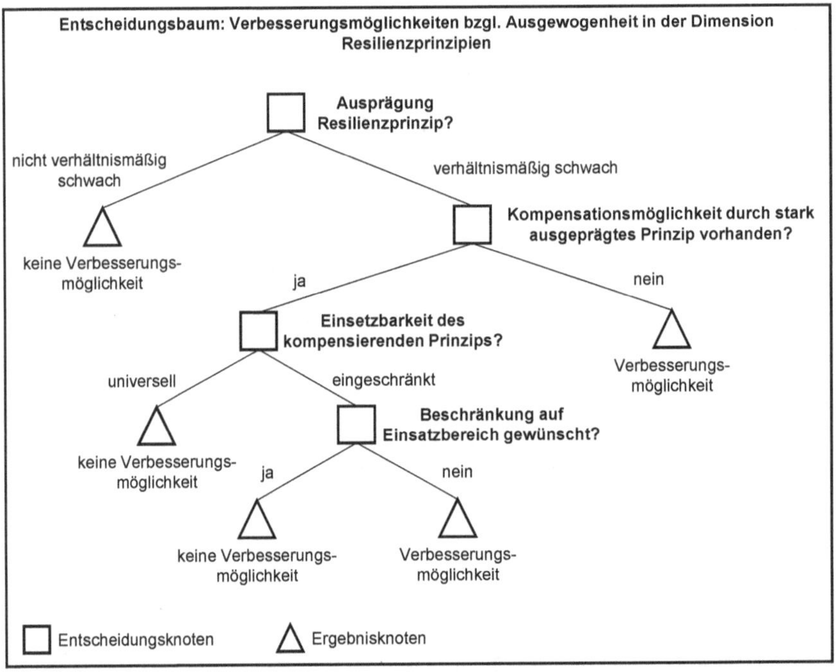

Abbildung 7-27: Identifikation von Verbesserungsmöglichkeiten der Ausgewogenheit in der Dimension *Resilienzprinzipien* (eigene Darstellung)

Ist eine Resilienzpotenzialkategorie durch das bestehende Resilienzportfolio nicht abgedeckt oder schwach umgesetzt, stellt dies ein weiteres Handlungsfeld für Verbesserungen dar. Darüber besteht ein Handlungsfeld für Verbesserungen, wenn es sich bei den stark umgesetzten Resilienzpotenzialkategorien um diejenigen Kategorien handelt, die bei alleiniger Umsetzung nicht sinnvoll sind. Dies gilt für die Kategorien *Entkopplung* und *Transparenz* (s. Kapitel 7.3.2). Abbildung 7-28 zeigt den Entscheidungsbaum zur Identifikation der Verbesserungsmöglichkeiten der Ausgewogenheit in der Dimension der Resilienzpotenzialkategorien.

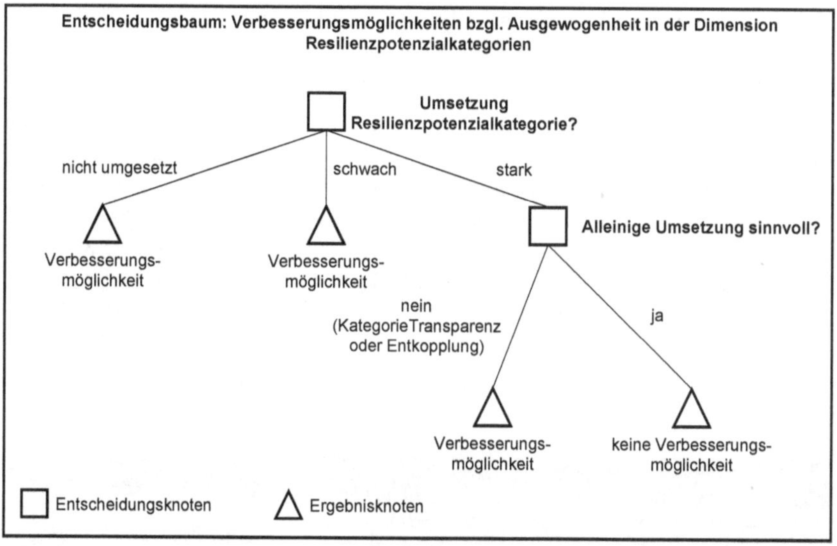

Abbildung 7-28: Identifikation von Verbesserungsmöglichkeiten der Ausgewogenheit in der Dimension *Resilienzpotenzialkategorien* (eigene Darstellung)

Weitere Handlungsfelder für Verbesserungen stellen diejenigen Resilienzprinzipien und Resilienzpotenzialkategorien mit einer eingeschränkten Zuverlässigkeit dar (s. Abbildung 7-29). Eine Ausnahme gilt dabei für die Kategorie *Direkter Ausgleich*, da diese lediglich ein Resilienzpotenzial umfasst.

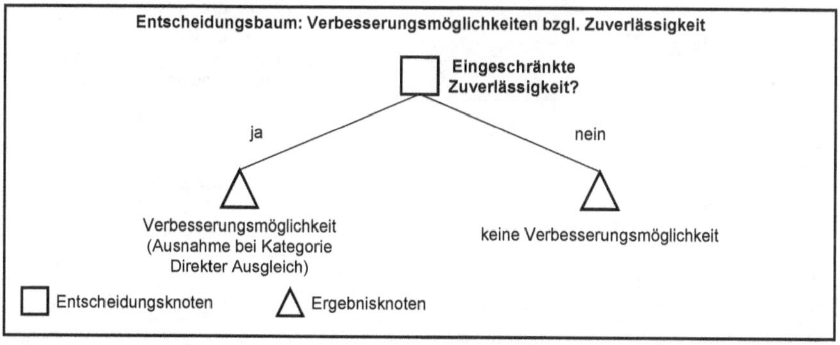

Abbildung 7-29: Identifikation von Verbesserungsmöglichkeiten der Zuverlässigkeit (eigene Darstellung)

Zur Verbesserung der identifizierten Handlungsfelder sind anschließend Resilienzpotenziale auszuwählen. Die Auswahl der konkreten Resilienzpotenziale erfolgt unternehmensindividuell. Im Folgenden werden daher Kriterien beschrieben, die diese Auswahl unterstützen. Die Kriterien bauen auf den übergeordneten Gestaltungsansätzen auf (s. Kapitel 7.2.1). Während bei der Analyse des bestehenden Resilienzportfolios und der Ableitung der Handlungsfelder bereits der zweite und dritte Gestaltungsansatz berücksichtigt wurden, liegt der Fokus nun auf dem ersten, vierten und fünften Gestaltungsansatz.

Die ermittelten Handlungsfelder im Bereich der Prinzipien zeigen auf, bei welchen Resilienzprinzipien Verbesserungsbedarf besteht. Um konkrete Resilienzpotenziale zur Verbesserung des Resilienzportfolios systematisch auswählen zu können, werden zunächst die zu diesen Resilienzprinzipien passenden Resilienzpotenzialkategorien ermittelt. Dieser Schritt ist erforderlich, da die Resilienzpotenziale auf eine Kombination von Resilienzprinzipien wirken. Die Ermittlung der Resilienzpotenzialkategorien erfolgt mithilfe der Charakterisierung aus Kapitel 6.3.3. Die Zuordnung ist in Tabelle 7-2 dargestellt.

Tabelle 7-2: Zuordnung Resilienzprinzipien und Resilienzpotenzialkategorien (eigene Darstellung)

Resilienzprinzipien	Resilienzpotenzialkategorien	
	eindeutige Zuordnung	nicht eindeutige Zuordnung
Pufferzeitverlängerung	• Direkter Ausgleich	-
Reaktionsbeginn-verschiebung	• Transparenz	-
Entscheidungs-zeitverkürzung	-	• Sichere Alternativen • Potenzielle Alternativen • Transparenz
Reaktionsvorlauf-zeitverkürzung	• Sichere Alternativen	-
Erholungszeitverkürzung	-	• Sichere Alternativen • Potenzielle Alternativen (indirekter Einfluss) • Transparenz (indirekter Einfluss) • Entkopplung (indirekter Einfluss)
Dämpfung des maximalen Leistungseinbruchs	-	• Sichere Alternativen • Potenzielle Alternativen (indirekter Einfluss) • Direkter Ausgleich
Dämpfung des langfristigen Leistungseinbruchs	• Potenzielle Alternativen (indirekter Einfluss)	-
Verringerung Leistungs-verlustgeschwindigkeit	• Entkopplung (indirekter Einfluss)	-
Steigerung Erholungs-geschwindigkeit	• Sichere Alternativen	-

Eine eindeutige Zuordnung ist in den Fällen möglich, wo das zu stärkende Resilienzprinzip eines der kennzeichnenden Charakteristika der Resilienzpotenzialkategorie darstellt. Andernfalls kann das Resilienzprinzip durch verschiedene Kategorien verstärkt werden. Wurde Verbesserungsbedarf bei mehreren Resilienzprinzipien identifiziert, sind darüber hinaus die Kompensationsmöglichkeiten zwischen den Prinzipien zu beachten (s. Kapitel 7.3.1). Außerdem sind die identifizierten Handlungsfelder aus dem Bereich der Resilienzpotenzialkategorien zu berücksichtigen. Dies gilt insbesondere für den Fall, dass keine eindeutige Auswahl der Resilienzpotenzialkategorien möglich ist. Ein weitere Unterstützung bei der Auswahl der Kategorien stellen die beschriebenen Zusammenhänge und Ausführungen zur Kombinierbarkeit der Resilienzpotenzialkategorien dar (s. Kapitel 7.3.2). Aus den ermittelten Potenzialkategorien sind anschließend konkrete Resilienzpotenziale auszuwählen.

Bei der Auswahl der Potenziale sind die übergeordnete Unternehmens- und Beschaffungsstrategie sowie unternehmensindividuelle Präferenzen zu beachten. Diese können sich beispielsweise auf die favorisierten Beschaffungsmärkte, die Anzahl der Lieferanten oder die Zusammenarbeit mit diesen beziehen. Neben den strategischen Rahmenbedingungen und Präferenzen sind auch mögliche Einschränkungen zu berücksichtigen, die sich aus den Eigenschaften des betrachteten Beschaffungsprodukts bzw. der Beschaffungsproduktgruppen oder der unternehmensbezogenen Rahmenbedingungen ergeben. So lassen sich beispielsweise nicht für alle Beschaffungsprodukte Substitute ermitteln oder es besteht keine Möglichkeit zur Eigenfertigung oder der Beschaffung auf dem Sportmarkt. Darüber hinaus setzen zum Beispiel der Einsatz von Sicherheitsbestand das Vorhandensein von Lagerfläche oder der Einsatz von Multiple Sourcing das Vorhandensein potenzieller Lieferanten voraus. Die relevanten Eigenschaften und Voraussetzungen der Resilienzpotenziale sind den Erläuterungen aus Kapitel 6.1 zu entnehmen.

Einen wesentlichen Einfluss auf die Auswahl der Resilienzpotenziale haben darüber hinaus die Zusammenhänge zwischen den einzelnen Potenzialen (s. Kapitel 7.3.2). Ein möglichst breit aufgestelltes Resilienzportfolio wird erreicht, wenn keine direkten Substitute eingesetzt werden. Werden Substitute gewählt, so sollten nach Möglichkeit die vorteilhafteren Substitute bevorzugt werden.

Außerdem sollte der Fokus auf universell einsetzbaren Resilienzpotenzialen liegen. Werden eingeschränkt einsetzbare Resilienzpotenziale eingesetzt, ist auf eine Kombination möglicher Einsatzszenarien zu achten. Dies gilt insbesondere für die Kombination von Resilienzpotenzialen, die sich auf den Transport und auf Lieferanten beziehen.

Zur Entscheidungsunterstützung dient darüber hinaus eine Abschätzung der entstehenden Kosten. Diese kann mithilfe der erläuterten Zusammenhänge zwischen den Resilienzpotenzialen und Kosten erfolgen (s. Kapitel 7.3.3).

Die Kriterien zur Auswahl von Resilienzpotenzialen sind in Abbildung 7-30 zusammenfassend dargestellt.

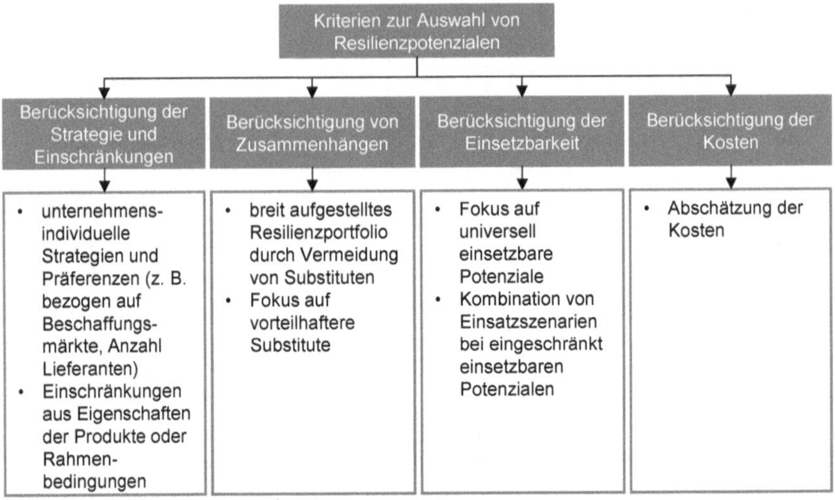

Abbildung 7-30: Kriterien zur Auswahl von Resilienzpotenzialen (eigene Darstellung)

Das Vorgehen zur Auswahl von Resilienzpotenzialen ist in Abbildung 7-31 zusammenfassend dargestellt.

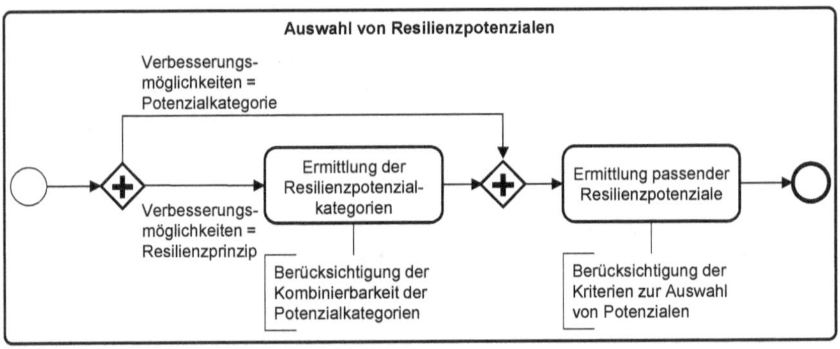

Abbildung 7-31: Vorgehen zur Auswahl von Resilienzpotenzialen (eigene Darstellung)

Nach der Auswahl weiterer Resilienzpotenziale können die Kennzahlen zur Analyse des Resilienzportfolios erneut berechnet werden. Dies ermöglicht den Vergleich des bestehenden und des angepassten Resilienzportfolios.

Zur Umsetzung der Resilienzpotenziale ist die spezifische Dimensionierung erforderlich. Diese muss in Abhängigkeit der unternehmensindividuellen Rahmenbedingungen erfolgen und wird im Rahmen dieser Arbeit nicht betrachtet.

7.5 Reflexion und Zusammenfassung der Ergebnisse

In diesem Kapitel wurde als Kernergebnis dieser Arbeit eine Methode zur systematischen Konfiguration der Resilienz in der Beschaffung entwickelt. Die Methode verknüpft die entwickelten Ergebnisse und stellt die praktische Anwendbarkeit der Ergebnisse sicher.

Die Konfiguration der Resilienz basiert auf dem Resilienzkonfigurator, welcher die identifizierten Resilienzprinzipien und die Resilienzpotenzialkategorien über die Beiträge der einzelnen Resilienzpotenziale zu den Resilienzprinzipien miteinander verbindet. Mithilfe des Resilienzkonfigurators kann das Resilienzportfolio eines Unternehmens strukturiert analysiert werden. Dadurch schafft der Resilienzkonfigurator Transparenz über das bestehende Resilienzportfolios eines Unternehmens und unterstützt die systematische Konfiguration. Aus der Struktur des Resilienzkonfigurators wurden zwei Dimensionen für die Bewertung eines Resilienzportfolios ermittelt.

Zur Bewertung eines Resilienzportfolios wurden sechs Kennzahlen definiert. Die Grundlage für die Definition der Kennzahlen zur Bewertung eines Resilienzportfolios bilden übergeordnete Gestaltungsansätze, welche aus bestehenden Ansätzen zur Gestaltung der Resilienz sowie aus der strategischen Unternehmensplanung, der Projektportfolioplanung und der Produktentwicklung abgeleitet wurden. Dabei wurden fünf übergeordnete Gestaltungsansätze identifiziert.

Eine wesentliche Voraussetzung für die Interpretation der Kennzahlen stellt ein Verständnis der zugrundeliegenden Zusammenhänge verschiedener Aspekte des Resilienzkonfigurators dar. Daher wurden die Zusammenhänge zwischen den einzelnen Resilienzprinzipien, zwischen den verschiedenen Resilienzpotenzialkategorien und den Resilienzpotenzialen sowie zwischen den Resilienzpotenzialen und den entstehenden Kosten analysiert. Im Bereich der Resilienzprinzipien wurden Kompensationsmöglichkeiten und Bedeutungsveränderungen einzelner Resilienzprinzipien in Abhängigkeit der Rahmenbedingungen ermittelt. Bezogen auf die Resilienzpotenzialkategorien wurden Kombinationsmöglichkeiten und bezogen auf die Resilienzpotenziale wurden Substitutionsmöglichkeiten erläutert. Schließlich wurden die relevanten Kostenarten sowie die Entstehungszeitpunkte der Kosten für die unterschiedlichen Resilienzpotenziale dargelegt.

Die Methode zur systematischen Konfiguration der Resilienz umfasst drei übergeordnete Schritte. Die Methode verfolgt das Ziel, zunächst Transparenz über den aktuellen Status eines Resilienzportfolios zu schaffen und anschließend praktische Gestaltungsempfehlungen zur Anpassung des Resilienzportfolios zu ermitteln. Dabei wurde erläutert, wie die Kennzahlen unter Berücksichtigung der analysierten Zusammenhänge zu interpretieren sind, um Verbesserungsmöglichkeiten zu identifizieren. Außerdem wurden Kriterien vorgestellt, die die Auswahl von Resilienzpotenzialen zur Erweiterung des Resilienzportfolios unterstützen. Die Methode trägt somit zur unternehmensindividuellen Gestaltung der Resilienz bei. Insgesamt ermöglicht die Methode eine qualitative Bewertung des Resilienzportfolios. Dabei wird keine absolute Aussage darüber getroffen, welche Konfiguration für ein Unternehmen die beste ist. Die Ergebnisse ermöglichen einen relativen Vergleich verschiedener Konfigurationen.

8 Evaluierung der Untersuchung

Wie in Kapitel 1.3 erläutert, ordnet sich die vorliegende Dissertation innerhalb der angewandten Handlungswissenschaften ein und orientiert sich an dem Ansatz zur angewandten Forschung nach ULRICH U. HILL. Die angewandte Wissenschaft zeichnet sich dadurch aus, dass der Forschungsprozess mit der Betrachtung der Praxis beginnt und endet (s. ULRICH 1981, S. 19). Die Zielsetzung der vorliegenden Dissertation leitet sich aus der Problemstellung in der Praxis ab. Im Folgenden werden die erarbeiteten Ergebnisse durch Anwendung in der Praxis evaluiert. Somit wird der praktische Nutzen der Ergebnisse bei der Lösung der Praxisprobleme überprüft.

Gemäß der Denkweise des Kritischen Rationalismus ist eine vollständige Verifikation der induktiv abgeleiteten Aussagen anhand empirischer Untersuchungen nicht möglich. Die Falsifikation wird daher als zulässiges Verfahren innerhalb des realwissenschaftlichen Forschungsprozesses betrachtet. Demnach gilt eine Hypothese so lange als richtig, bis sie durch eine Einzelbeobachtung widerlegt wird. (s. ULRICH U. HILL 1976b, S. 345–346) Zur Evaluierung der Untersuchung werden im Folgenden zwei Fallstudien durchgeführt, um die Nicht-Falsifikation der Methode zu prüfen. Dafür werden zunächst der Aufbau und die Auswahl der Fallstudien beschrieben (s. Kapitel 8.1). Anschließend werden die durchgeführten Fallstudien erläutert (s. Kapitel 8.2 und Kapitel 8.3). In Kapitel 8.4 werden die Ergebnisse der Evaluierung zusammengefasst.

8.1 Aufbau und Auswahl der Fallstudien

Eine Fallstudie stellt eine empirische Untersuchung eines Phänomens in seinem realen Kontext dar (s. YIN 2003, S. 13–14). Fallstudien ermöglichen die umfassende Abbildung der sozialen Wirklichkeit und der bestehenden Zusammenhänge sowie das Ableiten praktisch relevanter Aussagen (s. BORCHARDT U. GÖTHLICH 2009, S. 36). Gemäß der Forschungsmethodik nach ULRICH U. HILL eignen sich Fallstudien zur Überprüfung der inhaltlichen Richtigkeit der erarbeiteten Ergebnisse. Dabei erfolgt eine aktive Gestaltung eines realen Systems in Form eines Realisierungsversuchs. (s. ULRICH U. HILL 1976b, S. 349) Als Typen von Fallstudien lassen sich Einzelfallstudien und vergleichende Fallstudien unterscheiden. Der Vorteil der vergleichenden Fallstudien besteht darin, dass Ähnlichkeiten und Unterschiede zwischen den Erkenntnissen betrachtet werden können, wodurch die Ergebnisse als überzeugender und vertrauenswürdiger gelten. (s. BORCHARDT U. GÖTHLICH 2009, S. 36–37) Die Datenerhebung kann mithilfe unterschiedlicher Erhebungsmethoden erfolgen (s. BORCHARDT U. GÖTHLICH 2009, S. 37).

Im Rahmen der vorliegenden Dissertationsschrift werden zwei Fallstudien zur Validierung der Methode zur systematischen Konfiguration der Resilienz durchgeführt und die Erkenntnisse miteinander verglichen. Da sich die entwickelte Methode vornehmlich an produzierende Unternehmen richtet, wurden zwei produzierende Unternehmen für die Durchführung der Fallstudien ausgewählt. Die TEBIT GmbH & Co. KG stellt ein mittelständisches Unternehmen dar. Das zweite betrachtete Unternehmen hingegen ist ein Konzern. Somit wird überprüft, ob sich die entwickelte Methode sowohl für kleine und mittlere Unternehmen (KMU) als auch für Großunternehmen eignet.

Die Vergleichbarkeit und Nachvollziehbarkeit werden durch den Aufbau der Fallstudien nach der gleichen Struktur sichergestellt. Dabei wird zunächst das Unternehmen vorgestellt. Der Fokus der Fallstudien liegt auf der in Kapitel 7.4 entwickelten Methode zur systematischen Konfiguration der Resilienz. Vor der Anwendung der Methode werden die zentralen Ergebnisse des Dissertationsvorhabens vorgestellt. Im Rahmen der Fallstudien werden die drei übergeordneten Schritte *Festlegung des Betrachtungsrahmens*, *Analyse des bestehenden Resilienzportfolios* und *Ableitung der Gestaltungsempfehlungen* beispielhaft mit dem Unternehmen durchgeführt. Die Fallstudie endet mit der Auswahl von Resilienzpotenzialen zur Verbesserung identifizierter Handlungsfelder. Eine erneute Berechnung der Kennzahlen sowie die Dimensionierung der Resilienzpotenziale werden im Rahmen der Validierung nicht betrachtet. Zur Durchführung der Fallstudien werden Experteninterviews eingesetzt. Dabei stehen nicht die Befragten selbst im Vordergrund, sondern deren Erfahrung und Interpretation bezogen auf das Forschungsthema (s. BORCHARDT U. GÖTHLICH 2009, S. 38).

Mithilfe der Fallstudien sollen die inhaltlichen und formalen Anforderungen der vorliegenden Dissertationsschrift überprüft werden (s. Kapitel 4.1). Dafür werden die definierten Anforderungen in Beurteilungskriterien und Fragestellungen überführt. Die Fragestellungen im Bereich der formalen Anforderungen sind angelehnt an die von SCHOLZ definierten Fragestellungen (s. SCHOLZ 2022, S. 236). Im Rahmen der Fallstudien werden die Fragestellungen zur Bewertung der Anforderungserfüllung von den Unternehmen beantwortet. Die Beurteilungskriterien und Fragestellungen sind in Abbildung 8-1 dargestellt.

Inhaltliche Anforderungen	Resilienzverständnis	Umfassen die Ergebnisse die relevanten Resilienzkomponenten und Zielrichtungen zur Gestaltung der Resilienz in der Beschaffung?
	Strukturierung von Gestaltungsoptionen	Liefern die Ergebnisse Transparenz über mögliche Gestaltungsoptionen und deren Wirkung?
	Systematische Gestaltung	Unterstützen die Ergebnisse die systematische Gestaltung der Resilienz in der Beschaffung?
Formale Anforderungen	Validität	Spiegeln die Ergebnisse die Realität wider und sind die Ergebnisse konsistent und in sich widerspruchsfrei?
	Produktivität	Ist das Modell zweckbezogen und liefern die Ergebnisse Antworten auf die zugrundeliegenden Fragestellungen?
	Handhabbarkeit	Ist das Modell leicht anzuwenden und liefert es leicht interpretierbare Ergebnisse?
	Aufwand	Ist der Aufwand für den Anwendenden in der Nutzung der Methode gering?

Abbildung 8-1: Übersicht der Beurteilungskriterien für die Fallstudien (eigene Darstellung)

Da sich Reliabilität durch die Unabhängigkeit der Ergebnisse von einem einmaligen Untersuchungsvorgang auszeichnet, wird die Erfüllung dieses Kriteriums nicht im Rahmen der Fallstudien bei den einzelnen Unternehmen abgefragt.

8.2 Fallstudie bei der TEBIT GmbH & Co. KG

Die erste Fallstudie wurde bei der TEBIT GmbH & Co. KG (im Folgenden als TEBIT bezeichnet) durchgeführt. An dem Experteninterview nahmen einer der Geschäftsführer, ein Mitarbeiter aus dem Bereich der Beschaffung sowie zwei Mitarbeitende aus den Bereichen Auftragsmanagement und Vertrieb teil.

8.2.1 Beschreibung des Unternehmens TEBIT

TEBIT ist im Bereich der Medizintechnik tätig. Das 1988 gegründete Unternehmen mit Sitz in Meinerzhagen beschäftigt ca. 140 Mitarbeitende. Die Unternehmensgruppe umfasst die Unternehmen TEBIT Medical Devices GmbH und TEBIT Implants Technology. TEBIT ist einer der führenden Hersteller von Präzisionsteilen mit Schwerpunkt im medizintechnischen Bereich. Neben der Metallbearbeitung im Bereich des Lang- und Kurzdrehens sowie der 5-Achs-Fertigung und der Montage steht insbesondere die Sicherstellung der Qualität im Vordergrund. Darüber hinaus bietet TEBIT Leistungen im Rahmen der Produktplanung an. Das Produktspektrum umfasst Komponenten aus den Bereichen Dental, Trauma, Chirurgie und Gerätebau. Dabei werden unterschiedliche Werkstoffe wie Edelstahl, Aluminium, Titan und medizinische Kunststoffe verwendet.

8.2.2 Anwendung der Methode bei TEBIT

Zur Anwendung der Methode werden im Folgenden die Schritte *Festlegung des Betrachtungsrahmens*, *Analyse des bestehenden Resilienzportfolios* und *Ableitung von Gestaltungsempfehlungen* bei TEBIT vorgestellt und die Ergebnisse erläutert.

Festlegung des Betrachtungsrahmens

Zur Festlegung des Betrachtungsrahmens wurde durch die Mitarbeitenden von TEBIT zunächst ein Beschaffungsprodukt ausgewählt, dessen Resilienzportfolio analysiert werden sollte. TEBIT beschafft sowohl Rohmaterialien und Halbzeuge als auch Zukaufteile und Bauteile sowie Verpackungen. Darüber hinaus werden Fremdtätigkeiten beispielsweise im Rahmen der Oberflächenbehandlung beschafft. Als Analyseobjekt für die Fallstudie wurden Edelstahlstäbe festgelegt, die in verschiedenen Durchmessern beschafft werden. Bei diesem Beschaffungsprodukt ist in der Vergangenheit eine Störung im Bereich des Hauptlieferanten aufgetreten, die zu Problemen im Bereich der Materialverfügbarkeit geführt hat. In Folge dieser Störung wurden verschiedene Maßnahmen ergriffen. Die Fallstudie sollte nun dazu beitragen, das Resilienzportfolio der Edelstahlstäbe systematisch zu bewerten.

Bezüglich der unternehmensindividuellen Ziele im Rahmen der Beschaffung wurden die langfristige Versorgungssicherung, Kostenreduktion, Schaffung von Flexibilität, Sicherstellung der Materialqualität, Verkürzung der Time-to-Market und die Autonomieerhaltung des Unternehmens diskutiert. Neben der langfristigen Versorgungssicherung sind für die Edelstahlstäbe insbesondere die Sicherstellung der Materialqualität in der Beschaffung von großer Bedeutung.

Analyse des bestehenden Resilienzportfolios

Im Rahmen der Analyse des bestehenden Resilienzportfolios wurden zunächst die bereits umgesetzten Resilienzpotenziale identifiziert (s. Abbildung 8-2).

Resilienzpotenzialkategorie	Umgesetzte Resilienzpotenziale bei TEBIT
Sichere Alternativen	• Flexible Lieferantenverträge • Sicherheitsbestand an zentralem Standort
Potenzielle Alternativen	• Identifikation alternativer Lieferanten • Qualifikation alternativer Lieferanten • Prüfung der Beschaffung auf dem Spotmarkt
Transparenz	• Zusammenarbeit - Teilen von Informationen • Zusammenarbeit - Kollaborative Planung
Entkopplung	• Lieferantenauswahl unter Berücksichtigung des Risikobewusstseins • Hohe Bestellfrequenz • Einplanen von Puffern in Bedarfsterminen
Direkter Ausgleich	-

Abbildung 8-2: Resilienzportfolio von TEBIT (eigene Darstellung)

In der Resilienzpotenzialkategorie *Sichere Alternativen* werden für die Edelstahlstäbe die Potenziale *Flexible Lieferantenverträge* und *Sicherheitsbestand an einem zentralen Standort* umgesetzt. Der Sicherheitsbestand wird dabei in einem Werk des Servicecenters vorgehalten. In der Kategorie *Potenzielle Alternativen* werden insgesamt drei Resilienzpotenziale umgesetzt. Alternative Lieferanten sind bereits identifiziert und qualifiziert. Darüber hinaus wurde im Zuge der vergangenen Störung die Möglichkeit zum Kauf auf dem Spotmarkt geprüft und eine Kaufoption identifiziert. Innerhalb der Resilienzpotenzialkategorie *Transparenz* werden störungsbezogene Informationen mit Lieferanten geteilt. Darüber hinaus erfolgt auch eine kollaborative Planung. In der Potenzialkategorie *Entkopplung* werden wiederum drei Potenziale umgesetzt. TEBIT beachtet in Rahmen der Lieferantenauswahl explizit das Risikobewusstsein der Lieferanten. Dafür wird vor einer Geschäftsanbahnung ein Lieferantenprofil erstellt und die Qualitätsfähigkeit des Lieferanten sowie die Risikobehaftung des Lieferantenprozesses werden beurteilt. Das Lieferantenprofil umfasst Fragen zum Qualitätsverständnis des Lieferanten. Darüber hinaus werden die Lieferanten in Risikoklassen eingeteilt. Je nach Risikoklasse ergeben sich unterschiedliche Anforderungen und Maßnahmen. Außerdem werden die Resilienzpotenziale *Hohe Bestellfrequenz* und *Einplanen von Puffern zwischen Bedarfsterminen* umgesetzt. Das Potenzial *Sicherheitsbestand* in der Resilienzpotenzialkategorie *Direkter Ausgleich* wird nicht umgesetzt.

Auf dieser Basis wurden die Kennzahlen zur Bewertung des Resilienzportfolios berechnet. Die Ergebnisse sind in Abbildung 8-3 dargestellt.

Dimension	Kennzahl		
Resilienzprinzipien	**Beitrags-anteil**	**Universell einsetzbarer Beitrag**	**Anzahl beitragender Potenziale**
Pufferzeitverlängerung	1,72 %	100 %	1
Reaktionsbeginnverschiebung	5,17 %	0 %	2
Entscheidungszeitverkürzung	24,14 %	14,29 %	7
Reaktionsvorlaufzeitverkürzung	15,52 %	22,22 %	5
Erholungszeitverkürzung	17,24 %	20 %	8
Dämpfung des maximalen Leistungseinbruchs	12,07 %	28,57 %	5
Dämpfung des langfristigen Leistungseinbruchs	5,17 %	0 %	3
Verringerung der Leistungsverlustgeschwindigkeit	3,45 %	50 %	2
Steigerung der Erholungsgeschwindigkeit	15,52 %	22,22 %	7
Resilienzpotenzialkategorien	**Verteilungsgrad**		**Anzahl aktivierter Potenziale**
Sichere Alternativen		20 %	2
Potenzielle Alternativen		30 %	3
Transparenz		20 %	2
Entkopplung		30 %	3
Direkter Ausgleich		0 %	0

Abbildung 8-3: Kennzahlen für das Resilienzportfolio von TEBIT (eigene Darstellung)

Zur Bewertung der Ausgewogenheit wurden die Werte der Kennzahlen *Beitragsanteil* und *Verteilungsgrad* als Box-Plots dargestellt (s. Abbildung 8-4).

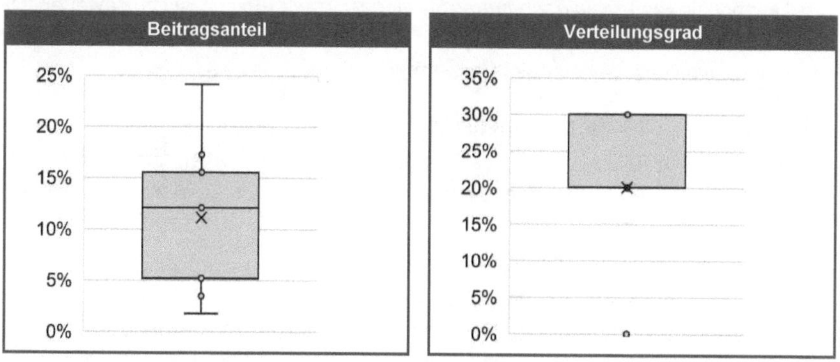

Abbildung 8-4: Box-Plots für das Resilienzportfolio von TEBIT (eigene Darstellung)

Im Bereich der Resilienzprinzipien ist eine große Spanne zwischen den Beitragsanteilen erkennbar. Anhand der Werte wurden die Resilienzprinzipien in drei Gruppen eingeteilt:

- Verhältnismäßig stark ausgeprägte Resilienzprinzipien: Entscheidungszeitverkürzung, Erholungszeitverkürzung, Reaktionsvorlaufzeitverkürzung, Steigerung der Erholungsgeschwindigkeit
- Mittelmäßig ausgeprägte Resilienzprinzipien: Dämpfung des maximalen Leistungseinbruchs
- Verhältnismäßig schwach ausgeprägte Resilienzprinzipien: Dämpfung des langfristigen Leistungseinbruchs, Reaktionsbeginnverschiebung, Verringerung der Leistungsverlustgeschwindigkeit, Pufferzeitverlängerung

Auffällig ist, dass aufgrund gleicher Beitragsanteile sowohl zwei Resilienzprinzipien auf dem Wert des oberen Quartils als auch zwei Resilienzprinzipien auf dem Wert des unteren Quartils liegen. Im Fokus der weiteren Analyse stehen daher insbesondere die Resilienzprinzipien unterhalb des 1. Quartils und oberhalb des 3. Quartils.

Die Werte der Kennzahl *Universell einsetzbarer Beitrag* veranschaulichen, dass ein Großteil der Beiträge zu den Resilienzprinzipien durch eingeschränkt einsetzbare Resilienzpotenziale entsteht und daher bestimmte Einsatzszenarien berücksichtigt werden müssen.

Im Bereich der Resilienzpotenzialkategorien stellt der Verteilungsgrad der Kategorie *Direkter Ausgleich* einen Ausreißer dar. In dieser Kategorie werden keine Resilienzpotenziale umgesetzt. Die anderen Verteilungsgrade weisen keine große Spanne auf. Die am stärksten ausgeprägten Kategorien sind *Potenzielle Alternativen* und *Entkopplung*.

Zur Bewertung der Zuverlässigkeit wurden die Werte der Kennzahlen *Anzahl beitragender Potenziale* und *Anzahl aktivierter Potenziale* analysiert. Als Ergebnis ist das Resilienzprinzip *Pufferzeitverlängerung* als eingeschränkt zuverlässig zu bewerten. Da in der Resilienzpotenzialkategorie *Direkter Ausgleich* kein Resilienzpotenzial aktiviert ist, ist die Zuverlässigkeit hier nicht bewertbar.

Ableitung von Gestaltungsempfehlungen

Als Grundlage zur Ableitung von Gestaltungsempfehlungen wurden zunächst Verbesserungsmöglichkeiten in den Bereichen *Ausgewogenheit* und *Zuverlässigkeit* identifiziert.

Die verhältnismäßig stark ausgeprägten Resilienzprinzipien oberhalb des 3. Quartils *Entscheidungszeitverkürzung* und *Erholungszeitverkürzung* können eine geringere Pufferzeit und eine hohe Leistungsverlustgeschwindigkeit kompensieren. Da beide Resilienzprinzipien jedoch größtenteils nur eingeschränkt einsetzbar sind, werden die Pufferzeitverlängerung und die Verringerung der Leistungsverlustgeschwindigkeit als Verbesserungsmöglichkeiten identifiziert.

Eine weitere Verbesserungsmöglichkeit besteht hinsichtlich der Resilienzpotenzialkategorie *Direkter Ausgleich*, da diese bisher nicht umgesetzt wird. Da die am stärksten umgesetzten Resilienzpotenzialkategorien sowohl *Entkopplung* als auch *Potenzielle*

Alternativen darstellen und diese gut miteinander kombinierbar sind, liegt kein weiteres Handlungsfeld für Verbesserungen vor.

Als weitere Verbesserungsmöglichkeit wurde das Resilienzprinzip *Pufferzeitverlängerung* identifiziert, da dieses im bestehenden Resilienzportfolio eingeschränkt zuverlässig ist.

Die identifizierten Verbesserungsmöglichkeiten sind in Abbildung 8-5 hervorgehoben.

Dimension	Kennzahl		
Resilienzprinzipien	**Beitrags-anteil**	**Universell einsetzbarer Beitrag**	**Anzahl beitragender Potenziale**
Pufferzeitverlängerung	**1,72 %**	**100 %**	**1**
Reaktionsbeginnverschiebung	5,17 %	0 %	2
Entscheidungszeitverkürzung	24,14 %	14,29 %	7
Reaktionsvorlaufzeitverkürzung	15,52 %	22,22 %	5
Erholungszeitverkürzung	17,24 %	20 %	8
Dämpfung des maximalen Leistungseinbruchs	12,07 %	28,57 %	5
Dämpfung des langfristigen Leistungseinbruchs	5,17 %	0 %	3
Verringerung der Leistungsverlustgeschwindigkeit	**3,45 %**	**50 %**	**2**
Steigerung der Erholungsgeschwindigkeit	15,52 %	22,22 %	7
Resilienzpotenzialkategorien	**Verteilungsgrad**		**Anzahl aktivierter Potenziale**
Sichere Alternativen	20 %		2
Potenzielle Alternativen	30 %		3
Transparenz	20 %		2
Entkopplung	30 %		3
Direkter Ausgleich	**0 %**		**0**

Abbildung 8-5: Verbesserungsmöglichkeiten im Resilienzportfolio von TEBIT (eigene Darstellung)

Vor der Auswahl konkreter Resilienzpotenziale wurden bei den identifizierten Verbesserungsmöglichkeiten, die sich auf Resilienzprinzipien beziehen, die passenden Resilienzpotenzialkategorien ermittelt. Daraus ergeben sich die Kategorien *Entkopplung* und *Direkter Ausgleich*.

Anschließend wurde diskutiert, welche Resilienzpotenziale zur Erweiterung des Resilienzportfolios in Frage kommen. Bezogen auf die Resilienzpotenzialkategorie *Direkter Ausgleich* ist der Aufbau von Sicherheitsbestand in Meinerzhagen zu analysieren. Hierfür ist eine Kostenbetrachtung erforderlich, die durch die dargestellten Zusammenhänge unterstützt werden kann. In der Kategorie *Entkopplung* wurde erläutert, dass die für TEBIT gut passenden Resilienzpotenziale bereits umgesetzt werden. Hier wurde jedoch festgestellt, dass die konkrete Umsetzung und Gestaltung des Resilienzpotenzials *Hohe Bestellfrequenz* nochmals geprüft werden könnten. Außerdem wurde diskutiert, dass sich das Resilienzpotenzial *Lieferantenentwicklung* auch eignen würde, um neue Lieferanten zu entwickeln und dadurch die Möglichkeit für einen *Back-up-Lieferantenvertrag* zu schaffen.

8.2.3 Beurteilung der Ergebnisse durch TEBIT

Nach der Anwendung der Methode erfolgte die kritische Beurteilung der Dissertationsergebnisse durch die Teilnehmenden des Experteninterviews. Dafür wurden die in Kapitel 8.1 definierten Beurteilungskriterien und Fragestellungen genutzt. In Abbildung 8-6 sind die Ergebnisse dargestellt.

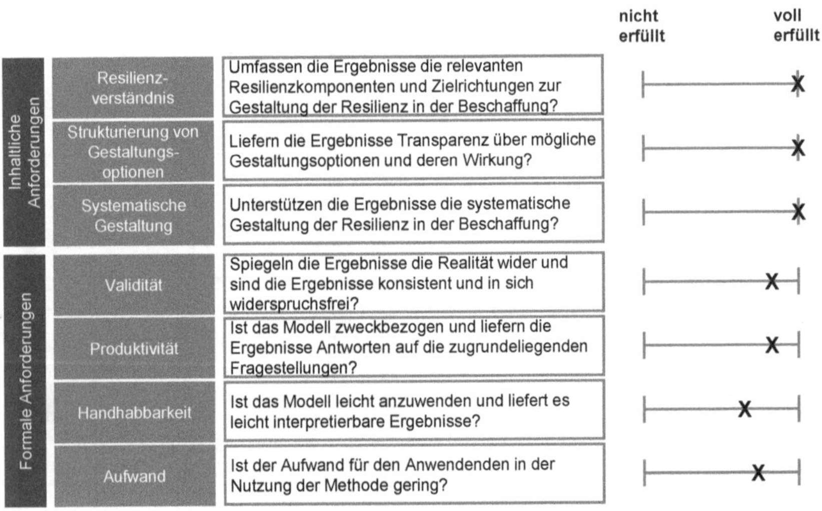

Abbildung 8-6: Zusammenfassung der Beurteilung von TEBIT (eigene Darstellung)

Die inhaltlichen Anforderungen wurden durch das Unternehmen als voll erfüllt bewertet. Die Erläuterung des Ordnungsrahmens mit den relevanten Resilienzkomponenten und Resilienzprinzipien tragen zu einem verbesserten Verständnis der Resilienz bei. Dabei wurde bestätigt, dass die identifizierten Resilienzprinzipien die relevanten Zielrichtungen zur Gestaltung der Resilienz in der Beschaffung umfassen. Die Verknüpfung der Resilienzpotenziale mit den Resilienzprinzipien wurde ebenso positiv bewertet. Es wurde betont, dass der strukturierte Potenzialkatalog innerhalb des Resilienzkonfigurators wesentlich zur Schaffung von Transparenz über mögliche Gestaltungsoptionen beiträgt. In diesem Zusammenhang wurde jedoch angemerkt, dass der Potenzialkatalog um weitere Resilienzpotenziale ergänzt werden könnte. In der Kategorie *Transparenz* fehlte TEBIT ein Potenzial, dass die Transparenz über Bestände in den einzelnen Fertigungsstufen innerhalb der Lieferkette berücksichtigt. Diese Informationen seien eine wichtige Grundlage zum Treffen von Entscheidungen. Darüber hinaus wurde angemerkt, dass das Resilienzpotenzial *Identifikation eines Substituts* konkretisiert werden könnte. Neben der Beschaffung eines direkten Substituts sollte auch die Möglichkeit zur Anpassung anderer Produkte unter Nutzung der bestehenden technischen Möglichkeiten berücksichtigt werden. Im Fall einer Störung kann dann das alternative Produkt zunächst bearbeitet und dann als Substitut eingesetzt werden. Weiterhin kann die Anpassung der Fertigung auf andere Materialien als Resilienzpotenzial untersucht werden. Das Beurteilungskriterium *Systematische Gestaltung* wurde als erfüllt bewertet. Die Methode wurde als nachvollziehbar und verständlich empfunden. Insbesondere der Schritt *Identifikation der Resilienzpotenziale* für das bestehende Resilienzportfolio wurde als nutzbringend bezeichnet.

Auch die Erfüllung der formalen Anforderungen wurde bestätigt. Die Ergebnisse wurden als konsistent und widerspruchsfrei bewertet. Dabei wurde festgestellt, dass für das betrachtete Produkt bereits einige der Resilienzpotenziale während einer vergangenen Störung analysiert und kurzfristig umgesetzt wurden, die auch bei der Anwendung der Methode als sinnvoll erachtet wurden. Daher spiegeln die Ergebnisse die Realität wider und die Methode führt zu zuverlässigen Gestaltungsempfehlungen. Die Anforderung *Validität* ist somit erfüllt. Die Zweckbezogenheit der Ergebnisse wurde als größtenteils erfüllt bewertet. Hierbei ist insbesondere die Integration der Methode in die bereits bestehenden, unternehmensspezifischen Prozesse, z. B. die Lieferantenrisikobewertung, zu prüfen. Bezogen auf die Anforderungen *Handhabbarkeit* und *Aufwand* wurde als Verbesserungspotenzial die Umsetzung der Methode in ein softwarebasiertes Tool genannt. Dabei sollten vor allem die Bewertung und Ableitung von Gestaltungsempfehlungen automatisiert werden. Die Interpretation der Ergebnisse könnte zusätzlich durch eine visuelle Aufbereitung der Ergebnisse z. B. in Form einer Ampeldarstellung vereinfacht werden.

8.3 Fallstudie bei der Sensor AG

Das in der zweiten Fallstudie betrachtete Unternehmen wird im Folgenden als Sensor AG bezeichnet. An dem Experteninterview nahm der Verantwortliche für Risikomanagement und Compliance aus dem Bereich der zentralen Beschaffung teil.

8.3.1 Beschreibung des Unternehmens Sensor AG

Die Sensor AG ist im Bereich von Sensoren, Systemen und Dienstleistungen für die industrielle Automatisierungstechnik tätig. Das Unternehmen mit Stammsitz in Deutschland beschäftigt weltweit 11.000 Mitarbeitende. Der Konzern umfasst global verteilt mehr als 50 Tochtergesellschaften und Beteiligungen sowie zahlreiche Vertretungen. Die Sensor AG ist einer der führenden Hersteller von Intelligenten Sensoren und Sensorlösungen für die Fabrik-, Logistik- und Prozessautomation. Das Leistungsspektrum umfasst Komponenten, Systeme inklusive Software und individuelle Dienstleistungen. Im Geschäftsfeld *Fabrikautomation* bietet das Unternehmen Sensoren und Kamerasysteme sowie Encoder und Wegmesssysteme zur Steuerung und Qualitätssicherung von Herstellungs-, Verpackungs- und Montageabläufen an. Das Geschäftsfeld *Logistikautomation* zielt auf die Gestaltung, Optimierung und Automatisierung der Abläufe entlang logistischer Ketten ab. Dabei stehen die Unterstützung von Sortier-, Kommissionier- und Lagerprozessen im Vordergrund. Im Geschäftsfeld *Prozessautomation* bietet das Unternehmen Sensoren und Systeme für die Analyse- und Prozessmesstechnik an. Das Produktspektrum umfasst Produkte zum Detektieren, Identifizieren, Messen, Überwachen und Kontrollieren, Absichern, Verbinden, Integrieren und Positionieren.

8.3.2 Anwendung der Methode bei der Sensor AG

Zur Anwendung der Methode werden im Folgenden die Schritte *Festlegung des Betrachtungsrahmens*, *Analyse des bestehenden Resilienzportfolios* und *Ableitung von Gestaltungsempfehlungen* bei der Sensor AG vorgestellt und die Ergebnisse erläutert.

Festlegung des Betrachtungsrahmens

Zur Festlegung des Betrachtungsrahmens wurde durch den Mitarbeiter des Unternehmens zunächst eine Beschaffungsproduktgruppe ausgewählt, deren Resilienzportfolio analysiert werden sollte. Das Unternehmen beschafft u. a. unterschiedliche Zukaufteile und Komponenten. Darüber hinaus werden Dienstleistungen wie Montagetätigkeiten beschafft. Die zu beschaffenden Komponenten sind in Warengruppen zusammengefasst, die ähnliche Eigenschaften beispielsweise bzgl. der Technologie und des Rohstoffs besitzen. Als Analyseobjekt für die Fallstudie wurde die Beschaffungsproduktgruppe *Elektronische Standardkomponenten* definiert. Diese Warengruppe umfasst passive und aktive elektronische Bauelemente und wird in einer Vielzahl von Serienprodukten eingesetzt. Die Komponenten werden aus bestehenden Katalogen der Hersteller ausgewählt und beschafft. In der Vergangenheit sind bei der Warengruppe Herausforderungen im Bereich der Materialverfügbarkeit aufgetreten.

Als unternehmensindividuelle Ziele im Rahmen der Beschaffung wurden auch in dieser Fallstudie die langfristige Versorgungssicherung, Kostenreduktion, Schaffung von Flexibilität, Sicherstellung der Materialqualität, Verkürzung der Time-to-Market und die Autonomieerhaltung des Unternehmens diskutiert. Die Ziele *Verkürzung der Time-to-Market* und *Autonomieerhaltung des Unternehmens* sind vor dem Hintergrund, dass es sich um Katalogteile handelt, weniger relevant. Da die Qualität der elektronischen Standardteile sehr hoch ist, steht auch das Ziel *Sicherstellung der Materialqualität* nicht im Fokus. Die Schaffung von Flexibilität ist insbesondere relevant, wenn schwankende Kundenbedarfe auftreten. Von großer Bedeutung für diese Warengruppe sind die langfristige Versorgungssicherung sowie die Erreichung möglichst geringer Kosten in der Beschaffung.

Analyse des bestehenden Resilienzportfolios

Als erster Schritt im Rahmen der Analyse des bestehenden Resilienzportfolios wurden die bereits umgesetzten Resilienzpotenziale identifiziert (s. Abbildung 8-7). Für die elektronischen Standardkomponenten werden insgesamt 11 Resilienzpotenziale umgesetzt.

Resilienzpotenzialkategorie	Umgesetzte Resilienzpotenziale bei der Sensor AG
Sichere Alternativen	• Flexible Lieferantenverträge
Potenzielle Alternativen	• Identifikation von Substituten • Identifikation alternativer Lieferanten • Qualifikation alternativer Lieferanten • Prüfung der Beschaffung auf dem Spotmarkt
Transparenz	• Zusammenarbeit - Teilen von Informationen • Zusammenarbeit - Kollaborative Planung
Entkopplung	• Beschaffung im Unternehmensverbund • Hohe Bestellfrequenz • Einplanen von Puffern in Bedarfsterminen
Direkter Ausgleich	• Sicherheitsbestand

Abbildung 8-7: Resilienzportfolio der Sensor AG (eigene Darstellung)

Innerhalb der Resilienzpotenzialkategorie *Sichere Alternativen* wird das Potenzial *Flexible Lieferantenverträge* umgesetzt. Das Unternehmen arbeitet im Bereich der elektronischen Standardkomponenten mit Rahmenverträgen, die auf Planzahlen für ein Jahr basieren. Innerhalb der Rahmenverträge werden Flexibilitätsoptionen bezogen auf die Mengen und die Terminierung vereinbart, die miteinander kombiniert werden können. Die Flexibilitätsoptionen decken dabei sowohl den Mehrbedarf als auch den Minderbedarf ab. In der Kategorie *Potenzielle Alternativen* sind vier Resilienzpotenziale umgesetzt. Als mögliche Substitute wurden baugleiche Komponenten identifiziert. Für diese Substitute wurden zudem bereits potenzielle Lieferanten identifiziert und qualifiziert. Darüber hinaus sind auch die Möglichkeiten zur Beschaffung auf dem Spotmarkt geprüft. Bezogen auf die Resilienzpotenziale der Kategorie *Transparenz* arbeitet die Sensor AG mit den Lieferanten zusammen. Dabei werden sowohl störungsbezogene Informationen geteilt als auch kollaborativ geplant. Die Zusammenarbeit konzentriert sich dabei vornehmlich auf die strategischen Lieferanten. In der Kategorie *Entkopplung* setzt das Unternehmen eine Beschaffung im Unternehmensverbund um. Außerdem werden hohe Bestellfrequenzen eingesetzt und Puffer zwischen den Bedarfsterminen eingeplant. In der Kategorie *Direkter Ausgleich* wird das Potenzial *Sicherheitsbestand* umgesetzt. Dabei wird zwischen dem Anteil des Sicherheitsbestands zum Ausgleich klassischer Schwankungen und einem Risikobestand für besonders kritische Komponenten unterschieden.

Auf dieser Basis wurden die Kennzahlen zur Bewertung des Resilienzportfolios ermittelt. Die Ergebnisse sind in Abbildung 8-8 dargestellt.

Dimension	Kennzahl		
Resilienzprinzipien	**Beitrags-anteil**	**Universell einsetzbarer Beitrag**	**Anzahl beitragender Potenziale**
Pufferzeitverlängerung	5,56 %	100 %	2
Reaktionsbeginnverschiebung	5,56 %	0 %	2
Entscheidungszeitverkürzung	25,93 %	0 %	7
Reaktionsvorlaufzeitverkürzung	12,96 %	0 %	4
Erholungszeitverkürzung	12,96 %	0 %	6
Dämpfung des maximalen Leistungseinbruchs	14,81 %	25 %	6
Dämpfung des langfristigen Leistungseinbruchs	7,41 %	0 %	4
Verringerung der Leistungsverlustgeschwindigkeit	1,85 %	100 %	1
Steigerung der Erholungsgeschwindigkeit	12,96 %	14,29 %	6
Resilienzpotenzialkategorien	**Verteilungsgrad**		**Anzahl aktivierter Potenziale**
Sichere Alternativen	9,09 %		1
Potenzielle Alternativen	36,36 %		4
Transparenz	18,18 %		2
Entkopplung	27,27 %		3
Direkter Ausgleich	9,09 %		1

Abbildung 8-8: Kennzahlen für das Resilienzportfolio der Sensor AG (eigene Darstellung)

Die Box-Plot-Darstellung für die Kennzahlen *Beitragsanteil* und *Verteilungsgrad* unterstützt die Bewertung der Ausgewogenheit des Resilienzportfolios (s. Abbildung 8-9).

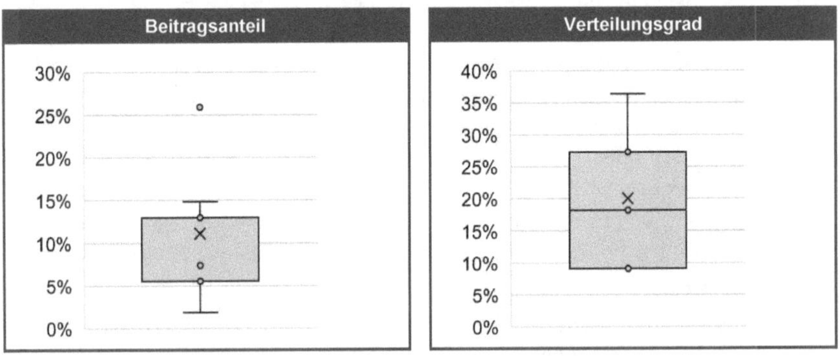

Abbildung 8-9: Box-Plots für das Resilienzportfolio der Sensor AG (eigene Darstellung)

Im Bereich der Resilienzprinzipien stellt der Beitragsanteil des Resilienzprinzips *Entscheidungszeitverkürzung* einen Ausreißer dar. Die Spanne zwischen den übrigen Beitragsanteilen ist klein, was auf ein ausgewogenes Resilienzportfolio hinweist. Anhand der Werte wurden die Resilienzprinzipien in drei Gruppen eingeteilt:

- Verhältnismäßig stark ausgeprägte Resilienzprinzipien: Entscheidungszeitverkürzung, Dämpfung des maximalen Leistungseinbruchs, Reaktionsvorlaufzeitverkürzung, Erholungszeitverkürzung, Steigerung der Erholungsgeschwindigkeit
- Mittelmäßig ausgeprägte Resilienzprinzipien: Dämpfung des langfristigen Leistungseinbruchs
- Verhältnismäßig schwach ausgeprägte Resilienzprinzipien: Pufferzeitverlängerung, Reaktionsbeginnverschiebung, Verringerung der Leistungsverlustgeschwindigkeit

Besonders stark ausgeprägt im bestehenden Resilienzportfolio ist die Entscheidungszeitverkürzung. Im oberen Bereich existieren außerdem drei Resilienzprinzipien mit gleichen Beitragsanteilen auf dem Wert des oberen Quartils. Auch im unteren Bereich besitzen zwei Resilienzprinzipien den gleichen Beitragsanteil auf dem Wert des unteren Quartils. Für die weitere Analyse sind insbesondere die Resilienzprinzipien oberhalb des 3. Quartils und unterhalb des 1. Quartils von Bedeutung.

Auffällig ist, dass der überwiegende Anteil der Beiträge durch eingeschränkt einsetzbare Resilienzpotenziale entsteht. Bei fünf Resilienzprinzipien liegt der universell einsetzbare Beitrag bei 0 %. Der Fokus liegt dabei auf dem Einsatzszenario *Mangelnde Lieferfähigkeit der Lieferanten*. In der Fallstudie wurde diskutiert, dass das Thema *Mangelnde Transportfähigkeit* bei der betrachteten Warengruppe als wenig relevant eingestuft wird. Aufgrund der geringen Größe der Komponenten bestehen diverse Transportmöglichkeiten.

Im Bereich der Resilienzpotenzialkategorien ist eine große Spanne zwischen den Verteilungsgraden zu erkennen. Es werden jedoch in jeder Kategorie Resilienzpotenziale umgesetzt. In der Kategorie *Potenzielle Alternativen* werden am meisten Resilienzpotenziale umgesetzt. Am schwächsten ausgeprägt sind die Kategorien *Sichere Alternativen* und *Direkter Ausgleich*.

Die Werte der Kennzahlen *Anzahl beitragender Potenziale* und *Anzahl aktivierter Potenziale* wurden zur Bewertung der Zuverlässigkeit des Resilienzportfolios genutzt. Das Resilienzprinzip *Verringerung der Leistungsverlustgeschwindigkeit* ist eingeschränkt zuverlässig. Das gilt auch für die Resilienzpotenzialkategorie *Sichere Alternativen*. Die Kategorie *Direkter Ausgleich* stellt eine Ausnahme dar, da sie lediglich ein Resilienzpotenzial umfasst.

Ableitung von Gestaltungsempfehlungen

Basierend auf der Analyse des bestehenden Resilienzportfolios wurden Gestaltungsempfehlungen ermittelt. Dafür wurden zunächst Verbesserungsmöglichkeiten in den Bereichen *Ausgewogenheit* und *Zuverlässigkeit* identifiziert.

Solange der Fokus auf dem Einsatzszenario *Mangelnde Lieferfähigkeit der Lieferanten* liegt, können die besonders stark ausgeprägten Resilienzprinzipien *Entscheidungszeitverkürzung* und *Dämpfung des maximalen Leistungseinbruchs* eine hohe Leistungsverlustgeschwindigkeit, einen späten Reaktionsbeginn und eine geringe Pufferzeit kompensieren. Daher wurden diese Resilienzprinzipien nicht als Verbesserungsmöglichkeiten identifiziert. Wird der Fokus auf die Kompensation gelegt, ist die Dimensionierung der bestehenden Resilienzpotenziale zu analysieren.

Eine Verbesserungsmöglichkeit besteht hinsichtlich der Resilienzpotenzialkategorie *Sichere Alternativen*, da diese vergleichsweise schwach ausgeprägt ist.

Weitere Verbesserungsmöglichkeiten bestehen bezogen auf die Zuverlässigkeit für das Resilienzprinzip *Verringerung der Leistungsverlustgeschwindigkeit* und die Resilienzpotenzialkategorie *Sichere Alternativen*.

Die identifizierten Verbesserungsmöglichkeiten sind in Abbildung 8-10 hervorgehoben.

Dimension	Kennzahl		
Resilienzprinzipien	**Beitragsanteil**	**Universell einsetzbarer Beitrag**	**Anzahl beitragender Potenziale**
Pufferzeitverlängerung	5,56 %	100 %	2
Reaktionsbeginnverschiebung	5,56 %	0 %	2
Entscheidungszeitverkürzung	25,93 %	0 %	7
Reaktionsvorlaufzeitverkürzung	12,96 %	0 %	4
Erholungszeitverkürzung	12,96 %	0 %	6
Dämpfung des maximalen Leistungseinbruchs	14,81 %	25 %	6
Dämpfung des langfristigen Leistungseinbruchs	7,41 %	0 %	4
Verringerung der Leistungsverlustgeschwindigkeit	**1,85 %**	**100 %**	**1**
Steigerung der Erholungsgeschwindigkeit	12,96 %	14,29 %	6
Resilienzpotenzialkategorien	**Verteilungsgrad**		**Anzahl aktivierter Potenziale**
Sichere Alternativen	**9,09 %**		**1**
Potenzielle Alternativen	36,36 %		4
Transparenz	18,18 %		2
Entkopplung	27,27 %		3
Direkter Ausgleich	9,09 %		1

Abbildung 8-10: Verbesserungsmöglichkeiten im Resilienzportfolio der Sensor AG (eigene Darstellung)

Vor der Auswahl konkreter Resilienzpotenziale wurde für die Verbesserungsmöglichkeit im Resilienzprinzip *Verringerung der Leistungsverlustgeschwindigkeit* die passende Resilienzpotenzialkategorie ermittelt. Daraus ergibt sich die Kategorie *Entkopplung*.

Anschließend wurde diskutiert, welche Resilienzpotenziale zur Erweiterung des Resilienzportfolios in Frage kommen. Bezogen auf die Resilienzpotenzialkategorie *Entkopplung* stellt die Lieferantenauswahl unter Berücksichtigung des Risikobewusstseins eine Möglichkeit zur Erweiterung des Resilienzportfolios dar. Dies ist zwar kein unbekanntes Thema bei dem betrachteten Unternehmen, eine stärkere Fokussierung und gezielte Integration in die Prozesse wird jedoch als sinnvoll erachtet. In der Kategorie *Sichere Alternativen* wurde dargelegt, dass das besonders gut passende Resilienzpotenzial *Flexible Lieferantenverträge* bereits umgesetzt wird. Hier kann die Dimensionierung des Resilienzpotenzials bezogen auf die bestehenden Flexibilitätsspannen überprüft werden. Da bereits Sicherheitsbestand vorgehalten wird, wird die Ergänzung des Resilienzpotenzials *Sicherheitsbestand an zentralen Standorten* nicht als sinnvoll eingestuft. Zusätzlich wurde diskutiert, dass der Einsatz von Multiple Sourcing in der Vergangenheit bei der Sensor AG bereits in Erwägung gezogen wurde. Die Substitutionsmöglichkeiten zwischen den Resilienzpotenziale veranschaulichen, dass im bestehenden Resilienzportfolio bereits mögliche Substitute (flexible Lieferantenverträge, Identifikation und Qualifikation alternativer Lieferanten) umgesetzt werden. Der zusätzliche Nutzen sollte daher besonders analysiert werden, wenn der Einsatz von Multiple Sourcing zur Steigerung der Resilienz für das betrachtete Analyseobjekt in Betracht gezogen wird.

8.3.3 Beurteilung der Ergebnisse durch die Sensor AG

Im Anschluss an die Anwendung der Methode erfolgte die kritische Beurteilung der Dissertationsergebnisse durch den Unternehmensexperten bezogen auf die inhaltlichen und formalen Anforderungen. Die Ergebnisse sind in Abbildung 8-11 dargestellt.

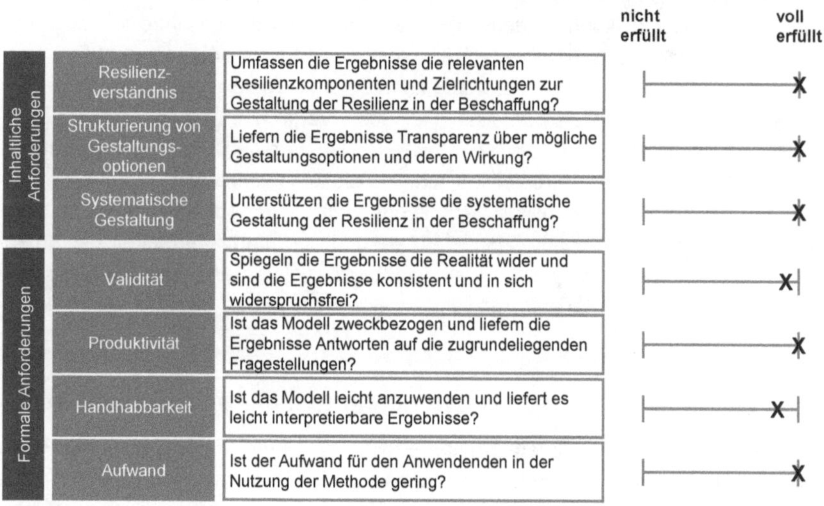

Abbildung 8-11: Zusammenfassung der Beurteilung der Sensor AG (eigene Darstellung)

Die inhaltlichen Anforderungen wurden durch den Unternehmensexperten als voll erfüllt bewertet. Die betrachteten Resilienzkomponenten und die Zielrichtungen zur Gestaltung der Resilienz wurden als umfassend und für die Beschaffung passend bewertet. Ebenso wurde die Strukturierung von Gestaltungsoptionen und die Analyse der Wirkungen als nutzbringend bezeichnet. Es wurde betont, dass die gute Aufbereitung der Dissertationsergebnisse zu einem Verständnis der Resilienz und der Gestaltungsoptionen beitragen. Bezogen auf die Gestaltung der Resilienz in der Beschaffung wurde bestätigt, dass die Methode eine systematische Gestaltung ermöglicht. Das Vorgehen und die Ergebnisse wurden als nachvollziehbar bezeichnet. Es wurde angemerkt, dass die Methode mit spezifischen Anwendungsfällen, wie der detaillierten lieferantenbezogenen Analyse eines Beschaffungsprodukts, verknüpft werden könnte. Hierfür könnte die Methode für diese Anwendungsfälle weiter konkretisiert werden. Außerdem könnte die Methode in die Aktivitäten des Business-Continuity-Managements im Unternehmen integriert werden, um dort Entscheidungen differenzierter darzustellen.

Neben den inhaltlichen Anforderungen wurden die formalen Anforderungen als erfüllt bewertet. Die Konsistenz und Widerspruchsfreiheit der Ergebnisse wurden bestätigt. Es wurde angemerkt, dass durch die Betrachtung einer Beschaffungsproduktgruppe und durch die Breite des Komponentenmarkts eine differenzierte Betrachtung des Resilienzportfolios erschwert wurde. Hier sei darauf zu achten, dass in der Analyse des Resilienzportfolios keine Vereinfachungen getroffen werden, die zu falschen Schlussfolgerungen führen. In der durchgeführten Analyse wurde beispielsweise bei den Resilienzpotenzialen im Bereich der Transparenz, die sich auf die Zusammenarbeit mit Lieferanten beziehen, angemerkt, dass dies nur für strategische Lieferanten gelte. Die Aussagen könnten daher nicht zwingend auf die gesamte Warengruppe übertragen werden. Eine detailliertere Betrachtung von Untergruppen wurde als sinnvoll erachtet. In diesem Zusammenhang könnten auch verschiedenen Alternativen in der Gestaltung des Resilienzportfolios miteinander verglichen werden. Dabei sind insbesondere die langfristigen Auswirkungen einer Veränderung des Resilienzportfolios in der Praxis interessant. Durch eine solche Betrachtung könnte eine langfristige Validierung ermöglicht werden. Die Zweckbezogenheit der Ergebnisse wurde bestätigt. Hinsichtlich der Handhabbarkeit der Methode und der Interpretierbarkeit der Ergebnisse wurde festgestellt, dass die Anwendbarkeit ohne Hilfe und Erläuterungen schwierig sei. Der erforderliche Aufwand für die Nutzung der Methode wurde positiv bewertet.

8.4 Zusammenfassende Bewertung der Evaluierungsergebnisse

In diesem Kapitel wurden die erarbeiteten Ergebnisse durch Anwendung in der Praxis evaluiert. Dadurch wurden die Erfüllung der inhaltlichen und formalen Anforderungen sowie der praktische Nutzen der Ergebnisse bei der Lösung der Praxisprobleme überprüft.

Zur Evaluierung der Ergebnisse wurden zwei Fallstudien nach der gleichen Struktur durchgeführt. Die Beurteilung der Ergebnisse durch die Unternehmensexperten erfolgte mithilfe von definierten Beurteilungskriterien und Fragestellungen, die aus den inhaltlichen und formalen Anforderungen abgeleitet wurden. Um zu prüfen, ob sich die entwickelte Methode für Unternehmen unterschiedlicher Größe eignet, wurde eine

Fallstudie mit einem mittelständischen Unternehmen und eine Fallstudie mit einem Großunternehmen durchgeführt.

Insgesamt wurde die Erfüllung der Anforderungen durch die Fallstudien bestätigt. Insbesondere der Ordnungsrahmen mit den relevanten Resilienzkomponenten und Resilienzprinzipien trägt zu einem verbesserten Verständnis der Resilienz in der Beschaffung bei. Der strukturierte Resilienzpotenzialkatalog als Kernbestandteil des Resilienzkonfigurators wurde als großer Mehrwert für die Gestaltung der Resilienz beschrieben. Außerdem wurde betont, dass die entwickelte Methode wesentlich zu einer systematischen Gestaltung der Resilienz beiträgt. Die Dissertationsergebnisse konnten in beiden Fallstudien zur Konfiguration der Resilienz in der Beschaffung angewendet werden. Als Ergebnis konnten in beiden Fallstudien zuverlässige Empfehlungen für die Erweiterung des Resilienzportfolios ermittelt werden. Die Validität der Dissertationsergebnisse ist demnach gegeben. Die vollständige Prüfung der Reliabilität der Ergebnisse erfordert eine statistisch abgesicherte Anzahl an Anwendungsfällen, welche den Rahmen dieser Dissertationsschrift übersteigt. Die Sicherstellung der Reliabilität wurde daher im Rahmen des Forschungsprozesses besonders berücksichtigt. Die Ergebnisse wurden so entwickelt, dass eine unternehmensspezifische Anwendung möglich ist. Dies wurde in der erfolgreichen Anwendung der Methode in Unternehmen unterschiedlicher Größe bestätigt. Ebenso wurde die Praktikabilität der Methode im Rahmen der Fallstudien bestätigt. In diesem Zusammenhang wurden als Verbesserungsmöglichkeiten die Umsetzung der Ergebnisse in ein softwarebasiertes Tool sowie die Integration in bestehende, unternehmensspezifische Prozesse identifiziert.

Die Evaluierung verdeutlicht, dass sich die entwickelte Methode zur gezielten Gestaltung der Resilienz eignet und diese wesentlich unterstützt. Zusammenfassend ermöglichen die Dissertationsergebnisse die systematische Konfiguration der Resilienz in der Beschaffung durch die Bewertung und Auswahl von Resilienzpotenzialen unter Berücksichtigung der verschiedenen Komponenten und Zielrichtungen der Resilienz.

9 Zusammenfassung und Ausblick

Das abschließende Kapitel umfasst eine Zusammenfassung der vorliegenden Dissertationsschrift (s. Kapitel 9.1) sowie einen Ausblick und Implikationen für weitere Forschungsaktivitäten (s. Kapitel 9.2).

9.1 Zusammenfassung

Vergangene Krisen und Störungen haben die Schwachstellen heutiger Supply-Chains verdeutlicht und häufig zu Problemen im Bereich der Beschaffung geführt. Die auftretenden Auswirkungen veranschaulichen die unzureichende Vorbereitung vieler Unternehmen auf Störungen. Dabei steigt die Relevanz zur Vorbereitung auf Störungen, da Unternehmen in einem zunehmend volatilen Umfeld agieren. Gleichzeitig nimmt die Anfälligkeit gegenüber Störungen durch eine steigende Komplexität und zunehmende Abhängigkeiten zwischen verschiedenen Akteuren der Supply-Chains zu. Eine Möglichkeit für den Umgang mit Störungen stellt der Aufbau von Resilienz dar. Resilienz trägt dazu bei, dass Unternehmen so gestaltet sind, dass sie im Falle einer Störung möglichst wenig beeinträchtigt sind und schnell in den ursprünglichen Zustand zurückkehren können. Viele Unternehmen erkennen den Bedarf zur resilienten Gestaltung ihres Unternehmens. Insbesondere die strategische Beschaffung hat einen maßgeblichen Einfluss auf die Resilienz und definiert den Handlungsrahmen für den Umgang mit Störungen im Kontext der Materialverfügbarkeit.

Obwohl der Bedarf zur Steigerung der Resilienz erkannt wird, wird dies häufig nicht systematisch umgesetzt. Eine Herausforderung stellt ein mangelndes Verständnis des multidimensionalen Resilienzkonzepts dar. Darüber hinaus besteht Unklarheit darüber, wie das theoretische Konzept praktisch umgesetzt werden kann. Hierfür sind die Betrachtung konkreter und domänenspezifischer Maßnahmen sowie die Berücksichtigung unterschiedlicher Aspekte der Resilienz erforderlich. Zusätzlich erschwert die Vielzahl an Möglichkeiten zum Aufbau von Resilienz die Auswahl und Kombination der richtigen Maßnahmen. Insgesamt behindern mangelndes Wissen und fehlende praktische Methoden den systematischen Aufbau einer resilienten Beschaffung.

Vor diesem Hintergrund war das Ziel dieses Dissertationsvorhabens die Entwicklung einer Methode zur systematischen Konfiguration der Resilienz in der Beschaffung. Die Konfiguration erfolgt dabei durch die strukturierte Auswahl und Kombination von Resilienzpotenzialen. Hierfür bedarf es einer Konkretisierung des Resilienzkonzepts, Transparenz über die wesentlichen Komponenten der Resilienz und der Identifikation von konkreten Potenzialen zur Steigerung der Resilienz in der Beschaffung. Die Grundlage für die Gestaltung der Resilienz stellen die Strukturierung der Resilienzpotenziale und ein Verständnis bezüglich der Wirkung der Potenziale dar. Die entwickelte Methode ermöglicht die systematische Konfiguration der Resilienz in der Beschaffung unter Berücksichtigung der verschiedenen Komponenten und Zielrichtungen der Resilienz.

Dieses Dissertationsvorhaben folgt dem Ansatz zur angewandten Forschung nach ULRICH U. HILL. Zunächst erfolgte die terminologische Einordnung zentraler Begrifflichkeiten aus den Bereichen Beschaffung und Resilienz und die Eingrenzung des Untersuchungsbereichs in Kapitel 2. Anschließend wurde der wissenschaftliche Erkenntnisstand in Kapitel 3 detailliert untersucht und auf dieser Grundlage der Forschungsbedarf ermittelt. Dabei wurden Ansätze zur Bewertung der Resilienz, Ansätze zur Bewertung von Gestaltungsoptionen sowie Ansätze zur Gestaltung der Resilienz untersucht. Der Konzeptansatz in Kapitel 4 basiert auf inhaltlichen und formalen Anforderungen und der Auswahl geeigneter methodischer Grundlagen. Die Vorgehensweise besteht aus verschiedenen Teilmodellen, welche die Beschreibung der Resilienz in der Beschaffung (Kapitel 5), die Entwicklung eines strukturierten Resilienzpotenzialkatalogs (Kapitel 6) sowie die Gestaltung der Resilienz in der Beschaffung (Kapitel 7) umfassen.

Ein wesentliches Kernergebnis stellt der Ordnungsrahmen zur Beschreibung und Strukturierung der Resilienz dar. Aufbauend auf bestehenden Ansätzen wurde ein Modell entwickelt, welches sich an dem Verlauf der Leistungsfähigkeit über die Zeit im Zusammenhang mit Störungen orientiert. Der Ordnungsrahmen umfasst acht Resilienzkomponenten in den Kategorien *Zeit*, *Leistung* und *Kurvenverlauf* und neun Resilienzprinzipien als Zielrichtungen zur Steigerung der Resilienz. Zur Konkretisierung des generischen Modells für den Kontext der Beschaffung wurde die Materialverfügbarkeit als zu betrachtende Leistungsgröße definiert sowie der Wareneingang, die Produktion und externe Inputgeber, wie Lieferanten und Logistikdienstleister, als relevante Betrachtungsobjekte identifiziert. Zusätzlich wurden als Grundlage für die Identifikation und Einordnung der Resilienzpotenziale Stellgrößen der strategischen Beschaffung in den Dimensionen *Beschaffungsprogrammpolitik*, *Lieferantenpolitik*, *Kontraktpolitik* und *Lager- und Bestellpolitik* erläutert.

Ein weiteres zentrales Ergebnis stellt der strukturierte Resilienzpotenzialkatalog für die Beschaffung dar. Der Resilienzpotenzialkatalog umfasst 24 Resilienzpotenziale aus den Dimensionen der strategischen Beschaffung. Die Strukturierung baut auf einer Charakterisierung der Wirkung der einzelnen Resilienzpotenziale auf die unterschiedlichen Komponenten der Resilienz auf. Zur Charakterisierung der Resilienzpotenziale wurden 11 Merkmale und Bewertungskriterien für die jeweiligen Merkmalsausprägungen definiert. Als Ergebnis einer Clusteranalyse wurden die fünf Potenzialkategorien *Sichere Alternativen*, *Potenzielle Alternativen*, *Transparenz*, *Entkopplung* und *Direkter Ausgleich* ermittelt, denen die Resilienzpotenziale zugeordnet sind.

Das dritte Kernergebnis stellt die Methode zur systematischen Konfiguration der Resilienz in der Beschaffung dar. Hierzu wurde ein Resilienzkonfigurator entwickelt, der die zuvor entwickelten Ergebnisse verknüpft. Die Bewertung des Resilienzportfolios, d. h. die Summe der bezogen auf ein Beschaffungsprodukt bzw. eine -produktgruppe angewendeten Resilienzpotenziale eines Unternehmens, erfolgt anhand von sechs Kennzahlen in den Dimensionen *Resilienzprinzipien* und *Resilienzpotenziale*. Zusätzlich wurden relevante Zusammenhänge zwischen den einzelnen Resilienzprinzipien, zwischen den Resilienzpotenzialkategorien und den Resilienzpotenzialen sowie zwischen den Resilienzpotenzialen und den entstehenden Kosten analysiert. Die Ergebnisse ermöglichen die Interpretation der Kennzahlen und die Ableitung von Verbesserungsmöglichkeiten. Die Methode zur systematischen Konfiguration der Resilienz umfasst drei übergeordnete Schritte und trägt zur unternehmensindividuellen Gestaltung der Resilienz im Bereich der Beschaffung bei.

Zur Evaluierung und Überprüfung des praktischen Nutzens der Ergebnisse wurden abschließend Fallstudien durchgeführt. Innerhalb der zwei Fallstudien wurde die entwickelte Methode bei produzierenden Unternehmen beispielhaft angewendet. Dabei wurden ein mittelständisches Unternehmen und ein Großunternehmen für die Validierung gewählt. In beiden Fallstudien wurde die Erfüllung der inhaltlichen und formalen Anforderungen bestätigt. Somit kann die Anwendbarkeit in der Praxis als gewährleistet eingestuft werden.

Der wissenschaftliche Beitrag dieser Dissertationsschrift besteht aus der Entwicklung eines ganzheitlichen Modells zur systematischen Analyse, Bewertung und Gestaltung der Resilienz in der Beschaffung. Dazu leistet die strukturierte Betrachtung des multidimensionalen Resilienzkonzepts einen wesentlichen Beitrag. Durch die Detaillierung der wesentlichen Resilienzkomponenten und die Definition der Zielrichtungen zur Gestaltung der Resilienz sowie durch die aufgezeigten Zusammenhänge zwischen den Zielrichtungen tragen die Ergebnisse der Dissertation zu einem verbesserten Verständnis der Resilienz bei. Neben der Schaffung des generischen Verständnisses leistet die Dissertationsschrift durch die Identifikation der Leistungsgröße, der Betrachtungsobjekte und der Stellgrößen einen Beitrag zur Konkretisierung des Resilienzkonzepts für die Beschaffung. Zusätzlich tragen die Dissertationsergebnisse mithilfe der Resilienzpotenzialkategorien und des entwickelten Resilienzpotenzialkatalogs zu einer Strukturierung der Gestaltungsoptionen bei. Die definierten Merkmale und Bewertungsfaktoren zur Charakterisierung von Resilienzpotenzialen ermöglichen zudem die Strukturierung von Resilienzpotenzialen in anderen Betrachtungsbereichen. Darüber hinaus leistet die Dissertation einen wesentlichen Beitrag zur systematischen Gestaltung der Resilienz in der Beschaffung, indem der Resilienzkonfigurator die Bewertung und Auswahl von Gestaltungsoptionen unter Berücksichtigung der relevanten Zusammenhänge ermöglicht. Die Methode unterstützt zudem die Übertragung des theoretischen Konzepts auf die Praxis.

Ebenso liefern die Dissertationsergebnisse einen praktischen Nutzen für produzierende Unternehmen. Sie ermöglichen anwendenden Unternehmen, die Resilienz in der Beschaffung unternehmensspezifisch zu analysieren, zu bewerten und zu gestalten. Die identifizierten Resilienzpotenziale zeigen konkrete Gestaltungsoptionen zur Steigerung der Resilienz auf. Die Methode unterstützt die strukturierte Analyse der Resilienz und schafft somit Transparenz über den aktuellen Stand innerhalb des Unternehmens. Darüber hinaus ermöglicht die Methode die Identifikation von Verbesserungsmöglichkeiten und die Ableitung von Gestaltungsempfehlungen. Durch die ganzheitliche Betrachtung der Resilienz und der Resilienzpotenziale kann eine gezielte Gestaltung der Resilienz erreicht werden, die bislang aufgrund eines fehlenden Verständnisses über die relevanten Aspekte der Resilienz und die Wirkung der Gestaltungsoptionen erschwert wurde. Insgesamt wird somit eine systematische Konfiguration der Resilienz ermöglicht und die Sicherstellung der Materialverfügbarkeit in der Beschaffung unterstützt.

9.2 Ausblick

Die Steigerung der Resilienz trägt wesentlich zum Erfolg von Unternehmen in Krisen bei, ist aber mit einem finanziellen Aufwand verbunden. Die vorliegende Dissertation liefert einen wesentlichen Beitrag zur systematischen Analyse und Gestaltung der Resilienz, welcher auf einer qualitativen Betrachtung beruht. Die qualitative Betrachtung bildet durch die Strukturierung und die Methode die Grundlage für eine weitergehende Analyse. Weiterer Forschungsbedarf besteht daher in der Quantifizierung der konkreten Nutzenbeiträge der Resilienzpotenziale, die abhängig von deren spezifischen Auslegung ist. Die Möglichkeiten zur Auslegung und Dimensionierung der einzelnen Resilienzpotenziale sind dafür weiter zu untersuchen. Eine Quantifizierung der Nutzenbeiträge würde zudem die Nutzung multiattributiver Nutzenfunktionen und den Einsatz von multikriteriellen Entscheidungsanalysen zur Entscheidungsunterstützung ermöglichen. Zusätzlich besteht Forschungsbedarf hinsichtlich der Ermittlung des unternehmensindividuellen Resilienzbedarfs. Wie hoch der Resilienzbedarf eines Unternehmens ist, hängt dabei einerseits von unternehmensspezifischen Rahmenbedingungen ab und wird andererseits durch äußere Faktoren beeinflusst. Dabei gilt es, die Vulnerabilität eines Unternehmens zu quantifizieren.

Darüber hinaus lassen sich die entwickelten Ergebnisse auf weitere Betrachtungsbereiche übertragen. So können beispielsweise die konkreten Resilienzpotenziale im Bereich der Produktion und der Distribution analysiert und charakterisiert werden. Anschließend können die verschiedenen Betrachtungsbereiche miteinander verknüpft werden. So könnte die Gestaltung der Resilienz ganzheitlich in mehreren Unternehmensbereichen oder sogar unternehmensübergreifend mit anderen Akteuren der Supply-Chain umgesetzt werden, um Synergien zu nutzen. Darüber hinaus könnten auch weitere Leistungsgrößen betrachtet werden.

Weiterer Forschungs- und Entwicklungsbedarf besteht zudem in der Umsetzung der entwickelten Ergebnisse in ein softwarebasiertes Konfigurationstool. Die digitale Unterstützung des Konfigurationsprozesses vereinfacht die Anwendbarkeit und steigert somit den praktischen Nutzen. Zusätzlicher Forschungsbedarf besteht auch bezogen auf die Automatisierung einzelner Schritte. Dies kann den erforderlichen Zeitaufwand weiter reduzieren und den Kreis potenzieller Anwendender vergrößern.

Literaturverzeichnis

ADENSO-DÍAZ, B.; MAR-ORTIZ, J.; LOZANO, S.: Assessing supply chain robustness to links failure. In: International Journal of Production Research 56 (2018) 15, S. 5104–5117.

ADOBOR, H.; MCMULLEN, R. S.: Supply chain resilience: a dynamic and multidimensional approach. In: The International Journal of Logistics Management 29 (2018) 4, S. 1451–1471.

ALI, A.; MAHFOUZ, A.; ARISHA, A.: Analysing supply chain resilience: integrating the constructs in a concept mapping framework via a systematic literature review. In: Supply Chain Management: An International Journal 22 (2017) 1, S. 16–39.

ALICKE, K.; GUPTA, R.; TRAUTWEIN, V.: Resetting supply chains for the next normal. The coronavirus pandemic's unprecedented tests are inspiring companies to consider bold moves in rebuilding their supply chains for the future 2020. https://www.mckinsey.com/~/media/McKinsey/Business%20Functions/Operations/Our%20Insights/Resetting%20supply%20chains%20for%20the%20next%20normal/Resetting-supply-chains-for-the-next-normal.pdf?shouldIndex=false (Link zuletzt geprüft: 03.07.2023).

ANNARELLI, A.; NONINO, F.: [Preprint 2015] Strategic and operational management of organizational resilience: Current state of research and future directions. In: Omega 62 (2016), 18 S. [in Bibliothek des FIR an der RWTH Aachen verfügbar]

APICS (HRSG.): SCOR. Supply Chain Operations Reference Model 2017. Version 12.0 2017. https://tinyurl.com/mw57up5z (Link zuletzt geprüft: 03.07.2023).

ARNOLD, U.: Sourcing-Konzepte. In: Handwörterbuch der Produktionswirtschaft. Enzyklopädie der Betriebswirtschaftslehre; Bd. 7. Hrsg.: W. Kern; H. H. Schröder; J. Weber. 2., völlig neu gest. Auflage. Schäffer-Poeschel, Stuttgart 1996, Sp. 1861–1874

ARNOLD, U.: Beschaffungsmanagement. 2. Auflage. Schäffer-Poeschel, Stuttgart 1997.

ARNOLD, U.; EßIG, M.: Sourcing-Konzepte als Grundelemente der Beschaffungsstrategie. In: WiSt – Wirtschaftswissenschaftliches Studium 29 (2000) 3, S. 122–128

ARNOLDS, H.; HEEGE, F.; RÖH, C.; TUSSING, W.: Materialwirtschaft und Einkauf. Grundlagen – Spezialthemen – Übungen. 13. aktualis. u. überarb. Auflage. Springer Gabler, Wiesbaden 2016.

BACHER, J.: Clusteranalyse. Anwendungsorientierte Einführung in Klassifikationsverfahren. 3., erg., vollst. überarb. und neu gestaltete Auflage. Oldenbourg, München 2010.

BACKHAUS, K.; ERICHSON, B.; PLINKE, W.; WEIBER, R.: Multivariate Analysemethoden. Eine anwendungsorientierte Einführung. 15., vollst. überarb. Auflage. Springer Gabler, Berlin [u. a.] 2018.

BAETGE, J.: Betriebswirtschaftliche Systemtheorie. Regelungstheoretische Planungs-Überwachungsmodelle für Produktion, Lagerung und Absatz. Moderne Lehrtexte Wirtschaftswissenschaften; Bd. 6. VS Verlag für Sozialwissenschaften, Wiesbaden 1974.

BAUM, H.-G.; COENENBERG, A. G.; GÜNTHER, T.: Strategisches Controlling. 5., überarb. und erg. Auflage. Schäffer-Poeschel, Freiburg 2013.

BECKER, J.; PROBANDT, W.; VERING, O.: Grundsätze ordnungsmäßiger Modellierung. Konzeption und Praxisbeispiel für ein effizientes Prozessmanagement. Springer Gabler, Berlin [u. a.] 2012.

BECKMANN, H.: Beschaffungslogistik. In: Betrieb von Logistiksystemen. Hrsg.: K. Furmans; C. Kilger. Fachwissen Logistik. Springer Vieweg, Berlin [u. a.], 2019, S. 19–105.

BECKMANN, H.; SCHMITZ, M.; RECK, M.: Beschaffung. In: Handbuch Logistik. Hrsg.: D. Arnold; H. Isermann; A. Kuhn; H. Tempelmeier; K. Furmans, 3., neu bearb. Auflage. Springer, Berlin [u. a.], 2008, S. 255–293.

BEHZADI, G.; O'SULLIVAN, M. J.; OLSEN, T. L.: On metrics for supply chain resilience. In: European Journal of Operational Research 287 (2020) 1, S. 145–158.

BENGEL, J.; LYSSENKO, L.: Resilienz und psychologische Schutzfaktoren im Erwachsenenalter. Stand der Forschung zu psychologischen Schutzfaktoren von Gesundheit im Erwachsenenalter. Forschung und Praxis der Gesundheitsförderung; Bd. 43. Bundeszentrale für Gesundheitliche Aufklärung (BZgA), Köln 2012. https://shop.bzga.de/pdf/60643000.pdf (Link zuletzt geprüft: 23.07.2023)

BEVILACQUA, M.; CIARAPICA, F. E.; MARCUCCI, G.: A modular analysis for the Supply Chain Resilience Triangle. In: IFAC-PapersOnLine 51 (2018) 11, S. 1528–1535.

BICHLER, K.; KROHN; RIEDEL, G.; SCHÖPPACH, F.: Beschaffungs- und Lagerwirtschaft. Praxisorientierte Darstellung der Grundlagen, Technologien und Verfahren. 9., aktualis. u. überarb. Auflage. Gabler, Wiesbaden 2010.

BIEDERMANN, L.: Supply Chain Resilienz. Konzeptioneller Bezugsrahmen und Identifikation zukünftiger Erfolgsfaktoren. Springer Gabler, Wiesbaden 2018. – Zugl.: Bremen, Univ., Diss., 2018.

BLUTNER, D.; CRAMER, S.; KRAUSE, S.; MÖNKS, T.; NAGEL, L.; REINHOLZ, A.; WITTHAUT, M.: Assistenzsysteme für die Entscheidungsunterstützung. In: Große Netze der Logistik. Die Ergebnisse des Sonderforschungsbereichs 559. Hrsg.: P. Buchholz; U. Clausen. Springer, Berlin [u. a.], 2009, S. 241–270.

BOGASCHEWSKY, R.: Strategisches Beschaffungsmanagement. In: Handbuch Produktions- und Logistikmanagement in Wertschöpfungsnetzwerken. Hrsg.: H. Corsten; R. Gössinger; T. S. Spengler. De Gruyter Oldenbourg, Melbourne 2018, S. 469–486.

BORCHARDT, A.; GÖTHLICH, S. E.: Erkenntnisgewinnung durch Fallstudien. In: Methodik der empirischen Forschung. Hrsg.: S. Albers; D. Klapper; U. Konradt; A. Walter; J. Wolf, 3., überarb. und erw. Auflage. Springer Gabler, Wiesbaden [u. a.] 2009, S. 33–48.

BRÄKLING, E.; OIDTMANN, K.: Beschaffungsmanagement. Erfolgreich einkaufen mit Power in Procurement. 2., aktualis. u. überarb. Auflage. Springer Gabler, Wiesbaden 2019.

BRANDON-JONES, E.; SQUIRE, B.; AUTRY, C. W.; PETERSEN, K. J.: A Contingent Resource-Based Perspective of Supply Chain Resilience and Robustness. In: Journal of Supply Chain Management 50 (2014) 3, S. 55–73.

BRUNEAU, M.; CHANG, S. E.; EGUCHI, R. T.; LEE, G. C.; O'ROURKE, T. D.; REINHORN, A. M.; SHINOZUKA, M.; TIERNEY, K.; WALLACE, W. A.; WINTERFELDT, D. von: A Framework to Quantitatively Assess and Enhance the Seismic Resilience of Communities. In: Earthquake Spectra 19 (2003) 4, S. 733–752.

BRUNNER, A.: Simulationsbasierte Bewertung von Supply Chain Management-Konzepten. Schriftenreihe Rationalisierung; Bd. 107. Apprimus, Aachen 2011. – Zugl.: Aachen, Techn. Hochsch., Diss., 2011.

BURNARD, K.; BHAMRA, R.; TSINOPOULOS, C.: Building Organizational Resilience: Four Configurations. In: IEEE Transactions on Engineering Management 65 (2018) 3, S. 351–362.

BURNARD, K. J.; BHAMRA, R.: Challenges for organisational resilience. In: Continuity & Resilience Review 1 (2019) 1, S. 17–25.

BVL.DIGITAL (Hrsg.): [Pressemitteilung] Digitale Erfolgsfaktoren für resiliente Wertschöpfungsketten. Studie zu den Effekten der COVID-19-Pandemie auf den Wirtschaftsbereich Logistik vorgestellt. Bremen, 21.10.2020. https://www.bvl.de/misc/filePush.php?id=53373&name=BVL_Digital_Presseinfo_Studie_Supply_Chain_Risk_management_201021.pdf (Link zuletzt geprüft: 03.07.2023).

CAO, M.; VONDEREMBSE, M. A.; ZHANG, Q.; RAGU-NATHAN, T. S.: Supply chain collaboration: conceptualisation and instrument development. In: International Journal of Production Research 48 (2010) 22, S. 6613–6635.

CARBONARA, N.; PELLEGRINO, R.: How do supply chain risk management flexibility-driven strategies perform in mitigating supply disruption risks? In: International Journal of Integrated Supply Management 11 (2017) 4, S. 354–379.

CARVALHO, H.; MACHADO, V. C.; TAVARES, J. G.: A mapping framework for assessing Supply Chain resilience. In: International Journal of Logistics Systems and Management 12 (2012) 3, S. 354–373. [=2012a]

CARVALHO, H.; MALEKI, M.; MACHADO, V. C.: The links between supply chain disturbances and resilience strategies. In: International Journal of Agile Systems and Management 5 (2012) 3, S. 203–234. [=2012b]

CARVALHO REMIGIO, H.: Modelling resilience in supply chain. Lissabon, Univ., Diss., 2012. https://run.unl.pt/bitstream/10362/8949/4/Remigio_2012.pdf (Link zuletzt geprüft: 03.07.2023).

CHOI, T. Y.; ROGERS, D.; VAKIL, B.: Coronavirus Is a Wake-Up Call for Supply Chain Management. Harvard Business Review online, 27.03.2020. https://hbr.org/2020/03/coronavirus-is-a-wake-up-call-for-supply-chain-management (Link zuletzt geprüft: 03.07.2023).

CHOPRA, S.; SODHI, M.: Reducing the Risk of Supply Chain Disruptions. In: MIT Sloan Management Review 55 (2014) 3, S. 72–80. MIT Sloan Management Review online, 18.03.2014. https://sloanreview.mit.edu/media-download/30561/reducing-the-risk-of-supply-chain-disruptions/ (Link zuletzt geprüft: 24.07.2023)

CHRISTOPHER, M.; HOLWEG, M.: Supply chain 2.0 revisited: a framework for managing volatility-induced risk in the supply chain. In: International Journal of Physical Distribution & Logistics Management 47 (2017) 1, S. 2–17.

CHRISTOPHER, M.; MENA, C.; KHAN, O.; YURT, O.: Approaches to managing global sourcing risk. In: Supply Chain Management: An International Journal 16 (2011) 2, S. 67–81.

CHRISTOPHER, M.; PECK, H.: Building the Resilient Supply Chain. In: The International Journal of Logistics Management 15 (2004) 2, S. 1–14.

CHRISTOPHER, M.; RUTHERFORD, C.: Creating supply chain resilience through agile six sigma. In: CriticalEye (2004) June-August, S. 24–28.

CIMELLARO, G. P.; REINHORN, A. M.; BRUNEAU, M.: Seismic resilience of a hospital system. In: Structure and Infrastructure Engineering 6 (2010) 1-2, S. 127–144.

CRAMER, E.; KAMPS, U.: Grundlagen der Wahrscheinlichkeitsrechnung und Statistik. Ein Skript für Studierende der Informatik, der Ingenieur- und Wirtschaftswissenschaften. 3., überarb. Auflage. Springer Spektrum, Berlin [u. a.] 2014.

DABHILKAR, M.; BIRKIE, S. E.; KAULIO, M.: Supply-side resilience as practice bundles: a critical incident study. In: International Journal of Operations & Production Management 36 (2016) 8, S. 948–970.

DATTA, P.: Supply network resilience: a systematic literature review and future research. In: The International Journal of Logistics Management 28 (2017) 4, S. 1387–1424.

DATTA, P. P.; CHRISTOPHER, M.; ALLEN, P.: Agent-based modelling of complex production/distribution systems to improve resilience. In: International Journal of Logistics Research and Applications 10 (2007) 3, S. 187–203.

DIN 40041: Zuverlässigkeit. DIN – Deutsches Institut für Normung e. V. Beuth, Berlin, Dezember 1990.

DIN EN ISO 9000: Qualitätsmanagementsysteme. DIN – Deutsches Institut für Normung e. V. Beuth, Berlin, November 2015.

DIN ISO 31000: Risikomanagement – Leitlinien. DIN – Deutsches Institut für Normung e. V. Beuth, Berlin, Oktober 2018.

DIN EN ISO 22301: Sicherheit und Resilienz – Business Continuity Management System – Anforderungen. DIN – Deutsches Institut für Normung e. V. Beuth, Berlin, Juni 2020.

DIN EN ISO 22313: Sicherheit und Resilienz – Business Continuity Management System – Anleitung zur Verwendung von ISO 22301. DIN – Deutsches Institut für Normung e. V. Beuth, Berlin, Oktober 2020.

DORMADY, N.; ROA-HENRIQUEZ, A.; ROSE, A.: Economic resilience of the firm: A production theory approach. In: International Journal of Production Economics 208 (2019) 3, S. 446–460.

DUCHEK, S.: Organizational resilience: a capability-based conceptualization. In: Business Research 13 (2020) 1, S. 215–246.

DUDEN (HRSG.): [Definition] Resilienz. Duden online, o. D. https://www.duden.de/rechtschreibung/Resilienz (Link zuletzt geprüft: 03.07.2023).

EBERT, G.; STEINHÜBEL, V.: Kosten- und Leistungsrechnung, mit einem ausführlichen Fallbeispiel. 12., wes. überarb. u. erg. Auflage. Springer Gabler, Wiesbaden 2020.

ELLIOT, R.: Covid-19: The Future of Supply Chain 2020. https://www.thebci.org/static/7324b815-9364-47d3-9277ab4ce9aa4c0f/a3e39af5-193d-428d-b603d3cf7e600f39/BCI-0007d-The-Future-of-Supply-ChainSingles-Low.pdf (Link zuletzt geprüft: 03.07.2023).

ELLRAM, L.: Total Cost of Ownership: Elements and Implementation. In: International Journal of Purchasing and Materials Management 29 (1993) 3, S. 2–11.

EßIG, M.: Integriertes Beschaffungsmanagement: Der Ansatz des „House of Sourcing and Supply Management“. In: Perspektiven des Supply Management. Konzepte und Anwendungen. Hrsg.: M. Eßig. Springer, Berlin [u. a.], 2005, S. 3–26.

EVERSHEIM, W.: Organisation in der Produktionstechnik; Bd. 3: Arbeitsvorbereitung. 3., vollst. überarb. Auflage. Springer, Berlin [u. a.] 1997.

FIKSEL, J.; POLYVIOU, M.; CROXTON, K. L.; PETTIT, T. J.: From Risk to Resilience: Learning to Deal With Disruption. In: MITSloan Management Review 56 (2015) 2, S. 79–86.

FISCHÄDER, H.: Störungsmanagement in netzwerkförmigen Produktionssystemen. Schriften zum Produktionsmanagement. DUV Deutscher Universitäts-Verlag, Wiesbaden 2007. – Zugl.: Ilmenau, Techn. Univ., Diss., 2005.

FLEISCHMANN, B.; ARNOLD, D.; PAPIER, F.; THONEMANN, U.: Grundlagen: Begriffe der Logistik, logistische Systeme und Prozesse. In: Handbuch Logistik. Hrsg.: D. Arnold; H. Isermann; A. Kuhn; H. Tempelmeier; K. Furmans. 3., neu bearb. Auflage. Springer, Berlin [u. a.], 2008, S. 3–34.

FRANCIS, R.; BEKERA, B.: A metric and frameworks for resilience analysis of engineered and infrastructure systems. In: Reliability Engineering & System Safety 121 (2014), S. 90–103.

FRIEDRICHS, J.: Methoden empirischer Sozialforschung. 14. Auflage. VS Verlag für Sozialwissenschaften, Wiesbaden 1990.

GAONKAR, R.; VISWANADHAM, N.: Robust supply chain design: a strategic approach for exception handling. In: 2003 IEEE International Conference on Robotics and Automation. Proceedings. IEEE. IEEE, Piscataway (NJ) 2003, S. 1762–1767.

GENC, E.: Frühwarnsystem für ein adaptives Störungsmanagement. Forschungsberichte IWB; Nr. 308. Utz, München 2015. – Zugl.: München, Techn. Univ., Diss., 2015.

GOTTMANN, J.: Produktionscontrolling. Wertströme und Kosten optimieren. 2., aktualis. Auflage. Springer Gabler, Wiesbaden 2019.

GROẞE-OETRINGHAUS, W. F.: Fertigungstypologie. Unter dem Gesichtspunkt der Fertigungsablaufplanung. Betriebswirtschaftliche Forschungsergebnisse; Bd. 65. Hrsg.: E. Kosiol. Duncker & Humblot, Berlin 1974. – Zugl.: Giessen, Univ., Diss., 1972.

GRÜN, O.; BRUNNER, J.-C.: Beschaffung. In: Grundzüge der Beschaffung, Produktion und Logistik. Hrsg.: S. Kummer; O. Grün; W. Jammernegg, 2., aktualis. Auflage. Pearson Studium, München [u. a.] 2009, S. 88–169.

GÜNTHER, H.-O.; TEMPELMEIER, H.: Produktion und Logistik. Supply Chain und Operations Management. 12. Auflage. BoD – Books on Demand, Norderstedt 2016.

GYA, R.; LAGO, C.; BECKER, M.; JUNGHANNS, J.; PETIT, J.-P.; PEREA, L.; SCHNEIDER-MAUL, R.; DAHLMEIER, S. C.; KUMAR, V.; PENKA, A.; BUVAT, J.; KVJ, S.; NAMBIAR, R.; PUTTUR, R. K.: Fast Forward. Rethinking the supply chain resilience for a post-COVID-19 world. Paris 2020. https://www.capgemini.com/de-de/wp-content/uploads/sites/5/2020/11/Fast-forward_Report.pdf (Link zuletzt geprüft: 03.07.2023).

HABERFELLNER, R.; WECK, O. de; FRICKE, E.; VÖSSNER, S. (Hrsg.): Systems Engineering. Grundlagen und Anwendung. 14. Auflage. Orell Füssli, Zürich 2018.

HACHTEL, G.; HOLZBAUR, U.: Management für Ingenieure. Technisches Management für Ingenieure in Produktion und Logistik. Vieweg + Teubner, Wiesbaden 2010.

HAIMES, Y. Y.: On the definition of resilience in systems. In: Risk analysis : an official publication of the Society for Risk Analysis 29 (2009) 4, S. 498–501.

HAN, Y.; CHONG, W. K.; LI, D.: A systematic literature review of the capabilites and performance metrics of supply chain resilience. In: International Journal of Production Research 58 (2020) 15, S. 4541–4566.

HÄRING, I.; SANSAVINI, G.; BELLINI, E.; MARTYN, N.; KOVALENKO, T.; KITSAK, M.; VOGELBACHER, G.; ROSS, K.; BERGERHAUSEN, U.; BARKER, K.; LINKOV, I.: Towards a Generic Resilience Management, Quantification and Development Process: General Definitions, Requirements, Methods, Techniques and Measures, and Case Studies. In: Resilience and Risk. Methods and Application in Environment, Cyber and Social Domains. Hrsg.: I. Linkov; J. M. Palma-Oliveira. Springer, Dordrecht [u. a.] 2017, S. 21–80.

HASANI, A.; KHOSROJERDI, A.: Robust global supply chain network design under disruption and uncertainty considering resilience strategies: A parallel memetic algorithm for a real-life case study. In: Transportation Research Part E: Logistics and Transportation Review 87 (2016), S. 20–52.

HEIL, M.: Entstörung betrieblicher Abläufe. Gabler, Wiesbaden 1995. – Zugl.: München, Techn. Univ., Diss., 1994.

HEINICKE, M.: Resilienzorientierte Beurteilung von Produktionsstrukturen. Magdeburg, Univ., Diss., 2017. https://opendata.uni-halle.de/bitstream/1981185920/11324/1/Dissertation%20Heinicke%202017%20Resilienzorientierte%20Beurteilung%20von%20Produktionsstrukturen_UBMD.pdf (Link zuletzt geprüft: 03.07.2023).

HEINRICH, L. J.; STELZER, D.: Informationsmanagement. 10., vollst. überarb. Auflage. Oldenbourg, München 2011.

HELMOLD, M.: Innovatives Lieferantenmanagement. Wertschöpfung in globalen Lieferketten. Springer Gabler, Wiesbaden 2021.

HEß, G.: Strategischer Einkauf und Supply-Strategie. Schrittweise Entwicklung des strategischen Einkaufs mit der 15M-Architektur 2.0. 4. Auflage. Springer Gabler, Wiesbaden 2017.

HEß, G.; KLEINLEIN, A.-C.: Resilienz im Einkauf. Konzept und Praxisleitfaden zum Management unerwarteter Risiken in der Lieferkette. Springer Gabler, Wiesbaden 2021.

HILL, W.; FEHLBAUM, R.; ULRICH, P.: Organisationslehre; Bd. 1: Ziele, Instrumente und Bedingungen der Organisation sozialer Systeme. 5., überarb. Auflage. Haupt, Bern [u. a.] 1994.

HIMME, A.: Gütekriterien der Messung: Reliabilität, Validität und Generalisierbarkeit. In: Methodik der empirischen Forschung. Hrsg.: S. Albers; D. Klapper; U. Konradt; A. Walter; J. Wolf, 3., überarb. und erw. Auflage. Gabler, Wiesbaden 2009, S. 485–500.

HOFBAUER, G.; MASHHOUR, T.; FISCHER, M.: Lieferantenmanagement. Die wertorientierte Gestaltung der Lieferbeziehung. 3., vollst. aktualis. Auflage. De Gruyter Oldenbourg, Berlin [u. a.] 2016.

HOHENSTEIN, N.-O.; FEISEL, E.; HARTMANN, E.; GIUNIPERO, L.: Research on the phenomenon of supply chain resilience. A systematic review and paths for futher investigation. In: International Journal of Physical Distribution & Logistics Management 45 (2015) 1/2, S. 90–117.

HOLLING, C. S.: Resilience and Stability of Ecological Systems. In: Annual Review of Ecology and Systematics 4 (1973) 1, S. 1–23.

HOSSEINI, S.; IVANOV, D.; DOLGUI, A.: Review of quantitative methods for supply chain resilience analysis. In: Transportation Research Part E: Logistics and Transportation Review 125 (2019), S. 285–307.

HÜLS, C.: Strategische Planung der Transformation von Antriebsportfolios in der Automobilindustrie. Springer Gabler, Wiesbaden 2021. – Zugl.: Braunschweig, Techn. Univ., Diss., 2021.

HUTH, M.; KNAUER, C.; PRANG, J.: BME-Logistikumfrage 2020: Supply Chain Risk Management. Hrsg.: Bundesverband Materialwirtschaft, Einkauf und Logistik e. V. Eschborn 2020. http://assets.bme.de/public/uploads/0aca4b392cabe372e4f25109775dc942ce27f02434dcb3376aeee044fa07 (Link zuletzt geprüft: 03.07.2023).

HUTH, M.; ROMEIKE, F.: Grundlagen des Risikomanagements in der Logistik. In: Risikomanagement in der Logistik. Konzepte – Instrumente – Anwendungsbeispiele. Hrsg.: M. Huth; F. Romeike. Springer Gabler, Wiesbaden 2016, S. 13–47.

ISO 22316: Security and resilience – Organizational resilience – Principles and attributes. ISO –Internationale Organisation für Normung. ISO, Vernier, Schweiz, 2017.

IVANOV, D.: Structural Dynamics and Resilience in Supply Chain Risk Management. Springer, Cham [u. a.] 2018.

IVANOV, D.: Introduction to Supply Chain Resilience. Management, Modelling, Technology. Springer, Cham [u. a.] 2021.

JAIN, N.; GIROTRA, K.; NETESSINE, S.: Recovering Global Supply Chains from Sourcing Interruptions: The Role of Sourcing Strategy. In: Manufacturing & Service Operations Management 24 (2022) 2, S. 846–863.

JOHNSON, A. R.; JOHNSON, M. E.; NAGARUR, N.: Supply chain design under disruptions considering risk mitigation strategies for robustness and resiliency. In: International Journal of Logistics Systems and Management 38 (2021) 1, S. 1–29.

JUNG, H.: Allgemeine Betriebswirtschaftslehre. 13., aktualis. Auflage. De Gruyter Oldenbourg, München [u. a.] 2016.

JÜTTNER, U.; MAKLAN, S.: Supply chain resilience in the global financial crisis: an empirical study. In: Supply Chain Management: An International Journal 16 (2011) 4, S. 246–259.

KAGERMANN, H.; SÜSSENGUTH, F.; KÖRNER, J.; LIEPOLD, A.; BEHRENS, J. H.: Resilienz als wirtschafts- und innovationspolitisches Gestaltungsziel. acatech, München [u. a.] 2021. https://www.acatech.de/publikation/resilienz-als-wirtschafts-und-innovationspolitisches-gestaltungsziel/download-pdf?lang=de (Link zuletzt geprüft: 03.07.2023).

KAMALAHMADI, M.; PARAST, M. M.: A review of the literature on the principles of enterprise and supply chain resilience: Major findings and directions for future research. In: International Journal of Production Economics 171 (2016), S. 116–133.

KAMALAHMADI, M.; PARAST, M. M.: An assessment of supply chain disruption mitigation strategies. In: International Journal of Production Economics 184 (2017), S. 210–230.

KAMALAHMADI, M.; SHEKARIAN, M.; MELLAT PARAST, M.: The impact of flexibility and redundancy on improving supply chain resilience to disruptions. In: International Journal of Production Research 60 (2022) 6, S. 1992–2020. https://www.tandfonline.com/doi/epdf/10.1080/00207543.2021.1883759?needAccess=true&role=button (Link zuletzt geprüft: 23.07.2023)

KAMPS, U.; CRAMER, E.; OLTMANNS, H.: Wirtschaftsmathematik. Einführendes Lehr- und Arbeitsbuch. 2., durchges. Auflage. Oldenbourg, München [u. a.] 2003.

KARMANN, A.: Mathematik für Wirtschaftswissenschaftler. Problemorientierte Einführung. 5., erw. Auflage. Oldenbourg, München [u. a.] 2003.

KATSALIAKI, K.; GALETSI, P.; KUMAR, S.: Supply chain disruptions and resilience: a major review and future research agenda. In: Annals of operations research (2021), S. 1–38.

KAUFMANN, H.; PAPE, H.: Kapitel 9. Clusteranalyse. In: Multivariate statistische Verfahren. Hrsg.: L. Fahrmeir; A. Hamerle; G. Tutz. 2., überarb. Auflage. De Gruyter, Berlin [u. a.] 1996, S. 437–536.

KERSTEN, W.; SEITER, M.; SEE, B. V.; HACKIUS, N.; MAURER, T.: Trends und Strategien in Logistik und Supply Chain Management. Chancen der digitalen Transformation. DVV Media Group GmbH, Hamburg 2017.

KIEBLER, L.; EBEL, D.; KLINK, P.; SARDESAI, S.: Risikomanagement disruptiver Ereignisse in Supply Chains. Fraunhofer IML, Dortmund 2020. https://www.iml.fraunhofer.de/content/dam/iml/de/documents/OE%20220/Risikomanagement_disruptiver_Ereignisse_in_Supply_Chains.pdf (Link zuletzt geprüft: 03.07.2023).

KILUBI, I.: The strategies of supply chain risk management – a synthesis and classification. In: International Journal of Logistics Research and Applications 19 (2016) 6, S. 604–629.

KIM, Y.; CHEN, Y.-S.; LINDERMAN, K.: Supply network disruption and resilience: A network structural perspective. In: Journal of Operations Management 33-34 (2015) 1, S. 43–59.

KLUGE, S.: Empirisch begründete Typenbildung. Zur Konstruktion von Typen und Typologien in der qualitativen Sozialforschung. Springer, Wiesbaden 1999. – Zugl.: Bremen, Univ., Diss., 1998.

KNOBLICH, H.: Betriebswirtschaftliche Warentypologie. Grundlagen und Anwendungen. VS Verlag für Sozialwissenschaften, Wiesbaden 1969.

KOCHAN, C. G.; NOWICKI, D. R.: Supply chain resilience: a systematic literature review and typological framework. In: International Journal of Physical Distribution & Logistics Management 48 (2018) 8, S. 842–865.

KOHL, H.; BUß, D.; GEBAUER, H.; GLAWAR, R.; HELLER, T.; KLAN, S.; KNOTHE, T.; SAI, B.; SCHMIDTKE, N.; STENZEL, F.; WERNER, M.; WILMS, M.: [White Paper] »RESYST« Resiliente Wertschöpfung in der produzierenden Industrie – innovativ, erfolgreich, krisenfest. Fraunhofer-Gesellschaft e. V., München 2021. https://www.fraunhofer.de/s/ePaper/Whitepaper/RESYST/index.html#0 (Link zuletzt geprüft: 03.07.2023).

KORALL, S.: Ereignisadäquate Beschaffungsmengenrechnung durch Anwendung spieltheoretischer Lösungskonzepte. Schriftenreihe Rationalisierung; Bd. 139. RHrsg.: G. Schuh. Apprimus, Aachen 2016. – Zugl.: Aachen, Techn. Hochsch., Diss., 2016.

KREIS, H.; WILDNER, R.; KUß, A.: Marktforschung. Datenerhebung und Datenanalyse. 7., überarb. Auflage. Springer Gabler, Wiesbaden 2021.

KÜPPER, H.-U.: Beschaffung. In: Vahlens Kompendium der Betriebswirtschaftslehre. Hrsg.: J. Baetge. Franz Vahlen, München 1984, S. 187–240.

LARGE, R.: Strategisches Beschaffungsmanagement. Eine praxisorientierte Einführung mit Fallstudien. 4., vollst. überarb. Auflage. Gabler, Wiesbaden 2009.

LASCH, R.: Strategisches und operatives Logistikmanagement: Beschaffung. 2., überarb. u. erw. Auflage. Springer Gabler, Wiesbaden 2019.

LAUX, H.; GILLENKIRCH, R. M.; SCHENK-MATHES, H. Y.: Entscheidungstheorie. 9., vollst. überarb. Auflage. Springer Gabler, Berlin 2014.

LEHNER, F.; SCHOLZ, M.; WILDNER, S.: Wirtschaftsinformatik. Eine Einführung. 2. Auflage. Hanser, München [u. a.] 2008.

LI, Y.; ZOBEL, C. W.: Exploring supply chain network resilience in the presence of the ripple effect. In: International Journal of Production Economics 228 (2020), S. 107693. 13 S.

LINNARTZ, M.; SCHUH, G.; STICH, V.: A Framework for Structuring Resilience and its Application to Procurement. In: Proceedings of the Conference on Production Systems and Logistics: CPSL 2022. Hrsg.: D. Herberger; M. Hübner. publish-Ing, Hannover 2022, S. 52–61.

LINNENLUECKE, M. K.: Resilience in Business and Management Research: A Review of Influential Publications and a Research Agenda. In: International Journal of Management Reviews 19 (2017) 1, S. 4–30.

LUND, S.; MANYIKA, J.; WOETZEL, J.; BARRRIBAL, E.; KRISHNAN, M.; ALICKE, K.; BRISHAN, M.; GEORGE, K.; SMIT, S.; SWAN, D.; HUTZLER, K.: Risk, resilience, and rebalancing in global value chains, San Francisco [u. a.], August 2020. https://www.mckinsey.de/~/media/McKinsey/Business%20Functions/Operations/Our%20Insights/Risk%20resilience%20and%20rebalancing%20in%20global%20value%20chains/Risk-resilience-and-rebalancing-in-global-value-chains-full-report-vH.pdf?shouldIndex=false (Link zuletzt geprüft: 03.07.2023).

MACKAY, J.; MUNOZ, A.; PEPPER, M.: Conceptualising redundancy and flexibility towards supply chain robustness and resilience. In: Journal of Risk Research 23 (2020) 12, S. 1541–1561.

MANUJ, I.; MENTZER, J. T.: Global supply chain risk management strategies. In: International Journal of Physical Distribution & Logistics Management 38 (2008) 3, S. 192–223.

MAREK, S.; BERWING, K.: Supply-Chain-Management: Wettbewerbsfest. In: Business Intelligence Magazine (2019) 3, S. 46–48.

MASON-JONES, R.; TOWILL, D. R.: Shrinking the supply chain uncertainty circle. In: IOM Control 24 (1998) 7, S. 17–22.

MELNYK, S. A.; CLOSS, D. J.; GRIFFIS, S. E.; ZOBEL, C. W.; MACDONALD, J. R.: Understanding Supply Chain Resilience. In: Supply Chain Management Review (2014), S. 34–41. [=2014a]

MELNYK, S. A.; ZOBEL, C. W.; MACDONALD, J. R.; GRIFFIS, S. E.: Making sense of transient responses in simulation studies. In: International Journal of Production Research 52 (2014) 3, S. 617–632. [=2014b]

MELZER-RIDINGER, R.: Materialwirtschaft und Einkauf. Beschaffungsmanagement. 5., unveränd. Auflage. Oldenbourg, München 2008.

MOHAGHEGHI, V.; MOUSAVI, S. M.; ANTUCHEVIČIENĖ, J.; MOJTAHEDI, M.: Project Portfolio Selection Problems: A review of models, uncertainty approaches, solution techniques, and case studies. In: Technological and Economic Development of Economy 25 (2019) 6, S. 1380–1412.

MONGEON, P.; PAUL-HUS, A.: The journal coverage of Web of Science and Scopus: a comparative analysis. In: Scientometrics 106 (2016) 1, S. 213–228.

MUNOZ, A.; DUNBAR, M.: On the quantification of operational supply chain resilience. In: International Journal of Production Research 53 (2015) 22, S. 6736–6751.

NACHREINER, F.: Grundlagen naturwissenschaftlicher Methodik in der Arbeitswissenschaft. In: Handbuch Arbeitswissenschaft. Hrsg.: H. Luczak. Schäffer-Poeschel, Stuttgart 1997, S. 87–92.

NAMDAR, J.; LI, X.; SAWHNEY, R.; PRADHAN, N.: Supply chain resilience for single and multiple sourcing in the presence of disruption risks. In: International Journal of Production Research 56 (2018) 6, S. 2339–2360.

PANTELI, M.; MANCARELLA, P.: The Grid: Stronger, Bigger, Smarter?: Presenting a Conceptual Framework of Power System Resilience. In: IEEE Power and Energy Magazine 13 (2015) 3, S. 58–66.

PAPIER, F.; THONEMANN, U.: Supply Chain Management. In: Begriff der Logistik, logistische Systeme und Prozesse. Hrsg.: H. Tempelmeier. Springer Vieweg, Berlin [u. a.] 2018, S. 29–54.

PATZAK, G.: Systemtechnik – Planung komplexer innovativer Systeme. Grundlagen, Methoden, Techniken. Springer, Berlin [u.a.] 1982.

PEREIRA, C. R.; CHRISTOPHER, M.; LAGO DA SILVA, A.: Achieving supply chain resilience: the role of procurement. In: Supply Chain Management: An International Journal 19 (2014) 5/6, S. 626–642.

PEREIRA, C. R.; DA SILVA, A. L.: Key Organisational Factors to Building Supply Chain Resilience: a Multiple Case Study of Buyers and Suppliers. In: Journal of Operations and Supply Chain Management 8 (2015) 2, S. 77.

PEREIRA, C. R.; LAGO DA SILVA, A.; TATE, W. L.; CHRISTOPHER, M.: Purchasing and supply management (PSM) contribution to supply-side resilience. In: International Journal of Production Economics 228 (2020), S. 107740.

PETERSEN, T.; BLUTH, C.: Megatrend-Report #02: Die Corona-Transformation. Wie die Pandemie die Glabilisierung bremst und die Digitalisierung beschleunigt. Bertelsmann, Gütersloh 2020. https://www.bertelsmann-stiftung.de/fileadmin/files/user_upload/MT_MegatrendReport2_Web_2020_DT.pdf (Link zuletzt geprüft: 03.07.2023).

PETTIT, T. J.; CROXTON, K. L.; FIKSEL, J.: Ensuring Supply Chain Resilience: Development and Implementation of an Assessment Tool. In: Journal of Business Logistics 34 (2013) 1, S. 46–76.

PETTIT, T. J.; CROXTON, K. L.; FIKSEL, J.: The Evolution of Resilience in Supply Chain Management: A Retrospective on Ensuring Supply Chain Resilience. In: Journal of Business Logistics 40 (2019) 1, S. 56–65.

PETTIT, T. J.; FIKSEL, J.; CROXTON, K. L.: Ensuring Supply Chain Resilience: Development of a Conceptual Framework. In: Journal of Business Logistics 31 (2010) 1, S. 1–21.

PEUKERT, S.: Robustheitssteigerung in Produktionsnetzwerken mithilfe eines integrierten Störungsmanagements. Forschungsberichte aus dem wbk Institut für Produktionstechnik, Karlsruher Institut für Technologie (KIT); Bd. 245. Hrsg.: Fleischer, J.; Lanza, G.; Schulze, V. Shaker, Düren 2021. – Zugl.: Karlsruhe, Techn. Univ., Diss., 2021.

PIBERNIK, R.: Flexibilitätsplanung in Wertschöpfungsnetzwerken. DUV Deutscher Universitäts-Verlag, Wiesbaden 2001. – Zugl.: Frankfurt (Main), Univ., Diss., 2001.

PIONTEK, J.: Beschaffungscontrolling. 5., völlig neu bearb. Auflage. De Gruyter Oldenbourg, Berlin [u. a.] 2016.

PIRES RIBEIRO, J.; BARBOSA-POVOA, A.: Supply Chain Resilience: Definitions and quantitative modelling approaches – A literature review. In: Computers & Industrial Engineering 115 (2018), S. 109–122.

PONIS, S. T.; KORONIS, E.: Supply Chain Resilience: Definition Of Concept And Its Formative Elements. In: Journal of Applied Business Research 28 (2012) 5, S. 921-930.

PONOMAROV, S. Y.; HOLCOMB, M. C.: Understanding the concept of supply chain resilience. In: The International Journal of Logistics Management 20 (2009) 1, S. 124–143.

PORTER, M. E.: Wettbewerbsvorteile (Competitive Advantage). Spitzenleistungen erreichen und behaupten. 8., durchges. Auflage. Campus, Frankfurt am Main [u. a.] 2014.

PRINTZ, S.; CUBE, J. P. von; PONSARD, C.; LANDTSHEER, R. de; OSPINA, G.; MASSONET, P.; SCHMITT, R.; JESCHKE, S.: A Survey on Risk-management and Tooling Support for Procurement Processes in Supply Chains. In: SIMULTECH 2016. Proceedings of the 6th International Conference on Simulation and Modeling Methodologies, Technologies and Applications: Lisbon, Portugal, July 29–31, 2016. Hrsg.: Y. Merkuryev; T. Ören; M. S. Obaidat. SCITEPRESS – Science and Technology Publications Lda, Setúbal, Portugal, 2016, S. 327–332.

PURVIS, L.; SPALL, S.; NAIM, M.; SPIEGLER, V.: Developing a resilient supply chain strategy during 'boom' and 'bust'. In: Production Planning & Control 27 (2016) 7-8, S. 579–590.

RACK, O.; CHRISTOPHERSEN, T.: Experimente. In: Methodik der empirischen Forschung. Hrsg.: S. Albers; D. Klapper; U. Konradt; A. Walter; J. Wolf. 3., überarb. u. erw. Auflage. Gabler, Wiesbaden 2009, S. 17–32.

RAFFÉE, H.: Grundprobleme der Betriebswirtschaftslehre. 7. Auflage. Betriebswirtschaftslehre im Grundstudium der Wirtschaftswissenschaft; Bd. 1./Uni-Taschenbücher; Bd. 97. Vandenhoeck & Ruprecht, Göttingen 1974.

RAJESH, R.; RAVI, V.; VENKATA RAO, R.: Selection of risk mitigation strategy in electronic supply chains using grey theory and digraph-matrix approaches. In: International Journal of Production Research 53 (2015) 1, S. 238–257.

REEVES, M.; WHITAKER, K.: A Guide to Building a More Resilient Business. Harvard Business Review online, 02.07.2020. https://hbr.org/2020/07/a-guide-to-building-a-more-resilient-business (Link zuletzt geprüft: 03.07.2023).

RISKMETHODS, BME (HRSG.): Supply Chain Risk Management: Herausforderungen und Status Quo 2020. Ergebnisse einer gemeinsamen Umfrage von riskmethods und dem Bundesverband für Materialwirtschaft, Einkauf und Logisitk 2020. http://assets.bme.de/public/uploads/d104a7387f471e7bdcf2e761598ee5a3215c114e356f4f7d8cf33ed6954e (Link zuletzt geprüft: 03.07.2023).

ROMEIKE, F.: Risikomanagement. Springer Gabler, Wiesbaden 2018.

ROSE, A.: Defining and measuring economic resilience to disasters. In: Disaster Prevention and Management: An International Journal 13 (2004) 4, S. 307–314.

ROSE, A.: Economic resilience to natural and man-made disasters: Multidisciplinary origins and contextual dimensions. In: Environmental Hazards 7 (2007) 4, S. 383–398.

SANCHIS, R.; CANETTA, L.; POLER, R.: A Conceptual Reference Framework for Enterprise Resilience Enhancement. In: Sustainability 12 (2020) 4, S. 1464. 27 S. [=2020a]

SANCHIS, R.; DURAN-HERAS, A.; POLER, R.: Optimising the Preparedness Capacity of Enterprise Resilience Using Mathematical Programming. In: Mathematics 8 (2020) 9, S. 1596. 29 S. [=2020b]

SANCHIS, R.; POLER, R.: Enterprise resilience assessment: a categorisation framework of disruptions. In: Dirección y Organización 54 (2014), S. 45–53.

SCHIELE, H.: Purchasing and Supply Management. In: Operations, Logistics and Supply Chain Management. Hrsg.: H. Zijm; M. Klumpp; A. Regattieri; S. Heragu. Springer, Cham [u. a.] 2019, S. 45–73.

SCHMIDT, C.: Konfiguration überbetrieblicher Koordinationsprozesse in der Auftragsabwicklung des Maschinen- und Anlagenbaus. Schriftenreihe Rationalisierung und Humanisierung; Bd. 87. RHrsg.: G. Schuh. Shaker, Aachen 2008. – Zugl.: Aachen, Techn. Hochsch., Diss., 2008.

SCHOLTEN, K.; SCHILDER, S.: The role of collaboration in supply chain resilience. In: Supply Chain Management: An International Journal 20 (2015) 4, S. 471–484.

SCHOLZ, S.: Bewertungsmetrik leistungsbestimmender Faktoren von Supply-Chains in Industriebetrieben. Schriftenreihe Rationalisierung; Bd. 183. RHrsg.: G. Schuh. Apprimus, Aachen 2022. – Zugl.: Aachen, Techn. Hochsch., Diss., 2022.

SCHÖNSLEBEN, P.: Integrales Logistikmanagement. Operations und Supply Chain Management innerhalb des Unternehmens und unternehmensübergreifend. 8. Auflage. Springer Vieweg, Berlin [u. a.] 2020.

SCHRÖDER, M.: Strukturierte Verbesserung des Supply Chain Risikomanagements. Supply Chain Management. Springer Gabler, Wiesbaden 2019. – Zugl.: Hamburg, Techn. Univ., Habil-Schr., 2018.

SCHUH, G.; ANDERL, R.; DUMITRESCU, R.; KRÜGER, A.; HOMPEL, M. T. (HRSG.): Industrie 4.0 Maturity Index. Die digitale Transformation von Unternehmen gestalten – UPDATE 2020. acatech – Deutsche Akademie der Technikwissenschaften, München 2020. https://www.acatech.de/publikation/industrie-4-0-maturity-index-update-2020/download-pdf?lang=de (Link zuletzt geprüft: 23.07.2023)

SCHUH, G.; BROSZE, T.; BRANDENBURG, U.: Aachener PPS-Modell. In: Produktionsplanung und -steuerung; Bd. 1: Grundlagen der PPS. Hrsg.: G. Schuh; V. Stich. Springer Vieweg, Berlin [u. a.], 2012, S. 11–28. [=2012a]

SCHUH, G.; BROSZE, T.; BRANDENBURG, U.: Aufgaben. In: Produktionsplanung und -steuerung; Bd. 1: Grundlagen der PPS. Hrsg.: G. Schuh; V. Stich. Springer Vieweg, Berlin [u. a.], 2012, S. 29–81. [=2012b]

SCHUH, G.; HERING, N.; BRUNNER, A.: Einführung in das Logistikmanagement. In: Logistikmanagement. Hrsg.: G. Schuh; V. Stich. Reihe Handbuch Produktion und Management; Bd. 6. Springer Vieweg, Berlin [u. a.], 2013, S. 1–33.

SCHUH, G.; HOPPE, M.: Einleitung und Abgrenzung. In: Einkaufsmanagement. Hrsg.: G. Schuh. Handbuch Produktion und Management; Bd. 7. Springer Vieweg, Berlin 2014, S. 5–8.

SCHULTE, G.: Material- und Logistikmanagement. 2., wes. erw. u. verb. Auflage. Oldenbourg, München [u. a.] 2001.

SCHULTE-ZURHAUSEN, M.: Organisation. 6., überarb. u. aktualis. Auflage. Vahlen, München 2014.

SCHULZE, P. M.: Beschreibende Statistik. 6., korr. u. aktualis. Auflage. Oldenbourg, München [u. a.] 2007.

SCHWEICHER, B.: Identifizierung und Zuordnung der Kosten- und Nutzenanteile von Supply-Chain-Management-Konzepten. Schriftenreihe Rationalisierung und Humanisierung; Bd. 96. RHrsg.: G. Schuh. Shaker, Aachen 2009. – Zugl.: Aachen, Techn. Hochsch., Diss., 2009.

SHASHI; CENTOBELLI, P.; CERCHIONE, R.; ERTZ, M.: Managing supply chain resilience to pursue business and environmental strategies. In: Business Strategy and the Environment 29 (2020) 3, S. 1215–1246.

SHEFFI, Y.: The resilient enterprise. Overcoming vulnerability for competitive advantage. MIT Press, Cambridge (MA) 2005.

SHEFFI, Y.; RICE, J. B.: A Supply Chain View of the Resilient Enterprise. In: MITSloan Management Review 47 (2005) 1, S. 41–48.

SHEN, L.; CASSOTTANA, B.; HEINIMANN, H. R.; TANG, L. C.: Large-scale systems resilience: A survey and unifying framework. In: Quality and Reliability Engineering International 36 (2020) 4, S. 1386–1401.

SIMCHI-LEVI, D.; SIMCHI-LEVI, E.: Building Resilient Supply Chains Won't Be Easy. Harvard Business Review online, 23.06.2020. https://hbr.org/2020/06/building-resilient-supply-chains-wont-be-easy (Link zuletzt geprüft: 03.07.2023).

SINGER, C.: Flexibilitätsmanagement zur Bewältigung von Unsicherheit in der Supply Chain. Reihe Supply chain, logistics and operations management; Bd. 8. Hrsg.: W. Kersten. Eul, Lohmar [u. a.] 2012. – Zugl.: Hamburg-Harburg, Techn. Univ., Diss., 2012.

SPIEGLER, V. L. M.; NAIM, M. M.; WIKNER, J.: A control engineering approach to the assessment of supply chain resilience. In: International Journal of Production Research 50 (2012) 21, S. 6162–6187.

SPILLE, J.: Typspezifisches Risikomanagement für die Beschaffung von Produktionsmaterialien in der Automobilzulieferindustrie. Schriftenreihe Rationalisierung und Humanisierung; Bd. 92. RHrsg.: G. Schuh. Shaker, Aachen 2009. – Zugl.: Aachen, Techn. Hochsch., Diss., 2008.

SPIß, M.; SCHRÖER, T.; SCHUH, G.: Resilience Configurator for Procurement. In: Advances in Production Management Systems. Production Management Systems for Responsible Manufacturing, Service, and Logistics Futures. IFIP WG 5.7 International Conference, APMS 2023, Trondheim, Norway, September 17–21, 2023, Proceedings, Part IV. Hrsg.: E. Alfnes; A. Romsdal; J. O. Strandhagen; G. von Cieminski; D. Romero. IFIP Advances in Information and Communication Technology; Bd. 692. Springer, Cham [u. a.] 2023, S. 699 – 713.

STACHOWIAK, H.: Allgemeine Modelltheorie. 1. Auflage. Springer, Wien [u. a.] 1973.

STECKE, K. E.; KUMAR, S.: Sources of Supply Chain Disruptions, Factors That Breed Vulnerability, and Mitigating Strategies. In: Journal of Marketing Channels 16 (2009) 3, S. 193–226.

STICH, V.; HERING, N.; BROSZE, T.: Beschaffungslogistik. In: Logistikmanagement. Handbuch Produktion und Management; Bd. 6. Hrsg.: G. Schuh; V. Stich. Springer Vieweg, Berlin [u. a.], 2013, S. 77–113.

STICH, V.; SCHRÖER, T.; LINNARTZ, M.; FRIEDRICH, A.; MOSER, B.: Störungen in der Supply Chain managen: Wie Datenaustausch entlang der Supply Chain zu einer Steigerung der Reaktionsfähigkeit führen kann. In: Zukunftssicher. So geht Innovation an der Schnittstelle von Wirtschaft und Versicherung. Hrsg.: A. Funk-Münchmeyer. Murmann Publishers GmbH, Hamburg 2021, S. 141–150. [=2021a]

STICH, V.; SCHRÖER, T.; LINNARTZ, M.; MAREK, S.; HERKENRATH, C.; HOCKEN, C.; KAUFMANN, J.: Wertschöpfungsnetzwerke in Zeiten von Infektionskrisen. Expertise des Forschungsbeirats der Plattform Industrie 4.0. München 2021. https://www.plattform-i40.de/IP/Redaktion/DE/Downloads/Publikation/Forschungsbeirat_Wertsch%C3%B6pfungsnetzwerke.pdf?__blob=publicationFile&v=1 (Link zuletzt geprüft: 03.07.2023). [=2021b]

STÖLZLE, W.; GAREIS, K.: Konzepte der Beschaffungslogistik — Anforderungen und Gestaltungsalternativen. In: Handbuch Industrielles Beschaffungsmanagement. Internationale Konzepte – Innovative Instrumente – Aktuelle Praxisbeispiele. Hrsg.: D. Hahn; L. Kaufmann. 2., übearb. u. erw. Auflage. Gabler, Wiesbaden 2002, S. 401–423.

SUTCLIFFE, K. M.; VOGUS, T. J.: Organizing for Resilience. In: Positive organizational scholarship. Foundations of a new discipline. Hrsg.: K. S. Cameron; J. E. Dutton; R. E. Quinn. Berrett-Koehler Publishers, San Francisco (CA) 2003, S. 94–110.

TALLURI, S. S.; KULL, T. J.; YILDIZ, H.; YOON, J.: Assessing the Efficiency of Risk Mitigation Strategies in Supply Chains. In: Journal of Business Logistics 34 (2013) 4, S. 253–269.

TANG, C. S.: Robust strategies for mitigating supply chain disruptions. In: International Journal of Logistics Research and Applications 9 (2006) 1, S. 33–45.

TELLER, K.-J.: Die allgemeine Systemtheorie als Basis für Richtlinien zur Gestaltung von Management-Informationssystemen. Aachen, Techn. Hochsch., Diss., 1975.

TIERNEY, K.; BRUNEAU, M.: Conceptualizing and Measuring Resilience: A Key to Disaster Loss Reduction. In: TR News (2007) 250, S. 14–17.

TRIER, M.; BOBRIK, A.; NEUMAN, N.; WYSSUSSEK, B.: Systemtheorie und Modell. In: Systemanalyse im Unternehmen. Prozessorientierte Methoden der Wirtschaftsinformatik. Hrsg.: H. Krallmann; M. Schönherr; M. Trier. 5., vollst. überarb. Auflage. Oldenbourg, München [u. a.] 2007, S. 58–87.

TUKAMUHABWA, B. R.; STEVENSON, M.; BUSBY, J.; ZORZINI, M.: Supply chain resilience: definition, review and theoretical foundations for further study. In: International Journal of Production Research 53 (2015) 18, S. 5592–5623.

ULRICH, H.: Die Betriebswirtschaftslehre als anwendungsorientierte Sozialwissenschaft. In: Die Führung des Betriebes. Curt Sandig zu seinem 80. Geburtstag gewidmet. Hrsg.: M. Geist; R. Köhler. Poeschel, Stuttgart, 1981, S. 1–26.

ULRICH, P.; HILL, W.: Wissenschaftstheoretische Grundlagen der Betriebswirtschaftslehre (Teil I). In: WiSt – Wirtschaftswissenschaftliches Studium 5 (1976) 7, S. 304–309. [=1976a]

ULRICH, P.; HILL, W.: Wissenschaftstheoretische Grundlagen der Betriebswirtschaftslehre (Teil II). In: WiSt – Wirtschaftswissenschaftliches Studium 5 (1976) 8, S. 345–390. [=1976b]

VAN HOEK, R.: Research opportunities for a more resilient post-COVID-19 supply chain – closing the gap between research findings and industry practice. In: International Journal of Operations & Production Management 40 (2020) 4, S. 341–355.

VAN WEELE, A. J.; EßIG, M.: Strategische Beschaffung. Grundlagen, Planung und Umsetzung eines integrierten Supply Management. Springer Gabler, Wiesbaden 2017.

VANPOUCKE, E.; ELLIS, S. C.: Building supply-side resilience – a behavioural view. In: International Journal of Operations & Production Management 40 (2019) 1, S. 11–33.

VDI-RICHTLINIE 3633: Simulation von Logistik-, Materialfluss- und Produktionssystemen. Verein Deutscher Ingenieure e. V. 01.040.03, 03.100.10. Beuth Verlag GmbH, Berlin, 2018.

VON BERTALANFFY, L.: General System Theory. Foundations, Development, Applications. George Braziller, New York 1969.

VON BERTALANFFY, L.: Zu einer allgemeinen Systemlehre. In: Organisationstheorie. 2. Teilband. Hrsg.: E. Grochla. Poeschel, Stuttgart, 1976, S. 542–553.

VON CUBE, J. P.; HÄRTEL, L.; SCHMITT, R.: Model-based Decision Support in Supply Chains – Requirements for Monetary Supply Risk Quantification. In: Procedia CIRP 57 (2016) 7, S. 171–176.

VUGRIN, E. D.; WARREN, D. E.; EHLEN, M. A.; CAMPHOUSE, R. C.: A Framework for Assessing the Resilience of Infrastructure and Economic Systems. In: Sustainable and Resilient Critical Infrastructure Systems. Simulation, Modeling, and Intelligent Engineering. Hrsg.: K. Gopalakrishnan; S. Peeta. Springer, Berlin [u. a.], 2010, S. 77–116.

WANNENWETSCH, H.: Integrierte Materialwirtschaft, Logistik und Beschaffung. 5., neu bearb. Auflage. Springer Vieweg, Berlin [u. a.] 2014.

WEBER, J.: Logistikkostenrechnung. Kosten-, Leistungs- und Erlösinformationen zur erfolgsorientierten Steuerung der Logistik. 3. Auflage. Springer Vieweg, Berlin [u. a.] 2012.

WELTER, M.: Die Forschungsmethode der Typisierung. In: WiSt – Wirtschaftswissenschaftliches Studium 35 (2006) 2, S. 113–116.

WERNER, H.: Supply Chain Management. Grundlagen, Strategien, Instrumente und Controlling. 7., vollst. überarb. u. erw. Auflage. Springer Gabler, Wiesbaden 2020.

WIELAND, A.; WALLENBURG, M. C.: Dealing with supply chain risks. In: International Journal of Physical Distribution & Logistics Management 42 (2012) 10, S. 887–905.

WIELAND, A.; WALLENBURG, M. C.: The Influence of Relational Competencies on Supply Chain Resilience: A Relational View. In: International Journal of Physical Distribution & Logistics Management 43 (2013) 4, S. 300–320.

XU, M.; WANG, X.; ZHAO, L.: Predicted supply chain resilience based on structural evolution against random supply disruptions. In: International Journal of Systems Science: Operations & Logistics 1 (2014) 2, S. 105–117.

YIN, R. K.: Case Study Research. Design and Methods. 3. Auflage. Sage Publications, Thousand Oaks (CA) 2003.

ZELEWSKI, S.: Grundlagen. In: Betriebswirtschaftslehre; Bd. 1. Hrsg.: H. Corsten; M. Reiß. 4., vollst. überarb. u. wes. erw. Auflage. Oldenbourg, München [u. a.] 2008, S. 1–97.

ZHU, J.; LIU, W.: A tale of two databases: the use of Web of Science and Scopus in academic papers. In: Scientometrics 123 (2020) 1, S. 321–335.

ZINNIKER, P.: Zuverlässigkeits- und Sicherheitsplanung. In: Masing Handbuch Qualitätsmanagement. Hrsg.: T. Pfeifer; W. Masing. 6. Auflage. Hanser, München [u. a.] 2014, S. 467–497.

ZITZMANN, I.: Supply Chain-Flexibilität zur Bewältigung von Unsicherheiten. Taktisch-operative Potenzialplanung zur Schaffung von Robustheit, Resilienz und Agilität. Logistik und Supply Chain Management; Bd. 20. University of Bamberg Press, Magdeburg 2018. – Zugl.: Bamberg, Univ., Diss., 2018.

ZOBEL, C. W.: Comparative Visualization of Predicted Disaster Resilience. In: 7th Proceedings of the International Conference on Information Systems for Crisis Response and Management. Hrsg.: S. French; B. M. Tomaszewski; C. W. Zobel. ISCRAM, Seattle 2010, S. 1–6.

ZUR MUEHLEN, M.; SHAPIRO, R.: Business Process Analytics. In: Handbook on Business Process Management; Bd. 2: Strategic Alignment, Governance, People and Culture. Hrsg.: J. vom Brocke; M. Rosemann. 2. Auflage. Springer, Berlin [u. a.], 2015, S. 243–263.

ZWICKY, F.: Morphologisches Denken und Vorgehen. In: Die neuen Methoden der Entscheidungsfindung. Hrsg.: G. Tumm. Moderne Industrie, München 1972, S. 130–142.

ZWICKY, F.: Morphologische Forschung. Wesen und Wandel materieller und geistiger struktureller Zusammenhänge. 2. Auflage. Schriftenreihe der Fritz-Zwicky-Stiftung; Bd. 4. Baeschlin, Glarus 1989.

Veröffentlichungen von Maria Spiß geb. Linnartz

HOLTKEMPER, D.; JANßEN, J.; KRAUT, A.; LINNARTZ, M.; MAREK, S.; PAUSE, D.; RESCHKE, J.: [Whitepaper] Digital vernetzte Supply-Chains brauchen mehr als IT. Messbarkeit, Projektorganisation und Vertrauen als Erfolgsfaktor zur Realisierung. Hrsg.: G. Schuh; V. Stich. FIR e. V. an der RWTH Aachen, Aachen 2019. https://epub.fir.de/frontdoor/deliver/index/docId/6/file/Digital_vernetzte_Supply_Chains_WP_2019.pdf (Link zuletzt geprüft: 23.07.2023)

JANßEN, J.; KRAUT, A.; LINNARTZ, M.; MAREK, S.; PAUSE, D.; SCHRÖER, T.: [Positionspapier] Krisenbewältigung durch effizientes Supply-Chain-Risikomanagement. In vier Schritten turbulente Zeiten im SCM meistern. FIR e. V. an der RWTH Aachen 2020. https://epub.fir.de/frontdoor/deliver/index/docId/260/file/Krisenbewaeltigung_durch_PosPap_2020.pdf (Link zuletzt geprüft: 23.07.2023)

KRAUT, A.; STICH, V.; SCHRÖER, T.; MAREK, S.; PAUSE, D.; LINNARTZ, M.; JANßEN, J.: End-2-End-Transparenz als Enabler für ein effizientes Supply-Chain-Design. In: Praxishandbuch Logistik. Erfolgreiche Logistik in Industrie, Handel und Dienstleitungsunternehmen. Hrsg.: U.-H. Pradel; F. Süssenguth; J. Piontek; A. Schwolgin. Deutscher Wirtschaftsdienst, Köln 2021, S. 1 – 23.

LECKEL, A.; LINNARTZ, M.: Towards The Internet Of Production – How To Increase Data Sharing For Successful Supply Chain Collaboration. In: Journal of Production Systems and Logistics 3 (2023) 3, S. 1 – 16.

LINNARTZ, M.: Wertschöpfungsnetzwerke in Zeiten von Infektionskrisen / Value Networks in Times of Infection Crises. Wie sich Unternehmen auf zukünftige Krisen vorbereiten können / How Companies Can Prepare for Future Crises. In: UdZ – The Data-driven Enterprise 1 (2021) 2, S. 30 – 37. https://epub.fir.de/frontdoor/deliver/index/docId/970/file/udz2_2021_Wertschoepfungsnetz.pdf (Link zuletzt geprüft: 23.07.2023)

LINNARTZ, M.; ABBAS, M.: Kulmbacher Brauerei AG optimiert Prozesse mit RFID-Lösung / Kulmbacher Braueri AG Optimizes Processes with RFID Solution. In: UdZ – The Data-driven Enterprise 1 (2021) 3, S. 18 – 22. https://epub.fir.de/frontdoor/deliver/index/docId/834/file/2021_Linnartz-u.-Abbas_UdZ_Kulmbacher.pdf (Link zuletzt geprüft: 23.07.2023)

LINNARTZ, M.; KIM, S.-Y.; PERAU, M.; SCHRÖER, T.; GEISLER, S.; DECKER, S.: Unternehmensübergreifendes Datenqualitätsmanagement. In: ZWF – Zeitschrift für wirtschaftlichen Fabrikbetrieb 117 (2022) 12, S. 851 – 855.

LINNARTZ, M.; LECKEL, A.: Data Sharing im Supply-Chain-Management. Ein Assistenzsystem für die Bewertung und Gestaltung der Offenheit und des Vertrauensniveaus zwischen Supply-Chain-Partnern. In: ZWF – Zeitschrift für wirtschaftlichen Fabrikbetrieb 115 (2020) 9, S. 563 – 566.

LINNARTZ, M.; MOTZ, U.; SCHRÖER, T.; STICH, V.: Analyzing Supply Risks and Product Characteristics – A Systematic Literature Review. In: Proceedings of the Conference on Production Systems and Logistics: CPSL 2022. Hrsg.: D. Herberger; M. Hübner. publish-Ing, Hannover 2022, S. 424 – 434.

LINNARTZ, M.; MOTZ, U.; SCHRÖER, T.; STICH, V.; MÜLLER, K.; GREB, C.: Increasing Resilience in Procurement in the Context of the Internet of Production. In: Journal of Production Systems and Logistics 1 (2021) 16, S. 1 – 14.

LINNARTZ, M.; SCHRÖER, T.; ZIELENBACH, F.: Resilienz in Infektionskrisen: Wie Unternehmen sich auf Krisen vorbereiten können. In: atp magazin (2021) 11-12, S. 26 – 29.

LINNARTZ, M.; SCHRÖER, T.; ZIELENBACH, F.: Wertschöpfungsnetzwerke in Zeiten von Infektionskrisen: Wie Unternehmen sich auf Krisen vorbereiten können. In: stahl (2021), S. 58 – 61.

LINNARTZ, M.; SCHRÖER, T.; ZIELENBACH, F.: Resilienz in Infektionskrisen: Wie Unternehmen sich auf Krisen vorbereiten können. In: Industriearmaturen (2022), S. 1 – 5.

LINNARTZ, M.; SCHUH, G.; STICH, V.: A Framework for Structuring Resilience and its Application to Procurement. In: Proceedings of the Conference on Production Systems and Logistics: CPSL 2022. Hrsg.: D. Herberger; M. Hübner. publish-Ing, Hannover 2022, S. 52 – 61.

LINNARTZ, M.; STICH, V.: Software-Based Assistance System for Decision Support on Supply Chain Level. In: Advances in Production Management Systems. the Path to Digital Transformation and Innovation of Production Management Systems. IFIP WG 5. 7 International Conference, APMS 2020, Novi Sad, Serbia, August 30 – September 3, 2020, Proceedings, Part I. Hrsg.: B. Lalic. Springer, Cham [u. a.] 2020, S. 209 – 216.

MAREK, S.; LINNARTZ, M.; BÜRKLIN, B.: Supply-Chain-Management im Umfeld von Industrie 4.0. Wie innovative Technologien zur Supply-Chain-Resilienz beitragen. In: IT-Matchmaker Guide – Industrie 4.0 Lösungen 2021, S. 24 – 27.

PAUSE, D.; FISCHER, M.; LINNARTZ, M.: Assistenzsystem zur Entscheidungsunterstützung in der Supply Chain. In: ZWF – Zeitschrift für wirtschaftlichen Fabrikbetrieb 114 (2019) 9, S. 592 – 595.

PAUSE, D.; HOLTKEMPER, D.; KRAUT, A.; MAREK, S.; JANßEN, J.; LINNARTZ, M.; SCHMITZ, S.: Supply-Chain-Management 4.0. Eigenschaften eines lernenden, agilen Unternehmens im Kontext des Supply-Chain-Managements in Anlehnung an den Industrie-4.0-Maturity-Index. In: ZWF – Zeitschrift für wirtschaftlichen Fabrikbetrieb 115 (2020) 5, S. 318 – 320.

PERAU, M.; FULTERER, J.; LINNARTZ, M.; SCHRÖER, T.; SCHUH, G.: Digitaler Schatten zur nachhaltigen Konfiguration von Losgrößen. In: ZWF – Zeitschrift für wirtschaftlichen Fabrikbetrieb 117 (2022) 11, S. 773 – 777.

SCHUH, G.; GÜTZLAFF, A.; RODEMANN, N.; PÜTZ, S.; LINNARTZ, M.; KIM, S.-Y.; SCHLOSSER, T. X.; SCHUPP, S.; ENDRIKAT, M.; WELSING, M.; MILLAN, M.; NITSCH, V.; DECKER, S.; GEISLER, S.; STICH, V.: Managing Growing Uncertainties in Long-Term Production Management. In: Internet of Production. Hrsg.: C. Brecher; G. Schuh; W. van der Aalst; M. Jarke; F. T. Piller; M. Padberg. Springer, Cham [u. a.] 2023, S. 1 – 21.

SPIß, M.; SCHRÖER, T.; SCHUH, G.: Resilience Configurator for Procurement. In: Advances in Production Management Systems. Production Management Systems for Responsible Manufacturing, Service, and Logistics Futures. IFIP WG 5.7 International Conference, APMS 2023, Trondheim, Norway, September 17–21, 2023, Proceedings, Part IV. Hrsg.: E. Alfnes; A. Romsdal; J. O. Strandhagen; G. von Cieminski; D. Romero. IFIP Advances in Information and Communication Technology; Bd. 692. Springer, Cham [u. a.] 2023, S. 699 – 713.

STICH, V.; SCHRÖER, T.; LINNARTZ, M.; FRIEDRICH, A.; MOSER, B.: Störungen in der Supply Chain managen: Wie Datenaustausch entlang der Supply Chain zu einer Steigerung der Reaktionsfähigkeit führen kann. In: Zukunftssicher. So geht Innovation an der Schnittstelle von Wirtschaft und Versicherung. Hrsg.: A. Funk-Münchmeyer. Murmann Publishers GmbH, Hamburg 2021, S. 141 – 150.

STICH, V.; SCHRÖER, T.; LINNARTZ, M.; MAREK, S.; HERKENRATH, C.; HOCKEN, C.; KAUFMANN, J.: Wertschöpfungsnetzwerke in Zeiten von Infektionskrisen. Expertise des Forschungsbeirats der Plattform Industrie 4.0. Hrsg.: Forschungsbeirat der Plattform Industrie 4.0 / acatech – Deutsche Akademie der Technikwissenschaften, München 2021. https://www.plattform-i40.de/IP/Redaktion/DE/Downloads/Publikation/Forschungsbeirat_Wertsch%C3%B6pfungsnetzwerke.pdf?__blob=publicationFile&v=1 (Link zuletzt geprüft: 23.07.2023)

WIENDAHL, H.-H.; KLUTH, A.; SCHRÖER, T.; JANßEN, J.; LINNARTZ, M.; KIPP, R.: Aachener Marktspiegel Business Software – Supply Chain Management 2023. 3., vollst. überarb. Auflage. Trovarit AG, Aachen 2023.

Anhang

Anhang A Identifizierte Resilienzpotenziale

Tabelle 9-1: Ergebnisse der systematischen Literaturrecherche (eigene Darstellung)

Autor	Titel	Jahr
Ergebnisse der systematischen Recherche		
Tomlin	On the value of mitigation and contingency strategies for managing supply chain disruption risks	2006
Stecke u. Kumar	Sources of supply chain disruptions, factors that breed vulnerability, and mitigating strategies	2009
Carvalho et al.	The links between supply chain disturbances and resilience strategies	2012
Talluri et al.	Assessing the efficiency of risk mitigation strategies in supply chains	2013
Rajesh et al.	Selection of risk mitigation strategy in electronic supply chains using grey theory and digraph-matrix approaches	2015
Hasani u. Khosrojerdi	Robust global supply chain network design under disruption and uncertainty considering resilience strategies: A parallel memetic algorithm for a real-life case study	2016
Carbonara u. Pellegrino	How do supply chain risk management flexibility-driven strategies perform in mitigating supply disruption risks?	2017
Kamalahmadi u. Parast	An assessment of supply chain disruption mitigation strategies	2017
Johnson et al.	Supply chain design under disruptions considering risk mitigation strategies for robustness and resiliency	2021
Ergänzungen durch Verweise in anderen Quellen		
Tang	Robust strategies for mitigating supply chain disruptions	2006
Chopra u. Sodhi	Reducing the Risk of Supply Chain Disruptions	2014
Kilubi	The strategies of supply chain risk management – a synthesis and classification	2016

Tabelle 9-2: Quellen identifizierter Resilienzpotenziale – Teil 1 (eigene Darstellung)

Resilienzpotenzial	Quellen
Beschaffungsprogrammpolitik	
Make-and-Buy	Carbonara u. Pellegrino (2017), Carvalho (2012), Peukert (2021), Sanchis et al. (2020a), Singer (2012), Tang (2006)
Identifikation eines Substituts	Dormady et al. (2019), Hasani u. Khosrojerdi (2016), Heß u. Kleinlein (2021), Hosseini et al. (2019), Sanchis et al. (2020a), Singer (2012)
Lieferantenpolitik	
Einsatz von Multiple Sourcing	Ali et al. (2017), Carbonara u. Pellegrino (2017), DIN EN ISO 22313, Duchek (2020), Hasani u. Khosrojerdi (2016), Hosseini et al. (2019), Jain et al. (2022), Kilubi (2016), Namdar et al. (2018), Pereira et al. (2020), Pettit et al. (2010), Pettit et al. (2013), Peukert (2021), Rajesh et al. (2015), Sheffi u. Rice (2005), Singer (2012), Talluri et al. (2013), Tang (2006)
Verschiedene Lieferanten für unterschiedliche Standorte	Christopher u. Peck (2004)
Identifikation alternativer Lieferanten	Carvalho (2012), Carvalho et al. (2012), Christopher u. Peck (2004), Dabhilkar et al. (2016), DIN EN ISO 22313, Heß u. Kleinlein (2021), Johnson et al. (2021), Pettit et al. (2013), Peukert (2021), Sanchis et al. (2020a), Tomlin (2006)
Qualifikation alternativer Lieferanten	Aus Stellgrößen abgeleitet
Geographische Diversifikation der Lieferantenbasis	Ali et al. (2017), Chopra u. Sodhi (2014), Heß u. Kleinlein (2021), Hosseini et al. (2019)
Regionalisierung der Supply-Chain	Carvalho et al. (2012), Chopra u. Sodhi (2014), Heß u. Kleinlein (2021), Singer (2012)
Zusammenarbeit - Teilen von Informationen	Ali et al. (2017), Carvalho (2012), Christopher u. Peck (2004), Dabhilkar et al. (2016), Dormady et al. (2019), Duchek (2020), Hosseini et al. (2019), Johnson et al. (2021), Kilubi (2016), Pereira et al. (2020), Pettit et al. (2010), Pettit et al. (2013), Stecke u. Kumar (2009)
Zusammenarbeit - Kollaborative Planung	Ali et al. (2017), Christopher u. Peck (2004), Jain et al. (2022), Kilubi (2016), Pettit et al. (2010), Pettit et al. (2013)
Lieferantenentwicklung	Christopher u. Peck (2004), Kamalahmadi u. Parast (2017), Pereira et al. (2014), Pereira et al. (2020)
Lieferantenauswahl (Beachtung des Risikobewusstseins)	Christopher u. Peck (2004), Heß u. Kleinlein (2021), Pereira et al. (2014), Pereira et al. (2020), Singer (2012), Stecke u. Kumar (2009)
Nutzung unterschiedlicher Transportmöglichkeiten	Ali et al. (2017), Carvalho (2012), Carvalho et al. (2012), Hosseini et al. (2019), Peukert (2021), Sanchis et al. (2020a), Singer (2012), Tang (2006)
Identifikation alternativer Transportmöglichkeiten	DIN EN ISO 22313, Hosseini et al. (2019), Peukert (2021), Rajesh et al. (2015), Sanchis et al. (2020a), Singer (2012), Stecke u. Kumar (2009), Tang (2006)
Vorhalten zusätzlicher Transportkapazitäten	Ali et al. (2017), DIN EN ISO 22313, Sanchis et al. (2020a), Singer (2012)
(Echtzeit-)Monitoring des Transports	Ali et al. (2017), Carvalho (2012), Carvalho et al. (2012), Christopher u. Peck (2004), Kilubi (2016), Pettit et al. (2013), Sheffi u. Rice (2005), Stecke u. Kumar (2009)

Tabelle 9-3: Quellen identifizierter Resilienzpotenziale – Teil 2 (eigene Darstellung)

Resilienzpotenzial	Quellen
Kontraktpolitik	
Prüfung der Beschaffung auf dem Spotmarkt	Namdar et al. (2018), Singer (2012)
Flexible Lieferantenverträge	Heß u. Kleinlein (2021), Kilubi (2016), Pettit et al. (2010), Pettit et al. (2013), Peukert (2021), Rajesh et al. (2015), Singer (2012)
Back-up-Lieferantenvertrag	DIN EN ISO 22313, Hosseini et al. (2019), Kamalahmadi u. Parast (2017), Namdar et al. (2018), Stecke u. Kumar (2009)
Lager- und Bestellpolitik	
Beschaffung im Unternehmensverbund	Singer (2012)
Hohe Bestellfrequenz	Singer (2012)
Einplanen von Puffern zwischen Bedarfsterminen	Peukert (2021), Singer (2012)
Sicherheitsbestand	Ali et al. (2017), Carvalho (2012), Carvalho et al. (2012), Christopher u. Peck (2004), DIN EN ISO 22313, Dormady et al. (2019), Hasani u. Khosrojerdi (2016), Heß u. Kleinlein (2021), Hosseini et al. (2019), Kamalahmadi u. Parast (2017), Kilubi (2016), Pereira et al. (2014), Pereira et al. (2020), Pettit et al. (2013), Peukert (2021), Rajesh et al. (2015), Sanchis et al. (2020a), Singer (2012), Sheffi u. Rice (2005), Stecke u. Kumar (2009), Talluri et al. (2013), Tomlin (2006)
Sicherheitsbestand an zentralem Standort	Ali et al. (2017), Carbonara u. Pellegrino (2017), Johnson et al. (2021), Pettit et al. (2013), Singer (2012), Tang (2006)

Anhang B Rohdatenmatrix

Tabelle 9-4: Rohdatenmatrix für Clusteranalyse (eigene Darstellung)

Resilienzpotenzial	Wirkungsmöglichkeit	Wirkungsumfang	Pufferzeitverlängerung	Reaktionsbeginnverschiebung	Entscheidungszeitverkürzung	Reaktionsvorlaufzeitverkürzung	Erholungszeitverkürzung	Dämpfung Maximaler Leistungseinbruch	Dämpfung Langfristiger Leistungseinbruch	Verringerung Leistungsverlustgeschwindigkeit	Steigerung Erholungsgeschwindigkeit
Make-and-Buy	1	1	0	0	1	1	1	1	0	0,5	1
Identifikation von Substituten	0	0	0	0	1	0	0	0,5	0,5	0	0
Einsatz von Multiple Sourcing	1	0	0	0	1	1	0,5	0,5	0,5	0,5	0
Geographische Diversifikation der Lieferantenbasis	1	0	0	0	1	1	0,5	0,5	0,5	0,5	0
Verschiedene Lieferanten für unterschiedliche Standorte	1	0	0	0	1	1	0,5	0,5	0,5	0	0
Identifikation alternativer Lieferanten	0	0	0	0	1	0	0,5	0,5	0,5	0	0,5
Qualifikation alternativer Lieferanten	0	0	0	0	1	1	0,5	0,5	0,5	0	0,5
Regionalisierung der Supply-Chain	0,5	0	0	0	0	0	0	0	0	0,5	0
Zusammenarbeit - Teilen von Informationen	0,5	0	0	1	1	0	0,5	0	0	0	0
Zusammenarbeit - Kollaborative Planung	0,5	0	0	0,5	1	0,5	0,5	0	0	0	0,5
Lieferantenentwicklung	0,5	0	0	0	0	0	0,5	0	0	0,5	0,5
Lieferantenauswahl (Beachtung des Risikobewusstseins)	0,5	0	0	0	0	0	0,5	0	0	0,5	0,5
Nutzung unterschiedlicher Transportmöglichkeiten	1	0	0	0	1	1	0,5	0,5	0,5	0,5	0
Identifikation alternativer Transportmöglichkeiten	0	0	0	0	1	0	0,5	0,5	0,5	0	0,5
Vorhalten zusätzlicher Transportkapazitäten	0	0	0	0	1	1	1	1	0	0	1
(Echtzeit-)Monitoring des Transports	0,5	0	0	1	1	0	0,5	0	0	0	0
Prüfung der Beschaffung auf dem Spotmarkt	0	0	0	0	1	1	0,5	0,5	0,5	0	0,5
Flexible Lieferantenverträge	0	0	0	0	1	1	1	1	0	0	1
Back-up-Lieferantenvertrag	0	0	0	0	1	1	1	1	0	0	1
Beschaffung im Unternehmensverbund	0	1	0	0	0	0	0	0	0	0	0,5
Hohe Bestellfrequenz	0,5	1	0	0	0	0	0	0	0	0,5	0
Einplanen von Puffern zwischen Bedarfsterminen	0,5	1	0,5	0	0	0	0	0	0	0	0
Sicherheitsbestand	0,5	1	1	0	0	0	0	1	0	0	0
Sicherheitsbestand an zentralem Standort	0	1	0	0	1	1	1	1	0	0	1

In der Reihe **Schriftenreihe Rationalisierung** zuletzt erschienen:

Spiß, Maria:
Systematische Konfiguration der Resilienz in der Beschaffung
ISBN: 978-3-98555-196-5
Erscheinungsdatum: 29.01.2024

Engländer, Jacques:
Gestaltungsmodell eines Informationssicherheitsmanagementsystems für produzierende Unternehmen in Industrie-4.0-Umgebungen
ISBN: 978-3-98555-185-9
Erscheinungsdatum: 18.12.2023

Müller, Jonas:
Soziotechnische Gestaltungsinstrumente für den Einsatz von Business-Analytics
ISBN: 978-3-98555-182-8
Erscheinungsdatum: 27.11.2023

Leiting, Tobias:
Konfiguration und Preisbildung von Subskriptionsleistungssystemen für die produzierende Industrie
ISBN: 978-3-98555-162-0
Erscheinungsdatum: 04.07.2023

Schacht, Maximilian:
Digitaler Schatten der Kundeninteraktionen produzierender Unternehmen
ISBN 978-3-98555-132-3
Erscheinungsdatum: 09.01.2023

Defèr, Florian:
Datenbasierte zuverlässigkeitsorientierte Instandhaltung von Produktionsanlagen
ISBN 978-3-98555- 137-8
Erscheinungsdatum: 09.01.2023

Bach, Thies:
Gestaltungsmodell zur lernunterstützenden Erweiterung von Produktionsplanungs- und -steuerungssystemen
ISBN 978-3-98555-127-9
Erscheinungsdatum: 14.12.2022

Götzen, Rafael Frank:
Ordnungsrahmen für die softwarebasierte Automatisierung administrativer Prozesse
ISBN: 978-3-98555-103-3
Erscheinungsdatum: 25.08.2022

Scholz, Svenja:
Bewertungsmetrik leistungsbestimmender Faktoren von Supply-Chains in Industriebetrieben
ISBN: 978-3-98555-049-4
Erscheinungsdatum: 11.04.2022

Fischer, Markus:
Implementierung von Manufacturing Execution Systems basierend auf Industrie-4.0-Reifegradmodellen
ISBN: 978-3-98555-048-7
Erscheinungsdatum: 22.03.2022

Edition Wissenschaft
Apprimus

Holst, Lennard:
Referenzmodell für das Customer-Success-Management im Subskriptionsgeschäft des Maschinen- und Anlagenbaus
ISBN: 978-3-98555-033-3
Erscheinungsdatum: 21.02.2022

Külschbach, Andreas:
Systematische Bewertung von Änderungsanfragen in der Produktion
ISBN: 978-3-98555-024-1
Erscheinungsdatum: 20.12.2021

Voswinckel, Carl Themo:
Blockchainbasierte Maschinen- und Anlagenanbindungen für datenbasierte Dienstleistungen
ISBN: 978-3-86359-990-4
Erscheinungsdatum: 12.08.2021

Frey, Dominik:
Simulationsbasierte Bewertung der Häufigkeit von Planungsläufen in der Produktionsplanung und -steuerung
ISBN: 978-3-86359-937-9
Erscheinungsdatum: 11.02.2021

Frank, Jana:
Reifegradbasierte Gestaltung der Unternehmenskultur am Beispiel der Instandhaltung
ISBN: 978-3-86359-928-7
Erscheinungsdatum: 28.01.2021

Hicking, Jan:
Spezifikation von intelligenten Produkten im Maschinenbau
ISBN: 978-3-86359-904-1
Erscheinungsdatum: 20.10.2020

Wieninger, Simon:
Vertrauen in Unternehmensnetzwerken durch Blockchain-Technologie
ISBN: 978-3-86359-880-8
Erscheinungsdatum: 24.08.2020

Birkmeier, Martin:
Messung und Darstellung der Qualität von betrieblichen Informationsflüssen
ISBN: 978-3-86359-866-2
Erscheinungsdatum: 01.07.2020

Krechting, Denis:
Methodennavigator für Business-Analytics produzierender Unternehmen
ISBN: 978-3-86359-860-0
Erscheinungsdatum: 02.06.2020

Feige, Boris Alexander:
Präferenzstrukturen von neuen Fahrzeug- und Mobilitätsangeboten für latente Bedürfnisse private Nutzer
ISBN: 978-3-86359-857-0
Erscheinungsdatum: 02.06.2020

Edition Wissenschaft
Apprimus

MIX
Papier | Fördert gute Waldnutzung
FSC® C083411

Zeitfracht Medien GmbH
Ferdinand-Jühlke-Straße 7
99095 Erfurt, Deutschland
produktsicherheit@kolibri360.de